U0243006

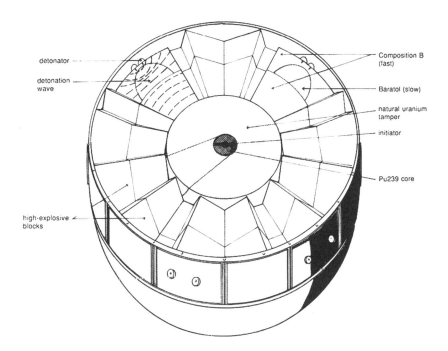

detonator

detonation
wave

high-explosive
blocks

Composition B
(fast)

Baratol (slow)

natural uranium
tamper

initiator

Pu239 core

The Making of the Atomic BOMB

横空出世

核物理与
原子弹的诞生

Vol. 2

Richard Rhodes　[美]理查德·罗兹 著　　江向东 廖湘彧 译　　方在庆 译校

中信出版集团 | 北京

第 13 章

新大陆

　　在哥伦比亚大学，恩里科·费米的研究小组整个 1941 年都在努力工作，此时，政府也经过了深思熟虑。费米、利奥·西拉德、赫伯特·安德森和那些加入进来的年轻物理学家们可能从来都不知道他们差点就成弃子了。加州大学伯克利分校的钚分离工作为他们在铀和石墨中启动慢中子链式反应的探索增加了潜在的军事应用价值，不过只要能得到必要的资源，费米就肯定会探索链式反应，因为其本身便是具有重大意义和历史价值的物理学实验。他因为铝箔的厚度而错过了发现裂变的机会，他当然不想将首次展示原子能持续释放的机会再让给别人。主要多亏了阿瑟·康普顿，他的工作得到了持续不断的支持，这可能有助于解释他为什么会竭力赞美这位虔诚的伍斯特毕业生的智慧。

　　1940 年 11 月 1 日，当国防研究委员会将 4 万美元作为测量物理常数的款项支付到位时，西拉德也最终在哥伦比亚大学谋得了拿薪水的职位。为了协助费米，避免两人在一起工作时产生摩擦，西拉德承诺用他特殊的劝诱才能来解决纯铀和石墨的供应问题。他与美国石墨制造商的通信记录有厚厚的一叠，这些制造商沮丧地发现，他们认为最纯净的材料实际上都被污染到了无可救药的地步，通常都含有微量的硼。这种到处都有的类硅轻元素在元素周期表中排在第 5 位，它的中子吸收截面是巨大而有害的。"当时，西拉德采取了极其果断而且有力的措施，设法组织了纯净材料的早期生产工作，"费米后来说，"……他这件事干得很不错。这项工作稍后由一个比西拉德个人更为有效的组织接管，不过为了赶上他的效率，得聘用几个强壮的家伙。"

8 月和 9 月，哥伦比亚大学研究小组准备组装截至当时最大的铀-石墨阵列。天然铀中的慢中子链式反应和与它对应的铀-235 中的快中子反应一样，也需要达到临界质量：尽管不可避免会有中子从它的外表面损失掉，但铀和减速剂的量足够维持中子倍增。还没有人知道这种临界量的大小是多少，但是它显然是巨大的——大约在百吨的数量级上。产生自持链式反应的一种简单方法可以是不断将铀和石墨堆积在一起。但这样粗糙的实验即使能成功，实验者也不大可能学会该如何控制由此引起的反应，因而可能会以灾难性的致命失控告终。费米打算以更为慎重的方式来解决这个问题，通过一系列亚临界实验来测定必要的数量和排列方式，并制定控制方法。

费米与以往一样直接依仗先前的实验。他和安德森通过测量中子从中子源沿着一根石墨柱向上扩散的距离计算了碳的吸收截面。新的实验需要扩大石墨柱，以利用现有的更多石墨库存，并为石墨柱中以规则的间隔隔开的氧化铀提供空间：这本身很简单，但是其物理形式是一团黑黢黢、脏兮兮、又厚又滑的物质，由大约 30 吨重的挤压成型的石墨棒组成，其中是 8 吨铀的氧化物。费米将这个结构命名为"堆"（pile）。"当时，在核科学方面发展出了标准的命名法则，"塞格雷后来写道，"……我一开始认为，这个用于指代核能来源的术语类似于伏打用于电池的意大利术语 pila，那代表的是伏打自己在电能来源［即伏打电池］方面的伟大发明。不过费米本人使我醒悟过来，他告诉我，他只是用了这个与'堆'（heap）同义的普通英语单词pile。"这位意大利的诺贝尔奖得主在不断地操练美式英语。

费米打算建造的这个指数反应堆（之所以这样称呼，是因为在计算它与整个反应堆的关系时需要引入一个指数）对普平大楼里的任何实验室来说都太大了。他找到了更大的场所：

> 我们去找佩格拉姆院长，他当时是这所大学里神通广大的人物。我们向他解释说，我们需要一个大房间。我们说的大，指的是一个真正大的房间。他或许是挖苦地说，教堂并不是很适合用作物理实验室的地方……而我认为一座教堂恰好是我们想要的。于是他在校园里找了找。我们和他一起走在黑暗的走廊上，在各种热水管道等东西下面走过，寻找适合做这一实验的地点。最后，我们找到了一间大房子，不是一座教堂，但在大小上可以与一座教堂媲美，这间房子是在谢莫洪［大楼］里找到的。

费米继续说，他们开始建造"这种结构，在当时，它看上去比我们之前见过的任何东西都要大得多……这是由石墨块组成的结构，石墨块间以某种模式分布着一个个大盒子，立方体形的盒子，里面装着氧化铀"。这些盒子边长为 8 英寸，总共有 288 个，用镀锡铁皮做成；每个这样的盒子能装 60 磅氧化铀。铀-石墨阵列的每个立方体"单元"——一个铁皮盒和围绕铁皮盒的石墨——边长为 16 英寸。事实上，如果使用铀球，并且排列成球形的单元，可能会更高效。在这些初始阶段的实验中，材料的纯度是存疑的，费米用这些实验来估算数量级，为这个新领域绘出一张初步的地图。"之所以选择这种结构，是因为它的构造简单，"这些实验者后来写道，"因为我们无须将 4 英寸 × 4 英寸 × 12 英寸的石墨块切割开就可以进行组装。尽管我们不指望这种结构会很接近于最佳比例，但我们认为最好能尽快获得某些初步信息。"有前景的结果还可能获得国防研究委员会进一步的支持。

"我们面临着大量又累又脏的工作，"赫伯特·安德森后来回忆说，"黑色的氧化铀粉末必须被……加热以驱散不希望有的水分，然后热装在容器里，再将容器焊合上。为了达到所需的浓度，必须在振动台上进行装填。我们的小组，当时包括伯纳德·费尔德、乔治·韦尔和沃尔特·津恩，对这项繁重的工作几乎毫无热情。这是一件令人筋疲力尽的事情。"从费米那里了解到情况后，佩格拉姆伸出了援手。费米后来回忆说：

> 我们还算强壮，但我的意思是，我们毕竟是脑力工作者。所以，佩格拉姆院长再次到处寻找帮手，并且说，看来这是一项你们的赢弱体质无法胜任的工作，哥伦比亚大学有一支橄榄球队，队里有十多个强壮小伙，他们为完成大学学业而去做小时工。你们为什么不雇用他们呢？
>
> 这是一个奇妙的想法，能够指导这些强壮的小伙子装填铀——只是把它铲进铁皮盒内——真是令人高兴，他们能轻松地拎起 50 磅或 100 磅的物件，就像其他人拎起三四磅的东西一样容易。

"费米尽力做他分内的工作，"安德森补充说，"他穿着一件实验室外套，挤出时间来与橄榄球队员们一起工作，不过，很显然，这与他的身份不相符。我们中的其他人忙于测量和校准，那些测量和校准突然间显得需要特别仔细和精确。"

对于这最初的指数实验和许多即将到来的类似实验，费米定义了仅有的一个用于评估链式反应的基本量，即增殖系数 k。k 是一个无限大的阵列中——换句话说，初始中子可以在整个空间里游荡进而遇到铀核——由一个初始中子产生的次级中子的平均数。处于 0 代的 1 个中子将在第一代产生 k 个中子，在第二代产生 k^2 个中子，在第三代产生 k^3 个中子，如此等等。如果 k 大于 1.0，那么，这个序列将是发散的，链式反应将会继续，"在这种情况下，中子的产生是无限的"。如果 k 小于 1.0，那么，这个序列将最终收敛为 0：链式反应将会终止。k 的值取决于反应堆所用材料的数量和性质及其排列的有效性。

1941 年 9 月，哥伦比亚大学橄榄球队在谢莫洪大楼垒出了一个立方阵列，但得出的第一个 k 值是令人失望的 0.87——比维持一种链式反应所需要的最小值还小 13%。"现在，这个测量值比 1 小了 0.13，"费米评说道，"这很不妙。但我们现在有了一个坚实的起点，我们必须看看是否能够设法挤出这额外的 0.13，最好还能更多一点。"铁皮盒是用铁制成的，而铁会吸收中子。"因此，去掉了铁皮盒。"立方体状的铀不如球状的铀有效，在下一次的实验中，哥伦比亚研究小组便将氧化铀挤压成圆形的小团块。这种材料含有杂质。"所以，这些杂质究竟会起什么作用？——很明显，它们只会有害。也许它们带来的害处达到了 13%。"西拉德将会继续搜求更高纯度的材料。"在这里……将会产生某些可观的增益。"

"嗯，"费米后来说，"这时珍珠港事件爆发了。"

◉

12月6日，阿瑟·康普顿与万尼瓦尔·布什和詹姆斯·布赖恩特·科南特在宇宙俱乐部午餐聚会上进行了一次讨论。之后，康普顿在不到两周的时间里匆匆拼凑出了一套如今称为S-1计划的项目方案，并在12月18日召开了该计划新领导人的第一次会议。（S-1指的是科学研究和发展局第一处：科南特将会领导S-1，但国防研究委员会不再与其直接关联；原子弹计划已经从研究阶段上升为开发阶段。）科南特在1943年写的有关这项工程的秘史中提到，12月18日这天，"空气中洋溢着兴奋——美国宣战已有9天，S-1计划的拓展工作目前已经完成。热情和乐观主义占据着支配地位"。第二天，康普顿将他的计划交给了布什、科南特和布里格斯，紧接着于12月20日又递交了一份备忘录。他管辖的项目分散在哥伦比亚大学、普林斯顿大学、芝加哥大学和加州大学伯克利分校。他提议暂时将这些项目留在那里。

随着战争的降临，为了不泄露正在探索的秘密，项目的领导者采用了一些非正式的代号：钚的代号是"铜"，铀-235的代号是"镁"，铀的总称则是一个没有意义、英国人新造的词组"管道合金"（tube alloy）。"根据现有的数据，"康普顿乐观地写道，"铜所需的爆炸单位似乎是镁的一半，并且可以排除过早爆炸的可能性。"但由于遥控化工厂制取钚的工程很困难，他认为"生产足够数量的铜要比生产镁的时间长"。他给出了一张进度表：

到 1942 年 6 月 1 日，完善链式反应条件方面的知识。

到 1942 年 10 月 1 日，实现链式反应。

到 1943 年 10 月 1 日，建成通过反应来生产铜的试验性工厂。

到 1944 年 12 月 31 日，生产出有效数量的铜。

康普顿规划的进度表明，钚可能会及时被生产出来从而影响战争的结局，而尽快制造出相应的武器以决定战局正是科南特在珍珠港事件后比以往任何时候都更强烈坚持的要求。但铀-石墨的研究工作甚至尚未使像康普顿这样的人完全相信。如果证明石墨是不管用的，那么"铜生产"就必须依赖重水（对此，哈罗德·尤里正在力劝加拿大一个现有的工厂进行生产），康普顿的进度表将会"从 6 个月变成 18 个月"。这可能会太迟以至于无法产生影响。

在接下来的 6 个月中，康普顿估计，哥伦比亚大学、普林斯顿大学和芝加哥大学的反应堆研究将会花费 59 万美元购买材料，花费 61.8 万美元作为薪水和维护费用。"这个数字对我来说太大了，"他朴实地回忆说，"通常，我从事的研究工作每年需要的也不过是数千美元。"

为了准备提案中的这一部分，他已经与佩格拉姆和费米见过面，并且得出结论，当金属铀投入使用时，这个项目应该集中在哥伦比亚大学进行。在圣诞节和 1 月最初的几周里，赫伯特·安德森这位当地人负责在纽约市区寻找一座大得足以容纳一个完整规模的链式反应堆的房子。在采用非正式代号方面，哥伦比亚研究小组也不甘落后，将项目的这一关键阶段命名为"煮蛋实验"。安德森奔走于寒冷的市区，找到了 7 处或许可以用于"煮铀蛋"的处所，并在 1

月 21 日将它们推荐给了西拉德。它们包括一个马球场，寇蒂斯-莱特公司一个位于长岛的飞机库，以及固特异公司一个停放小型飞机的飞机库。

1 月，康普顿曾三次将他领导下的各小组的负责人召集到芝加哥，审查各小组的工作。各小组之间的分歧以及重复建设表明，链式反应和钚的化学性质方面的研发工作显然应该集中到一个地点。佩格拉姆提议集中到哥伦比亚。他们考虑了普林斯顿、伯克利和克利夫兰市及匹兹堡市的工业实验室，康普顿提出集中到芝加哥大学。没有人愿意搬家。

新年的第三次会议于 1 月 24 日星期六举行，康普顿在他大学路宽敞住宅三楼一间陈设简朴的卧室里躺在病床上主持了会议：他得流感了。冒着被传染的危险，西拉德前来参加了会议，与会者还有欧内斯特·劳伦斯、路易斯·阿尔瓦雷茨——劳伦斯和阿尔瓦雷茨坐在旁边的床沿上——以及其他几个人。"每个人都争着夸赞自己原来的工作地点，"康普顿写道，"没有哪个的条件不好。我介绍了芝加哥大学的条件。"他已经赢得了他所在的这所大学行政领导的支持。"为了赢得这场战争，如果有必要，我们愿意把大学翻个底朝天。"这所大学的副校长信誓旦旦地说。康普顿的第一个论据是：他熟悉管理部门并且赢得了它的支持。第二，中西部地区相较于沿海地区有更多的科学家可以用来充实科研队伍，在沿海地区，大学教员和研究生院被其他战争工作"完全抽干了"。第三，芝加哥交通便利，处于通向各地的中心位置。

这没能说服谁。西拉德手头有 40 吨石墨放在哥伦比亚大学，正放心不下。争论在继续。康普顿出了名的优柔寡断，他竭尽所能地忍受他们的纷争和要求。"最后，因为筋疲力尽但又需要立刻定下来，我告诉他们，芝加哥将会是［这个项目的］场所。"

劳伦斯不以为然。"你绝不可能在这里实现链式反应，"他对这位获得诺贝尔奖的同行发难，"芝加哥大学的整个节奏过于缓慢。"

"我们年底能在这里实现链式反应。"康普顿预言说。"我敢用1 000美元赌你做不到。""我和你打这个赌，"康普顿回忆他当时这样回答劳伦斯，"在座的各位可以做证。"

"我想把赌注减为一支5美分的雪茄烟。"劳伦斯退却了。

"同意。"康普顿说，虽然他一生从没抽过一支雪茄烟。

人群散去后，康普顿疲惫不堪地走进书房给费米打电话。"他当即同意转移到芝加哥大学。"康普顿写道。费米也许是同意了，不过他发现这个决定难以兑现。他正在准备进一步的实验，他的研究小组规模刚刚好。他在舒适的郊区拥有一幢舒适的房子，他和劳拉将诺贝尔奖的奖金藏在他们家地下室煤库的混凝土楼板下的一根铅管中，以防他们作为敌国侨民被冻结财产。劳拉·费米"考虑过将利昂尼亚作为我们的永久家园"，她写道，"而且厌恶再次搬家的想法"。她说她的丈夫"不愿意搬家。他们（我不知道他们是谁）决定将所有那种工作（我不知道是什么工作）集中到芝加哥大学进行，这极大地扩展了研究规模，恩里科满腹牢骚。这是他在哥伦比亚大学与一个物理学家小组已经开始的工作。这个研究小组有很多优势，能够相当有效地工作。"但这个国家正处于战争状态。费米乘火车来来回回好几次，直到4月底才在芝加哥扎下营来。劳拉将他们埋藏的珍宝挖了出来，并于6月底跟随而来。

康普顿在病床上带病主持会议后的那天，西拉德迅速回到了纽约。康普顿给他发去了一份表示尊重的电报："感谢你前来介绍哥伦比亚大学卓有成效的研究情况。目前我们在芝加哥大学组建科学研究和发展局的冶金实验室，需要你的帮助。你能于星期三上午和费米及维格纳一同来这里……讨论有关搬迁和组建事宜的细节吗？"与麻省理工学院的辐射实验室不同，这个新的冶金实验室的名字看上去不像在掩饰它的目的。但有谁想象得到它的目标是将元素嬗变成自然界几乎不存在的金属，进而制造成棒球大小的爆炸性球体呢？

在迁至伊利诺伊州之前，费米和他的小组又建了一个指数反应堆，反应堆中是压制成型的圆柱形氧化铀团块，3英寸高，3英寸的底面直径，每块重量为4磅，总共大约有2 000块，放置在直接钻在石墨中的盲孔里。这个小组的一名新成员，约翰·马歇尔（John Marshall），是一位英俊潇洒、满头黑发的年轻实验物理学家，他在泽西城的旧货店找到了一台还好使的冲压机，并将它安装在普平大楼的7楼。沃尔特·津恩设计了不锈钢压模，铀氧化物粉末在压力下被压挤得像用粉末压制成的阿司匹林药片。

费米惦记着尽可能去除反应堆中的潮气，从而降低对中子的吸收。在此之前，他曾试过将铀氧化物用罐子装起来，此时，他决定将整个边长为9英尺的石墨立方块用罐子装起来。"没有现成的所需尺寸的罐子，"劳拉·费米后来平淡地说，"于是恩里科定制了一个。"1月加入这个研究小组的阿尔伯特·瓦滕伯格（Albert Wattenberg）写道："这需要将许多金属条焊接到一起。很幸运，我们找到了一名钣金工，他的焊接技术非常出色。但与他打交道很有挑战性，因为他既不会阅读也不会说英语。我们之间用图形来交流，不知怎的，他做好了这件事。"劳拉·费米提到过一个故事："为了确保装配正确，他们在每个部件上画一个小人儿做标记：如果罐子放对了位置，所有的小人儿就是正立着的，否则就是头朝下倒立着的。"哥伦比亚大学的小组在装载之前先将铀氧化物团块预热到 480 华氏度[①]。他们将房间大小的罐子的内部加热到水的沸点温度，并且抽成部分真空。这种巨大的努力使反应堆的潮气减少到了 0.03%。他们用的还是先前使用过的相对不太纯的铀和石墨，只是改进了环境条件和排布方式，但 4 月底测出的 k 值达到了令人振奋的 0.918。

与此同时，在芝加哥，塞缪尔·阿利森建造了一个较小的 7 英尺的指数反应堆，用他的排布方式测出 k 值为 0.94。芝加哥大学在很早以前就将橄榄球运动让位给了做学问；康普顿接管了斯塔格橄榄球场西看台下废弃的房屋，这个橄榄球场就在主校区往北一点的地方，很方便，为阿利森提供了可用的空间。球场坚实的砖石立面上有哥特式的窗户和雉堞状的塔楼，下方是看台，看台掩蔽了球场和更衣室。阿利森在一个无供暖的半地下房间做实验，那个房间有 60 英尺长、30 英尺宽和 26 英尺高，原来是一间双人壁球室。

1941 年 12 月 6 日是原子弹计划拓展的日子，这一天也发生了另一个重大事件：在零下 35 华氏度[②]的冰天雪地里，格奥尔基·朱可夫将军指挥的苏军从莫斯科城外仅 30 英里、长达 200 英里的战线上对德军发起了反击。"像一个世纪前走过这条路的那位超级军事天才一样，"丘吉尔这样写道，他说的是拿破仑，"希特勒此时懂得了苏联的冬季意味着什么。"朱可夫的上百个师来得有些出人意

---

① 约 248.9 摄氏度。——编者注
② 约零下 37.2 摄氏度。——编者注

料。"吃饱穿暖、从西伯利亚新调来的部队，"一个德国将军这样描述道，"装备齐全，适于冬季作战。"纳粹国防军则不然。推进了 500 英里，距离克里姆林宫已经近在咫尺的德军被打得溃不成军，仓皇败退。自从希特勒着手征服世界以来，他的闪电战战术首次遭到惨败。"冬季降临了，"丘吉尔写道，"战争肯定将是长期的。"希特勒撤掉了陆军总司令，自己揽过了这一职务。到次年 3 月底，他的军队在东线仅战争伤亡就达到近 120 万人，这还没有将疾病带来的伤亡计算在内。

在柏林，德国的经济明显已经扩张到了极限。必须做出取舍。军需部长设立了一种类似于科南特在美国所坚持的规则，这个第三帝国军事研究的主管向正在进行铀研究的物理学家公布了这样的规则："在当前人员和原材料极其紧张的状况下，只有在不久的将来能够带来某些确定的益处时，这种工作……所提出的要求才能被认为是正当的。"在考虑了这一问题后，军需部决定将铀研究的大部分工作指派给伯恩哈德·鲁斯特（Bernhard Rust）领导下的教育部，这降低了铀研究工作的优先权。鲁斯特是一个科盲，是纳粹党卫军的地区总队长，从前是一名地方上的中学教员，就是他在德奥合并后拒绝批准莉泽·迈特纳移民的。搞学术的物理学家们为脱离军队管制感到高兴的同时，又为被交付给一名党痞掌管的一潭死水般的部门而感到苦恼。鲁斯特将权力下放给了帝国研究委员会，这个委员会是帝国标准局的一部分，威廉皇帝研究所的物理学家认为其物理处的领导亚伯拉罕·埃绍（Abraham Esau）不称职。事实上，德国的铀计划已经滑落到了早期的美国铀委员会的水平，并且此时也有了一名布里格斯式的领导人。

这个研究委员会决定直接向第三帝国的最高层求援。它组织了一次详细的陈述，邀请了像赫尔曼·戈林、马丁·鲍曼（Martin Bormann）、海因里希·希姆莱、海军总司令埃里希·雷德尔（Erich Raeder）元帅、陆军元帅威廉·凯特尔（Wilhelm Keitel）和阿尔伯特·施佩尔（Albert Speer）这样的一些显贵。施佩尔是希特勒所称赞的贵族建筑师，军备和军工生产部的部长。在 2 月 26 日由鲁斯特主持的会议上，海森伯、哈恩、博特、盖革、克鲁修斯和哈特克将按会议日程发表讲话，会议还提供了一顿"试验性的午餐"，主菜是涂上了合成酥油的冷冻食物，面包是用大豆粉做的。

对这个委员会雄心勃勃的计划来说，很不幸的是，负责发出邀请函的会议秘书附上了错误的演讲议程。由军需部主办的秘密科学大会计划于同一天在威廉皇帝学会的哈纳克楼举行，议程包含 25 篇高技术含量的科学论文。第三帝国的首脑们收到的正是这场大会的议程。希姆莱表示惋惜：他那天不在柏林。凯特尔说，"现在太忙"。雷德尔打算派出一名代表。没有哪个领导人打算参加这次会议。

如果这些高官参会，海森伯不得不陈述的内容可能会使他们感到吃惊。他强调了原子能可以用来发电，但也讨论了它的军事用途。"因而，纯净的铀-235 被视为一种爆炸物，威力难以想象，"他告诉他的听众同行，"美国似乎正特别急切地沿着这条思路开展研究。"在铀反应堆内"产生了一种新的元素［也就是钚］……它很可能具有与纯净的铀-235 同样的爆炸性，具有同样巨大的威力"。与此同时，在利奥·西拉德曾经住过的哈纳克楼里，军需部了解到，"将两块总重量通常达到 100 千克的这种爆炸物聚到一起，就足以引起爆炸"。

利用钚直接制造原子弹的基本认识已经成熟，所缺少的是经费和材料。2 月 26 日的会议至少赢得了教育部的支持。"在德国，第一次有了一大笔资金投入，"海森伯在战争后期回忆说，"这是在 1942 年的春天，在鲁斯特主持的会议之后。当时我们让鲁斯特确信，我们有确凿的证据证明这能够实现。"然而，海森伯所指的"一大笔资金"是相对于以往那些普通投资而言的。需要说服并使其相信原子能具有军事用途的人不是伯恩哈德·鲁斯特，而是阿尔伯特·施佩尔。说服了施佩尔才能增加投资规模，而生产出哪怕 10 千克的铀-235 或者钚，都会需要多达数十亿德国马克的资金。

战后，施佩尔没有回忆起 2 月 26 日的邀请。他在回忆录中写道，原子能首次引起他的注意，是在他和国内驻防军司令弗里德里希·弗罗姆（Friedrich Fromm）将军的一次定期私人午餐会上。"在这些谈话中，有一次是在 1942 年 4 月底，［弗罗姆］谈到我们赢得战争的唯一机会就是开发一种具有全新效果的武器。他说，他与一个科学家小组进行过接触，这些科学家已经在着手研究一种能够摧毁所有城市的武器……弗罗姆建议我们一起去拜访这些人。"施佩尔在那年春天也从威廉皇帝学会的会长那里听说过原子能，这位会长抱怨对铀研究缺乏支持。"1942 年 5 月 6 日，我和希特勒讨论了这种情况，提议让戈林担任帝国研究委员会的领导，以此来强调它的重要性。"

但将领导职位交给那个肥胖的第三帝国元帅（他指挥着纳粹德国的空军，希特勒将他指定为接班人）只是象征性地提升了原子能研究的地位。更为关键的是 6 月 4 日在哈纳克楼举行的一次会议，施佩尔、弗罗姆、汽车和坦克设计师费迪南德·保时捷（Ferdinand Porsche）以及其他军事领袖和工业领导参加了这次会议。2 月，海森伯就已经将他的大部分演说定位于核动力。这次他强调了军用前景。威廉皇帝学会的秘书感到意外："在这次大会上使用的'炸弹'这个词语，不仅对我，对其他许多与会者来说也是新闻，我能够从他们对此的反应看出这一点。"这对施佩尔来说却不是新闻。当海森伯回答与会者的提问时，施佩尔的一个代表问道，一颗能够摧毁一座城市的炸弹会有多大？海森伯像费米从普平大楼上俯视曼哈顿岛时所做的那样，用手比画出一个形状："像一个菠萝那样大。"他回答说。

在听完简报后，施佩尔直接问海森伯，如何将核物理学应用于原子弹制造？这位德国诺贝尔奖得主似乎不太愿意做出承诺。"他的回答一点都不鼓舞人心，"施佩尔回忆说，"他说，虽然科学的解决方案确实已经找到……但生产所必需的技术条件还需要数年的时间来发展，即使这个计划得到了最大程度的支持，也还需要两年。"他们因为缺少回旋加速器而举步维艰，海森伯这样说。施佩尔提议建造"与美国一样大或者更大"的回旋加速器。海森伯提出不同意见，说德国的物理学家们缺乏建造大型回旋加速器的经验，一开始只能先建造小的。施佩尔"催促科学家们告诉我推进核研究需要的措施以及费用和材料的总额"。几个星期后，他们提交了报告。对于一名常常处理数十亿马克款项的部长来说，他们的请求微不足道。他们只要求"数十万马克的拨款和一些小数目的钢铁、镍和其他优先配给的金属……我建议他们直接申请一两百万马克的资金以及相应的大量材料，而不是在这样一个至关重要的问题上提出这么谦让的请求。但很显然，更多的经费和资源目前还用不上。无论如何，我产生了这样的印象：原子弹不再会对战争进程产生任何影响"。

施佩尔在与希特勒的定时会面中及时汇报了 6 月份的大会上的发现：

希特勒有时会对我提起制造出原子弹的可能性，但这显然超出了他的智力范围。他也无法领会核物理学的革命性本质。在我和希特勒进行会谈的 2 200 项记录中，有关核裂变的记录只出现过一次，一笔带过。希特勒有时会对它的前景进行评论，但在我把我和物理学家们会谈的内容告诉他后，他更加肯定地认为这件事没有太大的价值。实际上，我问过海森伯教授，核裂变是否绝对能得到控制或者是否可能作为一种链式反应持续下去，海森伯教授没有对我的提问给出任何最终的答案。希特勒对他统治下的地球可能会变成一颗炽热耀眼的星球袒露出不悦。然而，他偶尔开玩笑说，那些无比天真，急于揭示天下所有秘密的科学家总有一天会使世界陷入火海。不过希特勒说，这种事情无疑还要再过很长时间才会发生；他在有生之年想必是看不到的。

按施佩尔的说法，随后，"在我再一次问他们完成这一项目所需的时间并被告知在三四年内不会有任何结果之后，在这些核物理学家的建议下，我们放弃了研发原子弹的计划……"。施佩尔所谓的"用于驱动机械的铀电力发动机"的研发工作——重水反应堆的工作——仍会继续。"最终，"海森伯 1947 年在《自然》杂志上总结战争年月时写道，"[德国的物理学家]用不着决定他们是否应该将生产原子弹作为研究目标了。在关键的 1942 年，决策环境自动将他们的研究工作转向了利用核能作为推动力这个问题上。"但同盟国并不知道这一情况。

⊙

"我们可能卷入了一场竞赛,看谁能率先实现目标,"万尼瓦尔·布什在 1942 年 3 月 9 日写信给富兰克林·罗斯福说,"然而如果真是这样的话,目前我没有任何有关敌方项目进展情况的线索,也没有采取明确的措施去查明真相。"布什为什么没有深究这一问题,这成了一个谜。科南特、劳伦斯和康普顿一直为德国制造出原子弹的可能性而忧心忡忡,那些移民科学家更是如此。这是他们敦促美国制造原子弹的主要原因。但这不是布什或者罗斯福的主要原因——对他们来说,这种炸弹首先提供的是进攻优势——这两位领导人对德国的威胁保持着警惕,却出人意料地对评估这种威胁无动于衷。

布什附在信中的报告称,5 磅到 10 磅的"放射性物质"将会"相当确定地"以 2 000 吨 TNT 的当量发生爆炸,高于上一年 11 月 6 日美国科学院第三份报告给出的 600 吨 TNT 当量。报告建议建造一座离心分离机工厂,其花费为 2 000 万美元,它将为每月生产 1 颗原子弹提供足够的铀-235,估计这样一座工厂能在 1943 年 12 月建成。一座气体扩散分离工厂(未指明其造价)可以于 1944 年年底交付使用。一座电磁分离工厂——这是欧内斯特·劳伦斯的方案——在报告中赢得了最大的关注:它可能"提供一种捷径",布什写道,"从 1943 年夏季开始提供充足的材料,能节省大约 6 个月甚至更多的时间。"结论是:"目前的意见表明,成功应用是可能的,并且对于战果来说,这将非常重要,而且可能是决定性的。如果敌人率先研制出来,问题就会变得异常严重。如果各方面都全力以赴并加快进程的话,估计最早能在 1944 年完工。"

罗斯福两天后给出了答复："我认为整个事情不仅要从研发的角度推进，而且要相应地考虑时间，这一点非常重要。"时间，而不是金钱，正在成为原子弹研发的限制因素。

5月23日的会议召集了该项目的所有领导人，科南特在会上要确定制造原子弹的几种方法中哪一种应该转移到试验性工厂并进入工业工程阶段。离心分离机方法、气体多孔膜扩散方法、电磁分离法以及石墨或重水钚反应堆方法看上去同样具有希望。在战时资源短缺和预算需要根据优先级别分配的前提下，究竟应该发展哪一种方法呢？科南特从军备竞赛的层面提出了应如何来判定决策的关键点：

> 虽然所有五种方法目前看来实现的机会差不多，但显然这五条途径生产出十几枚原子弹所需要的时间肯定不会相同，而是可能会相差半年或是一年，因为其中会有不可预料的延误。因此，如果有人现在放弃其中的一种、两种或者三种方法，那么可能就在无意中将赌注押在了跑得慢的马上。在我看来，怎样算是"竭尽全力"，这应该取决于军事上的评估：如果一方在另一方之前先制造出十几枚或二十几枚原子弹，将会发生什么。

关于这一点，科南特考察了有关德国原子弹项目的证据，包括谍报活动的最新情报：从英国方面传来的情报称，德国拥有1吨重水；彼得·德拜的报告称，当他于18个月前来到美国时，他在威廉皇帝研究所的同事们就在努力进行这方面的工作了；"目前截获的德国发给他们在美国的特工的指示表明，他们对我们正在做的事情很感兴趣"。科南特认为这一最新的证据最能说明问题。"如果他们在努力从事这方面的工作，那么他们就不可能落后太多，因为他们1939年开始研究时所掌握的事实与英国和我们起步时是一样的。目前仍有大量有能力的科学家留在德国，他们可能领先我们一年的时间，但难以领先更多。"

如果关键的是时间而不是金钱——用科南特报告中的话来说就是"如果拥有足够数量的新式武器是战争的决定因素"——那么"3个月的延误就可能是致命的"。由此得出的结论是，所有这五种方法都应该立即抓紧推进，尽管"采用这种齐头并进的方式也许需要5亿美元的拨款和一大堆机器"。

◉

格伦·西博格于1942年4月19日星期天上午9点30分乘坐旧金山市流线型列车①到达芝加哥，这天是他30岁生日。当他走出火车站时，他首先注意到芝加哥与伯克利相比要冷些——在那个春季的早晨，气温为40华氏度②。当时，在报摊上看到的头条新闻使他将注意力集中到了不断升级的太平洋战争上：日本报道美国飞机轰炸了东京以及本州其他三座城市，而西南太平洋司令道格拉斯·麦克阿瑟（Douglas MacArthur）将军和华盛顿方面均未承认这次奇袭；这是吉米·杜立德（Jimmy Doolittle）领军的奇袭，目的是提振士气。16架B-25轰炸机从美国的"大黄蜂号"航空母舰起

---

① 1936年至1971年间往返于伊利诺伊州和加利福尼亚州的列车。——编者注
② 约4.4摄氏度。——编者注

飞，单程飞越并轰炸日本后在中国降落。"这天……标志着我生命的一个转折点，"西博格在他精心记录的日记体回忆录中写道，"因为明天我将承担起芝加哥大学园区冶金实验室 94 号元素化学小组的额外责任，这是冶金计划的核心部分。"

在链式反应堆中将铀-238 转变为钚是一回事，从铀中提取出钚又完全是另一回事。康普顿的人已经开始计划建造用于大规模生产的反应堆，这些反应堆将从铀中产生出最大浓度约为百万分之二百五十的这种新元素——体积相当于一枚 10 美分硬币，但均匀地分散在两吨铀和高辐射裂变产物的混合物中。西博格的工作就是设法将这硬币大小的有价值的东西提取出来。

在伯克利，他在探究钚的特殊化学性质方面取得了一个良好的开端。氧化剂是一类将电子从原子外壳层剥离的化学物质，还原剂则是将电子添加到原子的外壳层上。用氧化剂处理钚和用还原剂处理钚似乎会发生不同的沉淀。伯克利的小组发现，如果钚处于 +4 价的氧化态，那么就能用像氟化镧这样的稀土化合物作为载体将这种人造元素从溶液中沉淀出来。将相同的钚氧化成 +6 价的氧化态，沉淀现象就不再会出现；载体会结晶出来，但钚仍然会留在溶液中。这为西博格提供了一种基本的提取方法：

> 我们构思出了氧化还原循环的原理……如果某种物质能够沉淀出某种氧化态的钚，但不能沉淀出另一种氧化态的钚，那么这种物质就适合应用上述原理……例如，一种载体能够用来沉淀一种氧化态的钚，使它从铀和裂变产物中分离出来。之后，将这种载体和钚［此时为固态晶体］溶解并改变钚的氧化态，载体就会再次被沉淀出来，而钚则留在溶液中。这个过程可以

循环重复进行。借助于这样的步骤，如果进行大量的氧化还原循环，那么除非杂质元素与钚拥有几乎相同的化学性质，否则就都可以被去除。

一个为期两天的化学研究工作会议于 4 月 23 日星期三开幕。与会代表有尤金·维格纳、哈罗德·尤里、普林斯顿大学的理论物理学家约翰·惠勒以及许多已被分派到冶金实验室的化学家。这些科学家讨论了从被辐照过的铀中提取钚的 7 种可能途径。他们倾向于 4 种似乎特别适合于遥控的方法，不包括沉淀方法。西博格是新加入的人，他表示反对："可是我对使用沉淀方法有信心。"尽管如此，他们将评估所有 7 种被提议的方法。这要求 40 个人全天工作。西博格未来数月里的工作之一是招募新人。这件事情使他担忧："有时，我对招募事宜有些忧虑……放弃稳定的大学职位来到冶金实验室工作的人，一定是在拿他们未来的事业赌博。没有人知道他们究竟会离开原来的岗位多长时间。"但即使没有人知道这项工作究竟会持续多久，他们中的多数人也相信它确实极为重要："有个说法在这里和伯克利相当流行，大意是：'不管你在你的余生还会做什么，都不会有哪一件事对世界未来的重要性比得上你此刻在这项计划中从事的工作。'"

截至此时为止，西博格都是通过追踪高度稀释在载体中的微量钚的特征放射性来研究钚，这是与哈恩、费米和约里奥-居里夫妇用过的方法相同的示踪化学方法。然而，化学反应在不同的稀释度下常常会出现不同的过程。为了证明这种提取过程在工业规模下也有效，西博格知道他必须在工业规模的浓缩过程中证实这一点。平时，他可能会等待，直到建成并投入运行的反应堆足够大，可以嬗变出以克计的钚。但这种惯常的程序对于原子弹计划来说是一种无法承担的奢侈。

西博格转而寻找一种不用反应堆就能制造出更多钚的方法，以及一种利用他可能制造出的少量钚的浓缩溶液进行工作的方法。科学研究和发展局的资源首先为他提供了帮助，他自己的想象力和独创性也在起作用。他征用了圣路易斯华盛顿大学的45英寸回旋加速器，康普顿一度就躲在那里从事研究。他安排准备了成批的六水合硝酸铀，每批300磅，这些六水合硝酸铀被他用大量的中子轰击了数周和数月。如此长时间和高强度的轰击使他获得了微克数量的钚——几亿分之一克，用肉眼无法看到。之后，他必须设计出一些技术，以混合、测试和分析这些钚。

那个月的上旬，西博格访问了纽约并做了一次演讲，在这期间他找到了一个古灵精怪的人，安东·亚历山大·贝内代蒂-皮克勒尔（Anton Alexander Benedetti-Pichler），他是法拉盛的皇后学院的一名教授，并且是超微量化学（一种巧妙处理数量极其微小的化学物质的技术）的先驱。他向西博格进行了全面而简要的介绍，并允诺寄去一份基本设备清单。西博格雇用了贝内代蒂-皮克勒尔以前的一名学生，两人一起计划建立一个超微量化学实验室。"我们找到了一个没有振动、适合使用微量天平的场所，在琼斯实验室选择了有混凝土工作台的405号房间（以前是暗室）。"这间将将6英尺宽、9英尺长的从前的暗室被选为工作室。

超微量化学方面的另一名专家是保罗·柯克（Paul Kirk），他在伯克利教书。西博格雇用了一名最近取得学位的哲学博士伯里斯·坎宁安，他受过柯克的培训；还雇用了一个名叫路易斯·B.沃纳的研究生。"我总认为我个子够高了。"这位诺贝尔化学奖获得者评说道。但是沃纳有 2 米高，比西博格还高出约 10 厘米，他在这间小实验室里"显得很挤"。

借助超微量化学的特殊工具，这些年轻化学家得以着手处理数量少至数十分之一微克的微量未稀释化学物质（一枚 10 美分的硬币大约重 2.5 克，即 250 万微克）。他们将在一台双筒立体显微镜的机械台上操作，显微镜的放大倍数为 30 倍。纤细的玻璃毛细管取代了试管和烧杯；吸液管利用虹吸现象自动充满；通过显微操作仪控制小型的皮下注射器，注入或者吸除离心分离机锥形的微型离心管中的化学试剂；微型离心分离机从液体中将沉淀的固体分离出来。这些化学家使用的第一台天平由单根的石英纤维一端固定而成，就像一根鱼竿插在河堤上，装置主体放在玻璃罩里，以防受到哪怕是一点点空气流动的影响。为了称量他们"微小世界"的物质量，他们在石英纤维的另一端悬挂了一个由一小片铂箔制成的秤盘，这种秤盘本身就小得几乎无法用肉眼看到。测出纤维的弯曲程度，就能通过标准参照表得出质量值。伯克利开发的天平要粗糙一些，有两个秤盘，秤盘从缚在微型支柱上的石英纤维梁的两端悬挂下来。"这就是说，"西博格解释道，"看不见的物质正在被一台看不见的天平称量。"

除了在新建的冶金实验室中的职责外，西博格还在伯克利协调铀和钚的基础科学研究。6 月上旬，他到加利福尼亚与"吉尔曼大楼三楼的伙伴们"会面，并且和欧内斯特·劳伦斯的秘书结了婚。6 月 6 日，在途经西博格父母居住的洛杉矶返回芝加哥的路上，新娘和新郎准备在内华达州迅速举办婚礼。他们在内华达州的卡连特下了火车，将行李寄存在火车站的电报员处，并打听前往市政厅的路线。"但让我们烦恼的是，我们了解到这里没有什么市政厅。为了取得结婚证书，我们不得不去县政府所在地，那是一个被称为皮奥奇的小镇，在向北大约 25 英里的地方。"巧的是，当时在卡连特充当旅行顾问和答疑人员的助理治安官原来是加州大学伯克利分校化学系 6 月份毕业的学生。他安排教授和教授的新娘海伦·格里格斯乘坐一辆邮车前往皮奥奇。"证婚人是我们招募的一名看门人和［一位］友好的办事员。我们搭乘 4 点 30 分的邮政班车返回卡连特，并登记住进这里的地方旅馆，度过了一个夜晚。"

6 月 9 日回到芝加哥后，西博格将妻子送到他在去加利福尼亚之前租的公寓里，然后立即去了办公室。他从收到的一封信上得知，爱德华·特勒正参与芝加哥大学的课题，而且在尤金·维格纳领导的理论小组工作。

两天后，罗伯特·奥本海默来到芝加哥，顺便拜访了西博格；他们是老朋友，但"这并非只是一次普普通通的拜访"。此前，负责快中子研究的一直是铀委员会威斯康星大学的理论物理学家格雷戈里·布赖特，但他退出了原子弹项目以示抗议，因为他感到有很多严重违背安全原则的问题。"我不相信康普顿博士项目中的安全条件会得到满足。"他于 5 月 18 日写信给布里格斯这样说。他近乎偏执地没完没了地举例。"在芝加哥的项目中，有个别人强烈反对保密。例如，我外出旅行时，其中一个人哄骗我在那里的秘书取出我保险箱里的一些正式报告交给他……同样是这个人在研究小组里相当随便地谈话……我听到过他鼓吹这样的原则，说这项工作的所有方面都紧密相关，最好将其作为一个整体来讨论。"布赖特不指名批评的这个危险人物是恩里科·费米，费米正在满怀信心地推进实现链式反应。康普顿指派奥本海默顶替布赖特的工作，因此奥本海默来拜访西博格，听西博格介绍他在伯克利协作进行的快中子研究。西博格提到，研究快中子反应是"设计一颗原子弹的先决条件"。就这样，奥本海默找到了自己在这个项目中的位置。

6月17日，华盛顿大学回旋加速器组的工作人员将第一批300磅的六水合硝酸铀放到了加速器的铍靶周围的位置。六水合硝酸铀预计要进行1个月的轰击，轰击量为5万微安时。尽管链式反应尚未得到证明，也还没有谁看到过钚，但是西博格所在的冶金实验室委员会的成员已经开始讨论一个25万千瓦的大生产堆的设计和位置，如果一切运行正常，这种生产堆将会生产出量以磅计的这种奇特金属。费米认为，为安全起见，生产钚需要一个1英里宽、2英里长的场地。康普顿建议建造功率渐增的反应堆，使其能够达到全规模的生产程度，并且考虑在密歇根湖的沙丘地区和田纳西州的山谷里物色更为合适的地点。

有个问题归根结底将会影响其他许多问题（其中一些问题非常重要），那就是如何冷却这个大型的反应堆。在冶金实验室成立之初，康普顿就指定了一个工程委员会考虑这些问题；除了一名工程师和一名工业化学家外，这个委员会还包括塞缪尔·阿利森、费米、西博格、西拉德和约翰·惠勒。到6月下旬，对这个问题的讨论进展到试验性宰型的阶段。氦或许是一种合适的冷却剂，通过在一个密封的高压钢质散热器中循环散热；氦有若干优点，其中之一是它对中子的零吸收截面。水是另一种可能的冷却剂，这种热交换介质对工程师们来说更为熟悉，但它对铀有腐蚀性。第三个奇怪的候选者是铋，这是一种熔点很低（520华氏度[①]）的金属，常常用于保险丝和自动防火报警器中。将它熔化成液体，它就会比氦和水更有效

_____

① 约271.1摄氏度。——编者注

地将热散发出来。西拉德赞成使用液态铋冷却系统，一定程度上是因为他和阿尔伯特·爱因斯坦曾经为冰箱发明过一种磁性泵，里面没有物件会移动，因此可以避免泄漏和失效，而液态铋在反应堆中的循环能够用大号的这种磁性泵来实现。

西博格后来写道，工程委员会排除了液体冷却法，"因为可能引发化学作用，还有泄漏的危险以及从氧化物中带走热的困难……大家普遍同意使用氦"。尤金·维格纳没有被邀请加入这个委员会，尽管他对委员会讨论的问题感兴趣，并且具有化学工程方面的全面知识。西拉德说，维格纳强烈倾向于用水冷却，因为"水冷却系统能够在很短的时间内建成"。西博格证实了维格纳对德国原子弹持续不断的极度忧虑：

> 随后康普顿再次与维格纳谈起了德国人可能的进度。像我们一样，自从发现裂变到如今，他们为制造原子弹准备了 3 年时间。估计他们知道［钚］，能够以 10 万千瓦的功率运转一个重水反应堆，在两个月时间内生产出 6 千克的钚。因此，他们极有可能在［1942 年］年底拥有 6 枚原子弹。而在我们的计划中，直到 1944 年上半年才会制造出原子弹。

康普顿鼓励维格纳的小组设计一个水制冷的反应堆，但是下令只对利用氦制冷的系统进行详细的工程研究。

技术辩论背后的根本性争论是控制权问题，至少西拉德明白，他们正在将这一权力有组织地让给美国政府。6 月 27 日召开的一次会议加剧了冲突。布什在 6 月 17 日上交给罗斯福的现状报告中提出，将开发工作和最后的制造工作在科学研究和发展局与美国陆军工程兵部队之间做一下分工，让陆军建造和运作布什自始至终计划要建的工厂。罗斯福在布什的附信上用大写字母写上"同意，罗斯福"（OK. FDR.）并且当即送回给他。同一天，总工程师命令锡拉丘兹工程区的詹姆斯·C. 马歇尔（James C. Marshall）上校去华盛顿报到。马歇尔是西点军校 1918 年的毕业生，有建造航空基地的经验。马歇尔选择了波士顿的斯通-韦伯斯特建筑工程公司作为原子弹工程的主要承包商。为了汇报重组情况，康普顿在 6 月 27 日召集他的研究小组的领导们和计划委员会成员开了一个会。阿利森、费米、西博格、西拉德、特勒、维格纳和津恩等人都有出席。

"康普顿以鼓舞性的话语作为会议的开场白，"西博格后来回忆说，"要求我们全力以赴向前推进。他说，我们在过去半年的目标是研究生产原子弹的可能性；而现在，我们有责任在假设原子弹可以制造出来的基础上，从军事角度推进这个项目，我们需要假设这个项目将持续到战争结束。"康普顿正在暗中进行新的部署，他强调了这项工程的机密性。"在美国陆军中差不多只有 6 人有权限得知我们在干什么。"西博格解释说。这些有特权的少数人包括陆军部长亨利·史汀生——对于那些刚毕业不久的研究生和默默无闻的学者来说，他是一个让人兴奋的伙伴——和"两名建筑专家"，还有康普顿当时提名的几位将军。康普顿阐述了"建筑专家"的职责，并且最后透露了这样一个消息："希望有一个负责生产工厂的承包商。"这样的承包商已经有了。

康普顿的打算似乎产生了让他担心的效果，西博格继续说："一些在场的人对于要给一个企业承包商干活极为忧虑，因为他们担心在这样的环境下工作会不融洽。"显然，他们不必为承包商工作，但他们必须与承包商打交道。但为了让重组变得容易接受，康普顿暗示了可能会出现更糟糕的情况："关于我们是否应编入军队［也就是被委任为军官］以及此举的利弊，有相当多的讨论。绝大多数与会者都强烈反对。"

这个问题在一整个夏天都困扰着众人，并且在秋天再次爆发。西拉德在一份备忘录中精辟地解释说："简单地说，芝加哥大学的纠纷起因于这样的事实，即这项工作是沿着某种独裁的路线而不是民主的路线组织的。"这位有眼力的匈牙利物理学家不相信用命令的方式能够让科学发挥作用。5 月下旬，在有关冷却系统和承包商的辩论之前，他就曾带着强烈的情绪写信给万尼瓦尔·布什："1939 年，天意给了美国政府一个极难得的机会；而这个机会被错过了。现在没有谁能说得准在德国的炸弹摧毁掉美国的所有城市之前我们是否能准备好。我们掌握的有关德国这方面研究工作的信息极为有限，难以令人放心。唯一能肯定的是，如果我们的困难能被解决，我们的速度将至少加快一倍。"

300 磅受过辐照的六水合硝酸铀——这是一种像岩盐的微黄色的晶体——从圣路易斯用卡车于 7 月 27 日星期一运到：

> 六水合硝酸铀用一层铅块包裹着。杜鲁门·科尔曼（Truman Kohman）和埃尔温·科维（Elwin H. Covey）逐件卸载货物并搬运到四楼实验室供我们提取 94^{239}［钚-239］。运来的六水合硝酸铀晶体是被装在各种尺寸的小盒子里的，以便放在回旋加速器靶周围合适的位置。一些盒子用梅斯奈纤维板做成，但大多数用的是 1/4 英寸厚的夹板。不幸的是，一些缝口和边缘被碰撞裂开了，使热的［即带放射性的］六水合硝酸铀晶体悄悄地漏了出来。我们无法获得任何用于测量其放射性的仪器。我

告诉科尔曼和科维，他们最好的防护措施是穿戴上橡皮手套和实验室外套……尽管他们吃力地忙活了半天，将所有这些盒子和铅块搬运到楼上的储存区，但我认为他们一直是尽责的并且使自己最小限度地暴露在辐射下。

当西博格情绪高涨的年轻化学家们开始尝试从圣路易斯运来的大量六水合硝酸铀中提取镎-239时，坎宁安和沃纳举着装乙醚的大瓶子，利用铅屏蔽后面一臂之遥的沉重分离漏斗，在逼仄的405号房间开始分离镎。他们首先测量了那年初夏在伯克利的60英寸回旋加速器上辐照过的15毫升六水合硝酸铀溶液。然后，他们假设当时溶液中含有大约1微克的镎-239。（Pu239，西博格选择用Pu这个缩写而不用Pl，部分是为了避免和铂Pt混淆，但同时也"有开玩笑的成分"，他说，"为的是引起注意"，因为P.U.以前是putrid的俚语形式，意为腐烂的、发出臭味的东西。）他们借助超微化学的仪器工作，通过显微操作仪进行缓慢而单调乏味的操作，将大的动作转化为微小、精细的动作。8月15日星期六，他们将稀土元素铈和镧作为载体混合到溶液中，然后部分蒸发该溶液，使载体和镎作为氟化物沉淀出来。他们用数滴硫酸来溶解沉淀出来的晶体，将溶解后的溶液蒸发成大约1毫升的体积，即千分之一升的体积，大约为20滴。他们检验了析出沉淀后留下来的较大体积的溶液，发现基本上没有α放射性，这是具有α放射性的镎已随着稀土元素一起结晶出来的证据。这天的工作就算完成了，他们小心地保存好重新溶解了沉淀的溶液以供星期一使用，然后就回家了。

8月17日星期一，坎宁安和沃纳通过将小体积的沉淀物氧化来改变镎的氧化态。他们在溶液中多次重复进行氧化还原循环。这天即将结束时，他们的石英离心分离机的锥形微型离心管中已经包含了一小滴每分钟辐射出大约5.7万个α粒子的液体。他们将它放在蒸汽浴器里进行浓缩。

　　星期二，两人将浓缩的溶液转到一个铂质的浅盘里，准备做进一步的浓缩。但溶液开始从容器的边缘溢出。为了不至于洒落浪费，他们迅速将它倒到手边唯一的大盘子里，但那个盘子已经被镧污染了。对体积的误判使他们不得不多用一天再进行提纯。在阁楼里和屋顶上，西博格的六水合硝酸铀组的工作人员在搅动着大量六水合硝酸铀的乙醚和水的提取物。这是又热又消耗体力的工作。

　　星期三上午，重新纯化后，坎宁安和沃纳再次有了一份浓缩液，但其中仍有钾化合物和银的污染。他们将它稀释，先把银以氯化银的形式沉淀出来。然后又加入5毫克的镧，让钚和镧载体一起沉淀出来。之后，他们将沉淀物溶解，再次将钚氧化并且沉淀出镧。这样便将纯净的钚留在了溶液中，更多的工作留到第二天早上去做。

　　1942年8月20日星期四，西博格写道：

　　　　今天也许是我到冶金实验室以来经历过的最令人兴奋、最令人激动的日子。我们的微量化学家们首次分离出了纯净的94号元素！今天上午，坎宁安和沃纳开始雾化处理……昨天制备的含有大约1微克94^{239}的94号溶液，他们加入氢氟酸，将94号元素还原并以氟化物的形式沉淀出来……不含载体物质……

　　　　94号元素的这种沉淀不仅用显微镜能看到，肉眼也能看到，与稀土元素的氟化物没有显著区别……

　　　　大家用眼睛……看到了94号元素，这还是第一次。

到了下午，"我们的小组弥漫着节日的气氛"。暴露在空气中数小时后，"沉淀出来的［钚］呈现出一种粉红的色彩"。在逼仄的砖墙室内，有人给坎宁安和沃纳在狭窄拥挤的工作台前拍了照，这两位穿戴整齐、筋骨强健的年轻人看上去有些疲倦。楼上用体力搬运酸瓶和铅砖的工作人员像笨拙的牧羊人一样走了进来，从显微镜中凝视这神奇、微小的粉红色斑点。

⊙

1942 年夏天，罗伯特·奥本海默在伯克利召集了一小群理论物理学家，他开心地称呼这些人为"要人"。他们的工作是为原子弹的实际设计出谋划策。

汉斯·贝特，当时 36 岁，是康奈尔大学一名很受尊崇的物理学教授，他对加入原子弹项目表示过抵触，因为他对这种武器的可能性持怀疑态度。"我认为……原子弹如此遥不可及，"贝特在战后告诉一位传记作家说，"我完全拒绝做这方面的任何事情……分离［像铀］这样的重元素的同位素明显是一种非常难做的事情，我认为我们绝不可能取得实际成功。"但贝特很可能是奥本海默想要吸收的"要人"名单上的第一人。到 1942 年时，贝特已经是第一流的理论物理学家。他最杰出的贡献是解释了恒星内部能量的产生，并因此于 1967 年获得诺贝尔物理学奖。他的理论揭示了一个由碳催化的热核反应循环，反应涉及氢、氮和氧，最终产生氦。在 20世纪 30 年代的其他重要工作中，贝特是三篇核物理学长篇综述的主要作者，这些文章是对这一领域最早的详尽综述。这三篇权威性的文献后来被一起称为"贝特圣经"。

贝特曾想过帮助抵抗纳粹主义。"在法国沦陷后，"他后来说，"我拼命地做事——为战事做一些贡献。"首先，他发展出了一种穿透装甲的基础理论。在咨询了加州理工学院的西奥多·冯·卡门并听取了他的建议后，贝特和爱德华·特勒于1940年扩展并阐明了冲击波理论。1942年，他进入麻省理工学院的辐射实验室从事雷达方面的工作。奥本海默就是在这里发现他的。

奥本海默将自己的计划提交给了辐射实验室主任李·A. 杜布里奇（Lee A. Dubridge）并获得了批准，他随后安排了一名资深的美国理论物理学家——哈佛大学的物理学教授约翰·范弗莱克（John H. Van Vleck）——去游说贝特参加伯克利的夏季研究工作。"关键在于，"他向范弗莱克建议说，"激起贝特的兴趣，让他对我们工作的重要性留下深刻印象……并且努力说服他相信，我们目前的计划……是可行的。"奥本海默对这份工作的分量深有体会。"每当想起我们的问题，我就会感到头疼，"他告诉这位哈佛大学教授说，"我们无疑会很忙。"范弗莱克在哈佛大学校园里与贝特秘密会面，成功地使他相信这项工程需要他。预先约定的发给奥本海默的信号是西联电报公司的一种廉价标准化电报，上面写着"刷你的牙"这样的报文。

奥本海默也邀请了爱德华·特勒。1939年，贝特与罗泽·埃瓦尔德结了婚，她是斯图加特物理学教授保罗·埃瓦尔德迷人又聪慧的女儿；爱德华和米奇·特勒——"我们在这个国家最好的朋友"，参加了他们在新罗谢尔举行的婚礼。贝特夫妇于1942年7月上旬启程，在芝加哥与特勒夫妇会合，一同前往伯克利。特勒向贝特现场介绍了费米最新的指数反应堆。"他在斯塔格橄榄球场的一个看台下有一组设施，"贝特后来回忆说，"在一个壁球场里，有庞大的石墨堆。"制造钚的链式反应将避开同位素分离问题。贝特说："我随后确信，原子弹计划是可行的，或许能成功。"

参加夏季研究工作的其他"要人"还有范弗莱克、瑞士出生的斯坦福大学理论物理学家费利克斯·布洛赫（Felix Bloch）、奥本海默往日的学生和密切合作者罗伯特·塞伯（Robert Serber）、印第安纳大学的年轻理论物理学家埃米尔·科诺平斯基（Emil Konopinski）和两名博士后助手。科诺平斯基和特勒在年初差不多同时到达冶金实验室。"在忙碌的实验室里我们是新手，"特勒后来在回忆录中写道，"数日来，我们没有被安排具体的工作。"特勒提议他和科诺平斯基复查他的计算，这个计算结果似乎证明不可能利用原子弹在氚中引爆热核反应：

> 科诺平斯基同意了，于是我们开始写一份报告，准备一劳永逸地证明这不可能实现……但我们越写报告，就越明显地发现，我给费米的想法设置的障碍并不太高。我们逐一克服了这些障碍，并且得出结论：重氢实际上能够被原子弹引爆，进而产生一种威力更大的爆炸。在去加利福尼亚的路上……我们甚至认为我们清楚地知道如何实现这一点。

不论奥本海默的官方安排将是什么，爱德华·特勒都不太可能隐瞒这样的发现。当流线型列车在轰隆声中向西行驶时，他让贝特眼前一亮："我们是乘火车包厢去加利福尼亚的，所以能无拘无束地交谈……特勒告诉我，裂变弹各方面都好，而且肯定能造出来。然而事实上，这项工作几乎还没有开始。特勒喜欢直接跳到结论。他说，我们真正应该思考的问题是用裂变原子武器引爆氚的可能性，即氢弹的可能性。"

在伯克利，这些"要人"在奥本海默的办公室里召开会议。"在老勒孔特〔楼〕四楼的西北角上"，一位年长的同事后来回忆说，"像所有那些房间一样，有开向阳台的法式门，很容易从屋顶通过阳台进入屋内。因此，阳台被非常坚固的金属网安全地封了起来"。只有奥本海默有一把钥匙。"如果着了火……而奥本海默又不在，就会发生惨剧。"不过这种火灾在那年夏天还只是一种可能。

特勒提出的那种炸弹分散了理论物理学家们的注意力。这是一种新型、重要、引人关注的炸弹，大家都强烈地想了解它。"塞伯和他的两名年轻助手密切关注着裂变式原子弹的理论，"贝特解释说，"他们很好地掌握了它，因此我们觉得我们不需要做得太多。"快中子裂变的基础很稳固——比起理论，它现在更需要的是实验。因此，资深的研究者将他们的集体才智转向了聚变。他们尚未费心给铀弹和钚弹取个通称。然而，在人类的想象使其成为现实之前，以聚变为基础的新型炸弹就已经有了一个委婉的名称，这个名称带着一个装饰艺术中的惯用语：超级。他们称它为"超弹"。

罗泽·贝特，当时24岁，立刻明白了是怎么回事。"我的妻子对我们当时谈论的内容有了大致的了解，"贝特说，"在约塞米蒂国家公园的山间散步时，她要我仔细考虑我是否真的想要继续从事这项工作。最后，我决定做下去。"超弹"是一种可怕的东西"。但无论如何要先造出裂变弹，毕竟"德国人应该也正在做这件事情。"

特勒仔细考察了两种热核反应，两种反应都将氘核聚合成更重的形态，同时释放结合能。两者都要求氘核在碰撞时足够热，即能量足够高，运动足够剧烈，从而克服原子核之间通常相互排斥的电势垒。必需的最小能量当时认为大约为3.5万电子伏，这个能量对应于上亿摄氏度的温度。在这一温度下——在地球上只有原子弹才可能给出这样的高温——两种热核反应应该以相同的概率出现。在第一种情况下，两个氘核碰撞聚合成氦-3并发射出一个中子，释放3.2兆电子伏的能量。在第二种情况下，同样的碰撞会产生氚——氢-3，这是一种含有一个质子和两个中子的氢的同位素，在地球上没有天然存在的氚——并发射出一个质子，释放4.0兆电子伏的能量。

D+D（氘加氘）型反应释放的3.6兆电子伏以质量计比裂变所释放的170兆电子伏稍微小一点。但聚变反应本质上是一种热反应，就它的引爆而言，与普通的燃烧没有什么本质的不同；它不需要临界质量，因而势必是没有限制的。一旦引爆，它的威力主要取决于设计者提供的燃料即氘的量。哈罗德·尤里发现，氘是重水的主要成分，将它与氢分离比将铀-235与铀-238分离更容易和更便宜，比获取钚要简易得多。每千克的重氢，大约相当于8.5万吨的TNT当量。从理论上讲，由一颗原子弹引爆的12千克液态重氢将以100万吨的TNT当量爆炸。正如奥本海默和他的小组在初夏所了解的，与此等量的裂变爆炸需要大约500颗原子弹。

单凭这种估算就足以证明，花一整个夏天思考超弹的问题，在黑暗中勾勒出它的些许轮廓是值得的。特勒也发现了或者说以为他发现了其他某种东西，一贯性急的他将其摊在了众人面前。除D+D型的反应之外还存在许多其他类型的热核反应。在研究这些使大量恒星辐射出巨大能量的反应时，贝特从方法论上考察了许多类型的热核反应。特勒此时提出了几种反应类型，这些反应有被裂变原子弹或者超弹触发的可能。他建议召集"要人"们并且告诉他们，他们研究出的炸弹可能会引爆地球上的海洋或者大气并且点燃整个世界，这正是希特勒偶尔向阿尔伯特·施佩尔开玩笑时说起过的。

"我从第一刻起就不相信有这种可能，"贝特嘲笑说，"但奥比十分严肃地对待它，他准备去找康普顿商量。如果我是奥比，我认为我不会这样做。但是那时，奥比比我更有热情。我宁可等到我们了解得更多时再说。"不管怎么样，奥本海默有其他紧迫的问题要和康普顿商讨：关于超弹本身。为了避免发生意外遭受重大损失，原子弹工程的领导者们不再被允许乘坐飞机。奥本海默在7月初的那个周末通过电话了解到康普顿去了密歇根州北部的一个乡村商店，他要去那个商店取他湖边避暑别墅的钥匙。奥本海默问明了方向，赶上了下一班东去的列车。与此同时，贝特开始验算特勒做过的计算。

贝特第一时间表示出的怀疑可以让我们从另一个角度审视康普顿对他与奥本海默的会面略显夸张的回忆：

> 我永远不会忘记那天早上。我驾车从火车站将奥本海默载到湖边，望着宁静的湖面，听他介绍情况……
>
> 原子弹真的会引爆大气中的氮和海洋中的氢吗？这将会是终极的巨大灾难。接受纳粹的奴役可能比拉下人类终结的幕布要好些！
>
> 我们一致认为答案只可能有一个。奥本海默的研究小组必须继续进行他们的计算。

贝特已经有了答案。"我很快发现，特勒的计算中包含了一些不合理的假设，至少可以这样说，这一结果极不可能。特勒很快就被我的论据说服了。"对于贝特和其他人反驳失控爆炸可能性的论据，战后不久由奥本海默领头汇编的原子弹设计项目技术档案有最为权威的表述：

> 假定在可能的［热核］反应类型中，只有能量最高的几种才会发生，而且这些反应的截面已经达到了理论上可能的最大值。计算得出的结果是：不管温度多高，损耗的能量都会以一个可观的系数大于产生的能量。在假定能量为 3 兆电子伏的反应相应的温度下［相比之下，D+D 型反应的能量为 3.5 万电子伏］，反应无法自持，系数为 60，而且这个温度已经是计算出的氚反应起始温度的 100 倍，超过裂变原子弹的温度的倍数更大……因此，科学和常识明确证明了引爆大气是不可能的。

奥本海默认同这些好消息，他们继续进行超弹的研究。特勒恢复了情绪："我的理论受到了小组其他人的强烈批评，但是有新的困难，就有新的解答出现。讨论变得十分吸引人而且激烈。事实遭到质疑，而质疑的问题又被更多的事实所解答……在那几周里，伯克利校园里呈现出一种自发的、冒险的和惊人的精神。我们小组的每个成员都努力将讨论朝着肯定的结论推进。"

特勒的 D+D 型超弹存在一个严重的问题。这种反应的速度太慢，超弹组件在裂变触发聚变前就会被炸碎。科诺平斯基前来援助。"科诺平斯基建议，除氚之外，我们应该探究氢的最重形态——氚的反应。"特勒解释说，这在当时"仅仅是……随口一猜"。一种明显值得探索的氚反应是氘核和氚核的聚变，即 D+T（氘和氚）型的反应，它会导致形成氦核，放射出一个中子且释放 17.6 兆电子伏的能量。D+T 型反应以仅仅 5 000 电子伏的能量引爆，这对应于几千万摄氏度的温度。但因为氚在地球上并不存在，所以必须人工制造。用中子轰击锂的一种同位素（锂-6）会使这种轻金属部分转变成氚，这一过程与中子轰击铀-235产生钚的过程非常相似[①]，但这一反应需要大量的中子，这些中子的唯一明显来源是费米尚未得到验证的反应堆。但"要人"们考虑了通过向超弹内填塞锂的一种固态形式（氘化锂）来制造氚的可能性。然而，天然状态下的锂像天然状态下的铀一样，有用的同位素的含量太少；为了取得理想效果，必须将锂-6分离出来。不过，分离锂——在周期表中原子序数为3——比分离铀要容易得多……因此，辩论在伯克利持续了一整个宜人的夏天。"我们总在制造新问题，"贝特后来说，"设法进行计算，基于计算结果我们否定了大多数问题。正是在那时，我直接感受到了奥本海默的非凡智慧，他是我们这个群体当之无愧的领导……对这种智慧的体验令人难忘。"

夏季结束时，"要人"们带着各自的任务投入塞伯小组的工作中。他们得出结论，开发原子弹需要重要的科学技术协作。9月29日，在芝加哥召开的冶金实验室技术委员会会议上，格伦·西博格听了奥本海默对这一结果的论述。"快中子研究工作还没有场所，"西博格用自己的话解释了这位伯克利理论物理学家的看法，"可能需要一个这样的场所。""奥本海默的心中有快中子研究的计划。"康普顿告诉委员会。奥本海默正在物色一个可以设计和组装原子弹的场所。他认为在辛辛那提也许能找到一个合适的场所，或者在田纳西州建一个钚生产反应堆。

---

① 作者此处有误，是与中子轰击铀-238产生钚的过程相似。在中子的轰击下，锂-6会先嬗变为锂-7，锂-7进而裂变为氦和氚，这与铀-238被中子轰击后依次嬗变为铀-239和镎，镎继而裂变为钚类似。——编者注

詹姆斯·布赖恩特·科南特于 1942 年 8 月下旬在 S-1 执行委员会的会议上听取了伯克利夏季研究的结果报告，并在"原子弹的状况"的标题下草草地记下一页笔记。他写道，裂变原子弹将会如"要人"们所言以"以前计算的能量的 150 倍"爆炸。但坏消息是，它需要的临界质量"6 倍于以前［的估计］：30 千克铀-235"。科南特注解道，12 千克的铀-235 将足以爆炸，但产生的"仅仅是 2%的能量"，效率极低。关于超弹的最新消息使这位国防研究委员会主席吃了一惊：

> 为引爆 5~10 千克的重氢液体，将需要 30 千克铀-235。
>
> 如果使用 2 吨或者 3 吨液态氘和 30 千克铀-235，其爆炸当量将会等同于 10^8［也就是 1 亿］吨 TNT。
>
> 估计破坏范围为 1 000 平方千米。致命的辐射会覆盖相同的区域达数日之久。

接着，科南特稳稳地画了一条粗黑的线条，写下"JBC"①这三个大写字母。他后来补充道："S-1 执行委员会认为上述情况是可能出现的。重水正在尽可能地增加。［第一批］100 千克的氘将于 1943年秋天准备好，之后将准备好 60 千克的铀-235！"

执行委员会立即给布什提交了一份正式的现状报告。报告预计在 18 个月内，即到 1944 年 3 月，将会生产出足够的裂变材料用于

---

① 科南特的姓名缩写。——译者注

试验。报告估计,一个30千克的铀-235原子弹"应该具有等价于10万吨以上的TNT爆炸的破坏效果",比早期估计的仅仅2 000吨TNT当量要大得多。报告还生动描述了超弹:

> 如果这一[铀-235]爆炸装置被用于引爆周围的400千克质量的液态氘,那么其破坏力应该超过1 000万吨TNT的爆炸威力。这将会摧毁100平方英里以上的区域。

这个委员会——布里格斯、康普顿、劳伦斯、尤里、伊格·默弗里和科南特——对原子弹计划的重要性做出了超过以往所有估计的判断,并得出结论:"我们越来越确信,为了胜利,我们应该在敌人在这个项目上取得成功之前取得成功。我们也相信,如果那时战争尚未结束,这个项目的成功将会为赢得战争起到决定性的作用。"

8月29日,布什将这份现状报告提交给了陆军部长,并且做出批注:"执行委员会的物理学家们一致认为,这个巨大的额外因素[也就是超弹]是能够实现的……目前认为的可能性比写[上一份]报告时大了许多。"

因此,从1942年7月起,美国就开始研制氢弹了。

◉

9月,被利奥·西拉德称为"芝加哥大学纠纷"的问题——官方权力问题、反应堆冷却系统的设计职责问题以及更多的其他问题——在冶金实验室以一种短暂反抗的方式爆发了。斯通-韦伯斯特公司——军方雇用的建筑工程公司——用了整个夏季研究钚的生产。"这些古典的工程师,"利昂娜·伍兹这样称呼他们,"懂得建桥、建房、开凿河道、筑高速公路等等,但是对新的核工业所需要的知识和技能掌握得很少或者根本不了解。"这个公司派出了一名最优秀的工程师向冶金实验室的领导们做简报。"科学家们耷拉着脑袋一动不动坐着。做简报的这个人完全不懂行,大家既恼火又惊恐。"

其中一个被激怒的人是康普顿的学生沃尔尼·威尔逊(Volney Wilson),他是一名理想主义的年轻物理学家,负责测试反应堆的仪器。不久后,在一个炎热的秋夜,他召集了一次对峙会议。(还在学生时代,威尔逊就分析了游鱼的运动,发明了被称为海豚踢的游泳打腿方式;运用海豚踢,他在 1938 年的奥运选拔赛中胜出,但是随后被取消了资格,因为这是一种新方式,还不允许使用。这反映出奥运会裁判面对新事物的迟钝,也许就是这次裁决决定了威尔逊对权威的态度。)在回忆录中,康普顿将这次秋季会议与 6 月的类似争论混为一谈;为威尔逊工作的伍兹对这件事的回忆比较准确:

> 我们(六七十名科学家)平静地聚集在埃克哈特大楼的一间公共房间里,敞开窗户让微风吹散又热又潮的空气。没有谁发言——这是一次多次冷场的会议。最后,康普顿手持一本《圣经》进来了……
>
> 康普顿认为,威尔逊召集的这个会议的议题是,钚生产是应该以大规模的工业方式进行,还是应该由冶金工程方面的科学家来主导,从而让控制权掌握在这些科学家的手中。而在我看来,首要的议题似乎是摆脱斯通-韦伯斯特公司。

康普顿打了一个比方。他没有先介绍几句，就直接把《圣经》翻到《士师记》第7章第5节到第7节，向利奥·西拉德、恩里科·费米、尤金·维格纳、约翰·惠勒和其他60多位态度严肃的科学家念了一个故事：当有太多的志愿者，以至于看不清胜利完全是上帝的功绩时，上帝怎样帮助基甸在他的人民当中挑选出少数合适的人去与米甸人交战。伍兹后来回忆说："康普顿读完之后坐了下来。"不出意料，"会场变得更沉寂了"，或者说是更惊讶了。随后，沃尔尼·威尔逊站起来直接"用激烈的言辞抨击了……斯通-韦伯斯特公司的无能"。小组内的其他许多人也相继讲话，都反对这些波士顿的工程师。"过了一会儿，全场安静下来。最后，所有人都站起来，散会了。"康普顿将讨论简化为了要求冶金实验室服从他的权威。幸运的是，聚集的科学家们没有理睬他。军方很快将生产钚的责任交给了比斯通-韦伯斯特公司更富有经验的人。康普顿接到换人的提议时，马上就签字批准了。

西拉德对冶金实验室的困境感到愤怒，在遭遇四年的挫折后，这种愤怒已开始逐渐变为坚忍。9月下旬，他给同事们起草了一份长篇备忘录，其中涉及冶金实验室的问题，但是也思考了科学家们对其工作的责任这个深层次问题。在草稿和语气更为和缓的定稿中，他时而赞美时而抨击康普顿的领导："在与康普顿的谈话中，我不断有一种感觉，我正在过于用力地弹奏一件精致的乐器。"除了康普顿的个性外，西拉德还谈到了康普顿领导下的人不愿主动承担责任的有害行为："我常常想……如果康普顿的权威实际上是由我们小组赋予的而不是由科学研究和发展局赋予的，那么一切都会有所不同。"他在备忘录的终稿中详细论述说：

如果康普顿把自己看作我们在华盛顿的代表，并且以我们的名义去争取计划成功所需的一切，情况就会有所不同。那样的话，在面对任何影响我们工作的问题时，他都不会在与我们充分讨论之前做出决定。

从这个角度来看，我们应该清楚地认识到，我们工作遭受的挫折只能怪我们自己。

一个专制的组织介入了——被允许介入——并接管了以民主方式开始的工作。"民主还零星可见，但没有形成一个连贯而有效的网络。"西拉德确信，专制组织与科学是绝对不沾边的。维格纳和更加超然的费米也这样认为。"就算我们将现成的原子弹放在银盘里拿给他们，"西拉德记得听到费米这样说过，"都还有一半的可能会被他们弄糟。"但除了关于承包商和冷却系统的争论，只有西拉德还在继续反抗：

> 我们可以采取这样的立场：为了让这项计划成功，总统将责任委派给布什博士，布什博士又将这一责任委派给科南特博士，科南特博士则将这一责任（以及部分必要的权力）委派给康普顿。康普顿委派给我们每一个人某些具体任务，使我们在履行职责的同时也能心情舒畅地生活。在这种情况下，我们心情舒畅地生活在一座宜人的城市，彼此心情舒畅地交往，康普顿博士是我们能够想象的最佳"老板"。我们完全有理由感到快乐，而且由于战争正在进行，我们甚至愿意超时工作。
>
> 或者，我们也可以采取这样的立场：在上帝和世界面前，由那些发起这一可怕武器研发的人，以及那些对其研发有实质性贡献的人来确保它在合适的时间以合适的方式准备就绪。

我认为，我们中的每一个人现在都必须决定他的职责是什么。

陆军自 6 月以来就加入了原子弹工程，但工程兵部队的马歇尔上校还未能为这项工程谋求到最高的军事优先权。因为科学研究和发展局与军方之间的分工，它似乎开始迷失方向了。布什认为新成立一个权威性的军事政策委员会可以解决这个问题，这样可以使这项工程在一定程度上仍处于非军方人士的控制之下，但又直接委托给强有力的军官并给予他支持。"以我的观点看，"他在 1942 年 8 月底写道，"他们是世界上最伟大的科学家和最杰出的工程师，面对他们的一致意见，我建议不要让任何事情阻碍整个项目进行到底……哪怕它确实会与其他战备努力产生一定程度的冲突。"

布什已经与负责军需供给的布里恩·萨默维尔（Brehon Somervell）上将讨论过他的一些问题。萨默维尔独立地提出了一个解决办法：将全部责任分派给他指挥的工程兵部队。这项工程需要一个更强的领导者。在他头脑中有一个候选人。9 月中旬，萨默维尔将这个人找来了。

"在得知自己要领导这项最终制造出原子弹的工程的那天，"出生于奥尔巴尼的莱斯利·理查德·格罗夫斯（Leslie Richard Groves）后来写道，"我可能是美国军队中最愤怒的军官。"这位西点军校的毕业生当时 46 岁，他接着解释了原因：

1942 年 9 月 17 日上午 10 点 30 分，我得知了这个消息。我先前已经同意在那天中午之前通过电话接受一项派往海外的任务。我当时是工程兵部队的一名上校，一旦接受这项海外的任务，我就可以摆脱当时负责的那些价值上百亿美元、令人头疼不已的军事工程建设了——我希望自己永远不要再和这样的工作有瓜葛，我想离开华盛顿，尽快离开。

布里恩·萨默维尔……我的顶头上司，在新建的众议院办公大楼的走廊上见到了我，当时我刚在军事事务委员会有关一项建筑工程的听证会上出庭做证。

"去海外任职那件事，"萨默维尔将军说，"你可以告诉他们说不行。"

"为什么？"我不解地问。

"陆军部长选定了你来执行一项非常重要的任务。"

"在哪里？"

"华盛顿。"

"我不想留在华盛顿。"

"如果你把这件事做好了，"萨默维尔将军谨慎地说，"能让我们赢下这次战争。"

人总爱在晚年回想自己一生中的某些重要时刻，甚至可能是某些历史性时刻所说的话……至于那天我对萨默维尔将军通知的反应，我记得实在太清楚了。

我说："哦。"

作为美国陆军建筑部门的二把手，格罗夫斯对原子弹工程有足够多的了解，对其宣称的决定性作用持怀疑态度，他也感到失望透顶。他刚完成了建造五角大楼的工程，这是他职业生涯中最为辉煌的成就。他看到过 S-1 的预算：其总数比他在一个星期内的开销还要少。他想要指挥部队。但他是职业军人，懂得他几乎别无选择。他跨过波托马克河，来到萨默维尔的参谋长威廉·D.斯泰尔（Wilhelm D. Styer）准将在五角大楼的办公室听取简报。斯泰尔暗示这项工作进展较好并且应该不难。两人一起拟定了一道交由萨默维尔签字的命令，授权格罗夫斯"对整个……工程全权负责"。格罗夫斯发现他将在几天内被提升为准将——这既是为了增加他的权威，也是为了补偿。他建议推迟正式任命，等他先完成晋升。"我认为在和这项工程的众多科学家打交道时可能会遇到某些问题，"他记得这是自己当时的初衷，"我感觉，如果他们一开始就把我当成将军而不是一名刚被提拔的上校，那么我的地位就会更稳固一些。"斯泰尔同意了。

格罗夫斯身高将近6英尺（只差1英寸），双下巴，蓝眼睛，留着鬈曲的栗色头发和稀疏的胡子，滚圆的腰身像气球一样将皮带和上下的黄铜军扣撑得鼓鼓的。他当时可能差不多有250磅——利昂娜·伍兹认为他可能重达300磅——而且还在继续发福。他于1914年毕业于华盛顿大学，在麻省理工学院专心研读了两年的工程学后再到西点军校继续深造，于1918年在西点军校以当届第4名的成绩毕业。20世纪20年代和30年代，他在陆军工程兵学校、指挥和总参谋部学院以及陆军作战学院完成了继续教育。他在夏威夷、欧洲和中美洲都任过职。他的父亲曾是一名律师，但后来放弃法律当上了牧师，在一个乡村教区和郊区的一个工人阶级教堂里服务。之后，格罗弗·克利夫兰（Grover Cleveland）总统的陆军部长说服他应征入伍，在西部边境担任一名随军牧师。"进入西点军校实现了我最大的愿望，"格罗夫斯后来说，"我是在军队里长大的，一生也基本都是生活在军队里。我对我所了解的那些军官的品格和他们忠于职守的精神印象很深。"这位充满活力的工程师已经结婚，有个 13 岁的女儿和在西点军校上一年级的儿子。

"一头可怕的独狼。"格罗夫斯的一名下属这样描述他。另一个人——格罗夫斯很快就将成为他的顶头上司——将他们在一起的年月精练地总结成了一段既怀有怨恨又带着钦佩的刻薄话。陆军中校肯尼思·D. 尼科尔斯（Kenneth D. Nichols）1942 年时 34 岁，已经谢顶并且戴着眼镜。他是西点军校毕业生，在艾奥瓦州立大学获得水利工程学的博士学位。他对格罗夫斯的回忆是：

> 我一生中见过的最大的王八蛋，但也是最有能力的人之一。他自负到无人能及的地步，有不知疲倦的精力——他是一个大块头，虽然很笨重却又从未显得疲倦过。他对自己的决定绝对自信，在解决问题的过程中也绝对冷酷。但这正是为他工作的好处——你永远不必担心要做的决定和它的意义。事实上，我常常认为，如果我不得不重新来过，我仍会选择格罗夫斯为我的上司。我恨他的无礼，其他每个人也都和我有同感，但我们有各自的理解方式。

尼科尔斯原来的上司马歇尔上校在曼哈顿设立了一个办公室（他在 8 月将其取名为"曼哈顿工程区"，用以掩饰研制原子弹的工程）。但优先权和供给方面的决定战时是在喧嚣的华盛顿的办公室而不是在曼哈顿做出的，为了打好这些战役，马歇尔上校选择了很有能力的尼科尔斯。因此，格罗夫斯在见了斯泰尔后紧接着又找了尼科尔斯，结果发现这项工程的状况甚至比他所担心的还要糟："我并不为我听到的消息感到高兴，事实上，我感到恐惧。"

格罗夫斯带着尼科尔斯去了位于 P 街的卡内基研究所面见万尼

瓦尔·布什。萨默维尔忘了请求布什批准对格罗夫斯的任命，这位科学研究和发展局的局长被激怒了。他无礼地回避格罗夫斯提出的问题，这使格罗夫斯困惑不解。在格罗夫斯和尼科尔斯离开前，布什一直在压制自己的怒气。随后他拜访了斯泰尔，并在一篇当时的备忘录中描述了这次拜访：

> 我告诉他，第一，我仍然觉得，正如我以前告诉过他和萨默维尔将军的，最好是先由军队任命这个人，然后这个人再来执行他们的政策；第二，与格罗夫斯将军简短地见过面后，我对于他是否有足够的手腕胜任这项工作表示怀疑。
>
> 斯泰尔不同意第一点，我回答他说，我是想确认他明白了我的建议。至于第二条，他也同意这个人不够圆通等等，但认为他的其他品质更为重要……我担心我们将陷入困境。

布什在几天时间内就改变了他的想法。因为格罗夫斯立即处理并解决了他最棘手的一些问题。

这位"重量级"的上校给尼科尔斯提出的第一个问题是矿物供给：现有的铀是否足够？尼科尔斯告诉了他一个最新的意外发现：大约有 1 250 吨含铀丰度极高的沥青铀矿——含有 65% 的氧化铀，这是矿业联盟于 1940 年从比属刚果的欣科洛布韦矿区运到美国的，以免它们被德国获得。弗雷德里克·约里奥和亨利·蒂泽德在 1939 年分别提醒过比利时人德国的威胁。这些矿物被露天储藏在斯塔顿岛里士满港的 2 000 个钢筒中。6 个月来，比利时人一直在设法向美国政府提醒它的存在。9 月 18 日星期五，格罗夫斯派尼科尔斯去纽约买下了它。

星期六，格罗夫斯以战时生产委员会非军方领导唐纳德·纳尔逊（Donald Nelson）的名义起草了一封公函，指定曼哈顿工程区拥有AAA级的第一优先权。格罗夫斯亲自将这封公函带给纳尔逊。"他的反应是全然否定。但当我说我不得不建议总统放弃这项工程，因为战时生产委员会不情愿按总统的意思合作时，他的态度迅速转变了。"格罗夫斯是在虚张声势，但让纳尔逊改变主意的不是空洞的威胁；纳尔逊当时很可能已从布什和亨利·史汀生那里对这个项目有所耳闻。他签署了这封公函。格罗夫斯后来写道："在将近一年的时间里，我们在优先级方面没再遇到任何重大困难。"

就在同一天，格罗夫斯批准了一项指令，这项指令在他前任的桌子上已被搁置了整整一个夏天。指令要求在田纳西州东部沿着克林奇河获取5.2万英亩的土地。冶金实验室将它称为场地X。总工程师马歇尔则认为，至少要等到链式反应得到证实后再购买那片土地。

在接下来的9月23日星期三，格罗夫斯晋升为准将。他还来不及别上将星就急忙来到陆军部长办公室参加特别会议，出席的有布什设计成立的军事政策委员会，还有史汀生、陆军参谋长乔治·马歇尔、布什、科南特、萨默维尔、斯泰尔和一位在场的海军将领。格罗夫斯描述了他打算如何运作。史汀生提议成立一个9人委员会来监督。格罗夫斯坚持要求成立一个更为可行的3人委员会，并如愿以偿。讨论继续。格罗夫斯突然请示退席：他解释说他必须赶乘去田纳西州的列车，为的是去视察场地X。吃惊的陆军部长准许了，莱斯利·理查德·格罗夫斯——即将把曼哈顿工程区打扫得干干净净的新扫帚——便起身去了联合车站。"你太给我长脸了，"当格罗夫斯回到华盛顿时，萨默维尔这样称赞他，"我早就告诉过他们，如果让你来负责，事情就真正会有起色。"确实如此。

1942 年 5 月，当恩里科·费米的研究小组建在斯塔格橄榄球场西看台下的一个指数反应堆显示出在无限大范围内它的 k 值将会是 0.995 时，费米开始计划建一个完整的链式反应堆。冶金实验室正在寻找更高质量的石墨，并且主持生产比铀氧化物含铀比例更高的纯金属铀；这些以及其他一些改进应该能将 k 值推到 1.0 以上。"我记得在印第安纳州的沙丘上谈论过这个实验，"费米在战后告诉妻子，"这是我第一次看到沙丘……我喜爱沙丘：这是一个晴朗的日子，没有雾气冲淡色彩……我们从水中出来，沿着海滩漫步。"

根据利昂娜·伍兹的回忆，那年夏天他们开始做准备之后，"每天下午 5 点钟都会从 55 街岬角巨大的防波堤岩石上跳入寒冷的密歇根湖中"游泳——包括她、赫伯特·安德森和费米。当时她还是一个 22 岁的腼腆研究生。"一天晚上，恩里科举行聚会，邀请爱德华和米奇·特勒、海伦和罗伯特·马利肯（我的研究生指导教授）、赫伯·安德森、约翰·马歇尔和我参加。"他们要玩"谋杀游戏"，这是时兴的一种室内游戏。"就在那天晚上，在关上灯之后，我缩在一个角落里，惊讶地听到这些才华横溢、成就卓著、个性鲜明的著名人物像小孩子一样在黑暗中尖叫、戳碰和亲吻彼此。"费米在比较了解她后安慰她说，所有的好人都很腼腆，他自己也总被腼腆支配。伍兹记录下了费米对自己腼腆的自嘲："正如他常常说的，当他意识到自己有多么谦逊时，他总会感到惊讶。"

这年夏天，伍兹正在完成她的论文工作，有时也帮助安德森在芝加哥寻找木材。费米打算将 CP-1——芝加哥一号反应堆——建成球形，这是使 k 值最大化的最有效形状。反应堆的石墨块同心圈层会一圈圈扩大，直至最大直径，因而需要外部支撑，而木质框架较轻且易于成型和组装。"我买了许多木材，"安德森后来说，"我还记得斯特林木材公司看着我交给他们的订单时有多么惊讶，这些订单对重要性和紧急性的要求都是最高级别的。然而他们问也没问就发货了。在获得我们所需的物资时，钱和优先级几乎没有限制。"

一个星期六的下午，阿瑟和贝蒂·康普顿骑马来到芝加哥西南20英里处的库克县森林保护区，他们为建造反应堆找到了一个与世隔绝、风景优美的地方。这里是一片终碛垄^①，长满了山楂树和橡树丛，人们称它为阿贡森林。军方的尼科尔斯开始与该县商议使用这片地，斯通-韦伯斯特公司则开始做建筑规划。

费米一家租用的房子是一个商人的，这个人为了战时工作移居到了华盛顿。由于费米一家是敌国侨民，不允许拥有短波收音机，因此这个商人不得不临时禁用了他的大型全波段凯普哈特牌收音机的长距离频段，不过收音机仍然可以用来为三楼的大厅播放舞曲。费米因为频频发现他的邮件被拆开过而感到气愤，愤怒地抱怨，直到这种行为终止（也可能是做得更为隐秘了）。康普顿夫妇举行了一系列聚会欢迎冶金实验室的新同事。"每次这样的聚会，"劳拉·费米后来写道，"都放映英国电影《近亲》。电影用阴暗的基调描绘了粗心大意带来的后果。一个放在公共场所地板上的公文包被间谍偷走了，英国军方的计划被敌方截获了，造成遭受炮击、民房被毁、战争前线不必要的大量生命损失等严重后果……我们接受了这些提醒，心甘情愿地将我们的社交活动限制在'冶金学家'的群体中。"康普顿将自己描述为"一个必须就重要问题向妻子倾诉的

---

① 在冰川末端横过河谷堆积下来的垄状冰碛。——编者注

人”，这使贝蒂·康普顿成了唯一了解真相的局外人。其他人的妻子都不能知道她们的丈夫在从事什么工作。像其他许多人一样，劳拉·费米是直到战争结束才知道的。

8月中旬，费米研究小组已经可以报告称石墨-氧化铀反应堆的k值可能"接近1.04"了。他们正在设计控制棒并测试金属薄片和气球布在真空中的性质。使用气球布是安德森的想法，这是一种将反应堆包起来以阻止吸收中子的空气进入的方法。测试证明方法是可行的，安德森将这一方法贯彻到底："为了获得所需的气球布，我去了俄亥俄州阿克伦城的古德伊尔橡胶公司。这家公司在建造软式飞艇和橡皮艇方面有丰富的经验，但是建造一个边长为25英寸的方形气球让他们感到有些奇怪。"不管怎样，他们"问也没问"就造出来了，这应该有助于将k值提升百分之一。

9月15日至11月15日，安德森、沃尔特·津恩和他们这个研究小组的工作人员也相继在斯塔格橄榄球场的西看台下建造了16座指数反应堆，用来测量他们收到的大批量石墨、氧化铀和金属铀的纯度。并非所有的铀都达到了纯度要求。但在位于圣路易斯的马林克罗德化工厂，专家们用乙醚来提取氧化铀，开始以一个月30吨的效率生产高纯度的褐色氧化铀。而国家碳公司和一个较小的供应商则通过用提纯的石油焦棉作为原材料并将熔炼的时间加倍，显著改善了石墨的供应（石墨以焦炭的形式成型，随后在高温电弧炉中加热数小时，直到石墨结晶出来并且杂质蒸发掉）。到了9月，交付的货物开始由蒙着布的卡车定期送到。物理学家们也参与体力劳动，大家卸下石墨块、装罐并最后将它们放到西看台。

沃尔特·津恩负责给反应堆准备材料。石墨从各种制造商那里进货，横截面为4.25英寸×4.25英寸的长条形，其长度从17英寸到 50 英寸不等。因此，要使这些长条能紧密排列，就必须将它们磨光并切削成 16.5 英寸的标准长度。它们中的约四分之一需要钻盲孔，用来装填铀块。有一些需要用机械加工穿孔，用来放置控制棒。氧化铀需要被压成物理学家称为"伪球体"的形状——这是一种粗短的圆柱体，两端磨圆——为此，在泽西城的旧货店买的冲压机已经在上一年的冬天船运到了芝加哥。

津恩的团队包括 6 名年轻的物理学家、1 名十分能干的木匠和大约 30 名高中辍学生，这些辍学生在收到征兵通知之前在这里挣点零花钱。他们来自芝加哥肉类加工厂区外围的艰苦"后院"[①]，津恩得时时大声呵斥才能维持好秩序。

对石墨进行机械加工就像磨尖成千上万支巨大的铅笔，津恩使用了高效率的木工工具。首先用接缝刨将每块石墨的侧面加工得彼此垂直且光滑，再用刨子完成另外两个表面的加工，之后用摆锯将石墨块切割成所需的长度。这几道工序一天可加工 14 吨石墨块，每块石墨重 19 磅。

每块石墨上打两个盲孔，用来放置铀伪球体。为了钻出 3.25 英寸深的圆底盲孔，津恩改进了一台笨重的车床。他将 3.25 英寸的铲形钻头安装在车床主轴上（要加工的材料通常就固定在这里），再由车床托板推动石墨向上顶住车刀。钝车刀会带来问题。津恩首先尝试了耐用的碳化钨硬质合金刀具，但是它们很难重新磨快。他改用旧钢锉制作车刀，只要它们钝了便用手工将它们磨快。磨快一次足以加工 60 个孔，约耗时 1 小时。他们总共要加工成型和制造

---

① "后院"（Back of the Yards）是芝加哥的一个移民社区，曾发生许多重大社会冲突，因此长期以来受到小说家、社会活动家和社会科学家的关注。——编者注

完成 4.5 万块石墨，钻出 1.9 万个孔。

10 月 5 日，格罗夫斯将军首次在冶金实验室露面，发表了第一次讲话。技术委员会再一次为冷却系统而争论起来。"陆军部认为这个工程很重要，"西博格后来这样解释格罗夫斯的要求（他们最终将它牢记于心），"能快速产生结果的决定，即使是错的也不加反对。如果有两种方法可供选择，其中一种很好，而另一种看上去也有希望，那么两种都要用。"格罗夫斯要求星期六晚上将有关冷却系统的决定交给康普顿，而当天已经是星期一。争论已经持续了数月之久。

格罗夫斯随后去了伯克利。冶金实验室的科学家们没有意识到的是，格罗夫斯对伯克利小组的工作显得更有信心。"离开芝加哥大学后，我觉得钚方法似乎最有可能让我们成功生产出原子弹的材料，"他后来回忆说，"所有其他方法……都依赖于对物理性质差异极小的材料进行物理分离。"通过链式反应来嬗变是一种全新的方式，不过，钚方法的其余过程——化学分离——"尽管极端困难且完全没有先例，但看来似乎并不是不可能的"。

这个月的月初，让康普顿深感宽慰的是，格罗夫斯说服了杜邦公司——特拉华州的化学和炸药制造商——与斯通-韦伯斯特公司签署转包合同，接管了建造和运行钚生产反应堆的工作。他还打算让杜邦公司的工业化学家更广泛地参与进来，还打算让他们全盘接管钚工程。但杜邦公司不愿意更多地介入。"杜邦公司的理由很合理，"格罗夫斯写道，"物理操作有显而易见的危险，公司在核物理学领域没有经验，对这一过程的可行性存在许多疑虑，而得到证实的理论极少，完全缺少必要的技术设计数据。"杜邦公司于 11 月初派出过一个 8 人评估组到芝加哥大学，之后就怀疑钚工程是当时发展的几个项目中最没有前途甚至最可能失败的项目，而失败会使公司的名誉受损。杜邦公司并不愿意将自己与一种大规模杀伤性秘密武器拴在一起。第一次世界大战期间，杜邦公司在美国参战前就在向英法出售军火，因此受到了广泛的谴责，这样的教训还历历在目。格罗夫斯告诉杜邦公司的执行委员会，德国可能在努力研制原子弹，唯一能够防御纳粹原子弹的方法就是美国也拥有原子弹。他还以一个他认为很有力的论据补充说："如果我们及时成功，我们将会缩短战争的进程，从而会使美国减少成千上万的人员伤亡。"11月的第二周，杜邦公司认可了自1945年起稳定生产原子弹的可能性，并且接受了指派（它将自身的利润限制在1美元，以免惹来军火商的恶名），但明显仍持怀疑和勉强的态度。

此时，斯通-韦伯斯特公司的建筑工人们罢工了。原定于10月20日完工的反应堆的建造项目将要无限期地拖延下去。费米一边为这一问题焦心，一边用这段时间重新计算了反应堆控制的风险。11月上旬的一天，他把康普顿拦在办公室里，提出使用另一个场所：双人壁球室，在那里，他的研究小组已经建造了一系列指数反应堆。然而，k大于1.0时的风险级别全然不同于k小于1.0的情况；用西博格的话说，康普顿要做出一个"可怕的决定"。"我们当时不知道真正的核爆（原子弹那样的爆炸）会如何发生，"康普顿后来冷静地写道（但那天的他心中或许是心潮起伏），"但堆中潜在的放射性物质的数量很大，在这样一个地方，任何可能引发过量电离辐射的行为都不能容忍。"他请费米对能控制住反应的概率进行分析。

毫无疑问，费米提到了他为反应堆设计的各种手段和自动控制棒。然而，即使是慢中子裂变，计算出的每一代的倍增时间也在千分之一秒内，在任何机械的控制系统到位之前，反应堆可能就会爆燃，使热和辐射达到危险的程度。"使我们确信链式反应能够被控制的最有意义的事实"，康普顿后来说，是理查德·罗伯茨的研究小组在卡内基研究所地磁部做出的最早发现之一。当时，玻尔刚在1939年宣布了关于裂变的发现，用康普顿的话说就是："与裂变过程有关的某一小部分中子不会立即发射，而是在裂变发生后推迟数秒钟才会发射出来。"对于一个k值只是稍微高于1.0的反应堆来说，这种延迟的中子将会充分地减缓反应，从而允许有时间进行调整。

这一次，康普顿迅速做出了决定：他见控制似乎确有把握，便允许费米在西看台下建造CP-1反应堆。他决定不告诉芝加哥大学校长罗伯特·梅纳德·哈钦斯（Robert Maynard Hutchins），理由是不应该请一名律师来判断一个核物理学的问题。[1] "他的答案只可能是：不行。但这个答案是错误的。因此，我就自己来承担这个责任。""堆芯熔化"（meltdown）这个词尚未进入反应堆工程师的词汇中——反应堆工程这个领域甚至都还有待费米创立——但康普顿正在冒的就是这样的风险，它一旦发生，就将是一个发生在繁华城市里的小型切尔诺贝利事件。但康普顿知道，费米是一名极具能力的工程师。

◉

11月中旬，费米将他的研究小组重组成两个12小时轮班的小组，一个小组由沃尔特·津恩（他也继续管理原料生产）领导，上日班；

---

[1] 哈钦斯是法学领域的学者。——编者注

另一个小组由赫伯特·安德森领导，上夜班。建筑工程开始于1942年11月16日星期一的早上。费米在斯塔格橄榄球场西看台下双人壁球室的观众台上指挥吊装古德伊尔公司制作的立方形的灰黑色气球，他手下的人用滑轮组将它拉到适当的位置。它占满了这间房子：光滑的底部与地面接触，顶部和三个侧面紧贴着天花板和墙壁，第四个侧面朝向观众台，像遮阳篷一样地卷起来，避免挡道。有人在靠地板的底面上画出一个圆，给第一层石墨定位。没有举行什么仪式，工作人员便开始摆放光滑的黑色石墨块。第一层是"死"石墨，其中没有铀：这些没有钻孔、没有装铀的实心碳晶体的作用是散射和减慢裂变产生的中子。工作人员每向上堆叠一层"死"石墨，就会再堆叠两层石墨块，每块都钻了孔且装有两个5磅的铀伪球体。这样就产生了一个立方单元，内部是铀，外面是散射中子的石墨。

赫伯特·安德森后来回忆说，为了建造木质框架，"技师格斯·克努特应召而来。我们会告诉他……我们需要什么，他会先进行一些测量，木料很快就会准备好。没有对框架或者反应堆做详细的设计或者绘制蓝图"。因为他们拥有几批不同纯度的石墨、铀氧化物和金属铀，他们得根据情况临时安排材料的摆放位置。安德森说，费米"用大量的时间为已有的各种级别的［材料］计算出最有效的位置"。

很快，他们平均每个班次只能堆叠不到两层。他们用传送带搬运石墨块，将它们传递给在反应堆上的工人，大家一边干活一边唱歌打发时间。"死"石墨层中的石墨块的方向是交替的，三块东西向，接下来的三块南北向。它们支撑着铀氧化物层，而铀氧化物层除了外边缘，其他位置都以从前向后的方向摆放。在外边缘，"死"石墨形成了一个外部壳层。那些帮着堆叠石墨块的物理学家必须小心地将沟缝排成一条线，作为放置 10 根控制棒的孔道，这些孔道在广泛分布的点位上彻底穿过反应堆。"开发出了一种设计简易的控制棒，"安德森后来说，"在现场就能做出来：镉的薄板钉在一块扁平的木条上……[13 英尺长的]木条必须手工插入和移开。除非正在测量反应堆的反应率，不然它们就留在反应堆内，用一种简单的搭扣和挂锁锁住，而钥匙只由津恩和我自己掌管。"镉对慢中子有巨大的吸收截面，能够使反应堆处于平静状态。

随着反应堆越来越大，他们搭了木质脚手架继续堆叠，用便携式材料升降机将石墨块送到工作面。升降机运抵之前，他们在建造大型指数反应堆时要在 2 英寸 × 12 英寸的不稳定脚手架上弯下腰来，从站在下面地板上的人手中接过石墨块。有一天，格罗夫斯来到他们当中，责备他们不注意安全。很快，不用申请，升降机就送来了。

在堆叠好第 15 层后，津恩和安德森开始在每次换班之前把控制棒移开，并测量反应堆中心附近一个固定点位的中子强度。他们使用利昂娜·伍兹发明的一种三氟化硼计数管，它会像盖革计数器一样用咔嗒声报出中子数目。被反应堆中的中子轰击出放射性的标准铟箔每天被用于对三氟化硼计数管的读数进行校准。10 月，费米向塞格雷抱怨说，他在用电话做物理学；现在，他搬到了离工作近一点的地方。"每天，我们都要向费米汇报建筑的进展情况，"安德森后来解释说，"通常是在埃克哈特大楼他的办公室里。随后，我们会展示堆叠好了的石墨层的草图，就下一班应该添加些什么达成一致意见。"费米用三氟化硼计数管的原始数据和铟的测量值计算出一种倒计数。随着反应堆逐渐接近它的慢中子临界质量，反应堆中自发裂变产生的中子在被吸收前会倍增越来越多代。例如，在

k=0.99 时，每个中子在它的代链终止之前平均会倍增 100 代。费米的计算方法是用反应堆的半径的平方除以反应堆在铟上诱导出的放射性强度的测量值，当反应堆接近临界状态时，除得的商数将会减小到零。堆叠至 15 层时倒计数为 390；19 层时降到了 320；25 层时是 270；而到 36 层时降到了 149。

进入隆冬季节，没有生火的西看台变得非常寒冷。石墨粉尘使墙壁、地板、走廊、工作服、脸和手都带上了黑色。黑色的薄雾使点着泛光灯的空气中的光线弥散开来。洁白的牙齿闪闪发光。每一处地面都滑溜溜的，不断有人被掉下来的石墨块砸伤手脚。每个班次建造反应堆的人都要抬运成吨的材料，因而足够暖和，但门前和入口处的不幸警卫却冻得瑟瑟发抖。津恩搜集了一些时髦的旧衣物，将就着让他们取暖：

> 我们尝试在空油桶中用木炭生火——烟太浓了。随后，我们弄到许多带装饰性仿圆木的燃气壁炉，将它们连接到煤气总管上，但它们消耗了大量的氧气，还产生了熏人的浓烟……最后，芝加哥大学的人把我们从困境中解救了出来。几年前，这所大学开始禁止在校区内举行大联盟橄榄球赛；我们在一间旧更衣室里找到一批浣熊皮大衣。因此，我们暂时有了衣着最光鲜、有大学生派头的执勤警卫。

费米最初将第一座完整的反应堆设计为有 76 层的球形。从国家碳公司购入的大约 250 吨上好的石墨此时可望将中子吸收减少到原先的估计值以下；总重超过 6 吨、直径 2.25 英寸的圆柱体形高纯度金属铀开始从埃姆斯的艾奥瓦州立大学运到，冶金实验室化学研究小组的领导人之一弗兰克·斯佩丁（Frank Spedding）将那里的一个实验室改造成了一个简易的生产车间，进行批量生产。"斯佩丁蛋"取代铀氧化物伪球体被放到钻了盲孔的石墨块中，然后这些石墨块被放到靠近CP-1阵列中心的位置堆叠成球形格局，这显著地增加了k值的大小。通过进行改良性调整，费米发现他们无须封上古德伊尔公司制造的气球的口子，无须从反应堆中排掉空气，而且能够减少大约20层：在第56层到57层处，他的倒计数应该收敛到零，即$k=1.0$。这个反应堆将不采用球形，而采用门把手的形状，有能容纳两辆车的车库那么大，呈现为扁平的旋转椭圆体，在大圆面上宽度为25英尺，而在高度上，从下顶点到上顶点为20英尺：

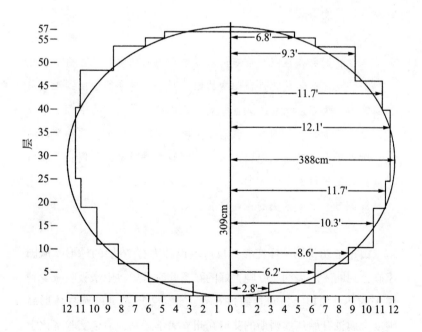

安德森领导的工作人员于 12 月 1 日夜间组装好了最终的构型：

> 那天夜里，建筑工作照常进行，所有钉了镉的木条都插入了它们相应的位置。当堆叠完第 57 层时，依照那天下午我们与费米会面时达成的意见，我宣布停止工作。所有的镉棒，除了留下一根外，其余均被移除，而对中子的计数采用前几天沿用下来的标准过程。从计数可以清楚地看到，只要把留下的最后一根镉棒移走，反应堆就会进入临界状态。我顶住了将最后一根镉棒拔出，首次实现一个反应堆链式反应的极大诱惑。但费米预见到了这种诱惑，要我承诺去进行测量、记录结果、插入所有的镉棒，并且将它们都锁在反应堆上相应的位置。

安德森恪尽职守地做完这一切，然后关上壁球室的门回家睡觉了。

在芝加哥阴沉寒冷的冬季等待释放增殖中子的反应堆里，包含了 77.1 万磅石墨、80 590 磅铀氧化物和 1.24 万磅金属铀。生产和建造花费了大约 100 万美元。它唯一的明显可移动部分是各种控制棒。如果费米计划用它来产生动力，那么他会将它隐蔽在混凝土或者钢板后面，将裂变产生的热量用氦、水或铋带出来，驱动涡轮机发电。但 CP-1 反应堆完全只是一次被设计用于证明链式反应可行性的物理试验，它没被隐蔽起来，也没被冷却，并且费米预计他能够控制它，让它在运转过程中不会比半瓦特更热，几乎不到点亮一只手电筒灯泡的能量。在建造它的 17 天里，当反应堆的 k 值接近 1.0 时，他每天都对它进行控制，保证它的反应与自己的预估相符。他自信能在链式反应即将发散时控制住它。一个年轻同事问他，如果他错了，他会怎么办？他想到了那些延迟发射出的中子的效应，回答说："我会走开——不紧不慢地走开。"

　　"第二天早上，"利昂娜·伍兹后来回忆说——1942 年 12 月 2 日，决定性的一天——"天气非常寒冷，气温在零下。费米和我踏着嘎吱作响蒙着一层淡蓝色阴影的积雪来到看台，用标准的三氟化硼计数管重复赫伯特的中子通量的测量。"费米描出一张他的倒计数的图像；新的数据点准确地落在从先前测量值外推出来的线上，很接近第 57 层：

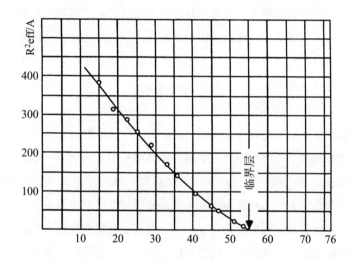

　　费米和津恩、沃尔尼·威尔逊讨论了那天的进度表，伍兹继续说："随后，困乏的赫伯特·安德森出现了……我和赫伯特、费米来到我和我姐姐合住的公寓（公寓离看台不远）找吃的。我做了煎饼，但搅拌面糊的速度太快，以至于面糊里有一些干面粉形成的气泡。煎好后，煎饼咬起来会发出清脆的响声，赫伯特还认为我在奶油里掺了坚果。"

　　外面刮着阴冷的风。在汽油定量配给的第二天，芝加哥人挤在公交电车和高架铁路的列车上，而将几乎一半的自驾车留在了家里。那天早晨，美国国务院宣布，在欧洲已有 200 万犹太人被毁灭，超过 500 万人处于危险中。德军在北非准备反击，美国海军则在地狱般的瓜达尔卡纳尔岛与日军作战。

　　我们在寒冷中踏雪而归……第 57 街出人意料地空空荡荡。西看台的走廊里，温度与外面一样低。我们穿上通常的灰色（如今已经被石墨染成了黑色）实验室工作服，进入双人壁球室，这里面有被肮脏的灰黑色气球布围起来的即将完工的反应堆。随后我们走上观众台。这个观众台最初是用于让人们观看壁球比赛的，而现在摆满了控制设备和读数的电路，它们在发光、在闪烁并且在辐射一些宜人的热量。

这些仪器包括用于给低密度中子计数的大量三氟化硼计数管，以及给高密度中子计数的电离室。一个从反应堆的面前伸出的木墩支撑着由小电动机驱动的自动控制棒，那天这些小电动机都闲置着没有运转。津恩设计了一种名为 ZIP 的重力安全棒，安在同一个脚手架上。一个由电离室控制的螺线管将从反应堆中拔出来的 ZIP 固定在合适的位置上；如果中子的密度超过了电离室的设置，螺线管就会跳闸，重力会将控制棒拉回原位从而终止链式反应。另一根类似于 ZIP 的安全棒用绳子绑在观众台的栏杆上：如果其他一切措施均失败，一位物理学家将会用斧头把绳索砍断，这不免让人感觉有些傻。阿利森甚至坚持过要组成一支敢死队，安排三名年轻的物理学家手持装有硫酸镉溶液的壶，在他们用来向上运送石墨块的升降机上守候在天花板附近。"我们几个人，"瓦滕伯格抱怨说，"为此感到非常不满，因为如果不小心在反应堆附近打碎了壶，这些材料就被毁掉了，无法使用。"年轻的乔治·韦尔在哥伦比亚大学时期就是费米的下属，他按照费米的吩咐站在壁球室的地板上手工操作一根镉控制棒。费米用不断发出"咔嗒"声的三氟化硼计数管读数。他还有一支圆柱形的记录笔，在静静地做着类似的记录，并用墨水在慢速旋转的图纸卷上描绘出反应堆的中子密度。费米则用他自己信任的 6 英寸滑尺——当时的一种袖珍计算器——进行计算。

上午 10 点左右，费米开始进行决定性的实验。首先，他命令移去除最后一根以外的所有镉棒，并查看中子密度是否与安德森在前一天晚上测出的值一致。有了这第一个比较结果后，在观众台上的沃尔尼·威尔逊的团队花了些时间调整它的监视器。费米已经提前计算出当乔治·韦尔逐级拔出最后一根 13 英尺长的镉棒时，反应堆在每一步预期会达到的中子密度。

瓦滕伯格后来写道，当威尔逊的研究小组做好了准备时，"费米指示韦尔将镉棒移出大约一半的位置，［这一调整使反应堆］很好地处于临界状态以下。随着中子密度上升，计数器在一小段时间内'咔嗒'声的速率在增加，随后这种速率变得平稳，正如所预料的那样"。费米忙着用滑尺计算增加的速率，紧跟着记下数目。他叫韦尔将棒再移出 6 英寸，"中子密度再次增加然后变得平稳。反应堆仍然处于亚临界状态。费米再次忙着用小滑尺进行计算，对计算结果显得非常满意。密度每次稳定下来，它的值都与他预先计算出的与控制棒的位置相对应的值一致"。

缓慢而又细致的检验持续了整个上午。观众台上开始聚集一堆人。西拉德来了，还有维格纳、阿利森、斯佩丁等。斯佩丁的金属蛋使反应堆变平了。在观众台上观看的人增加到了 25 人至 30 人，他们大多是做过这一工作的年轻物理学家。没有人拍摄这一场景，但是大多数参观者很可能遵照战前物理学界的优雅传统穿着西服打着领带，但事实上，由于壁球室里气温低（接近零度），他们应该穿外套，戴帽子、围巾和手套保暖。房间被石墨的微尘染黑了。费米显得从容镇静。反应堆就立在他们面前，4英寸×6英寸粗的松树原木框架一直架到反应堆的大圆，上面就是裸露的半球形石墨顶，看上去就像一个明亮的蜂箱里的不祥黑色蜂窝。中子就是它的蜜蜂，飞舞并散发着热。

费米让韦尔再将镉棒拔出6英寸，韦尔伸手照做。中子密度稳定在了一个超出一些仪器量程的等级上。瓦滕伯格后来说，时间在流逝，参观者持续地忍受着寒冷，威尔逊的研究小组再次调整电子仪器：

> 在仪器都复位后，费米告诉韦尔将镉棒再移出6英寸。反应堆仍然处于亚临界状态。中子密度在慢慢地增加——此时，突然发出一声非常响的撞击声！ZIP安全棒自动落下了。它的继电器被电离室激活了，因为中子密度超过了预先设置好的水准。时间是上午11点30分。费米对大家说："我饿了，我们吃午饭去吧。"其他镉棒被插入了反应堆，然后上了锁。

下午2点，他们准备继续进行实验。康普顿来了，和他一起来的还有克劳福德·格林沃尔特（Crawford Greenewalt）。格林沃尔特是一名潇洒的高个子工程师，领导着芝加哥的杜邦公司分部。壁球室里此时有42个人，他们大多挤在观众台上。

费米再一次命令将除一根镉棒外的其余镉棒开锁并移走。他要求韦尔将最后一根镉棒移到上午的一个位置上，并将此时的反应堆中子密度与上午的值进行了比较。当测量值得到检验后，他指示韦尔将镉棒移到午饭前最后设置的位置，这大约是拔出 7 英尺的长度。

k 值越接近于 1.0，反应堆中子密度的变化速率就越慢。费米又计算了一次。反应堆距离临界状态只有咫尺之遥了。他要求将 ZIP 插入。这一调整使中子数下降了。"这次，"他对韦尔说，"将控制棒移出 12 英寸。"韦尔将镉棒拔出。费米点点头，ZIP 也被拉了出来。"反应就要进行了。"费米告诉康普顿。这位钚工程的负责人在费米身边找了一个位置站着。"现在它将变成自持的。〔在记录器上描出的〕轨迹将会向上攀升并且持续攀升，它将不再平稳。"

赫伯特·安德森见证了当时的情况：

> 你最初能够听到中子计数的声音，咔嗒咔嗒，咔嗒咔嗒。随后，这种咔嗒声变得越来越快。过了一会儿，它们开始汇合成一种呼啸声；计数器再也无法跟踪计数。此时就得切换到使用图表记录仪。关掉计数器并打开图表记录仪后，所有人都在突如其来的寂静中看着记录笔向上偏转。这是一种令人敬畏的寂静。所有人都清楚这一切换的重要意义；中子的密度此时已经很高，计数器在这种状态下已不能正常运作；中子的密度增加得越来越快，为了与中子密度相适应，记录仪的量程不得不一次又一次调整。费米突然举起他的手来。"反应堆已经进入了临界状态。"他宣布道。在场的人没有谁对此表示怀疑。

费米咧嘴而笑。他第二天会告诉技术委员会，反应堆的 k 值达到了 1.000 6。每过 2 分钟，它的中子密度就会加倍。如果让反应不受控

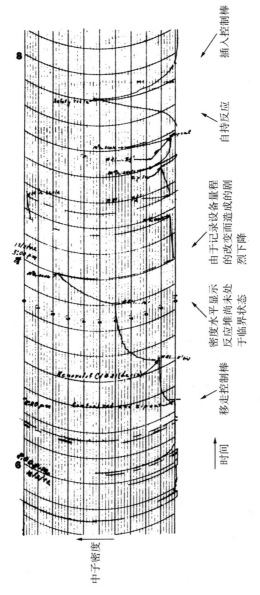

图表记录仪记录的反应堆中的中子密度

制地持续一个半小时，那么这样的增加速率会将其功率提升到100万千瓦。但在远未达到这样极端的失控之前，它就足以杀死房间里的每一个人，反应堆的堆芯也将熔化掉。

"随后，大家开始好奇他为什么不将反应堆关闭，"安德森继续说，"但费米完全镇定自若。他等了1分钟，又等了1分钟，然后，当大家的担忧达到可以忍受的极限时，他命令道：'插入ZIP！'"此时是下午3点53分，费米让反应堆运转了4.5分钟，其功率达到1.5瓦特，多年的发现和实验转化为了成果。人类从原子核中成功释放出了能量。

链式反应不再是镜花水月。

尤金·维格纳这样记录了他们的感受：

> 没有非常壮观的事情发生。没有任何东西移动，反应堆本身无声无息。然而，当这些镉棒被塞回到反应堆中时，咔嗒声逐渐消失。我们突然感到如释重负，因为我们全都懂得计数器的响声意味着什么。尽管我们都预料到了这个实验会成功，但是它的成功还是深深震撼了我们。一段时间以来，我们知道自己正在给一个巨型怪物开锁；当我们确信做到了这一点时，我们仍然不能摆脱一种不安的感觉。我推测，大家的感受就像那些做了某些后果深远但又无法预料的事情的人一样。

几个月前，维格纳意识到意大利酒的进口被战争切断了，所以已经提前在芝加哥酒类市场上找到一瓶庆祝用的意大利基安蒂牌红葡萄酒。此时，他把酒装在一个牛皮纸袋里，交给了费米。"我们每个人都用一个纸杯斟上一点点，"瓦滕伯格说，"看着费米，默默喝下。

有人告诉费米说要在瓶子的［麦秆］包装壳上签名。费米签完后递给了下一个人，除了维格纳，我们都签了。"

当威尔逊开始关闭电子仪器时，康普顿和格林沃尔特离开了。西博格碰巧在埃克哈特大楼的走廊上遇到这位杜邦公司的工程师，他"满口都是好消息"。康普顿回到办公室后给正在华盛顿工作的科南特打了电话，当时科南特"正在哈佛大学敦巴顿橡树园图书收藏馆附属宿舍我的住所里"。康普顿记录下了他们的即兴对话：

> "吉姆，"我说，"你肯定很愿意知道那位意大利航海家刚才登上了新大陆。"因为我告诉过 S-1 委员会反应堆完工至少还需要一周的时间，所以我半带着辩解补充说："地球没有他估计的那么大，所以他到达新大陆的时间比预期早。"
>
> "是吗？"科南特的反应很兴奋，"原住民友好吗？"
>
> "登上新大陆的人既安全又愉快。"

只有利奥·西拉德除外。在 12 月那个寒冷的下午，身材矮胖、与费米共同负责完成这项实验的他，穿着大衣徘徊在观众台上。很久以前，在一个阴暗的 9 月上午，在另一个国家——当时新世界正在取代旧世界——他首次独自构想过这个实验。他梦想过原子能可能会推动科学探索从而消弭战争，能将人类从地球上狭小的空间带向宇宙。他现在知道，远在它推动人类飞向太空之前，它将会增加战争的破坏力，使人类陷入更深的恐怖泥潭之中。他眨着眼镜后的双眼，得出了他的结论。这是序幕的终结。这更可能是终结的序幕。"那里先是挤满了人，后来只剩下费米和我。和费米握手后，我说，我认为今天将成为人类历史上黑色的一天。"

第 14 章

物理学和荒漠

1942 年，罗伯特·奥本海默 38 岁。到此时，他已完成了汉斯·贝特所称的"重大的科学工作"。他是在整个物理学界都享有盛誉的理论物理学家。但在加州大学伯克利分校的夏季研究工作开始之前，似乎很少有同行认为他具有果断的领导能力。尽管在 20 世纪 30 年代他就已经相当成熟，但是他一贯的怪癖，尤其是他的毒舌，可能在同行们眼中掩盖了他成熟稳重的特质。但 30 年代造就了奥本海默，使他能够肩负起此刻正向他发起挑战的工作。

他与众不同的外表使一名在那个 10 年间结识并敬慕他的新朋友记忆深刻，这个人是伯克利的教授、法国文学作品译者哈康·希瓦利埃（Haakon Chevalier）：

> ［奥本海默］是一个个子很高、容易激动并且专心致志的人，他用一种古怪的、像慢跑一样的姿势走路，手臂甩动得很快，头总是微微偏向一侧，一边肩膀抬得比另一边高。但最引人注目的是他的脑袋：细而蓬松的黑色卷发，灵敏的鼻子，尤其是那双眼睛，蓝得不可思议，异乎寻常地深邃和明亮，然而又表现出直率和真诚，让人完全无须心存戒备。他看上去像青

年时的爱因斯坦，同时又像一名长得过分高大的唱诗班男孩。

希瓦利埃描绘的这幅肖像很好地反映了奥本海默的活力和机敏，但忽略了他的自毁精神：他连续不断地抽烟，咳个不停却选择无视，坏掉的牙齿，常常空腹喝高品质的马提尼酒，吃辛辣的食物。奥本海默的憔悴反映出他厌恶融入世界。他的身材使他感到难堪，他难得让自己赤身露体，比如脱了衣服出现在海滩上。在学校里，他穿着灰色外衣、蓝色衬衫和擦得发亮的黑色皮鞋。在家里（起初是一套窄小简陋的公寓，婚后住在伯克利山冈上一座雅致的房子里，他第一次看房当天就用支票买下了它），他更喜欢穿蓝色条纹布工作衫，在狭窄的髋部用西部银扣宽皮带系着牛仔裤。这在 20 世纪 30 年代并不常见——他在新墨西哥就是这副行头——这是让他看上去与众不同的又一个细节。

女人们认为他举止潇洒又时髦。在聚会开始之前，他可能不仅给他自己约来的人，也给他的朋友约来的人送栀子花。"他在聚会上表现得太出色了，"一名他成年后熟识的女性评价说，"女人简直都喜欢他。"他无微不至的关怀可能正是这种钦慕的源泉。"他总是，"希瓦利埃后来写道，"似乎不用费力，就意识到房间里的每一个人并做出回应，常常能够主动满足那些没有说出的愿望。"

而对于男性，他既可能引发敌意，也可能让人乐于交往。爱德华·特勒 1937 年首次遇到奥本海默。特勒后来说，这次会面"痛苦而特别。这天晚上，我要在伯克利的一个研讨会上做报告，他将我领到一家墨西哥人开的饭店用餐。我当时还不像现在这样善于做报告，我已经感到有点紧张了。菜和调料都很辣——如果你了解奥本海默，你可能已经猜到了——他的个性如此强势，以至于我都说不上话"。埃米利奥·塞格雷则在后来记述说，奥本海默"有时表现得不够老练而且自命不凡"。1940年，恩里科·费米在访问伯克利发表演讲时，出于好奇心，参加了由奥本海默的一个学生以奥本海默的风格开的研讨会。"埃米利奥，"费米后来对塞格雷开玩笑说，"我正在变得又老又笨。我现在没法跟上奥本海默的学生们发展起来的那些高深莫测的理论了。我去参加了他们的研讨会，并且因为我不能弄懂他们的理论而感到沮丧。只有最后一句话使我感到振奋：'这是费米的β衰变理论。'"尽管塞格雷发现奥本海默是"我遇到过的思维最敏捷的人"，有着"超群的记忆力……聪明的才智和鲜明的优点"，但他也看到了"严重的缺陷"，这些缺陷包括"偶尔的高傲自大……在他的科学同行们最敏感的地方刺激他们"。"罗伯特会让人觉得他们自己都是傻瓜，"贝特直接这样说，"他让我这样觉得了，但我没有介意。劳伦斯就介意。当他们都还在伯克利时，他俩就有分歧。我认为罗伯特想要让劳伦斯有一种感觉，他劳伦斯不懂物理学，因为不懂物理才去制造回旋加速器，劳伦斯对此很恼火。"奥本海默在给弟弟弗兰克的一封信中承认了自己的这个习惯，但没有去解决："打击他人或打击某件事情的欲望真不容易摆脱，至少对我来说不容易。"他称这种行为为"兽性"。这种行为没有为他赢得朋友。

1931年底，奥本海默的母亲在与白血病进行长期斗争后去世了；他告诉他以前在伦理文化学校上学时的老师赫伯特·史密斯说，这段时间他成了"世界上最孤独的人"。1937年，他的父亲又因心脏病突然发作而去世。在父母逝世后的几年里，这位尚涉世不深的物理学家开始发现人世的苦楚。他后来证实了发现这一点时的惊讶：

我的朋友们，不管是在帕萨迪纳的朋友还是在伯克利的朋友，大都是教师、科学家、古典学者和艺术家。我和阿瑟·赖德［Arthur Ryder］一同研读梵文。我阅读非常广泛，主要是经典著作、小说、剧本和诗歌；我阅读科学知识以外的某些东西。而我对经济学和政治学不感兴趣，也不去阅读它们。我几乎与这个国家的当代社会完全隔绝。我从不阅读报纸和时兴的像《时代》或者《哈泼斯》这样的杂志；我没有收音机，没有电话；我得知 1929 年秋季的股市灾难是在事件发生很久以后；我首次参加投票是在 1936 年的总统选举中。对我的许多朋友来说，我对当代社会事务的漠不关心似乎不可思议，他们常常责备我过于清高。我关心的是人和人的经历；我对我的科学事业深感兴趣；然而，我对个人与社会之间的关系缺乏理解……

　　从 1936 年底开始，我的兴趣发生了改变。

　　奥本海默描述了发生这种改变的三个原因。"德国对待犹太人的方式，使我心中一直郁积着怒火，"他先提到了这一点，"那里有我的亲戚，后来我帮助他们逃脱出来并将他们带到了美国。"他们是在他父亲死后没几天到的，他和弗兰克自愿为他们负起责任。

　　奥本海默说，其次，"我看到大萧条给我的学生们带来的一切"。菲利普·莫里森是一名很有才智的年轻理论物理学家，他是脊髓灰质炎患者，家境贫寒，他回忆说："我们全身心地投入物理学中，我们在那些日子里都对物理学充满热爱。"奥本海默可以请他赏识的学生吃饭，但无法为他们找到工作。他表示："从他们身上，我开始懂得政治和经济事件可以多么深刻地影响人的生活。我开始觉得自己有必要更为全面地参与到社会生活中去。"

他还没有定型。让他发生改变并投身世界的第三个原因与一个女人有关，她的名字是琼·塔特洛克（Jean Tatlock），她是伯克利一名反犹的中古史学家的女儿，体态轻盈、个性鲜明。"[1936 年]秋天，我开始向她求爱，我们彼此越来越近。至少有两次我们的关系足够亲近到结婚，我们考虑过订婚。"塔特洛克聪明、热情并富有同情心，常常感到压抑；他们的关系有如风暴之海。但塔特洛克投身的其他事情也是这样。"她告诉我她是一名共产党员：与组织的关系断断续续，这似乎从没有为她提供过她在寻找的东西。"这对恋人开始一同活跃于他所谓的"左翼朋友"当中，"我喜爱这种有人陪伴的新感觉，并且在那个时候感到我正在成为我那个时代和国家生活的一部分"。他被西班牙内战中的共和派与加利福尼亚的工人移民们的事业所吸引，为他们献出时间和金钱。他阅读恩格斯和费尔巴哈的著作以及马克思的全部著作，发现他们的辩证法不合胃口："我从没有接受过共产主义信条或者理论：事实上，它们对我从来就没有什么意义。"

奥本海默 1939 年夏天在帕萨迪纳遇到了他的妻子基蒂。她长得娇小黝黑，前额宽阔高耸，眼睛呈棕色，颧骨突出，嘴巴宽大且富于表情。在此之前，她与一名年轻的英国内科医生斯图尔特·哈里森（Stewart Harrison）结过婚。"哈里森博士是理查德·托尔曼、查尔斯·劳里森以及加州理工学院其他教员的朋友和同事 [哈里森正在进行癌症研究]。我了解了她早年与乔·达莱的婚姻，他后来在西班牙战争中阵亡。他是共产党的干部；在他们短暂的一两年的婚姻期间，我的妻子是一名共产党员。当我遇到她时，我发现她深深地忠实于她的前夫，但完全脱离了政治活动，并且有些失望和轻蔑地认为共产党事实上并不像她曾经认为的那样。"这种卷入显然是直接而强烈的。

也许是因为妻子的鼓励，然而肯定也是由于自己日益增长的理智，奥本海默开始抛弃好像已经变得狭隘的政治志向。"在珍珠港事件的前夜，我参加了一个大规模的西班牙救援聚会，"他用实例证明说，"第二天，当我听到战争爆发的消息时，我认定自己为西班牙人的事业已经做得足够多了，这个世界上还存在其他更为紧迫的危机。"在劳伦斯的坚持下，他也愿意退出美国科学工作者协会，如他所想的那样为打败纳粹研究原子弹。

贝特后来说，尽管奥本海默一开始是个糟糕的老师，教授的量子理论大大超出了学生未经训练的能力的范围，然而到此时，他已经"创建了美国历史上最出色的理论物理学学校"。贝特对这一演变的解释揭示了奥本海默后来行政领导能力的萌芽：

> 也许他带入教学的最重要成分是他近乎完美的鉴识力。他总是懂得什么是重要的问题，他对课题的选择就能体现出这一点。他真的为那些问题而生，努力找到解决途径，并且向他的小组传达他的担忧……他对任何事情都感兴趣，[他和他的学生们]可能会用一个下午讨论量子电动力学、宇宙射线、电子对产生和核物理学。

在同一时期，奥本海默在实验方面的笨拙渐渐演变成了欣赏，他有意识地努力掌握了实验工作——但不亲自动手。"他开始观察，而不操作，"他的一个以前的学生后来说，"他学会了去观察实验仪器并且领悟仪器的实验局限性。他掌握了基础物理学，而且有我所知道的最好的记忆力。他总能看出一个实验能走多远。当你无法取得进展时，你可以仰仗他来理解问题所在并思考你在下一步可以做的尝试。"

对奥本海默来说，剩下的事情就是学会控制他的"兽性"并且遮掩他的怪癖。他总是学得很快。重要的是，他很少绕弯弯，而是非常直接，很少矫揉造作，他一直自然简朴地住在新墨西哥北部桑格雷-德克里斯托山佩科斯山谷中不加装饰的农场里。

早在 1942 年 10 月，当莱斯利·理查德·格罗夫斯将军从芝加哥大学到伯克利进行初步视察时，奥本海默就首次与他见过面。他们参加了大学校长招待的午宴，后来进行了会谈。在 9 月 29 日召开的冶金实验室技术委员会的会议上，奥本海默就曾论述过需要一个快中子实验室。他预料到了这样一个实验室比基本的裂变研究的作用更大，正如他在战争爆发后所说的那样：

> 像其他人那样，我变得深信原子弹工作本身需要一种重要的变化。我们需要一个中心实验室协同致力于这一目的，在这个实验室，大家能够自由交谈，理论想法和实验发现能够相互影响，许多区隔化的实验研究造成的浪费、挫折和过失能够被消除，我们能够开始认真对待迄今为止都没有得到认真考虑的化学、冶金学、工程学和军械问题。

不过在这里，他的记忆简化了实验室的发展过程；在与格罗夫斯第一次会面时，奥本海默可能没有论述过消除格罗夫斯钟爱的区隔化设想。与此相反，他接着说，两人首先考虑将实验室建成"一种军事机构，在这种机构里，关键人物将被委任为军官"。他在这个想法酝酿成熟后便离开伯克利去访问附近的一个军事基地，以开始这种委任过程。

格罗夫斯记得，他"从我们在伯克利的第一次会谈中获得的最初印象"是中心实验室是一个好想法；他强烈地感到"[原子弹的设计]工作应该立即启动，一旦启动，至少项目的一部分工作就能以我希望的一种从容步伐取得进展"。他直接关注的是领导问题；他相信，高明的舵手能够驾驭最难控制的船。欧内斯特·劳伦斯一度是格罗夫斯的首选，但他怀疑没有人能接替劳伦斯，做好同位素的电磁分离工作。康普顿在芝加哥大学忙得不可开交。哈罗德·尤里是一名化学家。"在项目之外可能还有其他合适的人选，但他们都已经完全被重要的工作占据了。而被推荐的那些人选好像都不如奥本海默。"格罗夫斯已经对他的人选进行了评估。

"奥本海默成为[新实验室的]主任这件事并不明朗，"贝特后来指出，"他毕竟没有管理一大群人的经验。这个实验室主要致力于实验和工程技术，而奥本海默是一位理论物理学家。"更为糟糕的是，这项工程的领导者都是诺贝尔奖得主，在他们的眼中，他没有获得诺贝尔奖，因而逊色不少。奥本海默也存在被格罗夫斯称为"障碍"的左翼背景，"包括许多无论如何都不对我们胃口的东西"。格罗夫斯尚未从军方反谍报机构手中争取到曼哈顿工程安全方面的控制权，这个机构强硬地拒绝批准这样一个人，他以往的未婚妻、现任妻子、弟弟以及妻妹都曾经是共产党员，而现在可能仍然如此，只是转入了地下而已。

格罗夫斯无论如何都想用奥本海默。"他是一位天才，"格罗夫斯在战后不久不具名地告诉一名采访者，"他是一位真正的天才。劳伦斯很优秀，但他不是天才，只是一个勤奋工作的人。为什么这么说呢？奥本海默什么都懂，他能和你谈论你提起的任何事情。当然，不完全是。我猜测他也有少数不懂的事情。他对体育运动就一窍不通。"

格罗夫斯向军事政策委员会提名奥本海默，结果被固执地拒绝了。"经过多次讨论后，我请求每个成员给我提出一个更好的人选。几周时间内，我们逐渐明白找不到更合适的人选了；因此，我们就让奥本海默来承担这项任务。"奥本海默后来对这种说法提出了异议，他说他之所以被选上是"因为缺人。实际情况是那些最合适的人都已经被指派了其他工作，而且这项工程名声不好"。拉比后来认为"格罗夫斯将军并不是公认的天才，但他任命奥本海默的决定着实是他天才的一笔"，而在当时，这却似乎是"最不可能的任命，让我感到惊讶"。1942 年 10 月 15 日，格罗夫斯在从芝加哥去纽约的途中要求奥本海默与他一同乘火车前往底特律讨论任命的事情。两人于 10 月 19 日在华盛顿与万尼瓦尔·布什见了面。这次长时间会晤显然是决定性的。安全审查问题得等到日后再说了。

下一个问题就是新实验室建在什么地方。在伯克利与奥本海默第一次会面时，格罗夫斯就强调了隔离的必要性；聚集到新的实验中心的科学家无论有多少，尽可以相互交谈，但这位将军打算将他们与普通民众隔离开。"因为这个缘故，"奥本海默在 10 月中旬写信给在伊利诺伊州的同事约翰·H. 曼利（John H. Manley）说，"按计划很有可能迁到相当远的地方。"（在同一封信中，奥本海默提议"现在就动手，不择手段地把所有我们能用的人都招募进来"。他想要得到他能得到的最好人选，很快就向格罗夫斯提出要招募像贝特、塞格雷、塞伯和特勒这样的一些人。）

这个设想中的实验室最初被称为场地 Y，它需要有良好的交通运输、充足的供水、地方劳动力资源和有利于整年建筑及实施户外实验的合适的气候条件。格罗夫斯在回忆录里将安全列为考虑的首要因素，他坚决要求隔离——"以确保附近的社区不会受到我们的活动带来的任何无法预料的后果所造成的不利影响"——但实验室外面围绕着一圈高高的钢栅栏，顶端以带刺的铁丝绞成三足蒺藜，这显然不是为了把爆炸限制在小范围内而设计的。格罗夫斯正忙于为曼哈顿工程各生产中心选择场地；选择那些场地的标准和选择场地Y的标准的差异是，在原子弹设计实验室，"我们需要引进一批极有才能的专家，其中有些人是很自负的，有必要保证他们对工作和生活条件感到满意"。如果这真的是格罗夫斯的意图，那么这就是他极少几个没能实现的战时目标之一。

格罗夫斯把为实验室选址的任务委派给了曼哈顿工程区的约翰·H. 达德利（John H. Dudley）上校。格罗夫斯给达德利的标准比"让大人物们满意"更为具体：要有容纳265人的房间；要在密西西比河以西，并且距离任何外国边境至少要有200英里；要有一些现成的设施；得是一个附近环绕山丘的天然洼地，这样就构成了碗状地形，可以将栅栏沿蜿蜒的山丘而建，起到防护作用。达德利乘坐飞机、火车、普通汽车、吉普车甚至骑马走遍了美国西南部绝大部分地区，找到了一个理想的地方：犹他州的奥克城。"这是犹他州中南部地区一个可爱的小绿洲。"但是为了征用它，军方将不得不迁移几十个家庭而且将会有一大片农田无法再用于农业生产。达德利于是推荐了他的第二选择，新墨西哥州的赫梅斯斯普林斯，这是位于赫梅斯山脉西坡圣菲西北方向大约40英里处的一个深谷地区——"这是一个优美的地方，"奥本海默在11月上旬巡视这个地区之前这样认为，"各方面都令人满意。"

11月16日，在与达德利和正在协助启动实验室建设工程的埃德温·麦克米伦（Edwin McMillan）视察赫梅斯斯普林斯时，这位新任命的主任改变了想法。这个峡谷让人感到太闭塞；奥本海默知道这个地区风景壮丽，他决定建一座具有开阔视野的实验室。麦克米伦也记得自己当时表示"对这个场地持有相当多的保留意见"：

> 格罗夫斯将军露面的时候，我们正在［与达德利］讨论。这是事先约好的。他要在下午某个时间来听取我们的报告。格罗夫斯一看到这个场地就不喜欢它。他说："这绝对不行。"……就在这个节骨眼上，奥本海默大声说："如果沿着这个大峡谷往上走，就会走出去，到达一座平顶山，那里有一所男子学校，那是一块可用的场地。"

对奥本海默提出的男子学校的场地，达德利满腹牢骚："好像这是一个全新的想法似的。"达德利已经去平顶山考察过两次，不选它是因为它不能满足格罗夫斯的标准。但这座平顶山是一个倒扣的碗形，它的周边同样是可以防卫的。第一个要求是使那些知识分子感到高兴。"因为我……认识路（或者说是山间小径），"达德利后来讥讽地说，"……我们就直接驾车去了那里。"

"这所学校叫作洛斯阿拉莫斯，"学校创立者的女儿后来写道，"以这座平顶山南面的深谷的名字命名，这个深谷里沿着多沙的溪流丛生着三叶杨。"学校的创立者阿什利·庞德（Ashley Pond）曾是寄宿学校一个多病的男生，被送到西部疗养。像奥本海默一样，他的父亲也已去世，他在那之后回到新墨西哥，当时他已成年很久了。他的父亲给他留下了衣食无忧的财产，他便于1917年在7 200英尺高的平顶山上开办了这所洛斯阿拉莫斯牧场学校。

这所学校是为了磨砺那些苍白多病的孩子而建的，就像庞德受过的磨砺那样：男生们睡在裂口原木搭成的宿舍的门廊上，没有供暖，在冬季的雪地里身穿短裤；每个人都被分配了一匹马用于骑乘和饲养。埃米利奥·塞格雷后来写道，这是"美丽而又蛮荒的土地"：黛色的赫梅斯山脉向西延伸，形成了赫梅斯破火山口偏高的边缘，古老的火山呈塌陷的锥形，溢出的火山熔岩逐渐受到侵蚀，形成了洛斯阿拉莫斯；从平顶山东面陡壁向下是格兰德河谷区，除了绿色的弯曲河流外，其他地方都"灼热而且荒芜"，劳拉·费米后来写道，有"沙地、仙人掌，一些没有高出地面多少的矮松树，还有广袤、明净的天空，没有烟尘和雾气"；往东更远处是洛基山脉的悬崖，这一地区向南延伸到新墨西哥，形成桑格雷－德克里斯托山，色调在日落时分逐渐从绿色变到红色。"我记得到达［洛斯阿拉莫斯］时，"麦克米伦继续讲述这第一次视察时说，"时间是下午稍晚时分。天空中落下一点点雪……天气寒冷，男生们和他们的老师穿着短裤在运动场上。我注意到，他们真正相信这样能够使青少年身体强壮。事实上，格罗夫斯一看到这个场地便说：'就是这里了。'"

"我的两大爱好是物理学和荒漠，"罗伯特·奥本海默曾写信给一位朋友说，"它们不能结合到一起乃是一种遗憾。"现在，它们结合到一起了。

利奥·西拉德是个都市人，看惯了宾馆大厅的富丽堂皇，他在听说实验室要建在这个地方时表达了不同的看法。"谁也无法直接想到是在那样一个地方，"他告诉冶金实验室的同事，"每个到那里的人都会发疯。"工程兵部队在 11 月 21 日提交的评估报告中描述说，这是一大块植被场地，在圣菲西北方沿公路行驶 35 英里的地方，没有供气管道和供油管道，有一台单线林务电话，平均年降水量为18.53英寸，全年温度的范围为零下12华氏度到92华氏度[①]。这片土地及其设施，包括男生们的学校和它的60匹马、两台拖拉机、两辆卡车、50具马鞍、800捆柴火、25吨煤和1 600本书，总共价值44万美元。这所学校愿意出售。曼哈顿工程的这个实验室有了一片景色优美的场地。

格罗夫斯说服了加州大学作为承包者运作这一秘密设施。建筑物几乎立即就开始建造了。这些建筑不打算持续使用到战争结束后，它们是像兵营一样的房屋，带有煤火炉，房前没有能让人避开春季和秋季泥泞的人行道。"我们那时尝试做的事情，"当时与奥本海默一起工作的伊利诺伊大学物理学家约翰·曼利后来写道，"是在新墨西哥的荒野里建一座新实验室，没有初始的设备，只有收藏着霍雷肖·阿尔杰的作品以及学校男生们阅读的其他书籍的书库，还有他们骑马时用的驮包设备，没有一样能给我们太多帮助，让我们得到产生中子的加速器。"罗伯特·R.威尔逊（Robert R. Wilson）是伯克利一位年轻的哲学博士，在普林斯顿大学任教，代表奥本海默前往哈佛大学与珀西·布里奇曼商谈使用哈佛大学的回旋加速器的事宜；威斯康星大学将要捐献两台范德格拉夫起电机；从另一些实验室，包括伯克利的实验室和伊利诺伊大学的实验室，曼利获得了其他设备。与此同时，奥本海默在全国东奔西走，招募人才：

> 去洛斯阿拉莫斯任职的前景引起了巨大的担忧。它将成为
> 一个军事基地：人们要承诺在洛斯阿拉莫斯工作至少一段时

----

① 约零下24.4摄氏度到33.3摄氏度。——编者注

期；旅游以及搬家的自由将会受到严格限制……一想到他们将在一段不确定的时间内消失在新墨西哥的沙漠中，可能还要接受准军事化管理，许多科学家以及更多的科学家家属就感到心神不安。然而，它也有另一面。几乎每个人都认识到，这是一项伟大的事业；几乎每个人都认识到，如果它完全顺利并且足够迅速，那么它可能会决定战争的结局；几乎每个人都认识到，这是一个利用科学的基础知识和手段来为他的国家谋取利益的前所未有的机遇；几乎每个人都认识到，这种工作，如果它被胜利完成，将会被写入史册。这种兴奋感、献身精神和爱国精神最终占了优。和我谈过话的绝大多数人都来到了洛斯阿拉莫斯。

最固执的人之一是拉比，他没有去洛斯阿拉莫斯。他的理由很清楚。他需要在麻省理工学院的辐射实验室继续从事研发雷达的工作。"奥本海默想让我当副主任，"许多年后他告诉一位记者说，"我仔细考虑了一下，回绝了他。我说：'我对这场战争非常认真，如果我们没有充足的雷达，可能会输掉战争。'"这位哥伦比亚大学的物理学家认为，比起具有长远前景的原子弹，雷达对美国国防的重要性更迫在眉睫。他告诉奥本海默，他不会全职参与进来，将"三个世纪以来物理学发展的结晶"转化成一种大规模杀伤性武器。奥本海默回答说，如果他认为原子弹能够标志这样一个结晶的话，他会采取一种与拉比"不同的立场"，"对我来说，这样的结晶在战时的首要用途就是开发某些重要的军事武器"。要么奥本海默还未想到怎样才能把新武器的意义同太平盛世终将来临的观点贯通起来，要么他选择回避与拉比讨论这种新武器的意义。他只请求拉比先参加 1943 年 4 月在洛斯阿拉莫斯举行的第一次物理学大会，并且协助说服其他人，尤其是说服汉斯·贝特加入。最后，拉比答应以客座顾问的身份参会，这对于格罗夫斯的区隔化和隔离规定来说，是极少的例外。

在新英格兰漫天大雪的 12 月，奥本海默去见了在坎布里奇的贝特及其家人；他们详细询问了那里的生活条件如何。从他的复信中可以看出一个速成社区的规划："实验室……小镇……公共设施、学校、医院……某种类似于市政长官的管理者……城市工程师……教师……兵营……洗衣店……两个公共饮食区……一名文娱干事……图书馆、背包旅行、电影……单身公寓……一家所谓的陆军消费合作社……一名兽医……理发师和诸如此类的服务人员……一家我们能够喝到啤酒、可口可乐和吃到便捷午餐的小酒吧。"奥本海默推断说，让贝特一家最为满意的保证是"格罗夫斯为建立这一奇特社区［已经］做出的……巨大努力、他慷慨大方的行为以及他要将此事真正做成功的明显欲望。通常，［格罗夫斯］对省钱不感兴趣，而……对节省战备物资感兴趣，对精减人员感兴趣，对不狂欢作乐进而引发国会关注感兴趣"。他选择不提起研发项目中的安全措施：周边的防护栅栏，出入管制，基本上没有电话。（"奥本海默的想法是给他自己留一部电话，"达德利说，"给邮政长官留一部，任何大宗的事务都通过电报与外界联系。"）到了 3 月，特勒发现贝特持"一种非常乐观的观点，没有必要进行任何劝说他就会去洛斯阿拉莫斯"。

特勒感到在芝加哥大学工作是大材小用，渴望转到新实验室工作。约翰·曼利要求他写一份计划书，帮助招募人员，特勒于 1 月上旬将这份计划书发送给了奥本海默。在伯克利的夏季研究期间，两人关系就非同一般，当时另一名参与者断定这是一种"精神恋爱"。特勒"非常喜爱和尊敬奥比。他总想与其他了解奥比的人谈论他，总在交谈中提起他的名字"。贝特当时和后来都注意到，尽管他们外表上存在许多差异，但特勒和奥本海默"在本质上……非常相似。特勒对事物有极快的理解力，奥本海默也是这样……另一个相似之处是，他们的实际科学产出以及科学出版物都没有充分体现出他们的能力。我认为特勒的心智能力非常高，奥本海默也一样。在另一方面，他们的论文尽管包含某些非常好的内容，却从未达到过真正的顶级标准。他们两人都没有达到过获得诺贝尔奖的水平。我认为，除非你性格有些内向，不然你就说什么也达不到这个水平"。（路易斯·阿尔瓦雷茨是1968年度诺贝尔物理学奖得主，至少就奥本海默而言，他就不赞成这一看法。他相信，如果奥本海默活的时间足够长，看到了他关于奇异的星体——中子星、黑洞——的预言通过发现得到证实，那么他会因为在天体物理学方面的工作获得诺贝尔奖。）奥本海默和特勒两人都喜欢写诗，奥本海默喜欢文学，特勒喜欢音乐；1942年至1943年间，特勒一度明显地仰慕比他年长、社会阅历更为丰富的奥本海默，希望视他为盟友。

当奥本海默周游全国招募人才的时候，他惊讶地发现，他的同行中很少有人对参军感兴趣。在拉比决定待在坎布里奇之前的几个星期里，拉比和他在辐射实验室的同事罗伯特·F. 巴彻（Robert F. Bacher）带头发起了反抗。1943年2月初，奥本海默写信给科南特，称"科学自主"的必要性是这些科学家抵制军事化的一个重要理由，他们还坚持认为，虽然"安全和保密措施的执行权应该交给军方……但采取何种措施的决策权必须交给实验室"。奥本海默同意这一点，"因为我相信这是确保科学家们精诚协作、士气饱满的唯一途径。"利害关系远比只是失去拉比和巴彻严重，奥本海默告诉科南特："我相信，物理学家们的团结意味着如果这些条件得不到满足，我们不仅无法从麻省理工学院招募到与我们一起工作的人，而且许多打算加盟新实验室的人要么会重新考虑他们的承诺，要么会带着疑虑加入进来，以致降低他们的价值。"他推断，这种反抗将意味着"我们工作的实质性延误"。

格罗夫斯原打算给科学家们授予军衔，一方面是作为一种安全措施，另一方面也是因为他们的工作将是危险的。他对这个问题的政治含义几乎毫无兴趣，但延误是绝对不行的。他做了妥协。科南特和格罗夫斯联名写了一封信，奥本海默能够照其中所说来招募人才；允许新的实验室在进行危险的大规模实验之前采用民政管理和使用非军方的人员。之后，任何想要留下来的人都必须接受一个军衔（格罗夫斯后来决定不强制执行此规定）。军队将管理正在实验室周围建立的社区。实验室的安全问题将成为奥本海默的责任，他要向格罗夫斯汇报。

因此，罗伯特·奥本海默为洛斯阿拉莫斯赢得了利奥·西拉德在芝加哥大学没有能够实现的东西：科学的言论自由。这个新群体所付出的代价不仅体现在社会方面，还体现在更深层的政治方面：围绕小镇的带刺铁丝护栏以及围绕实验室自身的第二层带刺铁丝护栏表明，科学家和他们的家庭不仅与外界隔离，而且为了保护各自的工作机密，还要彼此隔离。"几个在欧洲出生的人感到不快，"劳拉·费米后来提到，"因为生活在一个用护栏围住的区域里会使他们想起集中营。"

⊙

　　1942 年到 1943 年的那个冬天，挪威南部的维莫尔克的重水装置成为英国破坏活动的一个目标。英国一直在计划派遣两架载着爆破专家的滑翔机去执行任务，这些专家是 34 名接受过训练的志愿者；格罗夫斯在被任命管理曼哈顿工程后不久便请求盟国采取行动，盟国很快就行动了。4 名挪威突击队员组成的先遣队于 10 月 18 日空降到尤坎地区进行准备，但糟糕的计划和天气给 11 月 19 日夜间的行动带来了灾难。两架滑翔机从苏格兰出发飞越北海，但均在挪威境内坠毁，其中一架撞上了山腰，14 名从灾难中幸存下来的人被德国占领军俘获，并在当天被处决。

　　R. V. 琼斯（R. V. Jones）是彻韦尔在牛津时的一名学生，英国空军参谋部的情报负责人。琼斯当时"必须做出一个最为痛苦的决定"——是否在第一次行动失败后组织另外一支爆破队。"我认为，在第一次突袭失败的灾难发生前，也就是在判断未受情感左右的情况下，我们已经认定必须破坏重水工厂；必须预料到战争中有牺牲，因此，如果我们请求进行第一次突袭是正确的，那么再次突袭也会是正确的。"

　　这一次是 6 个人，都是这个地区的挪威本地人，并且接受了特种部队的训练，他们于 1943 年 2 月 16 日的月圆之夜跳伞降落在维莫尔克西北方向 30 英里处结冰的湖面上。"这里是哈当厄高原，"他们中有一个名叫克努特·豪克利德（Knut Haukelid）的突击队员，他后来在描写环绕湖水的高原地区时写道，"这是北欧最大、最孤寂和最荒凉的山区。"这些人将白色的跳伞服穿在英国军队的制服外面，带着滑雪板、给养、1 台短波无线电发射机和 18 套塑性炸药，这些炸药分别用于炸毁高浓缩工厂的 18 个不锈钢电解单元——这座工厂正巧是由一位名叫利夫·特龙斯塔（Lief Tronstad）的难民物理化学家设计的，他当时在伦敦负责挪威最高司令部的情报和破坏工作。突击队员豪克利德是一名体格强健的登山运动员，他后来说，他们经受住了"山间最凶猛的风暴，这种风暴我此前从没经历过"。几天后，他们得以与上次行动先遣队的四名挪威队员会合，这四名挪威人当时被迫隐藏在荒芜的哈当厄高原，此时已经极度饥饿，身体也很虚弱。新来的突击队员喂饱了他们的同胞，同时，其中一人滑雪去了尤坎收集有关这个工厂的最新情报。他返回来报告说，大路附近布设了雷区，横跨陡峭峡谷的吊桥有卫兵把守，峡谷对面的下方是一个岩台，水化学设施就建在这个岩台上。盟军的上一次突袭虽然不成功，但毕竟已经发生过了，然而那里仍然只有 15 名德国士兵在看守。工厂本身安装了探照灯，守卫的德国士兵配备了机枪。

突击队于 2 月 27 日星期六午夜开始行动，留下一人守护无线电发射机。他们带着氰化物胶囊，并且商定，谁受了伤就自杀，决不让自己被俘而冒出卖自己伙伴的风险。他们在工厂对面隔着峡谷的山坡上停了下来。这座工厂建在这里是为了利用从高处的廷湖中飞流而下的水能。"在半道上，我们首次看到了我们的目标，就在对面我们的下方。庞大的 7 层工厂大楼很显眼……［风］相当大，但我们仍然能听到越过峡谷传过来的机器轰鸣声。我们这时才明白德国人为什么只设置了如此少的守卫：这个庞然大物就像一座中世纪的城堡，建在最难接近的地方，周围有悬崖和河流保护。"

他们从松软的雪地上滑下来，直至谷底，跨过结冰的河面，朝工厂攀爬。在那个岩台上，有一条不常使用的铁路岔线一直延伸到围起来的厂区内，突击队员们希望德国人没有沿着铁路线布雷。"这是一个没有月光的漆黑夜晚"，豪克利德后来回忆说，没开探照灯，疾风"掩没了我们发出的所有声响。午夜前半小时，我们到达了离维莫尔克约 500 码距离、大雪覆盖的大楼前，在那里我们吃了一点巧克力，等待岗哨换防"。他们分成两组，一个爆破组和一个掩护组。"我们装备精良：9 个人有 5 支汤普森冲锋枪，每个人都配有手枪、匕首和手雷。"

1 小时后，换防时间到了，他们开始发起攻击。掩护组的豪克利德走在前面。他们使用断线钳剪断"守护欧洲最重要的一个军事目标的细小铁链"。掩护组的成员分散到事先安排好的位置，豪克利德和另一名队员在离纳粹国防军军营 20 码的地方就位，他们发现这座军营是临时搭建的木板房，能够很容易地向里面扫射。与此同时，爆破组继续向前。工厂地面楼层的所有门都上了锁，但伦敦的特龙斯塔事先已经告诉过突击队，有一条电缆通道，沿着这个通道可以直接爬进重水设施。当两名队员消失在电缆通道中的时候，另有两名队员在寻找其他入口。

在经过让豪克利德感到漫长的等待后，他听到了一声爆炸："爆炸声小得令人惊讶，几乎注意不到。我们千里奔袭来这里完成的任务成功了？"守卫们迟迟没有检查情况，只有一个德国士兵出现而且似乎没有意识到发生了什么；他检查了进入工厂的各扇门，发现它们都锁着，寻思着是不是从山的高处崩塌下来的雪块引爆了一枚地雷，于是回到了营房。这些挪威突击队员迅速向外转移。在警报声响起之前，他们到达了河边。

这次行动获得了成功。双方都没有人员伤亡。18 个单元全部被炸开了，大约有半吨重水泄漏到了排水沟里。不仅需要数周的时间来修复工厂，而且由于这是一组级联式的设备——将水从一个单元抽到下一个单元，每个单元的水中氘的含量都比上一个单元高——因此在修理后需要大约一年的作业才能重新达到平衡状态并开始投入生产。德国挪威占领军的指挥官尼古劳斯·冯·法尔肯霍斯特（Nikolaus von Falkenhorst）将军将这次维莫尔克突袭称为"我见过的最漂亮的突袭"。无论德国物理学家正在使用重水做什么工作，他们的工作都将变慢很多了。

◉

在日本，自从1941年以来，陆军航空兵和帝国海军都在推进各自的原子弹研究。理研是东京一个声望很高的实验室，由仁科芳雄领导，主要为陆军服务，探究采用气体多孔膜扩散、气体热扩散、电磁分离法和离心分离机处理等方法分离铀-235的理论可能性。1942年春天，海军开始为推进器开发核动力：

> 核物理学研究是一个国家级的项目。在美国，这一领域的研究工作正在大规模持续进行，并且最近得到了许多犹太裔科学家为它效劳，取得了重要的进展。其目标是通过核裂变产生出巨大的能量。如果这类研究取得成功，将会提供一种巨大而又可靠的能源，这种能源能够被用于驱动船只和其他大量的机械。尽管核能在短期内不太可能实现，但它的可能性是不容忽视的。因此，帝国海军下定决心促进和协助这一领域的研究。

然而，在做出这个不以武力为目的开发原子能的决定后不久，日本海军技术研究所委任了一个由日本一流科学家组成的秘密委员会（相当于美国的美国科学院委员会），研究所将和委员会每月会面一次，追踪研究进展，直至委员会对日本是否应该制造原子弹给出一个定论。仁科是委员会的一员，并被推选为主席。委员会委员还包括更年长的长冈半太郎，他提出的原子土星模型几乎预见了20世纪初欧内斯特·卢瑟福提出的行星模型。

　　7月8日，在位于东京芝公园的一个军官俱乐部，海军委员会与海军技术长官们首次会面。委员会指出美国可能正在尝试研发一种炸弹，并且一致认为，日本是否有能力以及何时才能生产出这样一种武器目前还难以确定。为了给这些问题下一个定论，海军方面拨出2 000日元——约合4 700美元——的经费，比1939年美国的计划开始时在爱德华·特勒的要求下铀委员会从美国财政部争取到的资金略少一些。

　　仁科很少参加海军委员会的各种会议。他已经服务于陆军这一点可能使他受到了某些束缚；这两个军种都直接向天皇负责而无须通过文官政府，运作也远比美国陆军和海军更独立，而且日益成为激烈的竞争对手。但仁科逐渐得出了自己的结论。1942年年底，当海军委员会开始反对制造原子弹时，他在实验室私下见了一位名叫竹内柾的年轻宇宙射线物理学家，把他打算继续推进同位素分离研究的想法告诉了竹内并且请求他的协助。竹内答应了他。

　　从1942年12月到1943年3月，海军委员会组织了一个分为十期的物理学研讨会，用于做出决定。到此时，日本人已经认识到制造这样一种炸弹需要选择场地、采矿和处理成百吨的铀矿石，而且铀-235的分离需要使用日本年发电量的十分之一以及全国铜产量的一半。这个研讨会得出的结论是，如果确实可能制造出原子弹，那日本或许需要十年时间才能制造出一枚。这些科学家相信，无论是德国还是美国都没有足够的后备工业能力，都无法及时制造出原子弹并用于这场战争。

3月6日最后一期会议后，研讨会的海军代表汇报了反对制造原子弹的结论："日本最有才智的人，从各自的领域以及国防的角度探究了这一课题，得出的结论不能不被认为是正确的。他们对这个问题考虑和讨论得越多，会议的气氛就越悲观。"因此，海军方面解散了这个委员会，并要求它的成员致力于很快就能有回报的研究，尤其是对雷达的研究。

仁科则继续为陆军方面开展同位素研究，并在3月19日决定把资源集中在热扩散方法上，在资源日益短缺的情况下，这是唯一可行的分离方法。他告诉他的团队，首先将建造实验室规模的扩散装置，然后要加工处理几百吨的铀。他构想的是一个并行推进的庞大计划，原子武器的设计和开发与铀-235的生产同时进行，就像曼哈顿工程那样。

同时，海军的另一个部门，舰队管理中心，在京都帝国大学发起了一个原子弹开发的新项目，该校的萩原笃太郎此前就已做出有关热核爆炸可能性的惊人预言。这所大学在1943年获得了多达60万日元——将近150万美元——的支持，其中大部分预计用于建造回旋加速器。

◉

1943年3月15日一个略带寒意的早上，罗伯特·奥本海默带着一小群助手来到圣菲。科学家们及其家属在随后的四个星期也乘汽车和火车陆续到达。这座平顶山上还没太多东西，大家开始称它为"山庄"。格罗夫斯希望圣菲的旅馆大堂里不要出现安全缺口；军方征用了该地区的度假牧场，以提供足够偏僻的住宅，并且买下了圣菲为数不多的全部二手车和小型公交车，用作上下平顶山的交通工具。这些车辆往返行驶在布满车辙、泥泞不堪的"之"字形道路上，令人胆战心惊。如果车胎瘪了或者陷入了泥坑，滞留在山间数小时也不算长。在圣菲做好，用卡车送来的盒饭同样起不到什么安慰作用。

这些问题之所以重要，是因为减慢了工作的速度。奥本海默用这项工作不仅会结束这场战争还将终结所有战争来说服大家，大家相信他了。因此，时间就是生命。建筑人员因为不愿更改实验室一扇门的规格或者悬挂一块未被授权的架板，成了性急的科学家们最初指责的对象。约翰·曼利记得自己去检查过化学和物理学楼。它的一头需要建一个地下室用于安放加速器，另一头需要建一个牢固的基座用于放置两台范德格拉夫起电机——哪一头建哪一个并不重要。承包者宁可在坚固的岩石上开凿出地下室，并用岩石碎片作为基座的填料，也不愿意根据地形调整建造计划。"我算是领教过陆军工程兵的工程师了。"

富勒屋是牧场学校用手工劈出的原木搭建的雅致大厅，一直用作食堂和招待所。富勒屋南面的池塘叫阿什利塘，是以这所牧场学校创立人的名字命名的，提供了冬季滑冰和夏季划船的场所，水中浮游的鸭子发出和谐悦耳的叫声。工程师们将池塘边石头垒成的冰库保留了下来，冰库是学校用来储存冬天劈出的冰块的。富勒屋的东北方向是成排的树林掩映的职员住宅。在池塘南面将平顶山一分为二的主要土路对面，是技术区风格独特的房屋，军方将其称为改良版营房：像绵延的兵营一样的平房，木板的墙壁，千篇一律的房顶。技术区的房屋将由奥本海默和他的职员以及理论物理学部门占用；在技术区房屋后面，由一条有顶的过道相连的，是更长的化学和物理学楼，里面放置着范德格拉夫起电机；在它的后面是实验车间。再往南就是洛斯阿拉莫斯大峡谷，承包者将在平顶山边缘附近建一座低温学实验室以及一座放置哈佛大学那台回旋加速器的建筑。在技术区的西面和北面，首批两层四户一体的家庭公寓已经建好，被涂成了暗绿色，使过去的牧场和田野有了城市的氛围；其他公寓以及给单身职工住的宿舍随后也会建起来。

4月初，奥本海默召集了科研团队——埃米利奥·塞格雷说，这个团队包括最初聘用的上百名科学家中的"大约30人"，塞格雷本人也是其中之一——让他们准备一系列的入门讲座。瘦弱腼腆的罗伯特·塞伯做了权威性的讲座（尽管有些口齿不清）。其他讲座还总结了伯克利夏季研究工作的结论，并介绍了上一年的快中子裂变实验。奥本海默选定的副主任爱德华·康登留着小平头，是出生于阿拉莫戈多的理论物理学家，来自西屋公司，他将自己听塞伯的讲座所做的笔记整理成新实验室的第一份报告，这份文件被称为《洛斯阿拉莫斯初级读本》，随后被发给所有新到达技术区并通过了保密审查的人员。这个油印的24页初级读本介绍了建造第一批原子弹的计划。

塞伯的讲座使化学家和实验物理学家们感到震惊，因为在此之前，区隔化使他们一直处于不知情的状态；在了解到以前只是猜测或听说的事情的细节后，他们欣喜若狂，这也体现出保密将他们对这项工作的情感承诺扭曲到了怎样的程度。现在，在良师们的领导下，他们——平均年龄 25 岁，但奥本海默、贝特、特勒、麦克米伦、巴彻、塞格雷和康登要大一些——终于能够献身这项他们热爱的事业了。这种令人兴奋的新的自由使他们很少再去注意那些带刺的铁丝网。同样被限制在这里而且一直不知情（这是奥本海默和格罗夫斯的决定）的科学家夫人们则感到度日如年。

"这项工程的目标，"康登这样总结塞伯的讲座内容，"是生产一种炸弹形式的实战军事武器，这种武器用一种或多种核裂变性材料制成，通过一种快中子链式反应释放能量。"塞伯说，1 千克的铀-235 大约等同于 2 万吨的 TNT，并且解释说，大自然把这种转化设置在了人类几乎难以达到的高度："因为直到［链式反应的］最后几代才会释放出足以使［临界质量］发生显著膨胀的能量，所以链式反应才有可能在因放射性物质扩散而停下来之前进行到一种有意义的程度。"如果裂变现象更强烈，那么，这种炸弹只能永远躺在它们黑暗的矿床里。

塞伯论述了裂变截面、次级中子的能谱、每裂变一次产生的次级中子的平均数目（当时测出大约为 2.2）、在铀-238 中导致产生钚的中子俘获过程以及普通铀之所以安全的原因（这位年轻的理论物理学家指出，铀-235 的丰度至少必须达到 7% 才会"产生一个可能的爆炸性反应"）。他称这种炸弹为"小玩意儿"，这个转喻大概是奥本海默的主意。在"山庄"里，"小玩意儿"随后就成为原子弹的绰号。塞伯报告的计算结果显示，用普通铀的夯实厚壳层作为反射层，铀-235 金属的临界质量为 15 千克。钚的临界质量可能为 5 千克。因此，原子弹的核心是甜瓜大小的铀-235 或者柑橘大小的钚-239，周围填充以西瓜大小的普通铀的反射层；两个嵌套球体的总直径大约为 18 英寸。这种重金属反射层的重量大约为 1 吨。塞伯说，临界质量最终必须用实际测试来确定。

接着他提到了破坏力。爆炸点周围 1 000 码的区域将被大量中子湮没，足以产生"严重的病理效果"。这将使该区域在一定时间内不适合人居住。此时已经很清楚——此前尚不清楚——核爆炸的破坏力不会比等当量的化学爆炸小。"因为决定破坏力的一个因素是释放的能量，所以我们的目标就是尽可能多地释放爆炸的能量。另一方面，我们使用的材料非常宝贵，所以我们必须以尽可能高的效率做这件事情。"

效率似乎是一个重大的问题。"在一个实际的小玩意儿里，反应将不会成功。"如果不夯实，一颗甚至两倍于临界质量大小的原子弹的内核在它膨胀到足以使链式反应停下来之前完全裂变的核材料不到 1%。一种同样不利的次级效应也倾向于使反应停下来："因为压力增大，它开始将［内核］外沿处的材料吹散喷出。"反射层总会增强效率，它将中子反射回内核中，它的惯性——不是它的抗拉强度，抗拉强度在链式反应产生的压力下没有意义——使内核的膨胀变慢，并且有助于保持内核表面不被吹散开。但即使借助于好的反射层，为了能达到希望的效率，每枚原子弹内核的质量也需要大于临界质量。

引爆同样是一个问题。为了引爆原子弹，他们将不得不重排内核材料，使对应于费米定义的 k 值的有效中子数从小于 1 变到大于 1。然而，无论他们怎样重排这些材料——在大炮的炮筒中将一块亚临界状态的材料射向另一块亚临界状态的材料似乎是最简单的选择——它们都不会有像费米在 CP-1 中有的那种慢速平滑的转变。如果他们以 3 000 英尺每秒的高速将一块射向另一块，那么它们将在大约千分之一秒内组合成一整块。但由于内核的质量比临界质量大，所以在它们完全结合在一起之前的某个时刻，这些材料的质量就已经超过临界质量了。此时如果一个散逸的中子引发了链式反应，那么引发的低效爆炸从头到尾只会持续百万分之几秒的时间。"被一个中子过早引发的爆炸会让两块材料还没来得及移动到合适的距离就完成反应。"这意味着中子背景——从填充物来的自发裂变中子、从轻元素杂质中轰击出的中子、来自宇宙射线的中子——无疑要保持尽可能低，而内核材料的重排要设法尽可能快。另一方面，他们无须担忧一次失败的爆炸会将一颗完好的核弹投到敌人的手中；即使是一次失败的爆炸也会释放等同于至少 60 吨 TNT 爆炸的能量。

塞伯再次强调，过早引爆将会降低原子弹的效率；过迟引爆也是这样。"当各块材料到达它们的最佳位置时，我们应该保证在它们有可能分离和裂开之前中子就能触发反应。"因此，除了核材料内核和限制性的反射层外，还应该有第三种基本部件——引爆器：这是一种 Ra+Be（镭加铍）中子源，或者最好是 Po+Be（钋加铍）中子源，可以借助于安装在一块内核上的镭或钋以及安装在另一块上的铍实现，当两块内核结合成一整块以启动链式反应时，让它们撞在一起从而喷射出中子。

这位伯克利的理论物理学家继续说，将内核的各块材料发射到一起，"是这项工作的一部分，目前我们对此懂得最少"。夏季研究小组研究了几个精巧的设计。其中最合意的是将一块由内核和反射层做成的圆柱形公件射入一块由内核和反射层做成的球形母件中，下面是从《洛斯阿拉莫斯初级读本》中引用的插图：

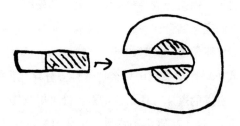

靶球能够直接焊在炮口上；而圆柱体，重量可能大约为 100 磅，能够像一颗炮弹一样沿炮筒射向靶球：

> 在美军枪械里炮弹初速最快的是炮膛口径为 4.7 英寸、炮管长为 21 英尺的那种。其炮弹重 50 磅，初速为 3 150 英尺每秒，炮重达 5 吨。对于不同的炮来说，炮弹质量与大炮的质量的比值似乎是恒定的，因此，一颗重 100 磅的炮弹将会要求炮重大约为 10 吨。

为了获得一种重量为 1/8 或具有 2 倍有效初速的装置，他们可以将两门炮口对口焊接在一起，同时相互发射一颗炮弹。在这种设计中，发射的同时性就成为一个问题，而且可能要达到 4 倍临界质量而不是 2 倍，才能实现有效爆炸，这一要求将大大推迟原子弹的交付日期。

塞伯还描述了更具推测性的设计方案：切成块的椭球形内核-反射层组件像两半煮鸡蛋一样滑到一起，或者内核／反射层的楔状四分之一尖块像切成 4 块的苹果一样安装在一个环上。第二种设计不仅奇特，而且引人注目——在《洛斯阿拉莫斯初级读本》的油印本上绘有草图，这草图看着就像是摘自黑板上的随手涂鸦——它没有被忽视。"如果爆炸材料沿着这个环分布并且引爆，那么这些材料将会被炸向内部，从而形成一个球体"：

自催化炸弹——就是那种链式反应在自身内部进行的原子弹，当反应进行时，中子数不断增加，直到触发核爆——看上去没有多少希望。最聪明的想法是在铀-235 内核中混入用石蜡包裹的硼的"泡泡"，当内核膨胀时，它将会压挤用以吸收中子的硼并且使它降低效率，从而得到更多的有利于链式反应的中子。但"所有自催化的方案，迄今为止都被认为需要大量的活性材料。除非大量使用这些材料，否则反应就会是低效的，而且操作起来也危险。我们需要一些好点子"。

塞伯总结说，他们当前的实验工作是测量各种材料的中子性质和解决军械问题，也就是将材料组装至临界质量和引爆原子弹的问题。他们还必须设计一种方法分别测量亚临界质量的铀-235 和亚临界质量的钚-239 的快中子裂变临界质量。他们有一个最后期限：什么时候准备好了足够的铀和钚，什么时候就必须造得出可用的原子弹。这或许让他们有两年的时间。

1943 年 3 月在东京召开的日本物理学研讨会的判断是，原子弹是造得出来的，但任何交战国都不可能将其及时制造出来用于当前的这场战争。与此相反，罗伯特·塞伯4月上旬在洛斯阿拉莫斯的讲座宣称，对于美国来说，在两年内，原子弹不仅是理论上造得出来的，也是实际上造得出来的。日本人的判断基本上来自技术层面。它就像玻尔1939年做出的判断一样，高估了同位素分离的困难而低估了美国的工业能力。它也正如日本政府在珍珠港事件前那样，低估了美国人的奉献精神。集体的奉献精神更多是一种日本文化的特征，而不是美国文化的特征。但当美国人遇到挑战时，他们能够唤起这种精神，将献身精神与才智资源以及资本资源结合起来。

在洛斯阿拉莫斯的欧洲人都抱怨那些带刺的铁丝网。在美国人中似乎只有爱德华·康登是个例外，他认为安全措施过于压抑，于是在到达数周后离开了这项工程，回到了西屋公司。而其他美国人则把环绕他们工作和生活的这种樊篱当成战争期间的一种必要措施接受了。战争是国家主义（而不是科学）的一种表现方式，他们在"山庄"里履行的职责最初看上去就是国家主义的。贝特说，洛斯阿拉莫斯的"核物理学工作相对较少"，主要是进行截面计算。他们认为自己是被调集来设计"实战军事武器"的。这首先是一种国家目标。科学——一种脆弱的新生政治体系，影响力有限但在逐渐增加——必须等到战争胜利以后才能重提。或者说它看上去是这样。但聚集到洛斯阿拉莫斯的男男女女中的一小部分人——罗伯特·奥本海默显然是其中之一——察觉出了一种悖论。他们事实上是在提议用他们的科学赢得这场战争。他们进一步梦想，通过同样的应用，他们可以先发制人地预防下一场战争，甚至把它作为国家之间调停的方法来终止战争。从长远来看，这必然会以这样那样的方式对国家主义产生决定性的影响。

罗伯特·塞伯 4 月中旬在洛斯阿拉莫斯完成他的入门指导讲座时，大多数科学技术方面的职员都在场，许多人临时住在存留下来的牧场学校的房子里。现在进入了讨论会的第二个阶段，对实验室的工作进行规划。"如果洛斯阿拉莫斯有过任何像香槟酒宴或者剪彩一类的揭幕式的话，"约翰·曼利后来评说道，"那就是我不知道有过这些事情。我们在这里的大多数人都感到，1943 年 4 月的讨论会就是真正的揭幕式。"拉比、费米和塞缪尔·阿利森从坎布里奇和芝加哥来到这里担任资深顾问。格罗夫斯任命了一个评估委员会——W. K. 刘易斯再次被选入，还有在军械设计方面十分有经验的工程师 E. L. 罗斯（E. L. Rose）、范弗莱克、托尔曼以及另一名专家——来编制计划和提出建议。尽管格罗夫斯是出色的组织者和管理者，但面对如此众多的卓越科学家，他在智识上就相形见绌了，有谁不是这样呢？

他们不断拟定计划，常常是在徒步到平顶山周围杳无人迹的野外时。他们不得不严重依赖于对其要研究的效应的理论预测，这是他们受到的基本约束。任何完整证实快中子链式反应的实验设备都至少会消耗掉一个临界质量的材料：不存在受控的、实验室规模的原子弹测试，不存在壁球室的演示论证。他们认定，必须在理论上分析爆炸，找出它的各个发展阶段的计算方法。他们需要弄清楚中子会怎样在内核和反射层中扩散。他们需要一个与爆炸相关的流体力学理论，理解其流体的复杂动力学运动：当内核和反射层的金属从固态加热到液态再变到气态时，内核和反射层几乎立即会变成流体。

他们需要靠细节层面的实验来观察与原子弹相关的核现象，还需要一些整体实验用于尽可能重复原子弹的完整运作。他们必须开发一种引爆器来启动链式反应。为了把铀和钚提炼成金属、把这些金属铸造成型、制成合金以改善其特性，他们必须发明出相应的技术。钚的情况尤其如此。当钚的数量开始多于微克量级时，他们必须首先发现和测量它的特性并且迅速做好上述这些事情。而由于他们一致认为超弹方面的研究工作应该以第二优先级继续进行，所以作为一项次要的工作，他们想建造并运转一个温度为零下429华氏度^①的液化氚工厂——这座低温学工厂将会建在平顶山南面的边缘附近。

军械工作至关紧要。4月的讨论直接引发了突破。奥本海默从国家标准局招募到一位新成员，名叫塞斯·尼德迈耶，他是加州理工学院的学生，瘦高个，36岁，是一名实验物理学家。他设想了一种全然不同的组装策略。战后，尼德迈耶已经记不太清他想出这种办法的复杂过程了。一位军械专家当时在给他们做讲座，对物理学家们用于描述将原子弹各部分发射到一起的"爆炸"（explosion）一词提出了些许意见。专家说，更合适的词是"内爆"（implosion）。在塞伯的讲座期间，尼德迈耶就已经在考虑当沉重的金属圆柱体被射入更重的金属球体内的盲孔中时会发生什么。球体和冲击波则使他想到球对称的冲击波会是怎样的。"我记得我考虑过尝试用塑性流动的方法将一块炮弹形材料推入，"尼德迈耶后来告诉一位采访者说，"我计算了必须用的最小压力。然后，我碰巧记起了一件疯狂的事情，那就是有人发表过让子弹对射的论文。论文里可能有两颗子弹在撞击时液化的照片。这就是当那位弹道学家提到内爆时我在思考的事情。"

<hr>

① 约零下256.1摄氏度。——编者注

两颗子弹对射的结果让他想起了《洛斯阿拉莫斯初级读本》中的双炮模型。尼德迈耶的新策略的其他线索在这个读本中也能找到。这份文件解释说，当原子弹内核的表面向外炸开时，它会"膨胀进入反射层中，引发将反射层材料压缩到 1/16 的冲击波"。读本中不止一次强调，内核的膨胀将是有效爆炸的最大障碍，这可能使尼德迈耶想到，如果反射层只是因为惯性——当它膨胀的内核开始将它向外推时，它有抗拒这种推力而停留在原处的趋势——就能够阻碍内核的膨胀，从而增加爆炸的效率的话，那么以某种方式反推内核的反射层甚至可能效果更好。自催化原子弹中硼"泡泡"的压缩可能也提供了启示。最后，读本提出一种用包围的爆炸环发射到一起的内核／反射层的 4 块楔状苹果块的有趣模型。"对于这一点，"尼德迈耶说，"我举手赞成。"

　　他提议在由反射层和一个空心但具有厚壁的内核组合成的球的周围装填一个高爆的球层。高爆球层的多个点被同时引爆后会向内冲击。这种爆炸引发的冲击波将会从各个方向挤压反射层，然后反射层又挤压内核。内核受挤压后将会改变它的几何结构，从空心壳变成实心球。内核先前的空心几何结构使它处于亚临界状态，此刻它则迅速被挤压为临界状态，比任何枪炮发射的情况都更为快速和有效。"枪炮只能在一维方向压缩，"曼利记得尼德迈耶告诉他说，"二维压缩将会好些，三维压缩还会更好。"

　　一种向内的三维挤压就是内爆。尼德迈耶所说的正是引爆原子弹的一种可能的新方法。这种想法先前被提出来过，但当时只是说说而已。"在 4 月下旬的一次军械问题会议上，"洛斯阿拉莫斯技术档案这样记载，"尼德迈耶提出了内爆第一份严格的理论分析。他的论点表明，引爆围绕的高爆层从而产生……球形压缩是切实可行的。

这种方法速度快且组合距离短，在这两方面都优于枪炮的方法。"

当时的反响却十分冷淡。"尼德迈耶面对着来自奥本海默的强硬反对，而且我认为费米和贝特也是极为反对的。"曼利后来说。你怎样使冲击波是球对称的？当各部件之间挤压时，你怎样使反射层和内核不会从各个方向像水一样喷出来呢？"没有谁……非常认真地对待［内爆］。"曼利补充说。不过，奥本海默在以前就犯过错——当初他甚至连裂变的可能性都不相信。1939 年，路易斯·阿尔瓦雷茨曾经路过并顺便拜访他，告诉了他有关裂变可能性的事情。他先是固执地拒斥自己尚未预见到的一种可能性，在经过 15 分钟的思考后，才意识到自己的问题。显然，他正在学会让那种勉强的怀疑态度来引导自己，正像玻尔通过极其疯狂但真正具有独创性的想法指引自己一样。"这必须好好研究一下。"在公开辩论中表示拒绝后，奥本海默在私下里这样告诉尼德迈耶。他对尼德迈耶给他带来的麻烦予以"报复"，指派这位彻头彻尾的独行侠担任军械处最新设置的内爆试验小组负责人的职务。

4 月讨论会上的另一个新见解纠正了一个错误，后来所有人都感到奇怪，怎么当时竟然没人注意到这一点。这也许体现了物理学家们对军械缺乏了解的程度。罗斯是格罗夫斯的评估委员会中的调研工程师，有一天他恍然大悟地认识到，物理学家们正在考虑的军用大炮之所以重达 5 吨，只是因为它要反复发射，必须足够坚固。而原子弹使用的炮口对焊起来的火炮无须如此坚固：它只需要发射一次，然后就变成蒸气烟消云散了。这样一来，它的重量可以大大降低，从而使原子弹变得实用，适合于飞机运载。

费米这位一流的实验物理学家对实验研究的方案做出了有价值的贡献，他清楚地确定了需要检验哪些问题。对他来说，战争工作是一种职责，但他在"山庄"发现的热诚信念也使他感到困惑。"在他第一次坐在这里参加讨论会后，"奥本海默后来回忆说，"他转过来对我说：'我相信你的这些人真正想要制造原子弹。'我记得他的声音里带着惊讶。"

　　那年4月的一个夜晚，各部门领导在奥本海默的房子里聚会，这所房子是往日的牧场学校校长的原木灰泥住宅。爱德华·康登的父亲曾经是西部的一名铁路建筑工，他本人曾经在生活条件艰苦的奥克兰市当报社记者。康登在奥本海默举行的这次聚会上找到了一个机会讽刺洛斯阿拉莫斯过分乐观的情绪。他是一名卓越的理论物理学家，他和奥本海默曾经在哥廷根同住一间宿舍，认为他们是关系牢固的朋友。不久，他和格罗夫斯之间因为区隔化问题产生了痛苦的龃龉，却发现他这位当主任的朋友并不怎么支持他。此时，康登坐在房子的角落里，从书架上抽出一本莎士比亚的《暴风雨》，想从中找出有关普洛斯彼罗的魔法岛的词句，来影射奥本海默又高又干燥又神秘的平顶山。这里没有谁有街区住址，通信受到审查，驾驶执照是匿名的；这里有孩子出生，有家庭生活，也有少数人亡故，而无法通信让外界及时知道；这都是为了努力利用一种尚不清楚的自然力制造一种可能终止野蛮战争的炸弹。在《暴风雨》中有许多言语适合此情此景，不过有一段话康登肯定会向参加聚会的人大声朗读，这便是书中的米兰达的独白，奥尔德斯·赫胥黎（Aldous Huxley）的一个反讽性的书名就是从这里借用的：

　　　　啊！奇迹！
　　　　这里有多少惹人爱的生物！
　　　　人类多么美丽！啊！美妙的新世界！你拥有这样的人们！

英国人决定不向维莫尔克投弹，因为身在伦敦的物理化学家利夫·特龙斯塔的心中牵挂着挪威的情况，他警告说，对氢化学设备的液态氨储备罐实施攻击肯定会造成大量挪威工人死亡。不过英国本来也早就放弃了精确轰炸。

温斯顿·丘吉尔在战争早期就已经强烈表态，赞成战略性轰炸，甚至谈到彻底消灭敌人。1940 年 7 月，在敦刻尔克大撤退后令人绝望的时间里和不列颠战役之初，丘吉尔写信给飞机生产部负责人时就带有这种意思："然而，当我周密思考我们如何才能赢得战争时，我看到只有一条明确的途径……那就是用从我国飞到纳粹本土上空的重型轰炸机进行彻底破坏和彻底灭绝。我们一定能用这种方法击败他们，除此之外我看不到任何途径。"

从精确轰炸工业目标到普遍轰炸城市目标的变化，与其说是因为政治决策，不如说是因为缺乏技术。战争初期，轰炸机司令部尝试过在白天远程精确轰炸，但无法在如此远离本土的条件下防御德国战斗机和高射炮火的攻击，因此就改成了夜间轰炸。这样虽然减少了损失，却严重削弱了准确性。如果说轰炸工厂和其他战略目标以减弱敌方的作战能力是合乎逻辑的，那么现在看上去，轰炸围绕着那些目标的工人住宅区同样在逻辑上说得通；毕竟，是这些工人使工厂运转的。1942 年初成为轰炸机司令部总司令的阿瑟·哈里斯（Arthur Harris）爵士在他的回忆录中提到了 1941 年夏天这种策略的渐变："我们选择的目标位于拥挤的工业区，挑选目标的标准是，没有精准投掷到实际要攻击的铁路中心的那些炸弹［在这种情况下］能落到这些目标区域，因而也能打击士气。这个过程等同于区域轰炸和精确轰炸之间的一种中间状态。""打击士气"在空军的任何文件中都是轰炸平民的一种委婉说法。这一中间阶段的另一个标志是，如果机组成员错失了目标，在撤出德国之前允许投下所有携带的炸弹。

丘吉尔说他在弗雷德里克·林德曼的提议之下批准了一项轰炸精确性的研究项目，该研究在 1941 年夏天发现，"尽管轰炸机司令部相信轰炸机群找到了目标，但是三分之二的机组实际上没能将炸弹投在目标周围 5 英里的范围内……除非我们能够改进这种情况，否则继续进行夜间轰炸就不会取得多大效果"。11 月，政府命令轰炸部队减少轰炸德国的军事行动。

减少战略轰炸行动等于承认理论和实践两方面的失败，而当时正是苏联与德国在东线全面交战，约瑟夫·斯大林要求盟国在西方开辟第二战场的时候。不论是英国还是美国都还没有准备好在欧洲发动地面进攻，但两个国家都可以提供空中打击这样的援助。援助苏联是继续进行某些战略轰炸的一种政治借口，尽管它很难让斯大林感到满意。在地面进攻遥遥无期的情况下，报刊几乎每天都会刊登关于空袭的头条新闻，这也有助于后方保持无忧。

然而，盟国的政策和国内的宣传都不可能是从精确轰炸向区域轰炸转变的主要理由，因为从 1942 年开始，就有美国航空兵陆续到达英国计划并实施白天精确轰炸，尽管通常收效甚微，直到战争后期才有所改善。其实，轰炸机司令部改变轰炸方案是为了证明其作为一个无须陆军和海军战术支持的独立军种继续存在的合理性，用事实来裁剪理论。它在新近受封为贵族的林德曼（彻韦尔勋爵）那里找到了支持。林德曼在 1942 年 3 月计算出，如果着手充分打击市内工业区，那么，在一年时间内，轰炸或许可以摧毁三分之一的德国民众的住房。帕特里克·布莱克特和亨利·蒂泽德认为彻韦尔估计得过于乐观并表示强烈反对，然而，首相仍然支持彻韦尔。

阿瑟·哈里斯爵士——他的部下用英语中"屠夫"（Butcher）一词的缩略形式"粗夫"（Butch）称呼他——于2月接管了轰炸机司令部，公布了一种新的空战方法："目前的决定是，你们军事行动的首要目标应该是打击敌方民众的斗志，尤其是打击产业工人的斗志。"哈里斯在伦敦亲历了不列颠战役，他写道，它使他深信，"如果用数量充足、类型适当的炸弹发动轰炸，并且轰炸攻势持续的时间足够长，那么世界上没有哪个国家受得了"。当然，他的论点是有根据的，尽管"类型适当的炸弹"具体是什么需要由曼哈顿工程的工作来展示。希特勒的恐怖轰炸带给英国的不是恐惧而是有力的仿效。显然，哈里斯因为德国发动和延续两次大战而鄙夷德国，但他似乎较少考虑导致平民死亡的问题，而是更多地考虑怎样才能使轰炸机司令部成为明显有效的武装力量。如果夜间轰炸和区域轰炸是以适当损失飞机和牺牲机组成员生命为代价来摧毁对方的唯一策略，那么他将会让轰炸机司令部致力于完善这种策略，并且不是用使多少工厂瘫痪而是用夷平城市的面积来衡量战绩。这就是说，发明区域轰炸是为了给轰炸机提供打击目标。

3月，吕贝克城的老港口遭遇的燃烧弹空袭导致这座城市大部化为焦土，使轰炸战役中的伤亡人数首次达到四位数。5月20日，在公众对是否应该采取区域轰炸还观点不一的时候，为了证实轰炸机司令部的有效性，哈里斯动用了他能够找到的每一架飞机——甚至包括数百架轻负载双引擎轰炸机和教练机——对科隆市实施千架次轰炸机的空袭行动。为了这次成功的袭击，他组织了后来称为轰炸机"洪流"的队形。在突破防线时飞机以大规模连续队形飞行，而不是像以往那样组成易受攻击的小股编队飞行。它们用1 400吨炸弹（其中有三分之二是燃烧弹）摧毁了莱茵河畔大约8平方英里的古城区域。最后，在彻韦尔的鼓励下，轰炸机司令部在8月部署了一支前导部队：它由技术熟练的先行机组人员组成，用有色的火焰标志目标，从而使在杀伤力很强的"洪流"队形中紧跟而来但经验较少的飞行员能够更为容易地找到轰炸瞄准点。

然而，还没有一支轰炸机编队能够将高爆炸弹足够准确地投下进而夷平一座城市。轰炸吕贝克被用来检验这样一个理论：区域轰炸可以通过引发火灾来达到最佳效果。如果飞机装载的是燃烧弹，那么大规模机群可以将燃烧弹的破坏力、风和天气结合起来发挥作用，而不是将它们分散投在孤立的目标上。这个理论在吕贝克奏效了，在科隆再次奏效，因此得到了接受。1942年底，英国参谋部呼吁"逐步破坏和扰乱敌方的战争工业和经济体系，打击敌方士气，从而使敌方武装抵抗的能力受到致命削弱"。1943年1月下旬丘吉尔和罗斯福在卡萨布兰卡会议结束时发布的指示对英国的空中消耗战计划做出了肯定。

1943年5月27日，洛斯阿拉莫斯已在4月的讨论会过后开始工作，轰炸机司令部命令袭击汉堡。"173号绝密军事行动命令"对大规模破坏的新政策做出了明确陈述：

信息

1. 汉堡是德国第二大城市，拥有150万人口，其重要性是众所周知的……彻底破坏这座城市，对于削弱敌方战争机器的工业能力将会产生不可估量的效果。再结合德国各地都能感觉到的它对斗志所产生的效果，这将会对缩短战争进程和赢得战争起到非常重要的作用。

2. "汉堡战役"可能不会在一夜之间取得胜利。在整个摧毁过程中，估计必须至少投下 1 万吨炸弹……这座城市将要遭受持续不断的袭击……

3.……希望在夜间空袭之前和／或之后，由美国的第 8 轰炸机司令部组织大规模白天空袭。

目的

4. 摧毁汉堡。

这次军事行动的代号为"蛾摩拉"①。请注意那个有助于缩短战争进程和赢得战争的重要论断。

"蛾摩拉"行动开始于 1943 年 7 月 24 日星期六夜间，在那个炎热的夏日，汉堡天空晴朗。探路的轰炸机使用雷达来协助标记。最初的标定点不是因为战略意义被选中的，而是因为它特别的雷达回波：在阿尔斯特河和北易北河下游交汇处的三角形陆地，靠近这座城市最古老的部分，远离任何战争工业区。轰炸机司令部已经学会根据轰炸机"退却投弹"的倾向调整目标。这种倾向是，当接近高射炮火密集的标定点时，投弹手往往会尽快投出全部炸弹，以尽早脱离防空火力的攻击范围，导致炸弹朝着轰炸机的飞行线路方向渐次落地爆炸，从地面上看就像炸弹从标定点向机群"退却"一样。幸存者将这种现象称为"地毯式轰炸"。负责确定目标的人会考虑到这个情况，设置好提前量，将标定点设在预定空袭目标区数千米前的位置。在这次汉堡的行动中，标定点后面 4 英里的"地毯区"完全是住宅区。

为了让轰炸机拥有更多的有利条件，丘吉尔批准首次使用所谓

---

① 《圣经》中，神因为所多玛和蛾摩拉罪孽深重，降下硫黄与火，将两城及城中居民摧毁。——编者注

"窗户"的秘密雷达干扰措施：将大捆的 10.5 英寸长的铝箔条在轰炸机飞往目标的途中推出机舱，使之在风中飘散开来，以此让德国人的防御雷达失去效力。"窗户"发挥了极佳的作用，最初参加袭击的 791 架飞机仅仅损失了 12 架。

汉堡在首次遭袭的那个夜晚就受到严重的破坏，但是还没有达到科隆的受损程度；1 300 吨高爆炸药和近乎 1 000 吨燃烧弹造成了大约 1 500 人死亡，成千上万的人无家可归。更重要的后果是，首次袭击严重摧毁了它的通信系统并且瓦解了它的消防力量。

随后而来的美军 B-17 轰炸机在 7 月 25 日和 26 日实施了白天精确轰炸，打算袭击一家潜艇工厂和一家飞机发动机工厂。由于英国轰炸造成的烟雾和从德国防御发烟器冒出的烟雾使目标变得模糊不清，它们只受到轻微的破坏。

哈里斯下令于 7 月 27 日夜晚再次对汉堡进行最大规模的轰炸行动。标定点是同一个，但轰炸机"洪流"这次将从东北方向而不是从正北方向驶近，"地毯区"则变为密布工人公寓楼的区域。由于进行第二次空袭的 787 架轰炸机混编机群包含更多的哈利法克斯式飞机和斯特灵式飞机，它们所能携带的武器和燃料都比远程的兰开斯特式飞机少，所以炸弹的混合成分也随之改变，高爆弹减少而燃烧弹增加到了 1 200 吨。许多经验丰富的飞行员也参加进来，一些高级军官也报名出战，以观察"窗户"的效果。这种种安排对这场夜晚的大灾难起到了推波助澜的作用。

7 月 27 日下午 6 点，汉堡的气温是 86 华氏度①，湿度为 30%。大火仍然在城市西面的煤炭店里燃烧。因为大火会使灯火管制失效，

---

① 30 摄氏度。——编者注

所以汉堡的大多数消防设备都被移到这个区域来扑灭火灾。"十分宁静，"一位住在东北方向数千米地方的"地毯区"内的妇女回忆说，"……这是一个美丽迷人的夏日夜晚。"

探路的轰炸机在 7 月 28 日午夜过后 55 分钟开始投下黄色标志和炸弹。5 分钟后，主轰炸机"洪流"到达。标记很清晰，"地毯"徐徐展开。后到的飞行员们不久便开始注意到，这次空袭与他们实施过的其他空袭有一个区别。"我们实施过的大多数空袭看上去都像是目标区域上空巨大的焰火展览，"一名空军上士评说道，"但相对于这次都是'小巫见大巫'。"一名空军上尉则这样描述它们的差异：

> 那天晚上汉堡的大火非同寻常，因为我看到的不是很多火场，而是一整片火海。暗夜之中，一团明亮的红色烈火疯狂地舞动着，就像是一个巨大火盆的炽热中心在闪光和爆裂。我没有看到火舌，没有看到建筑物的轮廓，只有明亮的火光，在明亮的红色灰烬背景下，像黄色的火炬一样燃烧着。在城市上空是雾一样的红色烟霾。我向下望去，着迷而又惊骇，得意而又恐惧。以前我从未见过像这样的一场大火，以后也再没有见过。

夏季天气炎热而湿度较低，高爆炸弹和燃烧弹的混合使用则让火势不断蔓延，再加上投弹区没有消防设备，共同造成了这新的恐怖局面。在轰炸开始仅一小时后，汉堡消防队的主要日志上就给这起令人恐惧的事件起了名字——Feuersturm，即火焰风暴。一名汉堡工人记得它是怎样开始的，记得这长达 1 小时的轰炸袭击中头 20 分钟的情景：

随后，就像是一场风暴开始了，街道上响起了尖厉的呼啸声。它增大到像飓风一样，所以我们不得不放弃［为工厂］救火的所有希望。救火无异于将一滴水洒到灼热的石头上。整个工厂、所有通道，事实上，在我们视线所及的全部范围内，就只是一片炽烈、巨大的火海。

小火灾逐渐合并成大火灾，它们贪婪地吸取周围的氧气，进而在那里形成更多的火势。这产生了风，城市上空炙热的气流柱像火炉上一根看不见的烟囱；大风使风暴般的大火中心的温度飙升到1 400华氏度①以上，其温度足以烧毁有轨电车的窗户，风力足以将大树连根拔出。一名15岁的汉堡姑娘回忆说：

妈妈用湿床单裹在我的身上，吻了我后对我说："快跑！"我在门口犹豫起来。在我面前，我能看到的只有火——每样东西都被烧得通红，就像火炉的门。强烈的热浪冲击着我。一根燃烧的横梁落在我的脚前。我吓得往后一退，但是当我随后准备跳过它时，它却鬼使神差地被卷走了。我跑到大街上，裹在我身上的床单成了风帆，我感到我正被暴风裹挟着。我来到……一座五层的楼房前，我们事先准备就在这座楼前会面……有人出来了，用胳膊架着我，将我拉到了门里。

空中满是烈焰及其余烬，街道都被熔化了。一位19岁的女帽商贩说：

---

① 760摄氏度。——编者注

我们来到烧得像马戏团的狮子跳的火圈一样的门前……大大的火星像雨一样，被风刮过街道，每块火星有 5 马克的硬币那么大。我奋力在街道中央顶风奔跑，但是只能到达角落里的一座房子前……

我们顺利来到洛施广场［公园］，但是我无法继续穿过埃弗尔街，因为沥青熔化了。路面上有一些人，有的已经死了，有的还活着躺在地上，但被粘在沥青里。他们一定是来不及想就跑到马路上了。他们的脚动弹不得，便伸出双手试图重新逃脱。他们尖叫着用手和膝盖往外爬。

火焰风暴彻底烧毁了这座城市大约 8 平方英里的区域，这个面积有半个曼哈顿那么大。在像窑炉一样的密封藏身处里，死尸在自身脂肪熔化形成的池中烹煮，或者烧成一团一团的黑色小块散落在街道上。更糟糕的是，正如一名当时 15 岁的女孩成年后带着可怕的回忆描述的那样：

四层高的公寓楼［到了第二天］就像从地下室叠起来的一堆发光石头一样。似乎一切都被烧化了，它的面前堆压着尸体。被烧焦的妇女和儿童已无法辨认，因为缺氧而死亡的那些人只是部分被烧焦因而能够辨认。他们的脑浆从爆裂头骨中流淌出来，内脏从肋骨下的柔软部分掉落出来。这些人死得实在太凄惨了。最小的孩子躺在路面上就像炸熟的鳗鱼。

那个晚上，轰炸机司令部至少使 4.5 万名德国人丧生，他们中大多数是老人、妇女和儿童。

对汉堡的轰炸并非独一无二，这不过是这场暴行越来越多的战争中的又一起暴行。在 1941 年到 1943 年间，东线的德国军队俘获了大约 200 万苏联士兵，将他们关在没有食物和住处的战俘营；至少有 100 万苏联士兵死于露宿和饥饿。在同一时期，"犹太人问题的最终解决方案"——纳粹灭绝欧洲犹太人的庞大计划——于 1942 年 1 月 20 日纳粹高层在柏林郊区举行的万湖会议上得到通过并开始大张旗鼓地实施。无论这些暴行引发了什么样的道德问题，它们都是各交战国在追求胜利的过程中让战争逐步升级的后果。（甚至"最终解决方案"也是如此：纳粹认为，犹太人构成了一个潜伏在他们中间的独立国家——根据纳粹的标准，国籍首先是按种族来确定的——所以是第三帝国的首要敌人。希特勒的特别残酷之处在于将灭绝犹太人定义为胜利；而盟国在对德国和日本的防御战中只想要对手彻底投降，只要对手做到这一点，对士兵和平民的大规模杀戮就可以停止。）

交战国可以让战争升级的一个方式是改进杀人技术。更好的轰炸机和像"窗户"这样更好的轰炸机防御手段是硬件上的改进，在死亡集中营的毒气室里高效地灌入致命的氰化氢熏剂也是硬件上的改进；轰炸机"洪流"编队和地毯式轰炸是软件上的改进，阿道夫·艾希曼（Adolf Eichmann）设计的那个使火车总能高效地将犹太人送往死亡集中营的进度表也是软件上的改进。

交战国能够让战争逐步升级的另一途径是，扩大其杀人技术允许使用的范围。平民不幸成为这种范围扩大的唯一受害者。更好的硬件和软件也开始使受害者的人数越来越多。用不着在哲学理论上多费脑筋就能找到冠冕堂皇的理由。战争在士兵和平民中都引发了精神麻木，而精神麻木为战争的逐步升级铺平了道路。

消耗战扩大到把战线后方的平民也卷入其中，就变成了全面战争。随着技术的进步，人员伤亡也越来越惨重。轰炸汉堡标志着杀人技术本身发展过程的一个重要阶段，轰炸机集群开始人为地制造毁灭性的大火。这多半还是一个运气问题，因为还取决于难以捉摸的天气、组织和硬件的某种结合。这在人员和物质方面仍然代价高昂。这仍然不够完美，毕竟没有一种技术是完美的，因此看来还得不断完善。

英国人和美国人在知道了日本人的野蛮、纳粹的虐待、巴丹半岛死亡行军和死亡集中营毫无底线的骇人之举后极为愤怒。出于一种不用思考、无须想象以至于可能只是哺乳动物所具有的本能反应，人们普遍认可了没有亲眼所见、亲耳所闻的对遥远城市的轰炸行动，尽管无论是美国还是英国，都没有公开承认故意要轰炸平民。用丘吉尔的话来说，敌人必须"无家可归"。不管怎么说，是日本和纳粹挑起了这场战争。"我们必须面对的一个现实是，以纳粹方式进行的现代战争是一件肮脏的事情，"富兰克林·罗斯福告诉国民，"我们不喜欢它——我们不想被卷入其中，但我们被卷入进来了，我们将用我们的一切来参加战斗。"

◉

1943 年 5 月 10 日，麻省理工学院刘易斯领导下的洛斯阿拉莫斯评估委员会报告了委员会的研究结果。委员会赞成实验室的核物理学研究计划，建议将热核炸弹的理论研究摆在第二优先级上继续进行，仅次于裂变原子弹的研发工作。委员会提议在化学计划上做出重要的更改：在"山庄"进行钚的最终提纯，因为最终对钚弹的表现负责的是洛斯阿拉莫斯，而且这种稀有的新元素在其数量积累到足以制造出一枚炸弹之前的数月时间里将会在实验中被反复使用，并且将不得不反复提纯。刘易斯的委员会也赞成罗伯特·奥本海默3月所提的一个建议，也就是洛斯阿拉莫斯的军械和工程技术的开发工作应该立即开始，而不是等到核物理学研究完成以后。格罗夫斯将军接受了委员会的研究结果，这些研究结果要求"山庄"上的人员立即成倍增加。此后直到战争结束，洛斯阿拉莫斯的劳动人口将每9个月翻一番。建筑时扬起的灰尘从来没有消失过；住房总是短缺，经常停电停水。格罗夫斯没有为满足非军方人员的舒适需求多花费一便士。

哈佛大学的回旋加速器的底磁极片于4月14日安装妥当，到6月的第一个星期，罗伯特·威尔逊的回旋加速器小组看到了一束射线的信号。威斯康星的长罐范德格拉夫起电机于5月15日产生出4兆伏电压，而2兆伏的短罐范德格拉夫起电机于6月10日正式启用。7月间，在洛斯阿拉莫斯完成的第一次物理学实验统计出钚-239裂变时发射的次级中子数。"在这个实验中，"洛斯阿拉莫斯技术档案上这样记载，"用少到几乎看不见的钚测量了中子数并且发现它比铀-235的略多。"因此，尽管匆忙建造且价格昂贵，但实验明确了尚未证实过的东西：钚会发射出足够维持链式反应的次级中子。

这些钚是格伦·西博格的冶金实验室制备出的钚氧化物样品，共200毫克，是他在7月初送到洛斯阿拉莫斯的。那年春天，西博格在冶金实验室染上了疾病——上呼吸道感染，加上疲劳和持续发烧——于是7月份他和妻子一起到新墨西哥度假。（"我猜我是故意选择接近钚，"他当时想，"我很奇怪我为什么要这样做。"）他怕农场招待所里过于安宁和寂静的生活会使他更加疲乏，于是7月

21 日他和妻子住进了圣菲居家风格的拉方达旅馆。区隔化使洛斯阿拉莫斯成为禁区。西博格准备于 7 月 30 日星期五返回芝加哥大学。他提议将钚样品——这是当时世界上的大部分钚——随身携带乘火车返回。罗伯特·威尔逊与另外一名物理学家黎明前带着钚来到圣菲西博格正在吃早餐的饭店里。威尔逊是乘坐一辆小型货车来的，带着一支他私人的 .32 口径的温彻斯特猎鹿步枪，一身西部风格着装，守护着一件价值连城却几乎看不见的珍宝。西博格后来回忆说："当时，我只是将它放在口袋里，随后放进手提箱。"他没有携带任何武器就向芝加哥进发了。

为了对不断壮大的军械处加强领导，格罗夫斯请求华盛顿的军事政策委员会推荐一名合适的人选，最好是一名军官。万尼瓦尔·布什认识一名海军军官——格罗夫斯介意吗？"当然不介意。"这位将军哼了一声。布什提出的人选是"德克"威廉·S. 帕森斯（William S. "Deke" Parsons）上校，安纳波利斯海军学院 1922 届的一名毕业生，当时正在布什的领导下负责野外测试近炸引信。[①]

帕森斯也从事过早期的雷达开发工作，在一艘驱逐舰上担任过炮兵军官，在弗吉尼亚州达尔格伦海军试验场担任过试验军官。他当时 43 岁，冷静、精力旺盛、穿戴整齐、开始谢顶，极其重视仪容然而富有创新精神；"他一生，"在洛斯阿拉莫斯一位给他干活的

---

① 近炸引信是一种微型雷达元件，用以取代防空炮弹的弹头。它在探测到接近一个目标——比如一架敌机——时，会在预设的范围内引爆携带它的这枚弹头，常常会将"鞭长莫及"转变成一次杀伤。开发近炸引信是布什的另一项责任，近炸引信也是科学对战争最重要的贡献之一。默尔·图夫、理查德·罗伯茨和卡内基研究所地磁部物理学小组的大多数人于 1940 年 8 月从裂变研究转为开发近炸引信。

人用赞美的口吻证实道，"都在与那些僵化的规则以及海军方面的保守主义做斗争。"格罗夫斯喜欢他；"在［与他见面的］几分钟内，"这位将军后来说，"我就确信他是合适的人。"奥本海默在华盛顿见了这个人并且同意接受他。帕森斯的夫人是玛莎·克卢维里厄斯（Martha Cluverius），她是瓦萨学院的毕业生，她的父亲是一名海军将领；夫妇俩带着两个金发碧眼的女儿和一只小猎犬于6月乘坐红色敞篷车来到了洛斯阿拉莫斯。

帕森斯的第一项任务是制造钚炮。因为它需要至少3 000英尺每秒的初速，所以它的长度必须达到17英尺，但重量不能超过1吨，是通常这种尺寸的大炮重量的五分之一，这意味着不得不用硬质高合金钢来制造它。它不需要膛线，但需要三根独立操作的引线以确保它的发射。帕森斯安排海军枪炮设计部门去设计它。

诺曼·F. 拉姆齐（Norman F. Ramsey）是哥伦比亚大学一名年轻的高个子物理学家，他是一名将军的儿子，在帕森斯手下担任投弹小组的领导，负责设计一种将炸弹运送到目标上方并投下的方法。6月，他与美国航空队联系以确定用哪种战斗机能够运载一枚17英尺长的炸弹。"这次调研得出的一个结论是，"拉姆齐写道，"B-29型轰炸机显然是美国唯一能在舱内顺利运载这样一颗炸弹的飞机，而即使是这种飞机也需要做相当大的改造，才能使这种炸弹延伸进前后弹舱……除英国的兰开斯特式飞机外，所有其他飞机都只能把这样一颗炸弹外挂运载。"美国航空队不打算让这样一件历史性的新式武器用一架英国飞机运载并展示在世人面前，然而B-29"超级堡垒"是一种新型飞机，仍然带有一些严重的问题。当拉姆齐于6月开始调研使用何种飞机时，B-29的第一架验证机尚未起飞；

一架试飞机在 2 月一头扎进西雅图的一家包装工厂，造成飞机上全体试飞人员和包装工厂的 19 名工人死亡。

不过，拉姆齐无须等到可以使用 B-29 型飞机再开始收集有关长炸弹的弹道学数据。他用一个比例模型进行模拟，来了解它的投放过程：

1943 年 8 月 13 日，一颗原子弹模型的首次投弹试验在达尔格伦海军试验场［用海军的"复仇者"鱼雷轰炸机］进行，以确定飞行的稳定性。这次试验用的是 14/23 的炸弹形比例模型，它当时被认为可能适合装配一门大炮。这种模型基本上是由一根 14 英寸长的管子焊接在一颗剖开的 500 磅炸弹中部组成的。它在达尔格伦被正式命名为"污水管炸弹"……首次试验……是一次不祥而壮观的失败。炸弹以一种水平旋转的方式坠落，这种方式以前很少见到。然而，在后来的一系列试验中，通过增加垂直安定面面积和向前移动重心，稳定性得到了改进。

与此同时，塞斯·尼德迈耶的内爆试验小组由帕森斯接管，他自己访问了宾夕法尼亚州布鲁斯顿的美国矿务局实验室，在那里用高爆炸药进行试验。埃德温·麦克米伦对内爆感兴趣，陪这位加州理工学院的物理学家一同前往：

那时只有塞斯、我自己和几名助手。首次圆筒形内爆试验在布鲁斯顿进行。取一段铁管，用炸药团团包住它，在若干个点上引爆，由此产生的内敛波将圆筒向内挤压。内爆方面的试验工作开始了，比炮法^①的试验工作早了许多。

尼德迈耶回到洛斯阿拉莫斯后便在南面平顶山上建立了一个小型研究站，这个平顶山与"山庄"中间相隔洛斯阿拉莫斯峡谷。1943年独立日，他在一个干枯的河床里使用装有TNT的罐中插入的铁管进行了他最早的一些测试。用圆筒而不用球体做试验可以简化计算。因为他想要回收试验所用的物品，所以只装了有限的炸药。"这些测试当然不可能是非常成熟的，"麦克米伦后来说，"……但它们确实显示出你能够将铁管挤压成像实心铁棒一样的东西，证明这是一种切实可行的方法。"它们也显示出挤压远非均匀的：从干枯河床的尘土中暴露出来的管子是扭曲得不成形的。

当帕森斯这位十分注重实效的工程师抽出时间来察看尼德迈耶的工作时，他公开表示了不屑。他怀疑内爆在实际使用时不够可靠。尼德迈耶在奥本海默设立的一次每周讨论会上介绍了初步成果，这个讨论会是奥本海默在汉斯·贝特的建议下举行的，以便所有佩戴白色徽章的人，也就是所有被批准知悉机密信息的人，了解技术区的进展。出生在纽约的理查德·费曼是个才华横溢、坦率直言的人，在普林斯顿读理论物理学研究生，他简练地概括了讨论会的看法："糟透了。"帕森斯以轻松玩笑的方式表示出了更大的恶意。"由于这里的每个人都如此努力，"他向小组成员们说，"我们需要一些轻松的感觉。我猜尼德迈耶博士不是认真的。在我看来，他正在逐步

———————————

① 中文里一般称为"枪式原子弹"或"枪法原子弹"，但根据本书的内容，设计和试验这种方法的时候，在尺寸、质量、初速和原理等方面主要参考的都是炮弹，所以本书将这种方法译为"炮式（炮法）原子弹"。——编者注

完成我所称的啤酒罐实验。他一旦把炸药安置妥当，我们就明白这件事情做妥了。关键是看他能否在不泼出啤酒的情况下炸开一个啤酒罐。"内爆甚至比这种情况更为困难。

匈牙利数学家约翰·冯·诺伊曼于1930年来到美国，进入了高等研究院，他为国防研究委员会检验由锥形装药——美军步兵反坦克武器所用的技术，这种武器俗称"巴祖卡"火箭筒——所形成的冲击波的复杂流体力学。像拉比一样，冯·诺伊曼答应担任奥本海默的临时顾问。他在夏末访问了洛斯阿拉莫斯并检视了内爆理论，这是流体力学复杂性的又一个迷宫。尼德迈耶构想了"一种简单的冲击波理论，能够有效描述一定强度以内的冲击波破坏力"。尼德迈耶说，冯·诺伊曼"通常被认为是强压缩理论的创始人。不过我以前就了解它，并且以一种原始的方式尝试过它。但冯·诺伊曼的理论更为成熟"。

爱德华·特勒后来回忆说："约翰尼对高爆炸药相当感兴趣。"在冯·诺伊曼访问"山庄"期间，特勒与这位数学家进一步加深了他们年轻时的友谊。"我和他在讨论中进行了一些粗略的计算，"特勒继续说，"这种计算其实很简单，只要你假设被加速的材料是不可压缩的，而这又是对刚体物质通常所做的假设……那么在被高爆炸药冲击挤压的材料里，压强就会超过10万个大气压。"特勒说，他自己不了解这些情况，但冯·诺伊曼了解。另一方面：

> 如果一个空壳朝中心位置移动三分之一的距离，你就会在不可压缩材料的假设下获得超过800万个大气压的压强。这超过了地球中心的压强，我知道（但约翰尼不知道），在这种压强下，铁并不是不可压缩的。事实上，我已计算出相对压缩性

的一些粗略数值。这一切的结果是，在内爆里将会出现显著的压缩，这是一个以前没有讨论过的关键问题。

从一开始就很明显，通过将钚的空心外壳挤压成一个实心球，内爆能够有效地将它"组合"成临界质量，而这种组合的速度比炮法的速度要快得多。冯·诺伊曼和特勒此时已认识到，并于1943年10月告诉了奥本海默，比尼德迈耶尝试过的压缩更猛烈的内爆应该可以将钚挤压成这样的理想密度，这使一块固态的亚临界质量的材料能够充当炸弹的内核，从而避开压缩空心壳体的复杂问题。这样也不会有轻元素杂质导致的过早引爆的危险。换句话说，研发内爆使他们能够更早造出一颗更为可靠的炸弹。

当时已经可以粗略估计出通过快速内爆触发的炸弹的形状和大小。炮式原子弹需要将近2英尺的直径和17英尺的长度。内爆弹——高爆炸药的厚壳层包围着反射厚壳层，再包围着钚内核，里面再包围着引爆器——则需要将近5英尺的直径和稍微超过9英尺的长度：酷似一只带有尾翼的巨蛋。

这年秋天，当洛斯阿拉莫斯的白杨树变黄的时候，诺曼·拉姆齐开始设计实物投掷试验。他提出用兰开斯特式飞机实施投弹试验。美国航空队方面坚持要让他用B-29型飞机，尽管这种铝皮明亮的新式洲际轰炸机刚开始投产且数量不多。"为了能够开始改造飞机，"拉姆齐在用第三人称写的报告中这样描写这项工作，"帕森斯和拉姆齐在场地Y选择了两种外形和重量来作为当前计划的代表……因为安全保密的缘故，它们被航空队代表分别称为'瘦子'和'胖子'；这些军官们试图使他们的电话交谈听起来像是正在改造一种让罗斯福（瘦子）和丘吉尔（胖子）乘坐的飞机……首架B-29型飞机的改造工作于 1943 年 11 月 29 日正式开始。"

　　一名丹麦陆军上尉，也是丹麦地下组织的成员，于 1943 年初到哥本哈根的"光荣之家"拜访尼尔斯·玻尔。喝过茶后，两人回到玻尔的花房，在这里不可能有隐藏的窃听器偷听他们的交谈。英国方面曾经指示地下组织，要他们尽快送给玻尔一套钥匙。在两个钥匙的把上都钻有盲孔，孔里均植入了微粒照片，盲孔本身也随后被封上。一张加有标题的简图标明了盲孔的位置。"玻尔教授需要轻轻地用工具在指示的点上锉钥匙，直到孔显现出来，"文档解释说，"消息随后能够被冲洗出来或者放到显微镜的载玻片上。"这位上尉负责取出微粒照片并将它放大。玻尔不是特工人员，他感激地接受了这种帮助。

　　玻尔读到信息时发现，这原来是詹姆斯·查德威克的一封信。"信中邀请我的父亲去英国，在那里他将受到非常热烈的欢迎，"奥格·玻尔后来回忆说，"……查德威克告诉我的父亲，他将能够自由从事科学问题的研究工作。但是信中也提到，有一些特殊的问题，玻尔的合作对它将是相当有帮助的。"玻尔明白，查德威克可能是在暗示核裂变方面的工作。这位丹麦物理学家仍然对它的应用持怀疑态度。他在给查德威克的回信中说："如果我觉得真正能够给你帮助的话……我将不会再留在丹麦，但是我认为这不太可能。最重要的是，根据我最佳的判断，我确信，尽管未来前景光明，但立即应用原子物理学最新的惊人发现是不现实的。"如果原子弹真有可能制造出来的话，玻尔就会离开丹麦。否则，他就有充分的理由留下来"帮助抵抗我们的制度自由遭到的威胁，协助保护来这里寻求庇护的流亡科学家"。

玻尔帮助抵抗的德国对丹麦制度的威胁是德国占领丹麦时特有的。德国人深深依赖于丹麦的农业，只在1942年一年，它就为360万德国人提供了所需的肉类和黄油。这是一种在小农场里进行的劳动密集型农业，它只能在农民以及（更为广泛的）全体丹麦人的协作下才能持续。为了不引起抵抗，纳粹容许丹麦保持君主立宪制并且继续自治。反过来，丹麦人也为同意在外国占领下合作付出了巨大的代价：丹麦犹太人的安全。对丹麦来说，丹麦的8 000名犹太人（其中有95%生活在哥本哈根）首先是丹麦公民；因此，他们的安全是对德国人诚意的一种考验。"丹麦的政治家和政府首脑，"一位历史学家说，"相继将犹太人的安全作为维持丹麦宪政政府的必要条件。"

然而，当丹麦人感受到占领军带来的沉重负担，战争趋势也开始对轴心国不利时，抵抗运动尤其是罢工和怠工逐渐增加。1943年2月2日，德军在斯大林格勒①遭遇失败，许多丹麦人认为这可能是一个转折点。7月25日墨索里尼的下台和被捕，以及意大利的投降当然也是如此。8月28日，纳粹在丹麦的全权代表卡尔·鲁道夫·维尔纳·贝斯特（Karl Rudolf Werner Best）向丹麦政府传达了希特勒的最后通牒，要求宣布进入国家紧急状态，禁止罢工、集会，实行宵禁和武器管制，执行德国人的出版审查制度，对私藏武器和进行破坏活动的人处以死刑。在国王的授意下，政府予以拒绝。8月29日，纳粹再度占领了哥本哈根，解除了丹麦军队的武装，

---

① 今伏尔加格勒，1925—1961年称"斯大林格勒"。——编者注

封锁了王宫并软禁了国王。

接管的原因之一是纳粹决定清除丹麦的犹太人。希特勒因为没有对他们实行最终解决方案而被激怒了。8月29日，纳粹逮捕了一些犹太名人（他们打算逮捕玻尔，但是认定在大规模围捕犹太人期间这样做才不易引发关注）。9月上旬，玻尔从瑞典驻哥本哈根大使那里了解到，他的移民同事，包括他的合作者斯特凡·罗森塔尔都被列入了黑名单。他与地下组织联系，后者帮助移民们渡过厄勒海峡逃到瑞典。罗森塔尔从城市公园处租得一艘划艇，与其他避难者一起挤在里面。在暴风雨的海面上度过了9个小时后，这群精疲力竭的人终于在瑞典登陆了。

不久就轮到了玻尔。9月28日，瑞典大使在"光荣之家"喝茶时暗示，玻尔在几天时间里就会遭到纳粹逮捕。玛格丽特·玻尔记得这位外交官强调说，甚至教授们都要离开丹麦。第二天早上，她的妹夫捎话过来说，在哥本哈根盖世太保办事处工作的一名反纳粹的德国妇女看到了柏林核准的命令，上面要求逮捕和放逐尼尔斯·玻尔和哈拉尔·玻尔。

"我们必须就在这天离开，"玛格丽特·玻尔后来说，"孩子们则只得随后赶来。不过，各方面都在给予帮助。朋友们准备了一条小船，然后我们获知能够带一个小行李袋。"9月29日下午晚些时候，玻尔夫妇来到哥本哈根一个郊外的海滨公园，躲藏在园丁的小屋里。他们等到夜里，然后按预先安排的时间，离开小屋来到海滩。一艘摩托艇将他们带到一条渔船上。在遍布雷场和德国巡逻队的海上，他们趁月色横渡厄勒海峡，在马尔默附近的林海姆登陆。

玻尔在最后一刻了解到，纳粹计划于第二天晚上围捕所有在丹麦的犹太人并将他们移送到德国。他将妻子留在瑞典南部等待儿子们渡海而来，自己则匆忙赶往斯德哥尔摩向瑞典政府呼吁援助。他发现，瑞典已经表示愿意收留丹麦的犹太人，但是德国人否认存在任何有预谋的围捕行动。

事实上，当玻尔设法通过瑞典政府来斡旋时，德国人已经按计划出动了，但是远远没有取得成功。事先受到警告的丹麦人自发地将他们的犹太人伙伴藏了起来。只有大约284名上了年纪的养老院居民被抓了起来。超过7 000名留在丹麦的犹太人暂时还是安全的。然而，他们中很少有人起初计划离开这个国家；很难保证瑞典肯定会接受他们，但他们似乎也没有其他地方可去。

玻尔于9月30日会见了瑞典外交副大臣，敦促瑞典公布它对德国外交部的抗议照会。他认为公布照会会警醒潜在的受害者、公开表示瑞典人的同情并且对纳粹施加压力，迫使其终止行动。对方告诉他，瑞典除了秘密照会以外，没有计划做进一步的干预。10月2日玻尔又向外交大臣呼吁，仍未能争取到让照会公布，于是决定免去中间环节。罗森塔尔说，这位丹麦诺贝尔奖得主"前去谒见英厄堡公主（丹麦国王克里斯蒂安十世的妹妹），表达了想觐见瑞典国王的愿望"。玻尔也与丹麦大使馆以及比较有影响力的瑞士学术界同行取得了联系。罗森塔尔这样描述玻尔和国王的关键会见：

接见……在下午进行……国王古斯塔夫说，当占领军开始从挪威移送犹太人时，瑞典政府已经尝试过对德国采取类似的方法。然而，这种方法没有奏效……玻尔提出不同看法说，现在，由于盟国的胜利，情况发生了决定性的改变，他认为瑞典政府应该公开宣布它对丹麦的犹太人承担责任。国王答应立即找外交大臣谈话，但他强调说，将这个计划付诸实施存在很大的困难。

这些困难被克服了。10 月 2 日晚上，瑞典的无线电台广播了瑞典的抗议，并且公告说这个国家准备提供庇护。在接下来的两个月里，7 220 名犹太人在瑞典海岸巡逻队的积极帮助下安全跨海来到瑞典。有个难民最初躲藏了起来，得到瑞典广播的提醒后才想到要逃跑，他的情况十分典型："在牧师的家里，我从瑞典的无线电台听到，玻尔兄弟乘船逃到了瑞典，还听到瑞典正在诚恳地接纳丹麦的犹太人。"玻尔通过亲自干预，坚持公开照会并将纳粹的恶行公之于众，对救援丹麦犹太人起到了决定性的作用。

斯德哥尔摩到处都是德国间谍，玻尔有被暗杀的危险。"在斯德哥尔摩只做了短时间的停留，"奥格·玻尔后来回忆说，"……就接到彻韦尔勋爵的一份电报……邀请他去英国。我的父亲立即接受了，并请求说希望允许我陪他一起去。"奥格当时 21 岁，是一名前程远大的年轻物理学家。"没有让家里其他成员随行的可能，我的母亲和兄弟们就留在了瑞典。"

玻尔先行。英国用一架未携带武器的双引擎蚊式轰炸机从斯德哥尔摩来来回回运送他们的外交邮袋，这是一种轻型、快速的飞机，飞得足够高，可以避开挪威西海岸的德国防空要塞——它的高射炮火通常能够打到 2 万英尺的高度。蚊式轰炸机的弹舱能够搭乘一名乘客。10 月 6 日，玻尔身着一套飞行服装并且拴上一副降落伞。飞行员给了他一个飞行头盔，上面有内置的耳麦用于与驾驶员座舱通话，然后告诉了他供氧设备的位置。玻尔也拿到了一个求救信号灯。万一遭到袭击，飞行员将会打开弹舱，而玻尔将会降落在冰冷的北海上；如果他幸存下来，求救信号灯将会帮助他得到营救。

"英国皇家空军的头盔不适用于像玻尔这样的大脑袋。"罗伯特·奥本海默幽默地说。这差点酿成一场灾难。奥格·玻尔描述道：

> 蚊式飞机飞得极高，因此有必要使用供氧面罩；在应当开启氧气时，飞行员会通过内部通话设备发话告知。但是因为我父亲的头不能伸进带有耳麦的头盔，所以他没有听到飞行员的命令，不久就因为缺氧而晕倒了。飞行员没有接到我的父亲对他指令的回应，意识到出了某些问题，于是就在他们飞越挪威后降低飞行高度，低空飞越了北海。当飞机降落在苏格兰时，我父亲又恢复了知觉。

这位精力旺盛的 58 岁老人并没有因此而受伤。"到达英格兰并且身体恢复后不久，"奥本海默继续讲述道，"他就从查德威克那里了解了正在进行的工作。"奥格一周后到达，父子俩巡回于英国，考察"管道合金"工程放射性研究的进展，这项工程包括了一个中等规模的气体扩散工厂。但重心早已转移到了美国。英国准备通过派遣一个代表团到洛斯阿拉莫斯协助设计原子弹来恢复一部分主动权，他们希望玻尔随团去美国以增加代表团的影响和声望。此时，这位丹麦理论物理学家又有了奥本海默所称的"良好的直觉"。奥本海默指的是在核武器如何改变世界这一问题上。他用一个比喻强调了玻尔当时正在逐步深入的理解："这给他带来了新的启示，就像［30 年］以前他了解到卢瑟福关于原子核的发现时一样。"

因此，尼尔斯·玻尔准备于 1943 年年初的冬天带着一个前所未有的重要发现再次来到美国，这次发现不是在物理学领域，而是在世界政治组织方面。

他非常欣赏工业上的巨大进步。"美国和英国在原子能方面取得的进展比我父亲预料的要快得多。"奥格·玻尔轻描淡写地说。罗伯特·奥本海默的概括则更能体现一个刚从被占领的丹麦惶恐不安地逃出来的难民感受到的震撼："对玻尔来说，美国的这些研究项目几乎是不可想象的。"

曾经如此。

97. 1944 年初，美国空军的 B-29 轰炸机开始对日本的城市实行系统性的燃烧弹轰炸。从左到右：劳里斯·诺斯塔德将军、柯蒂斯·李梅将军和托马斯·鲍尔（Thomas Power）将军。

98. 在 1945 年 7 月的波茨坦会议上，杜鲁门总统欢迎用炸弹代替苏联进入太平洋战争。从左到右：斯大林、杜鲁门、丘吉尔。

99.陆军部长亨利·史汀生管理原子弹的开发工作。

100.国务卿吉米·贝尔纳斯劝杜鲁门使用原子弹迫使日本无条件投降。

101.投到广岛的原子弹"小男孩",是一颗炮口上装着三个铀–235靶环的铀–235"大炮"。1945年8月摄于天宁岛(也称提尼安岛)。

101

102

102.在天宁岛进行的广岛投弹前的简况介绍会。从左到右:第一排,约瑟夫·布舍尔(Joseph Buscher)、佚名;第二排,诺曼、拉姆齐、保罗·蒂贝茨;第三排,托马斯·法雷尔、海军上将帕内尔、德克·帕森斯、路易斯·阿尔瓦雷茨;第四排,帕森斯左边是查尔斯·斯威尼,帕森斯右边是托马斯·费尔比,阿尔瓦雷茨的右边是西奥多·范基尔克。

103."伊诺拉·盖伊号"飞机机组人员，摄于执行广岛投弹任务之前。站立者（左起）：约翰·波特（John Porter，地面维修官）、西奥多·范基尔克（领航员）、托马斯·费尔比（投弹手）、保罗·蒂贝茨（飞行员）、罗伯特·刘易斯（副驾驶员）、雅各布·贝塞尔（电子对抗技术员）；前蹲者（左起）：约瑟夫·施蒂博里克（雷达操作员）、罗伯特·卡伦（尾炮手）、理查德·纳尔逊（无线电员）、罗伯特·舒马德（助理技术员）、怀亚特·杜曾布里（随机工程师）。未在照片上出现的：德克·帕森斯（武器专家）、莫里斯·杰普森（电子测试官）。

104. 1945年8月6日广岛上方的蘑菇云。这是从执行轰炸任务的B-29轰炸机上拍摄的情景。

105.轰炸广岛后返航的"伊诺拉·盖伊号"飞机在天宁岛上着陆。

106.广岛被破坏的全景。一些道路清晰地显现出来，还没倒的房子是经过抗震加固的。"小男孩"以 1.25 万吨 TNT 的爆炸当量爆炸。现代原子弹能够产生大得多的爆炸效果，一颗民兵Ⅲ型导弹所带的核弹头相当于 84 颗广岛原子弹的威力。

106

107

107.广岛美幸桥，距核爆炸中心约 1.4 英里，1945 年 8 月 6 日上午 11 时。

108.广岛的火球立即使距离爆炸中心 1 英里范围内的表面温度升高到 1 000 华氏度（约 537.8 摄氏度）以上。

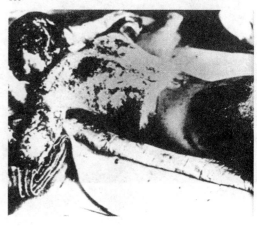

110.距广岛爆炸中心半英里处遭受辐照的一名士兵身上的热灼伤，腰带保护了他的腰部。

109.广岛，一个推着手推车的男人受辐照留在沥青路面上的剪影。

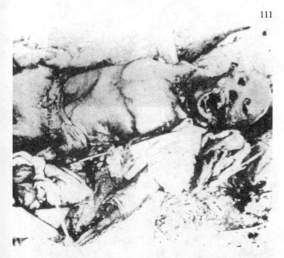

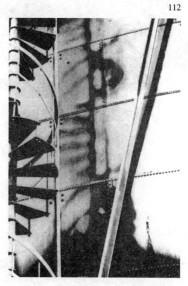

111.广岛，无名尸体。到1945年底统计的死亡人员总数达14万人。

112.广岛，储气罐外壁上辐照产生的楼梯投影。

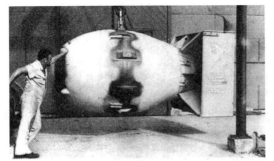

113. 1945 年 8 月 8 日，"胖子"在天宁岛上准备就绪，将于次日起飞。请注意尾部部件上的涂鸦。

113

114

115

114. 1945 年 8 月 9 日 11 时 2 分，钚弹在日本长崎最大的基督教堂附近的上空爆炸，其爆炸当量估计为 2.2 万吨TNT。

115. "胖子"使长崎的树突然折断，而威力较小的"小男孩"只是将树击倒。

116

116. 将尸体收集到一起火葬。

117.距长崎爆炸中心半英里的一名受辐照的学生。

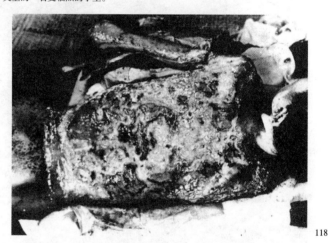

118.长崎，辐射灼伤。

119. 1945 年 8 月 10 日中午，
长崎爆炸中心附近。

120.蜂谷道彦博士是广岛电信医院的院长，他的日记记录了这场灾难。

121.长崎原子弹爆炸后，天皇裕仁不顾大臣们的反对决定停止战争，并在8月15日发布的停战诏书中提到"敌方最近使用残酷之炸弹"。

122.洛斯阿拉莫斯实验室接受用来表彰它卓越工作的陆海军E字锦旗。

123. "迈克I"是第一颗真正的热核炸弹，于1952年11月1日在马绍尔群岛进行试验，产生出1 040万吨TNT的爆炸当量。管子将辐射带到检测设备里，它们的配置证实了线性的特勒-乌拉姆构型。坐在前排的男人可作为参照，体现出炸弹的大小。

123

124

124. "迈克"将伊鲁吉拉伯岛摧毁了，留下一个深1英里、宽2英里的弹坑。

125

125. 第一颗可交付使用的热核炸弹，能产生百万吨级TNT的爆炸当量，自重21吨。

126. "迈克"被引爆，火球直径达 3 英里。

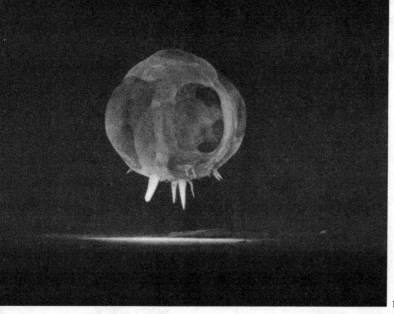

127. "二战"后一次原子弹试爆的早期火球。广岛核爆后，蜂谷道彦梦见："我能够看到一个巨大的裸露眼球，比实物要大，在我的头顶上盘旋，直勾勾地凝视着我。"

128. 玛格丽特和尼尔斯·玻尔在蒂斯维尔德的夏日小屋。"我们处于一个不能用战争解决问题的全新环境中。"

第 15 章

不同的动物

　　1942 年 9 月，陆军准将莱斯利·格罗夫斯刚上任不久便在田纳西州东部克林奇河沿岸为曼哈顿工程区购置了一片土地，这是一片阿巴拉契亚半荒原野，从坎伯兰山麓向西南一系列平行的山脊谷地延伸，面积 5.9 万英亩。格罗夫斯喜爱这里的地质结构，它为他的几个企业提供了隔离环境，然而，新的专用地几乎与洛斯阿拉莫斯一样原始。克林奇河是田纳西河的一条蜿蜒支流，界定了专用地的东南边界和西南边界。往东 20 英里是诺克斯维尔城，一座人口近11.2 万的城市，再往东就是大烟山国家公园的围墙。五条没有铺垫石子的道路穿过 92 平方英里贫瘠的山谷和长满胭脂栎树丛的山脊，一个 17 英里长、7 英里宽的区域，只有大约 1 000 户人家住在这偏远贫困的地方。没有谁会来关注这种被山脊隔断的山谷中贫穷的丘陵地区。美国军方打算建一些未来主义风格式的工厂，将足够多的铀-235 与铀-238 分离开，这些铀-235 要多到能够制造出一颗原子弹。

　　为了做到这一点，美国首先要改善交通通信条件并在这里建一座城镇。1942 年冬季和 1943 年春季，这项工程的承包人来到田纳西州东部这片红色黏土地上，修建 55 英里的火车路基和 300 英里铺石子的路面以及街道。他们将主要的乡间道路改造成了四车道的公路。斯通-韦伯斯特公司，那家波士顿的工程公司，在紧紧催逼之下提出了建一座小镇的计划，冶金实验室因这个计划太缺乏创见拒绝接受，将这件事情交给了新成立的雄心勃勃的斯基德莫尔-奥因斯-梅里尔建筑公司。这个公司利用革新的新材料提出了一个布局合理的建房计划，能够节省足够的资金从而允许建一些诸如壁炉和门廊之类的顶级住宅中常见的设施。这个新的小城镇最初计划容纳 1.3 万个工人，小城镇沿最西北端的山谷而建，也因此处得名：橡树岭。整个专用地用带刺的铁丝网围起来，通过七道有守卫看管的大门控制着，用附近的一个田纳西社区命名：克林顿工程区。工人们将这个地方称为"多格帕奇"，致敬乡村连环漫画《李尔·阿布纳》(Li'l Abner)。[①]这些新建的大门于 4 月 1 日开始封锁，禁止公众进入。

格罗夫斯计划在克林顿工程区建几座电磁同位素分离工厂和一座气体扩散工厂；在他建设这项工程的头几个月里，他认识到钚的生产规模会很大，会产生巨量的具有潜在危险的放射性，因此需要单独隔开的专用地。在三种处理方法中，欧内斯特·劳伦斯的电磁方法最有希望。

---

① 《李尔·阿布纳》是北美报纸上的讽刺连环漫画，由漫画家卡普（Al Capp，1909—1979）所画，从 1934 年起，连载 43 年。事情发生在肯塔基州一个虚构出来的名叫多格帕奇的贫困小山村。男主人翁总是 19 岁，异常天真，很容易受骗，他有一个脾气暴躁的老妈，一个头脑简单的老爸和一个痴心的未婚妻，但他始终逃避婚姻。当 1952 年漫画家受到读者的压力让他们终于走向婚姻殿堂时，这成为轰动一时的新闻，还上了《生活》杂志的封面。由于漫画充满了幽默，深受读者喜爱，因此它产生了强大的文化影响。曾被改编成歌剧和电影。——校者注

电磁同位素分离方法推广了弗朗西斯·阿斯顿1918年在卡文迪许实验室发明的质谱仪，并且促进了它的发展。正如1945年由劳伦斯团队的成员准备的一份报告所解释的那样，这种方法"取决于这样的事实，载有电荷的原子通过磁场时做圆周运动，其半径由它的质量决定"——这也是劳伦斯回旋加速器的一条基本原理。原子越轻，其圆形径迹就越收紧。先将蒸气化的铀化合物电离，再让这些离子在加上了强磁场的真空盒的一端开始运动，当这些离子做曲线运动时，它们将会分离成两束。较轻的铀-235原子将比更重的铀-238原子路线曲率更大；跨越一个4英尺的半圆后，两种同位素分离的距离可以达到大约3/10英寸。在铀-235离子单独到达的位置放置一个收集袋，你就能够捕获到离子。"当这些离子撞击收集袋的底部时……它们失去所带的电荷并被沉积为鳞片形的金属。"从图上看，用狭缝电极加速离子，其设备就像下列插图所示的那样：

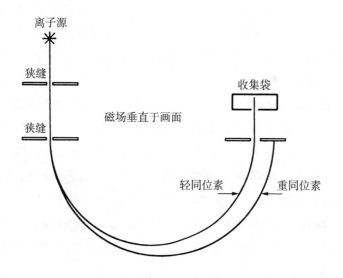

1941 年稍晚些时候，劳伦斯在加州大学伯克利分校的 37 英寸回旋加速器的 D 形盒位置安装了这样一种 180 度的质谱仪。通过持续 1 个月的运转，劳伦斯的团队生产出了部分分离的 100 微克铀-235 样品。这只有罗伯特·奥本海默最初估计制造一颗原子弹所需要的 100 千克的十亿分之一。这个实验证明了电磁分离的基本原理，同时也凸显了这种方法的巨大浪费：劳伦斯提出的是逐个分离铀原子。

　　增大设备尺寸，增强加速电压，倍增离子源的数量，增加收集袋的数量，让它们在同一块磁铁的两极间一个挨着一个地放置，这些做法都是能明显改善输出和提高效率的方法。为了赢得这场战争，劳伦斯将他的时间都贡献出来了；如今他又将新建的漂亮的 184 英寸回旋加速器贡献了出来。取代回旋加速器的 D 形盒的，是他安装在 4 500 吨磁铁的极面之间的 D 形质谱仪盒。经过 1942 年的春季和夏季，新建造的这种仪器得以正常运转，解决了最为困难的设计问题。这种仪器也因此获得了一个名称——calutron（加州大学同位素分离器），由 cal（加利福尼亚）、u（大学）、tron（同位素分离器）三部分组成。

　　劳伦斯在 1942 年秋季估计，为了每天分离 100 克的铀-235，需要大约 2 000 个 4 英尺的加州大学同位素分离器盒放置在数千吨磁铁之中。如果一颗原子弹像伯克利夏季研究小组刚刚计算出的那样，需要 30 千克的铀-235 才能取得合适的效果，那么 2 000 台这样的加州大学同位素分离器每 300 天便能够浓缩出作为一颗原子弹内核的足够材料。这还要假定这个系统运行可靠，而此前的实验室还从未做到过这一点。然而在 1942 年，电磁分离法在詹姆斯·布赖恩特·科南特看来比钚方法和气体多孔膜扩散法都要有希望得多，他极力主张只使用这一种方法。劳伦斯是一个自信但不莽撞的人，他坚持要让其他两匹黑马继续与他的这个宠儿进行竞赛。

格罗夫斯对此却不太看好。刘易斯最初的委员会也是这样，这个委员会在 1942 年冬天费米建造 CP-1 时访问了芝加哥大学和加州大学伯克利分校。刘易斯的委员会认为气体扩散方法是最好的方法，因为它很类似于已有的技术——对于石油工程师们来说，扩散是一种熟知的现象，而一座气体扩散工厂实质上是由庞大的连通管道和泵组合而成的。相比之下，电磁分离法是一种没有在如此巨大的规模上经过检验的一次性过程；伯克利设计了一个 4 英尺加州大学同位素分离器盒系统，分离器盒垂直放置在大块方形磁铁的极面之间，每两个盒之间有一定间隔，每个单元总共有 96 个这样的盒。为了减少用于磁心的铁的量，这种设备将不做成矩形而是做成椭圆形，像跑道一样：

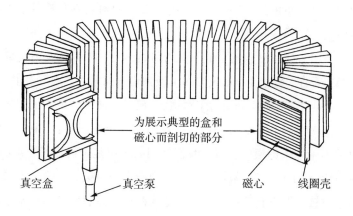

为展示典型的盒和
磁心而剖切的部分

真空盒　　　真空泵　　　　磁心　　　线圈壳

这种设备被称为"跑道"，尽管它的正式名称是α。伯克利只承诺每天每个"跑道"浓缩出 5 克铀，但是格罗夫斯认为 2 000 个盒远远超过了斯通-韦伯斯特公司的生产能力，所以将这个数字削减到500，并且如劳伦斯后来回忆时所说的，他推测"处理过程的技术和科学都会进步，等这种工厂建起来的时候，生产率肯定已经大幅提高了"。每个"跑道"每天只生产 5 克铀-235，这意味着即使生产出来的是接近纯净的铀-235，用仅有的 5 个"跑道"每生产出30 千克的炸弹材料也需要 1 200 天，何况它们还不能生产出那么纯净的铀——它们最好的产品纯度大约为 15%。格罗夫斯把希望寄托在了技术改进上，同意继续推进工程。

他不得不在认识清楚将要建造的东西之前就开始建造它。他从泛泛地了解逐渐变为精确地了解，从了解轮廓变为了解细节。在他决定批准建造多少台加州大学同位素分离器的整整 6 个月前，他的前任詹姆斯·马歇尔上校和肯尼思·尼科尔斯中校已经着手解决一个严重的供给问题。美国紧缺铜，这种材料是绕制电磁铁线圈最好的普通金属。为了循环使用，财政部提出用银块来取代铜。曼哈顿工程区检验了此举是否可行，尼科尔斯则与财政部副部长丹尼尔·贝尔（Daniel Bell）谈判借贷问题。"在谈判的一个关键节点上，"格罗夫斯后来写道，"尼科尔斯……说，他们将需要 5 000 吨到 1 万吨的银。结果得到了冷淡的回答：'中校，财政部不用吨来论银的重量；我们使用的单位是金衡盎司［1 金衡盎司约合 31 克］。'"最后，3.95 亿金衡盎司的银——约合 12 280吨——被从西点仓库提取出来铸造成圆筒，然后在密尔沃基市的阿利斯-查尔梅斯公司轧制成 40 英尺长的条带并绕在铁心上。横截面接近 1 平方英尺的实心银质母线棒遍布长椭圆形的每个"跑道"。这些银价值超过 3 亿美元。格罗夫斯一盎司一盎司地仔细计算着，就像在计算借助于它可以分离出的可裂变同位素那样。

当斯通-韦伯斯特公司的承包人于 1943 年 2 月 18 日破土动工建造第一个 α"跑道"的大楼时，他手头只有地基图。格罗夫斯最初批准建造 3 座建筑以容纳 5 个"跑道"。3 月，他又批准了一种次级的、一半尺寸的 β 级加州大学同位素分离器，它在两个矩形的轨道上有 72 个盒。这种同位素分离器将进一步浓缩 α 的最终产物，从而达到 90% 的铀-235 纯度。光是 α 和 β 大楼就在松树岭和栗树岭之间的山谷中占用了比 20 个橄榄球场还要大的区域。"跑道"被装配在二楼，一楼装配着一些巨大的泵，用来将加州大学同位素分离器抽成高度真空状态，抽成真空的体积比起当时全球其他所有地方抽成真空的体积总和还要大。最后，这个 Y-12 联合体大大小小共有 268 座永久性建筑——放置加州大学同位素分离器的由钢铁、砖头和瓦片构成的建筑，化学实验室、蒸馏水工厂、废水处理工厂、泵站、店铺、修理站，还有仓库、自助餐厅、门房、小酒店和衣帽间，以及一座发放薪水的出纳员办公楼、一个铸造车间、一座发电厂、8 个变电站、19 座水冷却塔——这些都是为了取得每天最多只能以克计的产品。甚至欧内斯特·劳伦斯 1943 年 5 月来此地巡察时也对它心存敬畏。

到 8 月份，已有 2 万名建筑工人来到这个地区。一个实验性的 α 单元已经能成功有效地运行了。劳伦斯随后说服格罗夫斯将 α 工厂的规模扩大一倍。借助于 10 个而不是 5 个 α"跑道"，他估计每天能够分离出 0.5 千克浓缩到 85% 的铀-235。在劳伦斯提出建议 6 天之后，一位军队工程师在相对保守的总结中预言，借助已有的 α

级和β级的同位素分离器，从1943年11月开始，每个月能够生产出900克的铀-235，在运行的头一年产出的质量上达到制造原子弹要求的铀-235总量为22千克。根据洛斯阿拉莫斯那年夏天最新的估计，一颗有效的铀弹可能需要40千克这种稀少的铀同位素。面对这一判断，格罗夫斯采纳了劳伦斯的建议。扩大一倍规模需要增加4个特别设计的96盒αⅡ型先进新"跑道"，以及相应数量的β"跑道"，此时需要的经费已经是1.5亿美元，而不是原先批下来的1亿美元。格罗夫斯向军事政策委员会论证他的提议时说，如果Y-12联合体一切正常，那么他将大约在1945年初生产出一枚40千克的原子弹内核。

军方与田纳西州伊士曼公司签订了承包合同，让它运行电磁分离工厂，该公司是伊士曼柯达公司的一个制造子公司。到1943年10月下旬，当斯通-韦伯斯特公司安装完第一个α"跑道"时，伊士曼公司已聚集了4 800名工人。他们接受了操作和维修加州大学同位素分离器的培训，但并不了解其原理。机器每天运转24小时，每周运转7天。

这种用银质条带绕成的大方形"跑道"的磁铁被装入钢焊的箱子中，在箱子中循环的油被用来使线圈绝缘和散热。10月底测试的第一批磁铁被发现漏电。如果是循环的油中的水分使线圈短路，那么运行过程中正常产生的热通过蒸发水分就能解决这一问题。田纳西州伊士曼公司继续进行测试。加州大学同位素分离器中有很多真空泄漏之处而且很难发现——一位当时的检验员后来回忆说，要找到一个泄漏点得用上大半个月。操作员们缺乏经验，很难产生和维持稳定的离子束。格罗夫斯记得有一次，大功率的磁铁出乎意料地"使介于中间位置的盒发生了移动，移出了3英寸之多……这样的盒每个大约重 14 吨。这一问题通过使用重钢支撑板将盒焊在固定位置得到了解决。这样做了之后，盒就待在了它们应该待的位置"。

磁铁干燥了但还是短路，看来出了某些问题。12 月初，田纳西州伊士曼公司将整个 96 盒"跑道"关闭了。公司的工程师们不得不拆开线圈测试它。这个单元严重受损，因而必须送回阿利斯–查尔梅斯公司返工。

检验员们找到了故障所在：有两个重大问题。"第一个是设计问题，"格罗夫斯后来写道，"带强大电流的银带彼此绕得太近。另一个问题是在循环油中有数量过多的铁锈和别的杂质。这些杂质将银带之间很窄的间隙搭接上了，因而导致短路。"格罗夫斯于 12 月 15 日怒气冲冲地从华盛顿赶来看这堆残骸。设计上的缺陷迫使这位将军下令，将 48 块磁铁全部运回密尔沃基市进行清洗和返工。直到 1944 年 1 月中旬，第二批 α "跑道"才能投入使用。他们至少推迟了一个月的生产时间。

田纳西州伊士曼公司的 4 800 名职工来到昏暗的大厅里工作。为了避免他们因无聊而离职，公司安排了上课、开会、听演讲、看电影、玩游戏等活动。穿着双排扣外衣、神情严肃的人们到处打听可以下国际象棋和跳棋的地方。到 1943 年年底，Y-12 联合体已经基本停工。尽管投入了巨额开销，但它几乎连 1 克铀-235 都拿不出来。

⊙

自从约翰·邓宁和尤金·布思在 1941 年 11 月首次分离出可测

的铀-235以来，对气体扩散方法的探究在哥伦比亚大学不断取得进展。到1942年春天，哈罗德·尤里在一份进展报告中解释说："分离铀同位素的三种方法如今都达到了工程技术阶段。它们分别是英国的扩散法、美国的扩散法和离心机法。"因为全规模的工厂得到了批准，所以邓宁的团队当时已增加到大约90人，于1943年初增加到了225人。弗朗茨·西蒙的气体扩散法将在低气压和递增的10单元分级的情况下使用，但是需要非常大的泵；哥伦比亚大学设计了一种高压系统，使用较为传统的泵，这是一种大约4 000级的连续、互联的级联系统。格罗夫斯在战后的回忆录中评价这个设计说，这种方法简单可靠但花销巨大：

　　这种方法是全新的。它基于这样的理论：如果气态铀被用泵抽向多孔膜，较轻的包含铀-235的气体分子将比较重的铀-238分子较快地通过多孔膜。因此，这一过程的核心是多孔膜，一种多孔的金属薄片，或者每平方厘米上有近百万个亚微观小孔的薄膜。这些薄片被装成管子，管子被密封在一个气密的容器——扩散器——里。六氟化铀的气体被泵入一长串或者说级联的管子中，它逐步地趋向于分离，浓缩的气体顺着级联向上运动，废弃的气体向下运动。然而，铀-238和铀-235的六氟化物的质量之差太小，用单级扩散不可能获得较明显的分离。这就是必须使用数千个连续级的原因。

级联的横截面示意图看上去就像以下这样：

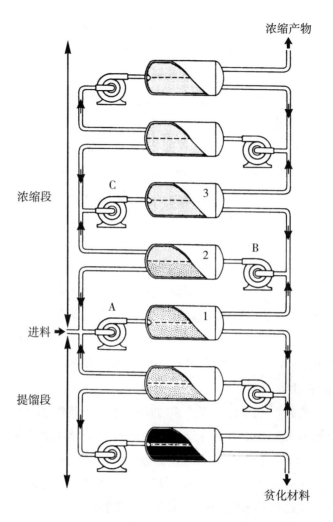

浓缩产物

浓缩段

C

3

2

B

A

1

进料

提馏段

贫化材料

　　"多孔膜需要进一步发展，"尤里在进展报告中推断说，"然而我们现在自信能够解决好这个问题。"不过，当格罗夫斯给曼哈顿工程调拨 1 亿美元经费建造气体扩散工厂时，这个问题还没有得到解决；手头还没有切实可行的多孔膜。与英国的处理过程相比，美国的处理过程需要孔隙更为微细的材料；这种材料还必须足够结实，能经受住这种沉重的腐蚀性气体较高的压强。

哥伦比亚大学用铜多孔膜进行了试验，但在 1942 年底放弃了铜，转而用镍，镍是唯一抵抗得住六氟化物腐蚀的普通金属。压缩镍粉制造出的多孔膜足够结实然而孔隙不够微细，电镀镍网制造出的多孔膜孔隙足够微细然而不够结实。自学成才的英裔美国室内设计家爱德华·诺里斯（Edward Norris）设计了这种电镀网，最初是为他发明的一种新的喷漆器设计的；他于 1941 年加盟哥伦比亚大学的项目，与尤里的年轻学生、化学家爱德华·阿德勒（Edward Adler）合作改进他发明的电镀网，使之适合于气体扩散法。用镍做成的诺里斯-阿德勒多孔膜在 1943 年 1 月似乎终于可以改进到可以用于生产的质量，因此，哥伦比亚大学开始在谢莫洪实验室大楼的地下室里安装一种试验性设备，格罗夫斯批准了全力生产这种多孔膜。乌达耶-赫尔希公司于 4 月 1 日接受了这项任务，这天是橡树岭开工的日子，也是为了这一目的在伊利诺伊州的迪卡特计划建一座新工厂的日子。

合适的多孔膜材料是最严重的问题，但并不是哥伦比亚大学研究、格罗夫斯面对的唯一问题。六氟化铀会剧烈地侵蚀有机材料：数千米长的管道、泵和多孔膜，不能允许任何位置有一点点油脂。因此，泵的密封必须被设计成既是气密的又是没有油脂的，这是在此之前还没有人解决过的一个难题，它要求开发新型的塑料。（橡树岭最终用上的密封材料在战后以特氟龙之名盛行于世。）在数千米的管道上，无论哪个位置有一个小如针尖的孔，都会使整个系统无法正常运转；阿尔弗雷德·尼尔开发了轻便的质谱仪，用作精细的泄漏探测器。因为固体镍的管道会消耗掉美国这种贵重资源的全部产量，所以格罗夫斯找到一家愿意给全部管道内壁镀镍的公司，这是一种难度较高的新的处理过程，要用电解液充满管道本身，并且在板极电流起作用时旋转这些管道才能完成这一过程。

拥有数千个扩散罐（其中最大的一个扩散罐具有 1 000 加仑容量）的工厂必然是庞大的：有 4 层楼高，近半英里长，呈 U 字形，宽度为 1/5 英里，占地 200 万平方英尺，比 Y-12 联合体的 α 和 β 大楼所占的总用地面积的 2 倍还多。这个气体扩散联合体被命名为 K-25，需要比一条狭窄山谷更大的地方。建筑和经营承包商克莱克斯公司和联合碳化物公司在专用地的西南端沿着克林奇河找到了一个相对平坦的场地，为满足工厂动力需求而准备建造的燃煤发电厂的选址工作于 1943 年 5 月 31 日开始。

承包商不是设计和安置数千根不同的柱子作为建筑的基脚，而是将整个 K-25 建设区进行平整和压实——开掘、烘干并且在这一过程中运进 10 万立方码的红黏土。这样用去了数月的时间，直到 10 月 21 日，第一批混凝土——有 20 万立方码之多——才被灌注到地基里。到此时，在开发一种合适的多孔膜方面的持续失败促使格罗夫斯决定砍掉工厂未完成的上层级联，而将它的铀-235 浓缩能力限制在 50% 以下——如果用足它的扩散器，它原本能够将天然铀浓缩为纯净的铀-235——再将这种半成品的浓缩材料作为原料加进 Y-12 联合体的 β 级加州大学同位素分离器。

克莱克斯公司于 1943 年秋季成功设计出了一种有潜力的新型多孔膜材料，这种材料结合了诺里斯-阿德勒多孔膜和压缩镍粉多孔膜的优点。此时的问题是如何处理正在迪卡特建设的乌达耶-赫尔希工厂，这座工厂是被设计来生产诺里斯-阿德勒多孔膜的。是应该以推迟 K-25 的启用为代价拆毁它并重新装备成这种新型多孔膜的制造工厂，还是应该让几个多孔膜开发小组协同努力，改进诺里斯–阿德勒多孔膜，使之成为质量合格的产品？在这些意义重大的问题上，格罗夫斯和哈罗德·尤里发生了激烈的争吵。

克莱克斯公司希望拆掉乌达耶–赫尔希工厂并进行改造，宁愿推迟也不要冒失败的风险。尤里则认为，放弃诺里斯–阿德勒多孔膜就意味着放弃用气体扩散法及时生产出铀–235，这将不利于缩短战争进程。在这种情况下他看不到还有什么理由继续建造 K–25；他认为，它的高优先权甚至会对战争方面的努力起阻碍作用，因为它取代了更为直接有用的生产过程。

格罗夫斯决定将这一问题交给一个不寻常的评估委员会来判断，该委员会由一群在英国从事过气体扩散工作的专家组成。为加深英国和美国原子弹计划之间的交流，英国已经派遣了一个代表团到美国工作。团长为帝国化学工业公司的华莱士·埃克斯（Wallace Akers），成员则包括弗朗茨·西蒙和鲁道夫·派尔斯。代表团于 12 月 22 日与克莱克斯公司和哥伦比亚大学都接洽过，随后开始评估美国的进展。

参与者们于 1944 年 1 月初重新开了会。英国方面得出结论，新型的多孔膜最终可能会比诺里斯–阿德勒多孔膜优越，但他们认为如果时间是最重要的问题，那么用几个月时间研究诺里斯–阿德勒多孔膜肯定对其更有利。迄今为止，新型的多孔膜只能用手工方法小批量地制造。而 K–25 需要数公顷的场地来放置计划使用的 2 892 级的级联装置。

克莱克斯公司随后设下一个圈套：它提出用计件方式手工生产新型多孔膜——动用数千名工人，每个工人都按克莱克斯公司最初设计的简单实验室工艺操作——并且声称，这样做能让它比得上甚至超过诺里斯-阿德勒多孔膜的生产进度。英国人先是对克莱克斯公司的这一新奇提议感到惊讶，随后一致认为，如果新型多孔膜生产是可能的，就应该优先采用。这个一致意见收紧了这个圈套；由于英国人的含蓄表态，美国的工程师们只能同意拆掉乌达耶-赫尔希工厂，完全放弃诺里斯-阿德勒多孔膜的生产，转而制造新型多孔膜。

其实无论结果如何，在1月这次会议的前一天，格罗夫斯就已做出了转产这种新型多孔膜的决定；而英国人的评估意见也就相当于认可了他的决定。格罗夫斯选择改变多孔膜而不是放弃气体扩散方法，证实了许多曼哈顿工程的科学家尚未认识到的事情：美国对核武器开发的投入，已经超出了生产炸弹从而击败德国这一似乎紧迫但相当有限的目标。建造一座气体扩散工厂将会妨碍传统的战争用品的生产，最终要花费5亿美元，而且无疑不会对缩短战争进程起到重要的作用，这意味着原子武器从那时起被看作对美国武器库的一种永久性的扩充。尤里看到了这一点，因此退出了；"从那时起，"他的同事兼传记作者写道，"他就将精力集中在核能的控制上，而不是放在它的应用上。"

恩里科·费米于1942年12月2日在芝加哥大学证实链式反应可行性的12天后，格罗夫斯为钚生产场地开出了一系列标准，明确而彻底地排除了田纳西州。"克林顿工程区……离诺克斯维尔市不远，"他评论说，"虽然我觉得发生严重危险的可能性不大，但我们没法绝对保证这一点；如果链式反应在一座大型反应堆中进行时真的出了事，也没人知道到底会是什么事。如果反应堆因为某些未知的和不曾预料的因素而爆炸，那么大量的高辐射材料将会散播到大气中并且随风吹到诺克斯维尔城，这个地区的人员伤亡以及身体健康遭到的危害就可能是灾难性的。"格罗夫斯能够想象到，这样一次事故可能会"剥去这项工程的所有保密伪装"，使电磁分离工厂和气体扩散工厂"彻底瘫痪"。生产钚的场地最好是在某个偏远的地方。

生产钚的反应堆需要大量的电和水用于鼓风和冷却氦，而氦是用来冷却反应堆的。为安全起见，它们需要空间。河网密布的远西部地区，尤其是哥伦比亚河流域符合这些标准。格罗夫斯派出了一名军官，随同的还有一名非军方工程师，这名军官将管理钚专用地，而这名工程师将监督杜邦公司的建筑工作。除了选择场地以外，他还希望这两个人同心协力。他们做到了，一致选定华盛顿州中南部地区一个合适的地点，并于新年前夕回到格罗夫斯的办公室汇报。将军于 1943 年 1 月 21 日收到一份实业评估鉴定。此时他已经亲自去过这个地方。

喀斯喀特山脉以东，在亚基马城东面 20 空英里^①处，寒冷而湍急的蓝色哥伦比亚河向东拐弯，然后转向东北，再突然 90 度拐弯至东南方向，最后朝正南方通过一个平坦、贫瘠的灌木丛林地，这是它流经大陆腹地的最后一段路程，然后在帕斯科城以南大拐弯，向西经过 250 英里流向大海。尽管这条河远处内地，它仍然又宽又深，支流中还会季节性出现鲑鱼，然而周围沙质的平原很少能得到河水的润泽，喀斯喀特山脉的屏障减少了 150 毫米以上的年降水量。

---

① 1 空英里≈1.85 千米。——编者注

格罗夫斯1月底以大约510万美元的价钱获得了他的代表们找到的场地：它被包围在哥伦比亚河东段的河谷中，约有50万英亩，这块地主要是放羊的牧场，但也有少数果园、一两个在战时靠灌溉种植薄荷兴旺繁荣的农场。气温范围从漫长、干燥的夏季的最高气温114华氏度[①]到冬季低温时罕见的零下27华氏度[②]。在方圆30英里的地域上，道路稀稀落落。联合太平洋铁路公司的铁路穿过一角，从大古力水坝至邦纳维尔坝的双向230千伏输电线穿过这个地区的西北角。盖布尔山由孤立、裸露的玄武岩层构成，在90度河湾西南数英里处的冲积平原上隆起500英尺的高度，将河湾处的土地与内陆的土地分隔开。在这个地区的中段，哥伦比亚河两岸有渡口，还有一座半遗弃的村庄，大约有100个居民。村庄提供了一个建筑基地，整个工业区就以这个村庄的名字命名为汉福德工程区。

只有对未来建在这里的工厂有更多的了解，格罗夫斯才能建造汉福德工程区。显然，他需要数量巨大的混凝土来建造生产反应堆的屏蔽层和化学处理大楼；他的汉福德工程师找到了合适的砾石地层并且将该地定为采石场。一场事故可能会使放射性物质释放到空气中，这就要求有良好的气象工作。河水需要研究，河水中有价值的鲑鱼也需要研究，要观察它们对从反应堆释放到河流中的轻微剂量的瞬时放射性有何种反应。道路必须铺垫石子，电力必须充足，还要为好几万名建筑工人建造临时宿舍和工棚。

1943年初再一次被提出来讨论的问题是应该怎样冷却钚生产反应堆，杜邦公司的工程师们现在将钚生产反应堆（production

---

① 约45.6摄氏度。——编者注
② 约零下32.8摄氏度。——编者注

pile）称作反应堆（reactor）。克劳福德·格林沃尔特代表杜邦公司负责钚生产，他继续打算用氦冷却，因为这种惰性气体对中子完全没有吸收截面。但需要在高压下用泵抽它，使它在反应堆里通过；这要求有庞大、高效的压缩机，而格林沃尔特完全不能肯定他有时间建造这样一台压缩机。还需要巨大的钢罐储存这种气体；必须保证氦气进入反应堆后仍然保持气密，这对工程师们来说是一种可怕的挑战，光是焊接就很困难。

尤金·维格纳前来协助这项工程，费米发现CP-1可以有高于他预期的k值。斯塔格橄榄球场的反应堆主要使用的是氧化铀，它的石墨的品质变得越来越好。一个纯净的金属铀的生产反应堆和高品质的石墨将使k值得到提高——维格纳计算出，高到可以用水来冷却。

维格纳的研究小组设计了一个28英尺×36英尺的石墨圆筒，将它侧倒平放，用1 000多根铝管水平穿过它。许多压制成一卷25美分硬币粗细的铀将填满这些管子，铀的总重达200吨。在1 200吨石墨中，发生链式反应的铀将产生功率为25万千瓦的热量；用泵向容纳铀棒的铝管中以每分钟7.5万加仑的速率抽送冷却水，将带走并消散这些热。铀棒不会裸露在急速流动的水流当中，维格纳计划用铝把这些铀棒隔离起来。当它们反应了足够长的时间——比如100天——那么每4 000个原子就会有一个原子转变成钚，只要在反应堆前端加载一些新鲜的铀棒，就可以把这些辐照块从反应堆后面推出来。这些热铀棒会落到纯净的深水池中，水会安全地约束它们裂变产物强烈但短暂的放射性。60天后，就可以捞出它们并且送去进行化学分离。

维格纳的设计简洁优雅，但格林沃尔特看到了工程上的一些问题——特别是铝管的腐蚀是否会阻碍冷却水的流动这样一个问题——因此并行推进水冷却和氦冷却的研究，直到 2 月中旬。此时，腐蚀问题似乎有望解决了。"使用高纯度的水，"阿瑟·康普顿写道，"实验证据表明这种水源不会带来严重困难。"格林沃尔特因而选择了水冷却。被利奥·西拉德称为"工程从始至终的良心"的维格纳常常担心德国的进展，愤怒地想要知道杜邦公司为什么要花 3 个月的时间来评估他和他的小组 1942 年夏季就鉴定了其优越性的系统的价值。

由于有了这样的基本决定，汉福德的建筑能够动工了。3 个生产反应堆将会沿着哥伦比亚河兴建，彼此相隔 6 英里距离，两个建在上游，一个建在哥伦比亚河 90 度拐弯处的下游。往南 10 英里，在被盖布尔山遮蔽的地方，杜邦公司将在两处各建造 2 座化学分离工厂。汉福德原来的小镇将变成一个中心建筑场地，为全部 5 个建筑区提供服务。

工作推进缓慢，征募人员的问题紧紧地拖了后腿。这个处于战争中的国家劳动力短缺，早就已经充分就业，很难找到愿意在这远离所有重要城市的荒凉灌木丛林地野营的男男女女。利昂娜·伍兹此时已经是利昂娜·马歇尔，她已经和她的同行、费米的团队成员、物理学家约翰·马歇尔结了婚。她后来写道，风沙常常侵袭这个地方，"挖开沙漠地表修建道路造成了局部风暴，建筑工地令人窒息。大风扬起的沙土覆盖了面部、头发、双手，进到眼睛和牙缝里……每次风暴过后，逃兵人数都常常成倍增加。风暴最为强烈的时候，公共汽车和其他交通工具都停了下来，等到透过灰暗的浮尘能够看清道路时才能继续行驶"。那些继续留在那里、有高度忍耐性的人称呼这种尘土为"终结粉尘"。

"你最需要带的东西是挂锁，"一本工程征募小册子不祥地声称，

"其次是毛巾、外衣和热水瓶。别带照相机或者枪支。"马歇尔后来说，汉福德"是一个粗犷的小镇。工作之余没有别的消遣，只能打架，其结果是有时候第二天早上在垃圾桶里会看到尸体"。杜邦公司建造了一些酒馆，这些酒馆的窗户装上了铰链，以便往里面投掷防暴催泪弹。最终，大约有5 000名建筑工人奋力挣扎在沙漠的尘土中，杜邦公司建造了200多间营房给他们居住。这片专用地的优点是没有实行肉类限量配给；在庞大的汉福德食堂里不存在每个星期二都没有肉吃的情况，这对于新成员来说是一个巨大的诱惑。行驶在新建的专用地道路上的小车和卡车压死的野兔，把这个地区的灰色山狗喂养得毛色光亮。

到1943年8月，为3座反应堆建造的水处理工厂开始运行了，其能力足以供应一座100万人口的城市的用水。杜邦公司于10月4日在特拉华州的威尔明顿将反应堆设计图付诸实施，公司的工程师们于10月10日在哥伦比亚河岸边立桩标出第一座反应堆100-B的位置。据一份官方的历史记录记载，在开掘之后，"施工队开始摆放第一批390吨结构钢，浇灌1.74万立方码的混凝土，建造5万个混凝土墩，制作7.1万块加入反应堆建筑中的混凝土砖。从给反应堆以及反应堆后面收集卸下的铀棒的深水池打地基开始，到年底，全体施工人员已经建造了许多地面建筑"。然而，他们正在建造的40英尺无窗混凝土建筑还是一个空壳：B号反应堆的安装直到1944年2月才开始。

◉

"从芝加哥大学的反应堆到汉福德的反应堆，其规模的变化很大，"劳拉·费米后来评论说，"费米可能会说，它们是不同的动物。"欧内斯特·劳伦斯巨兽般的质谱仪和约翰·邓宁具有 500 万根多孔膜管子的气体扩散工厂同样如此。克林顿和汉福德的工程区的巨大规模体现出美国是多么不顾一切地保护它的主权免遭最为严重的潜在威胁——即使德国可能制造出原子弹的威胁将被证明是杯弓蛇影。这种规模也能体现出分离重金属同位素的巨大难度。尼尔斯·玻尔在 1939 年时曾坚持认为，只有将这个国家完全变成一座巨大的工厂，铀-235 才可能与铀-238 分离开。"多年后，"爱德华·特勒后来写道，"当玻尔来到洛斯阿拉莫斯时，我本打算说：'你看……'但在我开口之前他就说：'我曾告诉你们，如果不将这个国家整个变成一座工厂，你们就做不到。你看，你们已经把它变成一座工厂了。'"

这些工程区的巨大规模也显示出另一种不顾一切的愿望：这个国家正在多么雄心勃勃地誓夺头奖，拒绝将它让给其他国家。在温斯顿·丘吉尔 1943 年 8 月在魁北克会议上使富兰克林·罗斯福回心转意之前，美国甚至连英国都不相让。1944 年的霸王行动（Operation Overlord），即跨越诺曼底海滩进军欧洲的行动，就是在这次会议上得到批准的。在此之前的 6 月，格罗夫斯以最傲慢的方式展示了这后一种不顾一切的垄断思维：他向军事政策委员会建议，美国要努力完全控制全世界所有已知的铀矿。当矿业联盟拒绝在比属刚果发生水灾的欣科洛布韦矿区恢复开采时，格罗夫斯不得不转向英国求援，英国在这家比利时公司拥有重要的少数股权。在魁北克会议后，两个国家的合作关系催生了联合开发信托的协议，来勘探世界上的铀矿。格罗夫斯可能没有想到，铀在地壳中十分普通，藏量达到数百万吨的程度。1943 年，含量占比有意义的铀仍被认为很稀少，这位将军全心全意地效忠他的国家，竭尽全力为它垄断铀资源，连一磅铀都不放过。如果需要，他甚至会努力把整个大海据为己有。

◉

1939年苏维埃社会主义共和国联盟开始了制造原子弹的工作。36岁的核物理学家伊戈尔·库尔恰托夫（不到30岁就成了一个重要实验室的领导人）提醒政府，核裂变可能具有军事意义；库尔恰托夫认为，纳粹德国可能早已开始裂变研究。当美国一些卓越的物理学家、化学家、冶金学家和数学家的名字从国际期刊上消失时，苏联物理学家们于1940年认识到，美国也一定在进行某项计划：保密本身泄露了秘密。

德国1941年6月对苏联的入侵中止了苏联还没有起步的核物理研究。"敌人的进逼使我们每个人的思想和精力都转到了唯一的一项工作上，"库尔恰托夫的同事和他的传记作者伊戈尔·戈洛温（Igor Golovin）院士后来写道，"就是阻止敌人入侵。实验室被荒废了。设备、仪器和书籍被打了包，有价值的记录为了安全起见用船运到了东部地区。"入侵使研究的优先权被重新调整。雷达的研究被排在了第一位，水雷探测排在第二位，原子弹研究被排在可怜的第三位。库尔恰托夫来到喀山（位于莫斯科以东400英里处，两地之间是高尔基市①），研究对水雷的防御。

1941年底，他在喀山收到了格奥尔基·弗廖罗夫（Georgi

---

① 今下诺夫哥罗德，1932—1990年称"高尔基"。——编者注

Flerov）的来信。弗廖罗夫在 1940 年与莫斯科实验室的另一位年轻物理学家发现了铀的自发裂变①，并用电报向《物理评论》讲述了这一发现。他参加了 10 月在莫斯科举行的一次国际科学家大会，听到了欧内斯特·卢瑟福的学生彼得·卡皮察在被问到科学家能够做些什么事情来为战争出力时是怎样回应的。卡皮察的一部分回答是：

> 　　最近几年中，一种新的可能性——核能——被发现了。理论计算表明，如果说一颗时下的炸弹能够摧毁比方说城市的一整个街区，那么，一颗原子弹，甚至是小型的那种，一旦被制造出来，就能够毫不费力地摧毁一座拥有数百万居民的庞大首都。

这让弗廖罗夫回忆起了他们早先的工作。他向库尔恰托夫提出（就像之前他在一封类似的信中向国防委员会提出的那样）："在制造原子弹这个问题上不能再浪费时间了。"他写道，首先需要进行快中子研究。那个时候，莫德委员会的报告刚刚使美国认清了这一必要性。

库尔恰托夫不同意他的说法。研究铀武器似乎离当下的战争需要太远了。但是当时苏联政府成立了一个包括卡皮察和库尔恰托夫的导师、资深院士阿布拉姆·约飞（Abram Joffe）在内的顾问委员会，这个委员会认可了原子弹的研究，推荐库尔恰托夫领导这项工

---

① 自发裂变是一种相对罕见的核现象，与由中子轰击导致的裂变不同；它的发生无须外界激发，而是重核的不稳定性带来的自然结果。

作。他有些不情愿地接受了任命。

"因此，从 1943 年初开始，"他的同事 A. P. 亚历山德罗夫（A. P. Alexandrov）后来写道，"这一困难的工作在库尔恰托夫的领导下在莫斯科重新开始了。核科学家们从前线、从撤退到后方的工厂和各研究所被召集到了一起。辅助性工作也在多个地方开始了。"辅助性工作包括建造一台回旋加速器。库尔恰托夫于 1943 年夏天将他的研究所迁出苏联首都，搬到莫斯科河附近一个弃置的农场里。附近的炮兵射击场提供了一个爆炸试验区，"二号实验室"将是苏联的洛斯阿拉莫斯。到 1944 年 1 月，库尔恰托夫成立了一个只有大约 20 名科学家和 30 名后勤人员的工作组。"虽然如此，"赫伯特·约克（Herbert York）后来写道，"但他们做了试验，对与核武器和核反应堆都有关的反应做了理论计算，开始进行旨在生产适当纯铀和石墨的工作，研究铀同位素分离的各种可能方法。"不过，苏联这只北极熊尚未被充分唤醒。

◉

"他是那种任何雇主都会把他当成麻烦制造者而解雇的人。"莱斯利·格罗夫斯在战后的一次非正式访谈中这样描述利奥·西拉德，说得好像是这位将军首先取得了裂变研究进展而西拉德只是一名雇工似的。格罗夫斯似乎将西拉德的粗率归因于他是一名犹太人。格罗夫斯几乎刚一接受曼哈顿工程的任命，就立即认为西拉德是个危险人物。他们以针锋相对的方式解决他们之间深刻的分歧。

问题的核心是区隔化。艾丽丝·金博尔·史密斯（Alice Kimball Smith）是一名为原子科学家写传记的历史学家，她的丈夫西里尔（Cyril）在洛斯阿拉莫斯是冶金工作部门的辅助部门领导，她详细揭示了两人冲突的背景：

> 维格纳说，如果这项工程只在思想里运转就够了，那就只需要西拉德而不需要别人了。西拉德那些更为沉稳的科学同事有时很难适他那种从一种解决方法到另一种解决方法的飘忽不定的过程；军方的合作人也感到震惊；更糟的是，西拉德肆无忌惮地沉湎于他曾经认定为他最大的癖好中——捉弄高级军官。格罗夫斯尤其对西拉德一个毫不掩饰的观点大为恼火，西拉德认为，区隔化不允许没有直接关联的领域的科学家讨论工作，这是不利于制造原子弹的，应该无视相关规定。

西拉德的看法是，在工程内部实行开放有利于推动它的工作。"没法事先知道，"他在 1944 年讨论这个问题时写道，"谁能发现或发明出一种新方法来取代旧方法。"与之相反，格罗夫斯看重的就是安全保密。

起初，西拉德屈从于这些规定，格罗夫斯也在威胁他。1942年 10 月底，当费米着手建造 CP-1 时，西拉德公然怂恿来到芝加哥大学的杜邦工程师们接管反应堆的设计工作。阿瑟·康普顿将这看成是有妨碍但未必有破坏性的行为；10 月 26 日，康普顿给格罗夫斯拍电报说，他已给了西拉德两天时间"将工作基地转到纽约。行动基于有效的组织操作而不是基于可靠性。估计可能会顺从"。康普顿不了解他手下的这个人。西拉德不会顺从，理由很简单，他相信制造打败德国的原子弹需要他的帮助。康普顿建议实行监督："提议军方跟踪他的行动但目前不采取过激的行为。"两天后，康普顿改变了态度并急忙拍电报给格罗夫斯："西拉德的情况因为他留在芝加哥大学不与工程师们接触而变得稳定了。建议你在没有进一步与科南特和我本人磋商的情况下不要采取行动。"

格罗夫斯真的准备过过激行为。在一张总工程师办公室的信纸上，为陆军部长保留的签字区上方，他起草的一封给美国司法部长的信称利奥·西拉德为"敌国侨民"，建议"在战争期间拘禁他"。康普顿的电报阻止了一次丑恶的拘禁，这封信也就永远没有被签署和发出。

然而，这个事件引出了西拉德的忠诚问题，怀有偏见的格罗夫斯不依不饶地反对他。西拉德直截了当地做出反应；他整理出厚厚一沓文件，都是 1939 年到 1940 年期间的，以此证明在将裂变的消息带给富兰克林·罗斯福的过程中他所做的工作，以及在巩固美国、英国和法国的物理学家保密意愿方面他所做的努力。康普顿于 11 月中旬有些犹豫地将这些文档发送给了格罗夫斯，并含蓄地站在了西拉德这一边。因此，格罗夫斯和西拉德的第一轮对抗就这样以僵局结束了。西拉德明白格罗夫斯究竟能支配多少真正的权力，而格罗夫斯则明白西拉德在原子能研究的发展过程中有多么深厚的根底，并且或许也明白他认为对工程不可缺少的那些人——费米、特勒、维格纳——都是西拉德多年的同事，这一点必须予以考虑。

西拉德接着采取了一次谨慎的行动，通过坚持要求实现他的法定权利来商议进行改变。12 月 4 日，也就是费米证明链式反应两天后，他展开了攻势。在给阿瑟·康普顿的一份平静的备忘录中，他解释说，负责处理国防研究委员会专利的官员要求"为与链式反应相关的发明"申请专利。西拉德写道，这带来了一个问题：如何处理"在我们获得政府的财政支持之前"所取得的发明。他和费米乐于提出一项联合申请，但前提是他们能够确定他们对各自先前的发明依然享有权利。这份备忘录持续使用这种坦率直言的风格，直到在最后一段亮出撒手锏：

> 我现在提出的请求清楚地表明了［我］在铀研究工作专利方面的态度转变，如果有机会向你同时也向政府相关机构解释我关于此事的一些理由，我会非常感激。

以前，西拉德相信他在裂变发展方面有平等的发言权。此时，因为他被区隔化了，他的言论自由受到了限制，他的忠诚受到了怀疑，所以他准备使用他唯一的优势，即他对他的发明享有的合法权利。

康普顿将西拉德的请求发送给了莱曼·布里格斯，布里格斯此时在科学研究和发展局的职责包含了处理专利权的问题；布里格斯认为应该是军方来处理这个问题。西拉德等到12月底没有听到回音，便继续出招。在给康普顿的第二份备忘录中，他希望为若干项基础发明申请专利，"这些基础发明来自我们在未分离的铀中产生链式反应方面的工作……它们是在政府对这项研究的支持到来之前完成的"。这份专利可以单独以他的名字注册，也可以由他与费米联名注册；他还愿意"此时将这份专利转让给政府，换得公平合理的经济补偿"。这份备忘录没有提到补偿数额；根据军方的保密文件记载，西拉德要求的是75万美元。但主要问题不在补偿，而在发言权：

> 我想借此机会提出，相关的人员在1939年和1940年讨论过专利权问题。在当时，科学家们提出，应该形成一个政府企

业，负责这一领域的发展并且……作为专利权主体。根据设想，科学家们将在这种政府所有的企业里有合适的发言权……

因为缺少这样一个科学家们能够在资金的应用上施加影响的政府所有企业，所以我现在不打算在没有合理补偿的条件下将包含基础发明的专利权转让给政府。

由于有曼哈顿工程的安全部门和接管钚生产工作的杜邦公司，以及在前所未有的浩大建筑工程中搬运成千上万立方码泥土的军队，利奥·西拉德只能单枪匹马地尝试将决策过程从政府的限制中夺回来，归还到原子科学家们的手中。

康普顿懂得这种挑战的程度。他将西拉德的两份备忘录直接发送给科南特，科南特的办公室于1943年1月11日收到了它们。"西拉德的情况或许比较独特，"康普顿在写给国防研究委员会主席的信中这样说，"因为多年来这项工程的发展不断占用着他的主要注意力……美国政府能找到的为发明提出基本权利要求的人不多，他无疑是其中之一。因此，这件事对我们政府来说真的是非常重要。"

在华盛顿方面能够回应之前，西拉德不得不克服来自侧翼的袭扰。这种袭扰坚定了他的决心。他发现，一份最初由弗雷德里克·约里奥的研究小组申报的专利在澳大利亚发布了，他和费米错过了提出专利挑战的最后期限。他们的一些主张与法国人的工作有重叠之处。"我担心这是一种不可挽回的损失。"他这样告诉康普顿。他还说，他现在开始将他自己的发明写下来，希望能在不远的将来申请到一些专利。在他这样做之前，他希望从芝加哥大学的工资册上被除名以避免法律纠纷。同时，他打算再次作为一名自由的志愿者辛勤地工作："妨碍或者减慢我目前实验室里的工作不是我的意愿。"

　　科南特将康普顿的来信上交给了布什，布什亲自回了信。在这个问题上，布什用新英格兰人的精明告诉康普顿说，科学家们在加盟工程后所做的发明归属于工程。除非西拉德在他受雇于芝加哥大学时就公开过他以前的发明，否则他在主张权利时就很难站住脚，甚至完全站不住脚。这位科学研究和发展局局长亲切友好地概述了申请秘密专利的合理法律程序，然后踹了一下西拉德本来就站不住的脚："根据我的理解，在西拉德博士的情况中，还没有走过这样的程序。"布什要么是不理解，要么是故意曲解西拉德关于让科学家们组成自治组织来指导核能开发的想法："我推断西拉德博士迫切希望他早期在这一领域的发明行为产生的收益（如果最终有的话）以某种方式被用于促进科学研究。"他认为这是令人钦佩的，但他也认为这与政府无关。他也不认为将来会与政府有关。

　　当康普顿收到布什的信时，这位冶金实验室的主任已经与西拉德进行了另一回合的交锋。西拉德请求根据其对工程的价值来提升他的发明的回报。康普顿采取的立场是，西拉德已经签署了协议，在他为政府工作期间，将他所有的发明权利都交给了政府。西拉德不会在这些条款下续签合同。为了尽力挽留他，康普顿提议将他每月的基本薪水从 550 美元提高到 1 000 美元，理由是这个薪水级别"与这项工程的其他发起人费米和维格纳的相当"。这对西拉德来说或许是可接受的，因为这样等于默认了这三名物理学家参与的特别价值，其中应该包括了对他们早期发明的认可，但是康普顿还得让科南特批准这件事情。在这项安排被批准并签订一项新的合同之前，西拉德将处于未受雇状态。

　　3 月下旬，康普顿将布什的回信内容告诉了西拉德。直到 5 月初，问题仍然存在，此时强压怒火的西拉德打算继续进行申请专利的行动。他请求格罗夫斯为他指定法律顾问。这位陆军将领提供了一位名叫罗伯特·A.拉文德（Robert A. Lavender）的海军上尉，他隶属于华盛顿的科学研究和发展局，西拉德在春季和初夏经常和拉文德见面讨论他的权利要求。

从某个时刻起，格罗夫斯开始将西拉德置于监视之下。这位准将仍然认为利奥·西拉德可能是一名德国间谍。6月中旬，当冶金实验室的安全办公室提出终止对西拉德进行监视时，监视已经进行了数月。格罗夫斯拒绝终止监视的建议："尽管对西拉德的调查没有取得预想的结果，但监视还是应该继续下去。每三个月发一封信或者打一次电话就足以传递致命信息了，在我们确定他百分之百可靠之前，我们不能完全忽视这个人。"他显然将意见相左与不忠等同起来了，并且直接认定两者为正比：任何一个与西拉德一样给他带来烦恼的人都一定是间谍。其结果就是这个人应该受到监视。

对一个清白然而行为古怪的人进行监视，使密探工作有了喜剧意味。西拉德于1943年6月20日来到华盛顿，陆军反间谍特工为了提前做好准备，翻阅了他的档案：

> 监视报告表明，目标是犹太血统，喜欢美食，经常在熟食店购物，通常在卖药的杂货店吃早餐，另外两顿在餐馆吃，打不到车时会步行很长的距离，一般在理发店里剃头发，偶尔用外语讲话，主要和有犹太血统的人交往。他往往显得心不在焉和行为古怪，出门后又转身回来，外出时不穿外套也不戴帽子，常常在街上东张西望，好像在等人或不确定自己要去哪。

用这些深入的洞见武装了自己之后，华盛顿谍报人员于 6 月 20 日 20 点 30 分发现他跟踪的对象出现于沃德曼公园旅馆，并勾画出他当时的肖像：

年龄，35 岁到 40 岁；身高，5 英尺 6 英寸；体重，165 磅；中等体格；肤色红润；浓密的棕色头发直接向后梳并且有些弯曲，右腿微跛，造成右肩下垂，发际线已后移。他的装束：棕色外衣，棕色鞋，白色衬衫，红色领结，没有戴帽子。

西拉德在卡内基研究所与拉文德上尉工作到第二天早上。维格纳来到沃德曼公园旅馆逗留了一整夜（"维格纳先生大约 40 岁，中等体格，秃头，犹太人面部特征，穿着保守"），这两名匈牙利人大概是有事要办，去了一趟最高法院（计程车司机"说他们没有用外语交谈，在他们的交谈中没有什么事情引起他的注意……他说，这两个人给他留下的印象差不多就是他们'在闲逛'"）。晚上，他们坐在"［旅馆］网球场旁边的长椅上，两人都解开外套，挽起衣袖并且用外语交谈了一段时间"。

维格纳在早上早早地付账后就离开了，西拉德乘出租车来到第 17 街和宪法大街相交处的海军部大楼，"进入接待室……告诉其中的一个女士说，他想见刘易斯·施特劳斯中校谈个人事务。他声明他有预约……他还告诉这个女士，他是施特劳斯中校的朋友，有兴趣进入海军的某个部门"。海军研究实验室独立于曼哈顿工程，一直在研究潜艇的核动力推进，这可能是西拉德中意的机构。也可能他是在故意误导别人。施特劳斯邀他去大都会俱乐部用午餐，似乎不支持他转职；回到旅馆后，他给格特鲁德·魏斯发电报说，他预计在下午 8 点 30 分到达王冠旅馆，并且在这天下午启程去了纽约。

因为拉文德是为万尼瓦尔·布什工作，所以他很难做到无私地为西拉德提供咨询；7 月 14 日再次与西拉德见面时，他告诉这位物理学家，他的文件"未能揭示出一种可操作的反应堆"，这意味着，按他的观点，西拉德不能为它申请专利。（战争结束 10 年后，西拉德和费米为他们发明的核反应堆赢得了一项共同专利。）西拉德开始意识到（如果说之前没有意识到的话），他需要私人律师，并且要求他的代理律师能获得安全许可。

斗争几乎已成定局。西拉德退却到了纽约。他此时不仅与拉文德谈判，而且也与陆军中校小约翰·兰兹代尔（John Landsdale, Jr.）谈判，兰兹代尔是格罗夫斯的警卫长。在 10 月 9 日给西拉德的一封信中，格罗夫斯总结了这三个人讨价还价后赤裸裸的交换："［拉文德和兰兹代尔］向你保证，只要你能够转让你［在被政府雇用前做出的所有发明］的全部权利，政府便会就转让权利之事与你展开谈判，并与你重新签约，让你再度上岗……我重申这一承诺。"这就是说，西拉德要拿他的专利权（如果有的话）做交易，来换取为打败德国而制造原子弹的工作特权。

格罗夫斯和西拉德准备了一份临时的"休战协定"——将军也许将其想象成是西拉德的"投降书"，这是发生在 12 月 3 日在芝加哥举行的一次会议上的事情。军方同意向西拉德支付 15 416.60 美元，作为他在哥伦比亚大学未取报酬工作 20 个月的酬劳以及他在哥伦比亚大学自掏腰包支付的费用和请律师的费用。

这位将军多次尝试迫使西拉德签署一份文件，答应"不将与工程相关的任何种类的任何情报提供给任何未经授权的人"。西拉德始终口头同意这种约束，但也出于荣誉感始终拒绝签署此文件。他打算继续抗议，并于 1944 年 1 月 14 日重新给万尼瓦尔·布什写了一封三页的信。他告诉布什，他知道有 15 个人"曾经觉得［区隔化］太过分以至于打算就这个问题去找总统"。因此，核心问题还是科学言论自由的问题："那些有能力判断的人经常可以把决策的失误之处看得清清楚楚，但是……没有任何机制可以表达他们的共同观点，或者使这样的观点记录在案。"

在这封信中，西拉德首次强调了他的一个迫切目的，这个目的比赶在德国人之前研制出原子弹更要紧：可能需要使用原子弹，从而让世人对其破坏力感到担忧。

> 如果在公众真正认识到原子弹的危险性之前就匆匆达成和平，那这种和平就是表面上的……在往后几年里，原子弹将会进一步发展……如果这种武器同时被任何两个大国所掌握，那么除非这两个大国建立了一种永久的政治联盟，否则这种威力巨大的武器会使和平不可能存在……除非高效的原子弹在这场战争中被实际使用，并且让公众对其实际的破坏力留下难以磨灭的印象，否则，推动建立这种政治联盟将几乎没有可能。

这就是西拉德此时为挑战军方和杜邦公司而给出的解释："就我个人来说，这也许就是我在周遭看到的事情使我苦恼的主要原因。"

布什在回信中坚持说一切正常。"我觉得，当这种努力结束的时候，"他写信给西拉德说，"档案将清楚表明，在整个工程中，科学家和专业人员在合理范围内表达意见时从来都不会有任何阻碍。"

但如果西拉德愿意的话，他愿意与这位物理学家见面。2月，西拉德为了准备这次见面，写了一份42页的纪要。在这些纪要中，多数是明确而具体的，处处都谈到了一些基本问题。

西拉德写道，由于发明是不能预料的，"我们要想谨慎行事，唯一能做的就是鼓励规模足够大的科学家群体沿着这些思路去思考，告诉他们所有必要的基本事实，以鼓励他们从事这种活动。这［在曼哈顿工程中］以往没有做过，如今也没有在做"。他追踪了政府约束政策的后果：

> 这项工作在早期对外国出生的科学家们所采取的态度，也给对美国出生的科学家的态度带来深远的影响。一般来说，拥有最丰富的知识和最好判断力的人理应拥有相应的权力并担负相应的责任，一旦因为歧视外国出生的科学家而放弃这种普遍原则，那这个原则对美国出生的科学家也就同样不适用了。如果在这样的领域中没有将权力授予最合适的人，就不会存在任何有说服力的理由将它授予第二合适的人，以及第三合适、第四合适或者第五合适的人——其中无论谁看上去最合适，都是出于纯粹的主观臆断。

西拉德认为，维格纳早期的挫折是一种"不可估量的损失"；费米在哥伦比亚大学被排除在离心分离机的开发工作之外"明显影响了"他，"他从那时起表现出一种非常明显的态度，总是准备好提供服务而不去主动将它当成自己的职责"。

最后，西拉德断定冶金实验室已经穷途末路，它的服务得不到认可，活力也已消失，他为它题写了墓志铭：

科学家们被惹恼了，感到不快并且无法履行他们的职责。在物理学的发展过程中，这种出乎意料的转变拦在了他们前进的道路上。作为它的结果，士气的损失达到了与信任的丧失同样的程度。科学家们耸耸肩，再去例行公事。他们不再将这项工作的全面成功当成他们的责任。在芝加哥大学的项目中，科学家们的士气几乎能够通过晚餐后埃克哈特大楼里亮着的灯的数目标绘出来。眼下，这些灯全熄灭了。

不过，西拉德至少还在抗议。

⊙

恩里科·费米在战争期间至少采取过一次主动的态度。可能是在洛斯阿拉莫斯制造武器的热情影响下，他于1943年4月会议期间私下向罗伯特·奥本海默提出，在链式反应堆中增殖的放射性裂变产物可以用来给德国人的给养下毒。

将核反应堆中增殖的放射性物质用作战争武器的可能性，于1941年由阿瑟·康普顿的美国科学院委员会提出来过。1942年底，德国人对这种武器的开发开始让冶金实验室的科学家们担忧，他们认为德国人可能在反应堆的研究开发方面领先美国一年以上。他们认为，如果CP-1于1942年12月达到临界状态，那么德国人到那时可能已经让反应堆运作了足够长的时间，从而生产出了放射性同位素，这样的同位素能够与尘土或者液体混合起来制造出放射性的（但不是裂变的）炸弹。然后德国人可能会按照逻辑尝试先发制人地攻击冶金实验室，要不就是攻击美国的一些城市。德国的放射战进展同样是杯弓蛇影，在曼哈顿工程的领导者们看来，美国急需迎头赶上来予以反制；S-1委员会将这项任务委派给了由詹姆斯·布赖恩特·科南特作为主席、阿瑟·康普顿和哈罗德·尤里作为成员的附属委员会。这个附属委员会在1943年5月以前或者可能在2月以前就开始工作了。

费米也许知道了冶金实验室的讨论。但他在4月研讨会上给奥本海默的提议不同于那些基本出于防御目的而提出的建议，而是明显有进攻意向。科学保守主义可能是促使他这样做的一个原因：他可能问过自己，如果快速裂变弹被证明是不可能的——至少在两年时间里不可能用实验验证这种可能性——美国能求助于什么，然后他在CP-1和它的后继者的强大中子通量中找到了答案。奥本海默要费米发誓为曼哈顿工程中更为机密的信息严格保密；这位意大利诺贝尔奖得主回到了芝加哥大学，默默地开始工作。

奥本海默于5月份来到华盛顿，他的职责包括向格罗夫斯汇报费米的想法和了解科南特的附属委员会。5月25日回到洛斯阿拉莫斯后，他给费米写了一封委婉的信告知他的发现。他将附属委员会的指派归因于陆军参谋长乔治·马歇尔的要求，尽管这次研究更像是起源于曼哈顿工程内部的。"因此，在格罗夫斯知晓并认同的情况下，[我和科南特]讨论了在我们看来似乎大有希望的应用[也就是在德国人的给养中下毒]。"

奥本海默也与爱德华·特勒讨论过费米的想法。人们确定"看来最有希望"的同位素是锶，也许是锶-90，人体摄取它会取代钙，危险而不可补救地沉积在骨头里。特勒认为从其他反应堆产物中分离锶"问题不大"。奥本海默进一步告诉费米，他想要把这项工作推迟到"最晚的安全日"，这样他们"更有可能使你的计划不为人知"。他甚至不愿意让康普顿参加任何直接的讨论。他在总结时写道：

> 如果有可能的话，我建议推迟。（就此而论，除非我们给食物下毒的行动足以使 50 万人丧命，不然我认为我们不应该尝试这个计划，因为由于分布不均的关系，受害者的实际数目无疑会比这个数目小许多。）

奥本海默在他有生之年不止一次公开声称奉行"Ahimsa"（他解释说："这个梵语单词的意思是不伤害众生。"），他却会热情地为毒杀多达 50 万人的行动做准备，在有案可查的记录中，没有什么比这更能证明第二次世界大战越来越血腥的现实了。

不管怎样，1943 年年中是原子科学家们忧虑重重的时节，他们看到纳粹德国开始输掉这场战争并且感觉到了这个国家的绝望。曼哈顿工程预计到 1945 年年初生产出原子弹；如果德国已在 1939 年以相同的规模开始进行裂变研究，那么它现在手头上应该已经拥有了原子弹。汉斯·贝特和爱德华·特勒在 8 月 21 日给奥本海默的一份备忘录中写道：

> 最近通过报纸和情报机关两种渠道得到的报告显示，德国人可能拥有了一种极具威力的新式武器，这种武器预计在 12 月到 1 月准备完毕。这种新式武器的材料是"管道合金"[即铀]的可能性似乎相当大。如果证明确实如此的话，那么可能产生的后果是无须描述的。
>
> 到今年年底，德国人可能会积累出足够的材料来制造大量

"小玩意儿"，之后将这些"小玩意儿"同时投放到英国、苏联和我国。在这种情况下，几乎没有任何采取反击行动的希望。可是我们估计，他们也有可能一个月生产两枚"小玩意儿"。这会使英国尤其处于极端危急的境遇，但是在战争失败前我们这一方存在反击的希望，前提是我们自己的"管道合金"计划在往后的数周内大大加快速度。

这个备忘录接着批评生产过程"完全由大公司"操纵——西拉德和维格纳这两个匈牙利人也曾这样唱衰——并且提出由尤里和费米指导建立一个重水反应堆的应急计划。贝特和特勒的提议似乎并无成果——希特勒的秘密武器被证明是当时在佩讷明德开发的V-1型和V-2型火箭，前者于1944年6月13日飞越英国海岸——不过它反映了战争中期揪心的情绪。

他们也不用担心对手散播放射性物质。科南特的附属委员会考虑了这种可能性并下结论说，它们是"相当不可能的"。科南特强调，他认为"用放射性武器来对付美国绝无可能，这种武器本身就不太可能被使用"。格罗夫斯最终建议乔治·马歇尔让少数军官接受使用盖革计数器的训练并且将其送到英国考察。正为诺曼底进军做准备的马歇尔批准了。

◉

美国有大西洋作为宽阔的屏障，所以和英国人相比，美国人更容易消除受到放射性攻击这种可能性的困扰。英国财政大臣约翰·安德森（John Anderson）爵士是一名科学家，在丘吉尔的内阁里负责"管道合金"项目，他和科南特于 1943 年 8 月在华盛顿的宇宙俱乐部用午餐时讨论了这一问题。他特别关心德国的重水生产，因为英国科学家相信他们找到了一种方法，能以高出已有方法四倍的效率从重水中分离轻水，而他们担心德国同行们取得了相同的发现。重水可以减慢链式反应堆的反应速度。由此制成的机器可能会用于增殖放射性同位素，之后将其投向伦敦。

因此，英国对挪威维莫尔克的高浓缩工厂保持着密切的关注。它没有被破坏到无法修复的程度。相反，那年夏天的情报显示，它已于 4 月再次开始生产；德国科学家们将德国国内实验室储备的重水船运过来重新填满各种单元，加速级联系统的修复。

当尼尔斯·玻尔于 1943 年 10 月 6 日从斯德哥尔摩逃到苏格兰的时候，他随身携带着维尔纳·海森伯的重水实验反应堆的图纸。那年秋天，玻尔在伦敦不止一次与约翰·安德森爵士见面；安德森将玻尔带来的消息与科南特的附属委员会的放射战研究情况以及挪威传来的维莫尔克恢复生产的秘密消息放在一起综合分析，之后得出结论，迫切需要对这座工厂再次实施攻击。纳粹德国显然在维莫尔克增强了安全防护，因此不可能再派一支突袭队前去偷袭。英国和美国的代表在华盛顿讨论了这个问题后，乔治·马歇尔授权进行精确轰炸。

美国第 8 航空队的 B-17 机群于 11 月 16 日在黎明前从英国基地向东北爬升。为了使挪威的人员伤亡减到最少，飞机预计在上午11 点 30 分到中午这段挪威水电公司的午餐时间进行投弹。没有德国战斗机从挪威西部的防空机场起飞来阻止机群，机群在进入斯堪的纳维亚半岛之前选择在北海上空盘旋来消磨时间。这引起了德国防空部门的警惕，当轰炸机飞越海岸时，高射炮火给它们造成了有限的损失。140 架飞机飞到了维莫尔克，投下了 700 颗以上的 500 磅炸弹。没有一枚炸弹命中目标点，不过有四枚破坏了发电站，另两枚破坏了电解单元，这个电解单元是为高浓缩工厂提供氢的，这样实际上还是让高浓缩工厂停工了。

帝国研究委员会的亚伯拉罕·埃绍随后决定在德国进行重建。为了加速建造，委员会计划拆除维莫尔克工厂并将它搬到第三帝国。挪威地下组织将这个决定报告给了伦敦。安德森不关心这个工厂本身——德国只有有限的水电而难以接替运行——而更关心它的级联系统中储存的重水。英国情报部门要求挪威方面密切注意。

1944 年 2 月 9 日，尤坎地区的秘密短波无线电传来信息称，重水将在一两个星期里被护送到德国，来不及组织一支队伍并空投过去破坏。克努特·豪克利德过去一年在乡下组织未来的军事行动，除了无线电员以外，他是这一地区唯一接受过训练的突袭队员。他必须自己寻求非正规的援助，独自破坏这座重水工厂。

豪克利德于夜间潜入尤坎，与维莫尔克新的总工程师阿尔夫·拉森（Alf Larsen）秘密会见。拉森同意提供帮助，他们讨论了可能的行动计划。重水，其浓度从 97.6% 到 1.1% 不等，被分装在大约 39 个标着钾碱溶液标签的桶里。"向维莫尔克发动一次单人袭击，"豪克利德写道，"我认为不可能……因此，唯一的实际可能性是尝试在运输过程中以某种方式发动攻击。"他和拉森，后来还有维莫尔克的运输工程师，共同商议应该在途中的哪个阶段发动攻击。这些水桶将从尤坎用火车运到廷湖的一头。火车车厢会登上火车轮渡，在湖中经历长距离运输，行进到廷湖的另一头。之后再用火车将水桶载到码头，在那里它们将被装上船运往德国。炸毁火车将会很困难，而且会殃及无辜，因为它们将和挪威乘客挤在一起；

豪克利德最终决定尝试将火车轮渡弄沉到 1 300 英尺深的湖中，尽管火车轮渡上也有乘客。运输工程师同意安排在一个星期日的早晨调运重水，此时火车轮渡上通常乘客最少。

破坏船只确定无疑会造成一些装船的德国卫兵死亡，这会导致德国人在廷湖地区对挪威民众展开严厉的报复行动。豪克利德向伦敦发报请求批准，强调说，他的工程师同胞质疑过是否值得冒如此大的风险来执行此次行动：

> 我们现在会公开谈论德国人在使用重水进行原子实验以及可能引发原子爆炸的话题。在尤坎，他们非常怀疑德国人根本没找到解决办法。他们也怀疑这类爆炸不可能出现。

英国方面表示不同意见：

> 当天，伦敦就做出了回复：
> "你们提出的问题已经考虑过了。我们认为破坏重水非常重要。希望能在不造成过大的灾难性后果的情况下做好这件事情。祝你们圆满完成这项任务。致以问候。"

因此，克努特·豪克利德拟订了他的计划。他穿上工作服，用小提琴箱装好司登冲锋枪，确认是哪艘火车轮渡将于约定的 1944 年 2 月 20 日星期天出航，搭乘它时一直在暗中观察。"水电号"是平底船，和驳船形状相似，并排立着一对烟囱，烟囱的上部结构像箱子般四四方方的。它在起航大约 30 分钟后到达湖水最深的位置，然后驶向浅水区。"因此，我们有 20 分钟的时间，在这段时间里我们必须引爆成功。"即使有如此充裕的时间，豪克利德还是需要某些比定时引信更好的东西：他需要电雷管和钟。他于晚间去找尤坎的一位五金店老板购买雷管，但是店主起了疑心，没让他进店。他的一位当地同胞运气较好。一位从挪威水电公司退休的勤杂工为了这一事业捐赠了一个闹钟，阿尔夫·拉森提供了一个备用时钟。豪克利德将它们进行改造，让它们的小锤不会敲出铃声但是会使极板触到一起，这样就能使由一组电池供电的电路接通而引爆。

数月前，英国将装备空投给了挪威突击队员，这些装备里包括集束塑性炸药。豪克利德将粗短的集束炸药拴到一起形成一个圆环，从而能在渡轮的底部炸出一个洞。"因为廷湖湖面狭窄，所以必须在 5 分钟之内将渡轮弄沉，不然它就有可能靠岸。我……用了好几个小时坐下来计算炸出的洞必须多大才能让渡轮尽快沉没。"为了测试他的定时机构，经过夜间长时间工作后，他在尤坎的山上他的小屋里安装上一些备用的雷管，将闹钟调到晚上，然后放下睡觉了。雷管按时爆炸了；他睡眼惺忪地从床上跳起来，抓起最靠近的枪，条件反射地将枪口指向门。"定时设备看来工作正常。"

星期六，豪克利德和一个名叫罗尔夫·瑟利（Rolf Sörlie）的本地同胞潜入尤坎。这里挤满了德国士兵和纳粹党卫军警察。午夜的一小时前，"罗尔夫和我来到曼恩河上的桥前观察了一下我们的目标"。货车"在灯光下高速行驶，有人护卫着……火车将于第二天早上 8 点启程，而渡轮则相应地于……10 点起航"。

这两个人从大桥上溜到一条小巷中，在这里他们与豪克利德安排的司机会合了，车是他和车主以国王的名义"偷来"的，计划在星期天早上归还。车主将车改装成了用甲烷作为燃料，他们用了好长时间才发动它。他们带上了拉森，拉森准备在完成任务后逃离挪威，以免被逮捕。拉森带了一只装上贵重物品的手提箱，他是从一个宴会上直接来这里的。在宴会上，他听到一名进行访问演出的小提琴家说早上计划乘渡轮离开，他试图说服这位音乐家在这个地区多待一天，体验一下这个地区很棒的滑雪运动，但没有成功。另一名尤坎人也加入了他们。他们驾车到湖边时早已过了午夜：

> 我们用司登冲锋枪、手枪和手榴弹武装自己，向渡轮移动……过去。寒冷刺骨的夜晚使每样东西都嘎吱作响；我们走在路上时，冰块被踩踏出尖厉的咔嚓声。我们出现在渡轮码头附近的桥上时，发出的噪声好像是有一整队人马在行军。

> 我告诉罗尔夫和其他尤坎人，当我上船侦察时掩护我。这里一片寂静。是不是德国人忽略了在整个运输途中最薄弱的环节上布置一道岗哨？

> 因为听到了船员舱里的声音，我偷偷地来到升降口扶梯处细听。那里一定是在举行派对和打牌。其他两人跟随我走到渡轮的甲板上。我们一直走到三等舱，找到一个通向舱底的升降口。但是还没到那里，我们就听到了脚步声，于是隐蔽在最近的桌子和椅子后面。渡轮的值夜人站在了门口。

豪克利德迅速思考着。"情况很棘手但没有危险。"他告诉值夜人说他们正在逃避盖世太保，需要找个地方隐藏起来：

> 值夜人立即给我们指向甲板上的舱口，告诉我们说，他们多次在旅途中做过违禁的事情。

我们那位尤坎人此时发挥了无上的价值。当罗尔夫和我将大袋子扔到甲板下方并开始工作时，他不断地和值夜人聊天。这是十分急切的工作，并且很费时。

豪克利德和瑟利来到船的底板上，一只脚站在寒冷的水里。他们必须将两只闹钟计时器绑缚在连接着渡轮外壳的一个钢底座上，将四根电雷管与计时器连接起来，再将高速导火线与塑性炸药的环连接起来，把炸药包搁在底板上，然后，也是最危险的，将电池盒与雷管相连，再将雷管与导火线相连。

"我们将炸药包藏在水中。它由 19 磅做成香肠形状的高爆炸药组成。我们把它安放在靠前的位置，这样当船开始进水时，船舵和螺旋桨会上升到水面以上［这样可以防止船驶入浅水区］……当炸药包爆炸时，它会炸掉大约 11 平方英尺的船体侧壁。"这包"香肠"大约有 12 英尺长。

瑟利走到甲板上。豪克利德将闹钟调到上午 10 点 45 分爆炸。"进行最后的连接是一项危险活；因为闹钟是不可靠的仪器，而小锤和闹铃之间的距离不过 1/3 英寸。因此，在我们和灾难之间也只有 1/3 英寸的距离。"一切都安排妥当时，已是凌晨 4 点钟。

到此时，那位尤坎人已使值夜人相信，他所掩护的逃亡者需要返回尤坎收拾财物。豪克利德考虑过给他们的恩人提个醒，但觉得这样做可能会危及这次使命，所以只是对他表示了感谢并与他握了握手。

从轮渡站出来 10 分钟后，豪克利德和拉森离开汽车，滑雪去了孔斯贝格。孔斯贝格离湖边大约 40 英里远，他们将在那里赶上火车，这就相当于在逃亡的过程中一条腿迈进瑞典了。瑟利用秘密发报机将一份报告发往伦敦。司机归还了偷来的车，与尤坎人一起步行回家。在豪克利德的建议下，挪威水电公司的运输工程师给自己准备了一个十分简单的不在场证据——这个周末当地医院的医生们给他动了阑尾炎手术，这没有受到质疑。

"水电号"载着包括小提琴家在内的53个人按时起航了。45分钟后豪克利德的塑性炸药包炸毁了船体外壳。船长不是听到，而是感觉到发生了爆炸。尽管廷湖被陆地所包围，他还是认为可能遭到了鱼雷的攻击。正如豪克利德所预计的那样，船头首先淹没了；当乘客和船员们挣扎着转移到救生艇上时，火车货厢连同它们的39个重水桶——162加仑纯的和800加仑不纯的——全部滑落到舷外，滚到湖中像石头一样沉了下去。26名乘客和船员被淹死。小提琴家爬上高处，没弄湿衣服就上了救生艇；看到他的小提琴箱漂浮在水面上，好心人帮他捞了上来。

在战后接受采访时，德国军械部的库尔特·迪布纳对维莫尔克遭到的轰炸以及"水电号"的沉没给德国裂变研究带来的严重影响进行了估计：

> 直到1945年战争结束，德国的重水储备几乎都没有增加；考虑到这一点后……可以发现，德国在挪威的重水生产毁于一旦，是我们在战争结束前没能制造出自持原子反应堆的主要因素。

对德国来说，制造原子弹的竞赛于1944年2月一个寒冷的星期日早晨在挪威一个群山环绕的湖中结束了。

尽管发生了珍珠港事件，并且随后日本军队在东南亚和西太平洋地区席卷了上百万平方英里的土地，美国在战争早期对太平洋战区的关注相比欧洲战场仍然更少。这种忽视的一部分原因是欧洲优先的国家政策。"欧洲是华盛顿的情人，"太平洋舰队的威廉·F. 哈尔西（William F. Halsey）将军后来在回忆录中这样写道，"南太平洋只是一个继子。"但另一个原因是，美国人一开始很难对亚洲的这群身材矮小、文化迥异的岛民给予重视。根据 1942 年末《时代》和《生活》杂志通讯记者约翰·赫西（John Hersey）从新几内亚以东的所罗门群岛发出的报道，他发现美国陆战队员普遍"非常担忧华盛顿方面对太平洋地区的无知。他们说，希特勒当然是需要打败的，但是这并不意味着我们得继续将日本当成一只滑稽可笑的卷尾猴"。日本空袭珍珠港时的美国驻日本大使——波士顿出生的约瑟夫·C. 格鲁（Joseph C. Grew）——在日本结束扣留并返回美国后，面对着一种类似的轻视心态，他通过在全国各地发表演讲来与之做斗争：

> 前些天，我的一个朋友，一名聪明的美国人，他对我说："当然，在这场战争中局势一定会起伏；我们不能指望每天都打胜仗，但希特勒在稳定增长的［盟军］海、陆、空三军联合力量面前逐步被打败只是一个时间问题——然后，我们将痛击日寇。"请好好地记下这句话："然后我们将痛击日寇。"

格鲁认为这种逞能是不明智的。"日本人知道我们怎样看待他们,"他对听众说,"他们在我们眼里体型矮小,善于模仿,在各民族和各国当中实在是很不重要。"恰恰相反,格鲁说,他们"团结"、"节俭"、"狂热"、"极权主义":

> 就在此刻,日本人觉得他们自己——就个人与个人比较而言——优越于你,优越于我,优越于我们中的任何人。他们羡慕我们的技术,可能因为我们在资源上占据绝对优势而暗暗惧怕我们,但他们中实在有太多的人对我们作为人类成员表示轻蔑……日本领导层真的认为他们能够而且必将取得胜利。他们正在指望我们低估他们,指望我们战前——甚至在战争期间——那种明显的不团结,指望我们不愿意奉献、忍耐和战斗。

讲到这里,格鲁可能只是在说教。但他继续强调,正在太平洋地区战斗的美国人当时开始遇到一种现象。"'要么胜利要么死亡'并非只是这些日本士兵的口号,"格鲁指出,"而是对日本军事政策的一种符合实际的直白描述。日本全军都遵守这样的方针,从高级将领到刚刚入伍的新兵都是如此。情愿做俘虏的人辱没了他本人和他的国家。"

这正好是海军陆战队少将亚历山大·A. 范德格里夫特(Alexander A. Vandegrift)1942 年底在所罗门群岛的瓜达尔卡纳尔岛发现的情况。"将军,"他在华盛顿写信给海军陆战队总司令说,"我从没听说过也从没在书里读到过这样的战斗。这些人拒绝投降。伤员会等到有人走近来查看他们……然后用手榴弹与敌人同归于尽。"

这令人恐惧。这要求在战斗中有相应的暴力升级。约翰·赫西觉得有必要做出解释:

一种传说正在广泛流传：这个年轻人［也就是美国陆战队员］是一名杀手；他不抓战俘，也不饶恕投降者。这在一定程度上是真实的，但是其动机不是野蛮的，他并非只是为了给珍珠港报一箭之仇而这样做的。他杀人是因为在丛林中他必须这样做，不然他就会被杀。敌人追踪他，他追踪敌人，就好像每个人都是追踪野兽的猎手。你会经常听到陆战队员说："我希望我们是在和德国人作战，他们像我们一样属于人类。与他们作战一定像体育竞赛，是与你了解的好手较量技能。德国人被人误导了，但是他们至少像人一样行事。而日本人像野兽，与他们作战你不得不学习一套全新的本领。你不得不习惯于他们野兽般的顽强和坚韧。他们就像是在丛林中生长的一般，像某种直到它们死了你才能见到的野兽。"

作为对不熟悉的举止的一种解释，用兽性来形容有一种好处，它使杀戮可怕的敌人这种行为在情感上变得更加容易接受。然而非人化也会使对手显得更为异样和危险。其他在战争期间发展出来的对日本人行为的常见解释也是这样，认为日本人是盲从者、盲信者，正如格鲁所言，"对其国家愚忠"。历史学家威廉·曼彻斯特（William Manchester）曾是瓜达尔卡纳尔岛上的一名陆战队员，他在战后从经过时间沉淀的视角更为客观地评论说：

当时对敌人表示哪怕最轻微的敬意都是不明智的，日本佬视死如归的决心一般被归因于"狂热"。回过头来看，那其实很难与英雄主义区分开来。无论怎样称呼它都不会贬低胜利的价值，因为美国人必须英勇奋战才能击败对手。

不论那是兽性、狂热还是英雄主义，面对日本士兵拒绝投降的状况，都需要用新的战术和强大的意志来击败他们。在战地通讯记者理查德·特里加斯基斯（Richard Tregaskis）1943年的畅销书《瓜达尔卡纳尔岛日记》中，他讲述了太平洋战争中在瓜达尔卡纳尔岛上第一次地面战采用的战术：

> 这位将军概述了这次战斗……他说，最为艰巨的任务是肃清挤满了日本人的防空洞。他说，每个防空洞都是一个堡垒，挤满了日本人，这些日本人决定抵抗到底，直到全部战死。他说，对付这些防空洞的唯一有效方法是将炸药包推入狭窄的洞口。之后防空洞会炸开，你们就能拿着一挺冲锋枪进入洞中清除残存的日本兵了……
>
> "你们从未见过这种洞穴和地堡，"将军说，"它们里面有三四十名日本人，除了一两个特例，他们都完全拒绝走出洞穴。"

所罗门群岛战役的统计数据反映了相同的情况：当海军陆战队首次登陆时，驻瓜达尔卡纳尔岛的250名日本守军只有3名愿意被俘；在岛屿恢复宁静之前，超过3万名乘船赶来增援的日本人战死，美国人战死4 123人。其他地方也出现了类似的情况。在缅甸北部的战役中，日本兵被俘和战死的比例为142：17 166，大约为1：120。而在西方国家的军队中，普遍的情况是，军队的损失中通常有四分之一到三分之一是投降。由于日本人负隅顽抗，盟军的减员也在相应增加。

1943年，随着盟军在太平洋地区以惨重的代价向日本本土缓慢地推进，日本士兵的行为引发了一个问题，就是这种标准是否不仅适用于军队而且适用于日本平民。格鲁在他前一年的演讲中对这一问题探寻过答案：

> 我了解日本，我在那儿生活了十年之久。我和日本人的关系很密切。日本人将不会倒下。他们不会在精神上、心理上或者经济上崩溃，甚至在面对最终失败的结局时也是这样。他们将勒紧腰带忍受饥饿，将饭碗中的粮食减少到一半，就这样战斗和死拼到底。唯有彻底从肉体上毁灭他们，或者彻底耗尽他们的兵源和军事装备，他们才会被打败。这是德国人和日本人的区别所在。这就是我们与日本作战时所面对的事情。

与此同时，美国制造出喷火器喷焚藏在洞穴中的日本士兵。一个在战前去过日本、经验丰富的新闻记者亨利·C. 沃尔夫（Henry C. Wolfe）在《哈泼斯》上呼吁用燃烧弹轰炸日本"易燃"、"火柴盒"式的城市。"谈论火烧房屋显得残忍，"沃尔夫解释说，"但我们正在为国家的命运进行生死攸关的斗争，因此，我们有理由采取任何能够挽救美国士兵和海员生命的行动。我们必须用我们拥有的一切在能够给敌人最大损失的地方努力进攻。"

沃尔夫呼吁空袭的文章刊登在《哈泼斯》的那一个月——1943年1月——富兰克林·罗斯福在卡萨布兰卡与温斯顿·丘吉尔见了面。在会见期间，两位领导人讨论了他们最终要坚持什么样的投降条件；他们讨论过"无条件投降"，但这个词没有出现在最终的记者招待会上的正式联合声明中。然而令丘吉尔大为吃惊的是，后来在1月24日，罗斯福临时起意使用了这个词语。"只有通过全面消灭德国和日本的战争力量，"总统面对在座的记者和新闻摄像镜头宣告，"和平才能够来到这个世界……消灭德国、日本和意大利的战争力量的意思是指德国、意大利和日本无条件投降。"罗斯福后来告诉哈里·霍普金斯，他之所以突然使用这个后来意义重大的词语，是因为他在努力说服法国将军亨利·吉拉尔（Henri Girard）与自由法国领袖夏尔·戴高乐（Charles de Gaulle）坐到一起的过程中头脑一时糊涂：

> 为了使这两位法国将军坐到一起，我们遇到了极多的麻烦，我私下认为这件事情像安排格兰特和李会面一样困难——随后，记者招待会突然召开了，温斯顿和我没有时间为此做准备。一个想法在我的头脑中冒了出来，那就是人们称格兰特为"老无条件投降者"。① 等我反应过来的时候，我意识到我也说了同样的话。

丘吉尔立即表示赞同——"我们之间的任何分歧，哪怕只是疏忽所致，在此时此地对于我们的战争努力都是有害甚至危险的"——无条件投降成了盟国的正式政策。

---

① 罗斯福在回答记者提问时，概述了美国南北战争即将结束之际，北军统帅格兰特劝降南军统帅李的一段野史：李一开始为了让部下活下去，提出了留下粮草与马匹等条件，但格兰特坚持要求李无条件投降。李在无奈之下同意了，而格兰特在得到李的承诺之后，旋即应允了先前拒绝的条件。这段野史与史实不符，罗斯福提起它可能是想让轴心国意识到，它们必须先在名义上承认彻底战败，随后才有资格提出合理诉求。更多相关内容可见美国海军史作家伊恩·托尔的《诸神的黄昏：1944—1945，从莱特湾战役到日本投降》。——编者注

第 16 章

启　示

　　"你想去美国工作吗？"1943 年 11 月的一天，詹姆斯·查德威克在利物浦这样问奥托·弗里施。

　　"我非常想去。"弗里施记得当时这样回答说。

　　"不过你必须成为一名英国公民。"

　　"那我就更想去了。"

　　一周之内，英国批准了这位奥地利移民的英国公民身份。在接到指示"将我的所有必需品装到一个皮箱里，乘夜间火车前往伦敦"后，弗里施在一个忙碌的白天与其他移民科学家一起在各相关政府部门间奔走——宣誓效忠国王、获取护照、在美国大使馆办理签证盖章——然后匆匆赶回利物浦，次日，代表团成员将在这里转乘豪华客轮"安第斯号"赴美。这支英国工作组由帝国化学工业公司的华莱士·埃克斯带队，包括格罗夫斯将军邀请评估多孔膜进展的那些人和将要去洛斯阿拉莫斯的人：弗里施、鲁道夫·派尔斯、威廉·G. 朋奈（William G. Penney）、普拉切克、P. B. 穆恩、詹姆斯·L. 塔克（James L. Tuck）、埃贡·布雷切尔（Egon Bretscher）和克劳斯·福克斯。查德威克将加入他们当中，流体力学家杰弗里·泰勒（Geoffrey Taylor）也将加入其中。

为弥补交通工具的短缺，埃克斯用一辆大型黑色殡车将他们送到利物浦码头，用一辆灵车将一行人的行李全部拉上。在"安第斯号"客轮上，弗里施本人有一间完整的八铺位舱室。他们在没有护航的情况下以"之"字形航线①西进。美国是富庶的国度；弗里施乘坐的火车从纽波特纽斯市出发，停靠在弗吉尼亚的里士满市：

> 我漫步街头。映入眼帘的是一派完全难以置信的景象：堆满柑橘的水果摊，被明亮的乙炔灯光照亮！我们在英国经历了灯火管制，而且有好几年没有见过柑橘了。这派景象足以使我发出歇斯底里的大笑。

格罗夫斯在华盛顿给他们上了安全规则课。一节节的火车将他们带到了一片梦幻的土地上——弗里施和另一个人在12月抵达这里，而更多的人是在1944年初过来的。在坡上长满松树的平顶山的明媚阳光下，用一顶馅饼式帽子遮住了军人式短发的罗伯特·奥本海默点着烟斗说："欢迎来到洛斯阿拉莫斯，你们究竟是什么人？"

他们是丘吉尔的"楔形冲锋队"。在原子弹项目的早期阶段，这些英国科学家对其的贡献不亚于其他任何人。但英国后来有其他更紧迫的事情需要这些科学家关注。如今，他们是被派遣来协助制造它的使者，然后要将它带回英国。美国相当于在将原子弹赠给另

---

① 二战时的船只在航行时大多采用"之"字形（或称"Z"字形、蛇形）的路线，这样做可以干扰敌方潜艇对船只真实航向的判断，从而降低被攻击的风险。——编者注

一主权国家，造成核扩散。8月，丘吉尔在魁北克会议上与美国谈判增进协作：

> 我们之间达成了协议：
>
> 第一，我们永远不使用这种武器攻击彼此。
>
> 第二，在双方没有都同意的情况下，我们不会使用它攻击第三方。
>
> 第三，除非双方都同意，否则我们不会单方面将任何有关"管道合金"的信息告诉第三方。

尼尔斯·玻尔和他的儿子奥格分别作为"管道合金"委员会顾问和初级科研人员随后而来，英国方面付给他们薪水。格罗夫斯的安全人员在码头接待了这对父子，给他们安排了化名——尼古拉斯（Nicholas）和詹姆斯·贝克（James Baker）——并将他们领到旅馆，结果到这里才发现这位丹麦诺贝尔奖得主的行李箱上印着的粗黑体文字：尼尔斯·玻尔。来到洛斯阿拉莫斯后，他们受到了热烈欢迎，尼古拉斯和詹姆斯·贝克分别变成了尼克（Nick）叔叔和吉姆（Jim）。

最重要的是海森伯的重水反应堆设计图，玻尔此前向格罗夫斯展示过。1943年的最后一天，奥本海默召开了一次专家会议，来看看他们是否能够找到任何新的理由去相信一座反应堆可能用作一种武器。"这显然是一张反应堆的图纸，"战后，贝特回忆说，"但当我们看到它时，我们的结论是这些德国人完全疯了——难道他们想将一座反应堆投掷到伦敦？"这不是海森伯的意图，但是玻尔想要加以确认。贝特和特勒准备了接下来的报告，题为《不同质的铀-重水反应堆的爆炸》。这份报告发现，这样一种爆炸"释放的能量很可能较小，无疑不会比等量的TNT爆炸可获得的能量更多"。

如果说海森伯的图纸给这些物理学家带来了什么信息，那就是德国人远远落在了后面；它所描绘的是铀板料而不是铀团块，这是一种低效率的排布方式，海森伯曾抓住不放，甚至在他的同事们指出三维阵列的优势时还在坚持。塞缪尔·古兹密特（Samuel Goudsmit）是一名正在美国的荷兰物理学家，他不久将率领一支第一线的曼哈顿工程情报特遣队前往德国，他后来回忆起一种更为复杂的结论："当时我们认为这只不过意味着他们对实际目标的保密取得了成功，甚至对像玻尔这么聪明的科学家的保密也是成功的。"

奥本海默对玻尔带来的有益效果表示感激。"在洛斯阿拉莫斯，玻尔是非常了不起的，"战后，他对一群科学家说，"他对技术怀有浓厚的兴趣……但他的实际作用，我和几乎我们所有的人都认为，不在技术方面。"从这里开始，战后这次演讲出现了两个不同的版本；两个版本都能看出奥本海默回想起的他1944年时的精神状态。在未经编辑的版本中，他说玻尔"使看上去如此恐怖的事业仿佛充满希望"。在经过编辑的版本中，这句话变成："他使这项事业仿佛充满希望，而当时这里的很多人不是完全没有疑虑的。"

玻尔是怎么起到这种作用的，奥本海默甚至玻尔本人都得费一番功夫解释。奥本海默在演讲中做了如下的简要解释：

> 玻尔以轻蔑的口吻谈到希特勒，说他只有数百辆坦克和数百架飞机，却妄图奴役欧洲一千年。他说这样的事情再也不会发生了；他自己非常希望会有良好的结局，在这方面，他所体验到的科学家的客观性和他们之间的协作精神会起到有益的作

用；我们所有人都非常愿意相信他说的这一切。

"他说这样的事情再也不会发生了"是一个关键之处，奥地利移民、理论物理学家维克托·韦斯科普夫道出了另一个关键之处：

> 在洛斯阿拉莫斯，我们正在从事某些也许最可疑的工作，这是一个科学家可能面对的最有疑问的事情。当时，物理学这门我们所热爱的科学被推到了最为严酷的现实方面，而我们不得不经受住这一考验。我想要说，我们，至少是我们中的大多数人，年轻而且多少有些缺乏人生经验。然而，在这关键时刻，玻尔突然出现在洛斯阿拉莫斯。

> 我们首次意识到所有这些可怕的事情有着什么样的意义，因为玻尔不仅立刻参与到我们的工作中，而且参与到我们的讨论中。每个巨大而又深刻的难题都有它自己的解决办法……这是我们从他身上学到的。

"他们不需要我在制造原子弹方面给予帮助。"玻尔后来告诉一位朋友说。他来到这里另有目的。他离开妻儿孤独地来到美国工作和奔走，与他在一个黑暗时刻急忙赶到斯德哥尔摩面见瑞典国王有着同样的动机：为了提供见证，为了澄清事实，为了争取改变，最终是为了拯救生命。他的发现——正如奥本海默说的，与他获悉卢瑟福发现原子核时的发现相当——是一种有关原子弹的互补性的观念。无论在伦敦还是在洛斯阿拉莫斯，玻尔都在努力研究它的革命性结果。他现在打算将他的发现传递给可能采取行动的那些国家领导人：首先是富兰克林·罗斯福和温斯顿·丘吉尔。

12 月，在玻尔最初去洛斯阿拉莫斯之前，当他和奥格来到华盛顿时，他们住在丹麦大使馆里。在大使馆的一次小型招待会上，玻尔与最高法院的法官费利克斯·法兰克福特（Felix Frankfurter）加深了认识。这位犹太法官个头矮小，生气勃勃，聪明能干，出生于维也纳，对犹太复国主义态度不明朗，是一名强烈的爱国者，也是富兰克林·罗斯福的密友以及这位总统长期的顾问之一。玻尔1933 年在英格兰见过他，当时是为了营救流亡的学者；玻尔 1939 年访问华盛顿时再次见到了他，那一年法兰克福特刚刚升任最高法院的法官，这次见面使两人发展到了法兰克福特所说的"温暖友好的关系"。这次 12 月份的茶话会没有为他们提供私下交谈的机会，但在分别时，法兰克福特邀请玻尔到最高法院的法官办公室共进午餐。玻尔已经意识到这位朋友有话要说。

这位法官比这位物理学家年长 3 岁，他生于 1882 年，与罗斯福同年。他于 1894 年随他的家庭移民到美国，在纽约市的下东区长大，19 岁时从纽约城市学院毕业并且在哈佛大学法学院显示出卓越的才能。第一次世界大战前，当亨利·史汀生还是纽约南区的律师时，他为史汀生工作，而在华盛顿，当史汀生首次担任陆军部长时，他在威廉·霍华德·塔夫脱（William Howard Taft）的领导下工作。1914 年，哈佛大学邀请法兰克福特到它的法学院当教授。在罗斯福任命他到高等法院任职前，他一直保持着这个教授的职位。但是在那一整段学术生涯中，他在政治上非常活跃，孤身一人为新政招兵买马，此外还作为忠实的朋友支持罗斯福 1937 年一项不明智的计划，当时罗斯福想集中法院的力量来压倒阻碍他立法革新的保守势力。

2 月中旬，玻尔从洛斯阿拉莫斯回到华盛顿后，两人如约共进午餐。两人在战后都留下了回忆录描述这次会谈。"我们谈起丹麦新近发生的一些事件，"法兰克福特写道，"战争可能的进程，英国的状况……我们对德国必败的确信以及摆在我们面前的事情。玻尔教授一点也没有暗示过他访问美国的目的。"

幸运的是，法兰克福特听说过他称为X的工程。法兰克福特说他是从"某些著名的美国科学家"那里听说的，但他肯定是通过冶金实验室一个心烦意乱的年轻科学家得知的，这个科学家在 1943 年一路向上找到了法兰克福特和埃莉诺·罗斯福（Eleanor Roosevelt），向他们抱怨杜邦公司。"因此我开始注意到X，也就是说，觉察到还存在像X这样的事情以及它的重要意义。"因为法兰克福特知道玻尔从事的领域，所以他认为玻尔访问美国就是为了X：

> 因此……我非常婉转地提到X，这是因为如果我对玻尔教授正在参与这项工程的猜测是正确的，那么他会知道我对这项工程略知一二……他同样含糊其词地回答了我，但是不一会儿我俩就都清楚了，像我们这样的人，如此长时间和如此深刻地受到希特勒主义的威胁，又如此深入地致力于共同的事业，能够谈论X的意义，同时又不向彼此点破。

就这样，著名法学家和著名物理学家之间不太难地消除了这个不太大的障碍。

"玻尔教授随后对我说，"法兰克福特继续回忆说，"他深信X可能给人类带来最大的福祉，也可能带来最大的灾难……他还明确地让我知道，除了哈利法克斯勋爵［英国大使］和罗纳德·坎贝尔爵士［英美联合政策委员会中的一名英国代表］外，他在这个国家没办法向任何其他人谈论这些事情。"玻尔以第三人称的口吻讲述道："听到这一点后，F［法兰克福特］说，他了解罗斯福总统，他深信总统将会及时回应B［玻尔］简要描述的这些想法。"

玻尔找到了传话人。"3月底的一天，B再次和F见面，"玻尔在战时备忘录中记录道，"了解到F在这段时间内有机会与总统交谈，总统也希望这项工程能成为一个历史转折点。"法兰克福特这样描述他与罗斯福的会见：

> 在这个特殊场合，我和总统待在一起约一个半小时，整个会面实际上都在谈这个主题。他告诉我整个事情"让他担心得要死"（我对这个措辞记忆犹新），他非常渴望在处理这个问题时能得到所有帮助。他说他想见玻尔教授，问我是否能安排一下。当我对他说，解决这个问题可能比有关世界组织的所有方案都更为重要时，他表示赞同并且授权给我，让我告诉玻尔教授，他，玻尔，可以告诉我们的伦敦朋友们，总统非常渴望探索与X有关的合适安全措施。

围绕这次会见有不少争议，因为罗斯福后来委婉地否认了它。如果总统对原子弹的战后影响"担心得要死"的话，他为什么要将这样一项使命如此非正式地委托给英国人呢？他甚至还没有与尼尔斯·玻尔会面。这个问题的答案可以回答一个更为实质性的问题：罗斯福是否真的想要探索对原子弹的国际管控，或者说他是否已经致力于让英美永久垄断原子弹（魁北克协议暗示了这种情况，他最近也和格罗夫斯以及布什讨论过垄断世界上铀和钍的市场的问题）。

罗斯福为什么将这样一个重要的使命委托给玻尔？事实上，这种委托以迂回方式起着作用：玻尔是代表英国，至少是代表约翰·安德森爵士来到美国的，他鼓励玻尔访问美国，既是为了促进对玻尔提出的问题的讨论，也是为了帮助英国在洛斯阿拉莫斯完成任务。如果说这个委托是非正式的，那么英国和美国之间的许多其他秘密渠道的安排也同样是非正式的。罗斯福只是把它当成是英国的态度而做出回应。罗斯福似乎有一个（正确的）猜测，即丘吉尔身边的那些英国政治家正在利用玻尔向美国总统传达丘吉尔尚未做出保证的关于战时和战后安排的想法。玻尔还补充说，罗斯福诚恳而坦率地回应了英国首相："F也告诉B，问题一提出来，总统就立即说，丘吉尔首相和他本人都希望找到使工程为全人类造福的最好途径，他衷心期盼首相就这一目的提出任何建议。"这位总统乐于讨论关于战后关系的新想法，然而英国人必须首先说服他们的首相；罗斯福不会背着丘吉尔处理问题。法兰克福特暗示他理解了这一点："我写出这样一套方案请玻尔交给伦敦方面——作为一个信息带给约翰·安德森爵士，安德森爵士显然是玻尔与英国政府之间联系的关键人物。"

　　3月份以及后来，如何对待苏联的问题使玻尔的讨论变复杂了。玻尔是从以下角度考虑这一问题的。如果在第一颗原子弹快要制造出来之前告诉苏联原子弹工程一事，这种信任可能会促成各方在战后进行军备控制方面的谈判。而如果让苏联自己发现制造原子弹的信息，英美只是制造出来、投下它们并在战争结束后用核垄断来对付苏联，那最有可能出现的结果就是核军备竞赛。

　　玻尔有关原子弹的互补性的发现比当时这些政治问题更为基本。然而，这些政治问题是某个更大问题的一个方面，而且还在一定程度上掩盖住了这个问题。原子弹是机遇，是威胁，而且将始终是机遇和威胁——这是一种奇特又矛盾的希望。但在部署原子弹以前和以后，政治态势必然会不同。

1944 年 3 月底，玻尔似乎受美国总统之托要与英国首相会谈。在听过玻尔倾吐心声后，英国人被打动了。"哈利法克斯认为这种发展非常重要，"奥格·玻尔后来写道，"以至于他认为我的父亲应该立即去伦敦。"父子俩于是再次越过大西洋，这次是在 4 月初，乘坐的是军用飞机。

安德森一直在设法软化丘吉尔。奥本海默将这位高个、深色皮肤的财政大臣描述为一个"保守、执拗、非常可爱的人"。安德森于 3 月 21 日向首相递交了一份长篇备忘录。他建议英国政府在更大范围内讨论"管道合金"问题。他响应玻尔的想法，看到了战后核武器国际扩散的可能性。他认为唯一能取代不道德的军备竞赛的只有国际协议。他提议"在不久的将来告知苏联人这一基本事实，即我们在一定的时间内会拥有这种破坏性武器；并且……邀请他们在拟订一个国际控制计划方面与我们合作"。

丘吉尔在"合作"上画上圆圈并在边上写道："决不。"

当玻尔到达时，安德森再次写信给首相，重复了同样的论点，但补允道，他现在相信罗斯福正在关注这个事情并且欢迎讨论。他甚至提供了一份电文草稿，丘吉尔可以发送出去，交流看法。但得到的回答同样尖刻："我不认为任何这样的电报是必要的，我也不希望让更多人知悉此事。"

丘吉尔没有心情接见玻尔，这位丹麦诺贝尔奖得主苦苦等候了数周之久。在等候的时间里，他听说了来自苏联的消息。就在玻尔从丹麦逃出后不久，彼得·卡皮察给玻尔写了信（这封信从斯德哥尔摩转到了苏联驻伦敦大使馆）："特地告知你，欢迎你到苏联来，这里将会做出一切努力，为你和你的家庭提供庇护，而且我们现在拥有了开展科学工作的一切必要条件。"在向"管道合金"安全官打过招呼后，玻尔来到位于肯辛顿花园的大使馆取信；回来后，他汇报了他与大使馆参赞的谈话。参赞讲了大半天苏联在科学方面多么伟大，而在战前苏联能依靠的朋友是多么稀少，但核心内容是：

> 后来这位参赞说，他知道B最近去过美国。B说，他通过这次旅行接触到了关于国际文化合作愿望的许多振奋人心的言论，他希望不久也去苏联。这位参赞随后问道，B对美国科学家在战争期间的工作都接触到了一些什么信息，B回答说美国科学家像苏联科学家和英国科学家一样，确实对战争做出了非常大的贡献，这些贡献对于战后给科学一个正确的评价无疑是极其重要的。此后，B讲了一点点有关丹麦被占领期间的情况。

话题迅速改变。但对玻尔来说，这种开门见山的提问和卡皮察邀请他去莫斯科足以表明苏联察觉到了原子弹工程的蛛丝马迹，可能正在进行他们自己的原子弹研发工作。这意味着说服苏联人，使他们相信英美并未在暗中开启军备竞赛的时间已经不多了。当他终于在5月16日和彻韦尔勋爵一同被召去唐宁街10号时，他最先想处理的就是这件事。

"我们满怀希望和期待来到伦敦，"奥格·玻尔后来回忆说，"当然，一位科学家就这样尝试介入世界政治实在是一件相当新奇的事情，但我们期待像丘吉尔这样富有想象力并且常常表现出伟大预见力的人会被这种新的前景所鼓舞。"尼尔斯·玻尔怀着这种期待，而他的英国朋友们却没有让他做好思想准备。

"这是战争中最像黑色喜剧的场面之一。"C. P. 斯诺这样描述这次灾难性的正面交锋。最可靠的叙述来自彻韦尔勋爵的学生 R. V. 琼斯（R. V. Jones），他协助安排了这次会面，并且惊讶地发现玻尔几小时后仍在"管道合金"办公室外面的老皇后大街徘徊：

> 当我问他会谈进展得怎样时，他说："糟糕极了。他训斥我们就像训斥两个学生一样！"从他当时及后来对我说的话来看，他们似乎从一开始就话不投机。丘吉尔情绪很不好，他斥责彻韦尔勋爵没有以更为正式的方式安排这次会见。他随后说他知道彻韦尔勋爵这样做的原因，那就是想就魁北克协议而责备他。当然，这完全不是事实，然而这意味着玻尔"按部就班"的谈话方式完全格格不入。玻尔常常说准确性和简明性是互补的（因此一个短的陈述绝不可能是准确的），他说的话也不容易听懂，结果丘吉尔似乎只听到了玻尔说他正在为战后可能出现的一种状况忧虑，以及他想要告诉苏联人有关原子弹方面的进展。当谈及战后世界时，丘吉尔告诉他说："我无法理解你所讲的内容。这种新型的炸弹只是比我们现有的炸弹大一些而已。它不会改变战争法则。至于有关战后的任何问题，没有哪个问题不能在我和我的朋友罗斯福总统之间得到友好解决。"

在这次预约的会见中，玻尔只得到了不到 30 分钟的时间，其中大部分时间都是丘吉尔掌控的。"当他离开时，"奥格·玻尔后来总结说，"我的父亲请求允许给丘吉尔写信。丘吉尔回答说，'能收到你的信将是我的荣幸'，随后补充道，'但不要谈及政治！'"

"我们说的不是同一种语言。"玻尔后来说。他的儿子发现他"有些沮丧"。比起沮丧他更多是愤怒；他在 72 岁时想起此事仍觉气愤，他告诉一位老朋友说："这是可怕的，没有人"——包括英国人和美国人——"致力于解决我们有能力释放核能后会出现的问题，他们完全没有准备。"他更进一步认为，"相信苏联人不能做别人能做的事情是完全荒谬的……核能从来没有什么秘密可言"。

丘吉尔的顽固复杂而又直接。他正在焦头烂额地为诺曼底登陆做准备；他瞧不起偷偷摸摸走后门的人，本能地对他嗤之以鼻；他也很反感同事们如此敬畏这样一位公认的伟人（"当你将他领到唐宁街来见我时，他披头散发的，我一看就不喜欢这个人"，他后来咬牙切齿地对彻韦尔勋爵这样说道）；丘吉尔无法仔细倾听意见，或者他太固执己见，这使他无法相信原子弹将会改变一些规则。一年后，这位 70 岁的首相丝毫没有动摇。"在任何情况下，"他于1945 年写信给安东尼·艾登（Anthony Eden）说，"我们的政策都应该是，只要我们能控制局面，就要尽力将这件事掌握在美国人和英国人手中，而让法国人和苏联人去做他们能做的事情。你完全可以确定，任何掌握了这一秘密的强国都会尝试制造这种武器，而这会撼动人类社会存在的根基。这个问题与世界上存在的其他一切都毫无关系，目前，我不可能考虑将任何秘密泄露给第三方或者第四方。"

"他总是对'秘密'持有天真的信心，"C. P. 斯诺总结说，"最权威的专家告诉过他，这种'秘密'是保不住的，苏联不久将会拥有他们自己的原子弹。他那浪漫的乐观主义可能欺骗了他，使他不去相信这一点。他非常明白，英国的力量以及他自己的权力现在只剩下一点残余。只要美国和英国以垄断方式拥有原子弹，他就能感到这种力量并没有完全丧失。这是一个悲剧。"

玻尔于 5 月 22 日写信给丘吉尔。信的内容是慎重的，然而终究涉及了政治，并且传达了他在会谈中没有被允许传达的信息："总统内心深深担忧这项工程带来的惊人后果，他看到了这些后果是多么凶险，但是也看到了极难得的机遇。"玻尔没有详细说明这些机遇是什么。他甚至不提出任何忠告："当然，处理这种情形的责任仅仅搁在政治家的肩上。受到信任的科学家们只能给政治家提供对他们的决策可能还算重要的一些技术性问题的信息。"但玻尔明确指出，这些技术性问题就包括核扩散的可能性和出现更大炸弹的可能性——他在洛斯阿拉莫斯已经知道了超弹。

显然，丘吉尔没有费心做出答复。

玻尔在伦敦又逗留了几个星期。他因此得以目睹 1944 年 6 月 6 日星期二盟军在西欧的登陆。"有史以来最大规模的两栖攻击。"盟军最高总司令德怀特·艾森豪威尔这样形容此次行动。最初有 15.6 万名英国、加拿大和美国士兵在 1 200 艘战船、1 500 辆坦克和 1.2 万架飞机的辅助下，跨越英吉利海峡进攻欧洲大陆。就在玻尔和他的儿子于周末离开英国前往美国的时候，盟军已经安全地巩固了海滩阵地，并且以此时已增加至 32.6 万人的兵力开始向内陆推进。艾森豪威尔指挥他的部队说："回家的道路经过柏林。"

对玻尔来说，回家的道路经过华盛顿。他于 6 月 18 日向费利克斯·法兰克福特讲述了与丘吉尔会见的凄凉经过。法兰克福特立即将这一消息带给了罗斯福，罗斯福饶有兴味地倾听了又一个关于丘吉尔好斗秉性的故事：

大约一星期后，F告诉B，总统对这个消息极感兴趣，并说他将这些步骤当成是一种有利的发展。在这次谈话中，总统表示想见见B，作为一个准备步骤，F建议B用一份简短的备忘录来表明他的观点。

　　在6月底和7月初的日子里，华盛顿热得就像蒸笼，清晨气温将近90华氏度①，而下午酷热的气温在100华氏度②以上。玻尔父子就在这样的环境中着手准备工作。奥格·玻尔这样回顾当时准备文件的情形：

　　　　这份备忘录是在华盛顿的酷热中完成的，像父亲的其他所有工作一样，在它准备好递交之前经历了许多个阶段。早晨，父亲常常带来一些新的修改想法，这是他在整个夜晚思索出来的。我们没有可以放心的秘书来帮忙处理，因此由我用打字机将它打出来；同时，父亲为我们缝补短袜、钉纽扣，这种活计是用他通常的细致作风和手工技能完成的。

　　钉纽扣、缝补短袜、忍受这种对于来自寒冷的北海边的丹麦人来说就像是走近赤道的炎热，玻尔一遍又一遍地修订他的备忘录，使其表达尽量凝练易懂，让这份备忘录成为像任何科学论文一样谨慎简练的政治分析。备忘录中讲述了他到当时为止的所见所闻，几乎所有必要的事情都涵盖其中。

---

① 约32.2摄氏度。——编者注
② 约37.8摄氏度。——编者注

玻尔在晚年用一句话解释了他的新发现的出发点。"我们处于一个不能用战争解决问题的全新环境中。"他这样向一个朋友吐露。当他于 1943 年到达洛斯阿拉莫斯时，他就已经洞悉了这个基本要点，并且告诉奥本海默说，绝不会再有像希特勒企图奴役欧洲这样的事情发生了。"首先，"奥本海默证实说，"［玻尔］清楚地认识到，如果这种武器真的造出来了，那么这种发展将给世界形势、整体战局和战争的可容忍性等方面带来巨大的改变。"

为了结束一场大战而研发的武器将会引发下一场大战。它简直就不是一种武器。玻尔在炎热的华盛顿所写的备忘录中强调说，它"对自然事件进程的干预比起以往尝试过的一切都要深入得多"，它将"完全改变所有未来战争的态势"。当核武器不可避免地扩散到其他国家时，没有谁会成为长久的赢家。相互毁灭的行动可能会瞬间爆发，但那不是战争。

这是新的背景，是所有国家在此之前都没有经历过的背景。它是新东西，就像卢瑟福的原子核曾经是新的和未经探索的东西。玻尔年轻时曾经探究原子这个禁区，发现了悖谬的多重结构；此刻，他又在原子核释放的能量的昏暗光亮中再次探究它，发现了深刻的政治变革。

所有国家都处于一种国际失序的态势下。缺少一个等级分明的权威机构规定一国与另一国的关系。在自身利益驱使下，它们会自愿地进行谈判，获取它们能够得到的东西。战争是它们之间的最终谈判，以残酷的方式解决它们之间最糟的争端。

此刻，一种终极力量出现了。如果说丘吉尔没有意识到这一点，那是因为它不是一种战斗口号、一种条约或者一种委员会。它更像一位下凡到镀金战车上的神。它是一种各国能够建立和推广的机制，能够利用无限的能量。许多国家一发现它的存在并且获得相应的技术手段，就会立即建立这种机制用来自卫。对建立这种机制的人来说，这样做似乎能使人感到安全，然而，因为不存在可靠的保护措施来应对如此强大和便利的机制，所以，随着时间的推移，库存中新增的每个组件都会增加普遍的恐惧而减少安全感，直到不安全感最终遍及每一个人。

由于人们普遍认识到避免触发核毁灭的必要性，"解围之神"[①]到那时将完成人和国家没能通过谈判和征服来完成的事情：消灭重大战争。总体的安全感和总体的不安全感将无法区分开。一种危险的均衡格局将由相互猜忌的诸国在毁灭的边缘不稳定地维持着。在原子弹出现之前，国际关系在战争与和平之间摇摆。有了原子弹之后，核大国之间的重大战争将是自我毁灭。没有谁能赢得战争。因此，世界大战就成了有限规模的破坏性技术的历史性展示，而不是普遍性展示。它的时代很快就会过去。现在，摆锤将会以更大的幅度摆动：在和平和国家自毁之间摆动，在和平和全体死亡之间摆动。

玻尔提前看到了未来，所以退缩了，而他所预见的情况直至今日依然未变：危险的均衡格局已经在没有正式协议的情况下实现并维持了数十年，代价是小规模的代理战争、大屠杀的梦魇和一大部分国家财富。他想知道这种世界末日般的危险境地是否不可避免。他想知道，如果当时那些厌战的政治家得知了他所预见的后果，经

---

① "解围之神"的拉丁语为 deus ex machina，直译为"机械之神"，原指古希腊罗马戏剧中的一种艺术手法：在剧情发展到主角陷入困境、束手无策的时刻，突然有一神明从天而降，拯救主角。后来这个词组被借用为一种修辞，用来描述某种超然的、外来的力量在关键时刻干预，化解危机。此处比喻原子弹。——编者注

过劝导有没有可能去预防那些后果，在出现僵局之际终止这场游戏，而不是不合理地把威胁行动进行到底。有一点至少很明显，那就是这种新式武器危险到了骇人听闻的程度。如果能让这些政治家明白，这些武器带来的危险是共同的、相互的，难道他们不能共同协商来限制它们吗？如果无论怎么做最后都会让战争从世界上消失，只不过一种方法是让这种大屠杀机器准备就绪，另一种方法只是考虑和明白它的巨大威胁，那么后一种又能让他们有什么损失呢？比起放任超自然的"解围之神"迫使各方维持和平，以和谈的方式来解决这个问题或许可以表明这种共同的威胁本身就以互补的形式蕴含着和平的希望。许多好处会随之而来。"对我说，"玻尔在1950年谈起自己孤身提出的战时倡议时写道，"齐心协力阻止这种对文明的不祥威胁的必要性，将为弥合国际分歧提供非常独特的机会。"一言以蔽之，这就是原子弹互补性的启示。

"［武器］控制问题自然已经得到了诸多考虑，"玻尔在1944年准备的那份文件中这样奉承富兰克林·罗斯福，虽然他知道其实美国人没怎么考虑过这个问题，"然而，对相关科学问题的探究越深入［玻尔指对热核武器的探究］，我们就越清楚地认识到，没有哪种传统手段会适用于这一目标，尤其无法避免国家之间在未来针对这种威力巨大的武器展开竞赛的可怕前景，唯一能有效果的是各国在真诚信任的基础上达成普遍的协议。"

玻尔不是傻瓜。很明显，你不可能指望哪个国家在如此生死攸关的问题上相信别国空洞的承诺。每个国家都想亲眼看到其他国家没有在秘密制造原子弹。这意味着世界必须是开放的。他十分清楚苏联会多么怀疑这样一种想法，但他希望核军备竞赛的危险可以看上去足够严重，使补偿的优势变得明显：

因此，为了阻止秘密进行军备竞赛，各方需要在交流信息和公开军备工业努力等方面做出让步，然而这是难以想象的，除非同时向所有参与者补偿性地保证，这样做可以让共同安全免于遭遇前所未有的严重危险。

并非只有苏联喜欢保密；那时美国和英国也在把自己开发原子弹的工作对苏联保密，哪怕存在引发一场军备竞赛的危险。奥本海默这样阐述：

> ［玻尔］很清楚，没有一个充分开放的世界……就不可能有效控制……原子能；而且他认为绝对如此。他认为一个人不得不拥有隐私，因为他需要隐私，我们每个人都需要隐私；我们肯定会犯错误，但只是偶尔遭到指责。我们必须尊重个人的秘密以及政府和管理部门的秘密过程，但原则上任何一件可能危害世界安全的事情都必须向世界公开。

开放并非只是防止军备竞赛。正如它在科学方面所起的作用那样，它会将错误和弊端暴露在众人面前。人们保守秘密，躲在紧闭的门后，躲在守卫着的边界后面，躲在不吭声的印刷机后面，悄悄地做他们羞于展现或者害怕展现在世人面前的那些事情。在战后，当乔治·马歇尔从陆军参谋长晋升为国务卿时，玻尔与他谈过话。玻尔告诉他："如果每个国家的社会状况都是开放的，供人评判和比较，这将意味着什么，便不言自明了。"解决方案本身所包含的巨大而深刻的困难最终不是原子弹，而是人与人之间和国家与国家之间的不平等。原子弹的终极展现形式，即核毁灭，将在最后的末日中摧毁富人和穷人、民主和极权，从而消除这种不平等。与之互补的是，防止（或者逆转）军备竞赛所必需的世界开放也会日益揭露和减弱这种不平等，然而是以生存的方式而非死亡的方式：

> 在任何社会中，公民都只有在对国家的普遍状况有公共了解的基础上，才有可能为共同的福利共同奋斗。同样，国家之间在共同关心的问题上进行真正合作的先决条件，是能自由获取对其关系至关重要的所有信息。任何以国家理想或国家利益为由，对信息和交流设置障碍的做法，都需要与共同认识到开放有益以及开放带来的紧张关系的缓和相权衡。

这些话来自玻尔于1950年写给联合国的一封公开信，之前他还有另一段陈述，设想了世界发展到斯堪的纳维亚各国的状态会是什么样子：斯堪的纳维亚各国曾经相互对立，像1950年的美苏两国那样对欧洲其他国家极具攻击性和威胁性，但此时已彼此相对友好。请注意玻尔没有提议建立一个权力集中的世界政府，而是提议建立一个联盟："我们必须以这样的开放世界作为最高目标，在这个世界里，每个国家都只能通过对公共文化做出的贡献和能够用经验和资源帮助其他国家的程度来维护自己的地位。"从最为整体和最深的层面来说："知识本身是文明的基础，这一不争的事实直接指明了克服当前危机的方法，那就是开放。"

玻尔在1944年夏天向罗斯福提出，这样一种努力要始于美国，因为美国取得了完全的优势："目前的形势似乎提供了一个最有利的机会，使幸运的一方能够及早采取主动，在控制人类迄今无法触及的巨大自然力量的努力中取得领先地位。"让步能显示出善意；

"实际上，只有开始讨论各大国愿意为合适的控制安排做出哪些让步……各参与方［才能］相信其他各方的意图是真诚的。"

1944 年 7 月 5 日，玻尔将在华盛顿写给富兰克林·罗斯福的无标题的备忘录，连同一封对它的不足表示歉意的信，交给了费利克斯·法兰克福特过目。玻尔在那个炎热的夏夜一直在担忧，因此在第二天写了另一封表示道歉的信。"我一直非常焦虑，"他吐露道，"觉得［这个备忘录］可能不符合你的期待，也许根本不适合你的意图。"法兰克福特有很强的判断力，认识到了这份文件的价值——它至今依然是后原子弹时代唯一全面而切实可行的纲领——大约一周后，他告诉玻尔，他将它交给了总统。玻尔和他的儿子很快于 7 月中旬的一个星期五离开华盛顿，去了洛斯阿拉莫斯，他明白罗斯福将会在合适的时间安排一次会见。

8 月，当总统为在魁北克会见英国首相做准备时，这个时刻到来了。玻尔返回了美国首都。"8 月 26 日下午 5 点，"他后来写道，"总统在白宫以完全私人的方式接见了 B。"罗斯福"非常兴奋，精神状态极好"，奥格·玻尔说，这可能是因为他已经知道了盟军正在欧洲迅速推进的消息。他已读过玻尔的备忘录；他"极为和善地给 B 一个机会来解释他的观点，以非常直率和令人鼓舞的方式谈到他自己所怀的希望"。罗斯福喜欢施展魅力，他用一些故事吸引玻尔。奥格·玻尔讲述道：

> 罗斯福同意必须尝试玻尔提出的接近苏联的建议，说他非常希望这一步能实现一种有利的结果。按照他的观点，斯大林足够切合实际，能够理解这种科技进步的重要革命性意义，以及它潜在的结果。罗斯福顺着这个话题描述了他在德黑兰会谈

时对斯大林的印象，也幽默地讲述了他与丘吉尔和斯大林讨论和辩论的过程中的趣事。他提到他已经听说了玻尔在伦敦与丘吉尔商谈是怎样的一种经过，然而补充说丘吉尔的第一反应一般都是这个样子。尽管如此，罗斯福说，他和丘吉尔总是能设法达成一致，他认为丘吉尔最终会回心转意并分享他在这个问题上的观点。他即将和丘吉尔会谈，那时他会与丘吉尔讨论这个问题。他说希望不久后与我的父亲再次见面。

会见持续了一个半小时。1948 年，玻尔向罗伯特·奥本海默讲述了总统给出的一个更为具体的委托：他"给玻尔教授留下了这样的印象"，奥本海默写道，"在与首相进行讨论后，他很可能会请求［玻尔］接受去苏联考察的使命"。

"不用提也能知道我父亲在他与罗斯福交谈后受到的鼓励和感激之情，"奥格·玻尔继续说，"那些日子里他极为乐观，满怀期待。"玻尔在波士顿见到法兰克福特，告诉他有关这次会谈的情况。法兰克福特建议玻尔写一封致谢短笺，重新讲述他的情况，玻尔到 9 月 7 日设法将这封短笺的内容压缩成了满满的一页。法兰克福特将它转给了罗斯福的助手。玻尔安顿下来热切地等待。

两位国家元首将"管道合金"留到了会谈的最后阶段讨论，那时已快到 9 月下旬，罗斯福带丘吉尔来到了海德公园的哈得孙河谷他自己的庄园中。"这是黑色喜剧的另一个片段，"C. P. 斯诺写道，"……罗斯福不经斗争便向丘吉尔对玻尔的看法投降了。"结果形成了一个秘密的备忘录，它显然是丘吉尔的手笔，他曲解了玻尔的建议，否认它们的权威性，还首次写下了英美两国有关首次使用这种新式武器的立场：

1.应该着眼于达成有关"管道合金"的控制和应用的协议，而将有关它的情况向世界公布的建议没有被采纳。这个问题应该继续被认为是绝密的；然而，当一颗"原子弹"终于制造出来、能投入使用时，在经过深思熟虑后，它也许能用来对付日本，让日本人意识到，如果他们不投降，我们就会反复使用这种炸弹轰炸。

2.美国政府和英国政府在出于军事和商业目的开发"管道合金"方面的全面合作，在打败日本后联合协议终止之前将持续下去。

3.应该调查玻尔教授的活动，要采取一定的措施确保他不会泄露情报，尤其是向苏联人泄露情报。

第二天，9月20日，丘吉尔非常恼怒地写信给彻韦尔勋爵说：

总统和我对玻尔教授非常担忧。他是怎样介入这件事情的？他强烈建议公开此秘密。他未经批准向首席法官［原文如此］法兰克福特泄密，法兰克福特告诉总统玻尔了解所有的细节时，总统十分震惊。玻尔说，他与一名苏联教授时常通信，这个教授是他在苏联的一个老朋友，他给这个教授写信讲过这个问题，现在的信里可能还有相关内容。这位苏联教授催促过他去苏联讨论这个问题。所有这些是怎么回事？在我看来，玻尔似乎应该被拘禁起来，或者至少让他明白他非常接近不可饶恕的罪行的边缘。我此前从来没有看到过这种情况……我根本不喜欢这样。

丘吉尔在海德公园大发雷霆后，安德森、哈利法克斯勋爵和彻韦尔勋爵在丘吉尔面前为玻尔辩护，而布什和科南特则在罗斯福面前为玻尔辩护。这位丹麦诺贝尔奖得主没有被限制行动。但他再也没有受邀去与美国总统见面了。派去苏联考察的使命同样被取消了。

这年9月，世界的损失有多大是无法估量的。原子弹的互补性，它带来的希望和威胁，不会因为国家首脑们的决定而被消除；他们脆弱的权威影响不到这一点。核裂变和热核聚变不是国会的法案，它们是深深植入物理世界的杠杆，它们被发现是因为有发现它们的可能，取得专利或者将其掩藏起来都无法阻止它们被发现。

⊙

爱德华·特勒于1943年4月洛斯阿拉莫斯正在建设之时便来到这里，准备全力参与这里的工作。他当时35岁，深色皮肤，长着浓密而显得机灵的黑色眉毛，步履沉重而不规则。"青春焕发，"斯坦尼斯拉夫·乌拉姆回忆说，"总是有着强烈、明显的雄心，对物理学的成就深藏着蓄势待发的热情。他是一个温和的人，明显渴望赢得其他物理学家的友谊。"特勒的儿子保罗，也是特勒的第一个孩子，在2月份出生了。特勒夫妇将他们认为对他们内心的宁静不可缺少的两台机器运到了原始的新墨西哥平顶山上，其中一台是音乐会用的斯坦威牌大钢琴（这是米奇·特勒花了200美元在芝加哥一家旅馆的拍卖中为她丈夫购得的），另一台是新的本迪克斯自动洗衣机。他们被安排住进了一套公寓里。斯坦威钢琴差不多占去了整个客厅。

自从玻尔1939年在华盛顿首次宣布裂变的发现起，特勒就在为获取核能努力。他协助过罗伯特·奥本海默做洛斯阿拉莫斯的组织工作和征募工作。他期待为新实验室的规划设计做出贡献并且确实做到了。"整个实验室对一个或者极少数的主要发展方向取得一致意见是至关重要的，"汉斯·贝特后来写道，"其他一切都被认为只具有较低的优先级。特勒在对主要方向进行决策方面起到了积极的作用……对技术部成员的工作分配是在该部门全体科学家的会议上达成一致意见的，特勒再次发表了重要意见。"

然而，特勒在那年4月没有得到相应的行政管理职务，这种忽视使他感到苦恼。他适合领导理论小组，奥本海默却安排了汉斯·贝特。他适合领导一个致力于研究热核聚变武器即研究超弹的部门，然而这样的部门还没有建立。洛斯阿拉莫斯实验室在开幕会议上已决定（并于5月由刘易斯的委员会确认）将热核研究基本局限于理论研究，而且其优先级以较大的差距次于裂变研究（即原子弹研究），因为引爆任何热核装置都需要原子弹，所以必然要优先发展后者；再者，战争正在进行而人力有限。

"我被指名领导〔理论〕小组这件事，"贝特后来解释说，"对特勒是一种打击。他从原子弹工程一开始就在从事这方面的工作，认为他自己比当时洛斯阿拉莫斯包括奥本海默在内的任何人的资历都更深，事实也确实如此。"贝特相信他被指派是因为他"节奏相对较慢的生活方式和稳重的科学态度将会在工程发展的这一阶段起到更好的作用，在这一阶段，必须坚持既定方针，必须进行详细的计算，因此，在这一阶段，不可避免地会有大量的行政管理工作"。特勒对他的老朋友的稳重态度有不同的看法："贝特被指派从事这方面的组织工作后，依我看来（也许我的这种观点错了），他对它过度组织化了。它过于军事组织化，这是一种直线集权型的组织方式。"另一方面，特勒再三称赞奥本海默对洛斯阿拉莫斯的领导，而任命贝特和批准贝特所做出的决定也属于其领导范围：

> 整个战争年代，奥比都十分清楚洛斯阿拉莫斯实验室的每个部门正在发生什么。他在分析人事和技术问题方面令人难以置信地迅速，而且有很强的理解力。对于超过上万名最终来到洛斯阿拉莫斯工作的人的情况，奥比密切地了解其中数百人的情况，我的意思是他了解他们之间有怎样的关系，是什么维系了这些关系。他懂得如何去组织、笼络、迎合和安慰感情——如何在无形中有力地进行领导。他是一个献身精神的榜样，是一个从未失去过人性的英雄。辜负他总会让人产生一种不道德的感觉。洛斯阿拉莫斯取得的引人注目的成功，源于奥本海默用来领导洛斯阿拉莫斯的那种卓越的才华、热情的态度和超凡的魅力。

"我相信［特勒］大概对我被任命的职位在他之上感到气愤，"贝特总结说，"他更为怨恨自由的终结和普遍讨论的终结……他更为怨恨［因没有行政联系而］从此远离奥本海默。"

超弹那种裂变弹所没有的理论复杂性给特勒带来了挑战，它也提供了他可以领导的工作方向。"当1943年春天建立洛斯阿拉莫斯时，"他写道，并且洛斯阿拉莫斯技术档案也证实，"探究超弹也是实验室的目标之一。"他接受了在整个1943年夏天延缓这种探究工作的决定，协助贝特解决更为直接的问题，找出办法来计算原子弹各种设计方案中的临界质量和核效率。这年夏天，在普渡大学进行的实验性研究工作发现，氘的聚变反应截面比预计的大很多；特勒于9月将这一结果介绍给普渡大学洛斯阿拉莫斯理事会，提出重新对超弹进行研究。随后，约翰·冯·诺伊曼来到"山庄"支持和扩大塞斯·尼德迈耶的内爆研究工作，特勒也有几个月被卷入这种新领域的研究中。

1943年秋天，埃米利奥·塞格雷赢得了一个新的工作场所。在伯克利他测量了自发裂变的比率——这是一种在没有中子轰击的情况下铀和钚中自然发生的裂变现象。这种测量很困难，因为对于塞格雷只能使用的小样品来说这种比率较低，然而其结果至关重要。其结果决定了怎样清除原子弹内核中的轻元素杂质——在纯净样品中不存在自发背景的辐射——也决定了使用炮法时要用多快的速度发射以避免原子弹过早引爆。塞格雷离开了洛斯阿拉莫斯的平顶山，为的是防止他那容积更大的新测量仪器受到这里其他实验产生的辐射的影响：

> 当时，我获得了一个专用的小实验室用于测量自发裂变，在此之前和从那以后我从未看到过类似的场地。这是一间小木屋，曾经是一个护林员的住所，它坐落在离洛斯阿拉莫斯数英里的一个隐蔽的山谷里。只有一条吉普车道能够到达这里，这条吉普车道一路通过长满紫色和黄色翠菊的原野以及一个两边峭壁上有印第安雕刻的山谷。在这条车道上我们曾经看到一条大响尾蛇。这座木屋实验室处在一片被高大的阔叶树掩映的小树林中，拥有人们能梦想到的最美妙的景致。

12月，在这个帕哈里托山谷的实验站里，塞格雷取得了一个重大发现。天然铀的自发裂变比率与伯克利的实验站测出的结果大致一样，然而，对于铀-235，这个实验站的测量值看上去就要高些。塞格雷分析认为，是宇宙射线中子造成了这种差异，其速度不足以快到使铀-238裂变，但可以有效地使铀-235裂变。宇宙射线从大气层上方击出中子，而这个实验站比处于海平面的伯克利高出7 300英尺，更为接近宇宙射线。屏蔽掉这种杂散中子，铀-235原子弹内核的提纯就不必像他们原来设想的那样严格。过早引爆的可能性将很小，将铀-235组合到临界质量的炮弹只需要较小的初速，这样可以做得特别短和轻。"小男孩"，也就是"瘦子"体积较小的兄弟，就此诞生了，它组合起来是6英尺长而非17英尺，重量则会小于1万磅，这就容易用B-29型飞机运输，这就是沿着一条响尾蛇光顾的小径，在长满翠菊、生气勃勃的原野远处一片小树林中的小木屋里得到的成果。

炮法研究已经大有进展了。"炮法研究小组的首要工作，"埃德温·麦克米伦后来回忆说，"是建造一个能够用于做试验的试验台。你必须拥有一个炮台、一门炮和一个沙桶，沙桶只是一个装满沙子的大箱子，这是为了将炮弹射入沙桶后便于找到弹片，此外也可以避免误伤他人。"他们选择的这个场地是安克大农场，这里从前是一个有人使用的农场，在军队作为专用地购来的平顶山西南方向3英里处；他们于1943年9月17日进行了首次发射试验。

直到第二年的3月，这个小组都在使用一种3英寸口径的无膛线海军防空炮。他们使用这种炮进行发射测试——最终选择了无烟火药——并且研究射弹和靶的标度模型。因为知道铀弹是一种临界装置，所以他们决定不将它直接射向靶核，而是从旁自由飞过；在它组合成球形结构的数微秒时间内，目标无论如何都会变成蒸气。

从一开始，使用钚炮就是一种冒险，对钚炮的要求是初速为

3 000英尺每秒，这是无法达到的。那年秋天，当冯·诺伊曼称赞内爆的优点时，理事会便对这种新奇方法给予了强烈认可。但1943年的整个秋季和初冬，尼德迈耶的实验只取得了缓慢的进展。他很少为他的研究小组增加人员。他持续、系统地用金属圆筒外包高爆炸药的固态胶块来进行试验研究。通过将雷管对称地围绕着炸药包间隔排布，他能够在高爆炸药表面的不同点同时启动内爆。一种形如增大气泡的爆炸波将会从每个爆炸点向金属圆筒中心传播；通过改变雷管之间的距离和高爆炸药的厚度，尼德迈耶希望找到一种排布方式能够使这种凸起的、多重的冲击波产生一种顺畅均匀的圆柱形挤压。他正在用小金属球做相同目的的试验，这种金属球是最终的原子弹内核的标度模型。"[然而]首批成功的内爆圆筒高爆炸药闪光照片，"洛斯阿拉莫斯技术档案记录说，"表明……在主体爆炸之前，出现了非常严重的喷射形式的不对称。许多对这种喷射的解释被提了出来，包括它们可能是光学假象的解释。"它们都太真实了。"绝对糟糕的结果。"贝特说。奥本海默断定尼德迈耶需要帮助，格罗夫斯表示赞同。科南特正好知道能帮助他的这个人是谁。

　　"[关于曼哈顿工程的]各种书籍中讲述的每件事情看上去都如此简单和如此容易，每个人彼此都是朋友。"乔治·基斯佳科夫斯基在战争结束很长一段时间后讽刺性地告诉一群听众说。他回忆起的是一个不同的洛斯阿拉莫斯。这位哈佛大学的化学家个头高，说话直，出生于乌克兰，从1940年开始为国防研究委员会研究爆炸。"到1943年，我认为我对它们有一定的了解了，"他的认识新颖而且不拘泥于传统，"它们能够被制成精密仪器，这一点与军械部门的观点很不相同。"他的观点赢得了冯·诺伊曼的支持，这位匈牙利数学家准备转而赞同这种内爆精密仪器。科南特同样信任基斯佳科夫斯基的判断。1941 年，科南特就是因为基斯佳科夫斯基才放弃了他对原子弹的怀疑态度；此时，这位爆炸专家找到这位哈佛大学校长寻求帮助，以推进尼德迈耶的工作：

> 1943 年秋天，我开始作为顾问来到洛斯阿拉莫斯，随后，奥本海默和格罗夫斯将军，特别还有科南特，给我施加了压力，要我去那里全职工作。我不想这样，部分是因为我认为原子弹无法及时制造出来，而我只对帮助赢得战争有兴趣。此外我还有一项安排好的看上去非常有意思的海外任务。唉，取而代之的是，我很不情愿地来到了洛斯阿拉莫斯。这给了我一个奇妙的机会来扮演整个工程中一名不情愿的新娘，这有时帮上了一些忙。

1944 年 1 月下旬，基斯佳科夫斯基来到原来用作牧场学校水泵房的小石屋并在此定居下来，这是他不选择男子宿舍而协商得来的住处——他 44 岁年纪，此时离婚独居。他很快就发现，正如他所怀疑的那样，每件事情都不容易，每个人都并非朋友：

> 几周后……我发现我的立场是难以维持的，因为我基本上是被夹在当中，设法弄懂两个争执不下的男人的企图。一个是帕森斯，他试图以军事机构的方式管理他的部门，做法非常保守。另一个，当然是塞斯·尼德迈耶，他完全反对帕森斯，在一个小角落里持续工作。两人从来没有在任何事情上取得过一致，而且当然都不希望我干扰他们。

当基斯佳科夫斯基在这种进退两难的处境中挣扎之时，理论家们开始瞥见怎样才能设计出成功的内爆装置。

上一个春天，威斯康星大学的教员、当时 34 岁的波兰数学家斯坦尼斯拉夫·乌拉姆因自己在战争中只是在教书而感到沮丧："这看来是在浪费时间，我认为我能够为战争做出更多贡献。"他注意到他的老朋友约翰·冯·诺伊曼写来的信件，上面的邮戳常常是华盛顿的而不是普林斯顿的，从而推测冯·诺伊曼参与了战争工作；此时，他便写信给冯·诺伊曼，请他赐教。冯·诺伊曼建议他们在芝加哥火车换乘期间会面交谈，在露面时带了两名保镖。终于，汉斯·贝特发出了一个正式邀请。1943 年冬天，乌拉姆和他当时已经有两个月身孕的妻子弗朗索瓦丝（Françoise）一起，乘火车由圣菲铁路来到新墨西哥，正如在他们之前其他许多人所做的那样。"太阳明亮地照耀大地，空气清新而又令人兴奋，尽管地面上还有厚厚的积雪，但是天气还是温暖的——这与麦迪逊城的严冬形成了可爱的对比。"

就在乌拉姆到达的当天，他首次与爱德华·特勒会了面——他被派到了特勒的研究小组，特勒"第一天就向我讲起一个数学物理方面的问题，这是准备发展'超弹'想法所必需的理论工作的一部分"。特勒抢先占用了乌拉姆在洛斯阿拉莫斯的最初一段时间来进行超弹计算，这是他与汉斯·贝特之间意见越发不合的一种表现，后者需要每一个能派上用场的理论物理学家和数学家来集中攻克困难的内爆问题。特勒曾热情地为这项工作最令人关注的部分做出重要贡献。"可是，"贝特抱怨说，"他拒绝领导负责内爆方面详细计算的研究小组。因为理论小组的人手非常缺乏，所以必须引进新的科学家来做特勒拒绝做的工作。"这就是邀请英国代表团访问洛斯阿拉莫斯的一个原因。

特勒后来回忆说他并没有明确地拒绝。"[贝特]希望我从事具体的计算工作，而我并不特别擅长这一点，"他反驳说，"当时我不仅想继续进行氢弹的研究，而且想进行其他新颖课题的研究。"

洛斯阿拉莫斯理事会于 1944 年 2 月重新评估超弹，了解到尽管氚存在更为有利的截面，然而引爆仍然是一个难题。一颗超弹很有可能要用到氚。到此时为止，用于研究的氚的小样品已经在一台回旋加速器中通过用中子轰击锂而获得了。大规模的氚，像大规模的钚一样，需要用反应堆来生产，然而汉福德的反应堆尚未建成，而且之前已为它安排了其他任务。"既因为理论问题仍待解决，也因为超弹必须用氚来制造，"洛斯阿拉莫斯技术档案这样报告说，"研发比当初设想的需要更长时间。"工作可以继续下去——超弹的毁灭潜力过于巨大，不容忽视——然而只能在这样的前提下进行，即它"不会妨碍主体工程"。

冯·诺伊曼不久为乌拉姆设计了一个方案，以帮助解决内爆的流体力学问题。这个问题就是计算冲击波随时间推移而发生的相互作用，这意味着要把各种相互作用的移动表面的连续运动简化为若干有效的数学模型。"这个流体力学问题陈述起来虽然简单，"乌拉姆评论说，"然而计算起来非常困难——不仅在细节上，甚至在数量级上也是如此。"

他特别回忆起 1944 年初的一次长时间讨论，当时他对"冯·诺伊曼和其他……物理学家提出的所有富于创见的捷径和理论简化"提出了疑问。他建议转而使用"'蛮力'，也就是那种更符合实际的大量运算工作"。用台式计算器来手工完成这些工作是靠不住的。幸运的是，洛斯阿拉莫斯实验室订购了 IBM（国际商用机器公司）卡片穿孔计算机来协助计算特殊形状的原子弹内核的临界质量。IBM的这种设备于1944年4月初送达，理论小组立即将它有效地投入使用，依靠其"蛮力"计算内爆数据。流体力学问题细致而又繁杂，特别适合机器运算；这种挑战显然使冯·诺伊曼开始思考怎样才能改进这种机器。

新来的英国代表团的一名成员提出了一个建议，这个建议证明了英国代表团来到美国的价值。詹姆斯·塔克，一个不修边幅的高个子，是彻韦尔来自牛津的学生，他在英国从事穿甲弹的空心装药研究工作。空心装药装填高爆炸药的方式——通常像一个中间被挖空、开口指向前方的甜筒冰激凌那样——会使那种正常发散的气泡形冲击波会聚成高速喷射状。这种强烈的喷射能够冲开坦克厚厚的装甲，一直喷射进坦克内部。

理论工作刚刚表明，尼德迈耶实验中复合雷管产生的若干发散冲击波会彼此加强，它们在那些彼此加强的位置碰撞并产生出高压点；而这种压力节点又会产生喷射，以不规则的方式妨害内爆。塔克并不支持继续尝试消除发散冲击波的集中碰撞，而是明智地建议洛斯阿拉莫斯实验室考虑设计一种炸药布局方式，它会首先产生一种会聚波，将冲击波正好变为它需要挤压的形状。这种炸药布局方式称为透镜，类比于聚焦光线的光学透镜。

没有谁愿意在战争的晚期处理如此复杂的问题。5月，英国流体力学家杰弗里·泰勒来到了这里，为这个问题提供了进一步的洞见。他当时已经发展出一种后来被称为瑞利-泰勒不稳定性的解释，这种不稳定性形成于材料的交界面上。他从数学上证明了，将重材料朝向轻材料加速，两种材料的交界面将是稳定的。然而，将轻材料朝向重材料加速，两种材料的交界面将是不稳定的和动荡的，致使两种材料以极难预料的方式混合到一起。高爆炸药比反射层填充物轻，所有被考虑的填充材料除铀外都明显比铍轻。瑞利-泰勒不稳定性约束了后来的设计。它们也使原子弹的生产变得难以预见。

当IBM计算机的计算结果明晰了冲击波的特征时，物理学家们开始严重怀疑均匀包裹的高爆炸药根本产生不了对称的爆炸。爆炸透镜尽管复杂，然而它们似乎是使内爆发挥作用的唯一途径。冯·诺伊曼转而对它们进行数学分析。"你必须假设能非常精确地在化学炸药中控制爆炸波的速度，"基斯佳科夫斯基后来解释说，"因此，如果你在特定位置用雷管产生波，那么，你能精确地预言在给定的时刻它将会传播到哪个位置。然后，你就能设计装药了。"不久就弄清楚了，若干围绕着原子弹内核的爆炸透镜造成的会聚冲击波的速度的差异最多不能大于5%。冯·诺伊曼便以此为界限展开设计，而基斯佳科夫斯基、尼德迈耶和他们的全体职员也以此为限制着手工作。

1944年春天，两对难以调和的个人矛盾——特勒和贝特之间的以及基斯佳科夫斯基和尼德迈耶之间的矛盾——迫使奥本海默介入了。贝特写道，首先，特勒撤出了对裂变的研究开发：

> 由于工作压力和人手缺乏，理论小组需要每个成员都全力工作，更不用说像特勒这样一个才华出众而名望较高的人了。只是在两次没有能完成预期和必需的工作后，而且只是在特勒自己的要求之下，他和他的研究小组才一同被免除了在战时研究开发原子弹的更多工作职责。

1944年5月1日，格罗夫斯收到奥本海默写给他的一封信，信中提到想用鲁道夫·派尔斯取代特勒，这证实了贝特的记述。"这些计算，"奥本海默的信中有一部分说，"原先是在特勒的领导之下进行的，依我和贝特的看法，他完全不适合这一职责。贝特觉得他需要一个在他的领导下处理内爆计划的人。"奥本海默特别提到，这是一个"最为紧迫"的问题。

乌拉姆回忆说，特勒威胁说要离开。奥本海默随后插手，劝特勒留下来。他鼓励特勒潜心于超弹研究，还鼓励他说——特勒于1955年也许有些不诚实地写道——他需要把特勒从目前的任务中调走：

> 奥本海默……不断用细致而有益的忠告力劝我继续探究实验室直接目标之外的东西。这种忠告不容易给出，也不容易接受。参与科学团体的工作是比较容易的，尤其是当最高利益和紧急目标已被清楚地确定时。我们中的每个人都将当前这场战争和完成原子弹的制造工作视为我们最想做出贡献的方面。然而，奥本海默……和洛斯阿拉莫斯实验室的许多最卓越的人不断地说，如果我们继续对热核炸弹是否切实可行持怀疑态度的话，洛斯阿拉莫斯的工作将不会是完美的。

为此，奥本海默于5月与格罗夫斯以及杜邦公司的克劳福德·格林沃尔特讨论了氚的生产。这家化学公司在橡树岭建造了一个试验性规模的气冷反应堆，它能产生备用的中子，格林沃尔特同意将一些中子用于轰击锂。

特勒离开了理论小组，鲁道夫·派尔斯取代了他的位置。奥本海默随后安排每周与特勒见面畅谈一个小时。当洛斯阿拉莫斯实验室正每周工作 6 天，以抢在战争结束之前制造出原子弹时，奥本海默这样做是一个明显的让步。奥本海默可能认为，特勒极具想象力的创造性值得他这样做。他也知道特勒对小事极端敏感。那年夏末，当彻韦尔勋爵访问洛斯阿拉莫斯时，奥本海默举行宴会并且因疏忽而没有邀请派尔斯，而派尔斯是詹姆斯·查德威克带领下的英国代表团的副领队。奥本海默在第二天找到派尔斯向他道歉，并补充说："但是，在这种情况下我心里还留有一点宽慰：同样的事如果发生在爱德华·特勒的身上就糟了。"

乔治·基斯佳科夫斯基一直在适应塞斯·尼德迈耶，直到他感到不仅是他在忍受折磨，而且整个项目都在受影响；随后，他检查了一下自己的其他方案，于 6 月 3 日给奥本海默写了一份备忘录。他写道，他和尼德迈耶达成了某种妥协，然而这种合作——尼德迈耶处理科学问题，而他负责管理内爆工作——与他被指派的任务要求不同，"并非建立在互相信任和友好互让的基础之上"。

他提出了三种可能的解决办法。他可以辞职，他认为这种解决办法对尼德迈耶来说最好和最公平；尼德迈耶辞职也可以，然而这将会影响他的工作人员并且使工作慢下来，这对于一个不错的物理学家来说也是不公平的；最后一个选择是，尼德迈耶可以"更积极主动地承担科学和技术的指导工作，而完全放弃他在一切管理及人事问题上的职权"。

奥本海默对基斯佳科夫斯基评价很高，无法从这些方案中做出抉择。他提出了第四种方案。基斯佳科夫斯基完善了细节部分之后，两人于 6 月中旬的一个星期四傍晚痛苦地把这个方案交给了尼德迈耶：基斯佳科夫斯基将作为帕森斯领导下的合作部门的领头人承担内爆工作的全部责任。尼德迈耶和最近从芝加哥大学来到这里的路易斯·阿尔瓦雷茨将成为资深技术顾问。尼德迈耶提前离席了，这也在所难免。"我请求你接受这项任务，"奥本海默在同一天晚上写信给他说，"……为了整个工程的成功，也为了让高爆计划中的工作人员们能心平气和地高效工作，我此刻向你提出这一请求。我希望你能接受它。"尼德迈耶强忍内心的酸楚，接受了这项任务。

⊙

橡树岭的试验性规模的气冷反应堆于 1943 年 11 月 4 日早晨 5 点进入临界状态；装料的工作人员在夜里认识到临界状态到来的时间早于预期，他们兴奋地到橡树岭招待所将阿瑟·康普顿和恩里科·费米从床上叫醒。这个反应堆就被命名为 X-10，是一个石墨立方体，边长为 14 英尺，钻有 1 248 条能够装载罐装金属铀棒的孔道，大电扇通过孔道吹入冷却空气。这些孔道沿着组成堆面的 7 英尺厚的高密度混凝土延伸；在反应堆的后面，它们朝向一个地下水池开放，这种水池类似于在汉福德设计的那种水池，可将铀棒推入水池，使其受到屏蔽，直到它们失去较强的短期放射性。随后，化学家们使用格伦·西博格和他的同事们在芝加哥大学超微量化学规模上发展出的化学分离过程，在一个遥控的试验性规模的分离工厂内处理这些铀棒。

在康普顿去橡树岭监管 X-10 反应堆运行的几天前，也就是 11 月底，工人们从反应堆中卸下了第一批 5 吨经辐照的铀棒。化学分离在下一个月开始进行。到 1944 年夏天，成批包含克数量级的钚的钚硝酸盐开始送到洛斯阿拉莫斯。科研人员迅速在大规模实验中将这种人造元素投入使用并重复使用，以此来研究它的新奇的化学性质和冶金学性质——到夏季结束时，一共做了超过 2 000 次分离实验。

那年夏天，差点使钚原子弹失败的既不是化学性质也不是冶金学性质，而是物理学性质。在一年多以前，格伦·西博格警告过，当铀被辐照而产生钚时，同位素钚-240 可能会与人们期望的钚-239 一同产生。钚-240 这种偶数原子量的同位素比钚-239 有可能展现出更高的自发裂变比率。埃米利奥·塞格雷在他单独的木屋实验室里研究过的钚样品以可以接受的比率自发裂变。它们是在伯克利的回旋加速器中从铀转变而来的。铀-238 需要吸收一个中子从而转变为钚-239；转变为钚-240 需要吸收两个中子，而在 X-10 反应堆中轰击铀棒的中子比回旋加速器能够产生的中子多很多。当塞格雷测量 X-10 中钚的自发裂变比率时，他发现它比伯克利回旋加速器中的比率高很多。汉福德生产出的钚甚至暴露在更大的中子通量中，其自发裂变比率很可能还会更高。这意味着他们不必将钚中的轻元素杂质彻底清除掉。然而，这也给出了灾难性的信号。他们不能使用炮法来组合出这种材料的临界质量：即使以将近 3 000 英尺每秒的速度将钚弹射向钚靶，在能够结合到一起之前，两部分就将熔化掉而导致失败。

7 月 11 日，奥本海默提醒了科南特此事。6 天后两人在芝加哥大学与康普顿、格罗夫斯、尼科尔斯和费米见面，第二天奥本海默写信给格罗夫斯，确认了他们的结论。钚-240 明显寿命较长，因为两种同位素属于同一种元素，所以不能用化学方法除去它。他们没有考虑过用电磁分离法将钚-239 与钚-240 分离开来。这两种同位素只相差一个质量单位，而且毒性很大，哪怕用橡树岭庞大的加州大学同位素分离器来分离也很困难，不可能及时完成从而影响战争结局。"看来合理的做法是，"奥本海默下结论说，"停止提高钚纯度的高强度工作，而将注意力集中在无须低中子背景即可成功的组合方法上。就目前而言，必须优先考虑的方法乃是内爆方法。"

这种必要性是令人痛苦的，正如洛斯阿拉莫斯技术档案所记载的那样："内爆是唯一真正的希望，而就当前的证据来看，它不是一种非常好的方法。"奥本海默对这个问题极为苦恼，以至于考虑辞去主任职务。罗伯特·巴彻，这位物理实验室坚定的领导人，在这些日子里和他一起散步，与他分担痛苦，最终成功劝阻了他。巴彻认为，没有其他人能够承担这份工作；没有奥本海默，就不会及时制造出原子弹来缩短战争进程，从而拯救生命。

行动改变了奥本海默的情绪。"实验室此时在技术方面、在训练有素的人力方面和士气方面拥有巨大的潜力，"技术档案记载道，"大家决定，使用一切可以使用的手段对内爆问题进行攻关，'无所不用其极'。"奥本海默与巴彻和基斯佳科夫斯基重新审视了前景，他决定从帕森斯的军械处中分出两个新的小组：G组（负责"小玩意儿"），在巴彻的领导下主攻内爆的物理学问题；X组（负责爆炸），在基斯佳科夫斯基的领导下完善爆炸透镜。基斯佳科夫斯基回忆说，海军上校发怒了：

> ［奥本海默］召集了一次所有研究小组领导人的大会，他突然告诉帕森斯，我已经计划完全重新规划爆炸部门。帕森斯大发雷霆——他觉得我绕过了他，这是不能容忍的。我完全能够理解他有怎样的感受，然而我是一名非军方人员，奥比也是。我未必非得通过他……从那以后，帕森斯和我就没有和睦相处过。他对我极为猜忌。

不管怎样，帕森斯在设计铀炮、"小男孩"和安排它的最终使用方面依然忙得不可开交。奥本海默占了上风：他们将千方百计解决内爆问题。在未来的数月内，在此前的 5 月 1 日已扩张到拥有 1 207 名全职人员的洛斯阿拉莫斯实验室，其规模将会再翻两番。

◉

　　菲利普·埃布尔森是一名年轻的伯克利物理学家，就是 1939 年 1 月路易斯·阿尔瓦雷茨从理发椅上站起来，跑去告诉他裂变消息的那个人。他于 1941 年转到海军研究实验室为海军方面从事铀浓缩研究工作，并且在这几年中独立于曼哈顿工程取得了有价值的进展。海军方面对于用核能作为潜艇的动力感兴趣，希望以此扩大潜艇的出航范围，使它们在水下行进得更远。然而，费米要建造的那种反应堆是很不灵便的。"已经非常明显，"埃布尔森回忆说，"以天然铀为燃料的反应堆有小仓库那么大。"在反应堆燃料中增加铀-235 相对于铀-238 的比率——将铀浓缩——能让反应堆的规模变得小一些；借助于足够的浓缩，反应堆能够小到足以放进潜艇原来放柴油发动机、电池和普通燃料的位置上。

　　浓缩和分离是不同的目标，但由相同的技术来实现。埃布尔森通过查阅这些技术的记录资料开始工作。气体多孔膜扩散当时在哥伦比亚大学处于研究阶段，电磁分离法用在伯克利，离心分离机分离法用在弗吉尼亚大学。埃布尔森决定尝试一种战前在德国首先采用过的处理过程：液体热扩散法（奥托·弗里施使用玻璃管在伯明翰大学以一个类似的过程——气体热扩散——进行过不成功的试验）。较轻的同位素向较热的区域扩散而较重的同位素向较冷的区域扩散，热扩散就依赖于这种趋向。驱动这种扩散的机制能够设计得很简单：一根热管子置于冷管子里面，液态的六氟化铀就在两个管壁之间流动。依赖于这种温度差异以及两根管子间的空隙，扩散将会不同程度地发生。同时，对六氟化铀的加热和冷却将会启动一个贴近热管壁向上流动而贴近冷管壁向下流动的对流。这将使铀-235的浓缩液体流向圆柱的顶端，在这里能够将它引出。为了增加浓缩程度，可以将大量圆柱串联起来，形成像为K-25设计的级联多孔膜罐一样的级联系统。

1941年，埃布尔森的第一个技术贡献是发明一种相对廉价的制造六氟化铀的方法。他处理了在美国生产的第一批100千克的六氟化铀。军方用象征性的1美元的总额与他签约，把他取得了专利的处理过程用于橡树岭。他从未见到过支付给他的这1美元。

埃布尔森于1941年到1942年间在海军研究实验室建造的实验用的热扩散圆柱有36英尺高，每个圆柱由3根管子组成，这3根管子一根套在另一根里。加热的内管直径为1.25英寸，内装大约400华氏度[①]的高压蒸汽。一根装着液态六氟化铀的铜管围绕着这根镍管。两根管子之间用于六氟化铀流动的临界间隙只有1/10英寸。在外包围两根管子的是一根装了大约130华氏度[②]的水、直径为4英寸的白铁管，这个温度略高于六氟化铀的熔点，用来冷却六氟化铀。

使水循环流动的泵是这个系统中唯一的运动机件。"这种设备可以持续运行，无论如何也不会停机或者出故障，"埃布尔森于

---

① 约204.4摄氏度。——编者注
② 约54.4摄氏度。——编者注

1943 年初向海军方面报告说，"实际上，各种温度和运行特性是如此稳定，不需要盯着就能确保成功运转。许多天过去了，操作人员都没有碰过任何控制装置。"要使圆柱体中的六氟化铀停止流动，埃布尔森只要将 U 形金属导管的弯曲部分浸入一个装有干冰或者酒精的桶就可以了，它会使六氟化铀冻结并且堵塞管道。只要用火苗加热管道，就可以让它重新开始流动。

埃布尔森于 1943 年 1 月 4 日在他与海军研究实验室的同事罗斯·冈恩联名递交的报告中指出，铀能够在单个热扩散圆柱中从铀-235 天然含量的 0.7% 浓缩到 1% 或以上。埃布尔森认为，借助于数千个串联的圆柱，他能够在总建造成本不超过 2 600 万美元的条件下，以每天 1 千克的速率生产出纯度为 90% 的铀-235。90% 的纯度完全足以制造原子弹。（然而，这种估计被证明过于乐观了，使这样一种级联系统达到平衡似乎需要 600 天之久。）

另一种选择与海军在潜艇动力方面的兴趣更加一致，也就是强调数量上的浓缩而不是质量上的浓缩。埃布尔森提出建造一个具有 300 个 48 英尺的圆柱体的工厂，使之同时运行，直接制造大量的些微浓缩的铀。埃布尔森认为，芝加哥大学能够使用这种些微浓缩的铀来推进反应堆的工作。他尚未了解到 CP-1 在他报告的一个月前就已经进入临界状态。"我们无权得知有关最近 6 个月里〔芝加哥大学的〕工作人员所完成的许多实验的消息，"他抱怨说，"如果要给未来的工厂做出合适的规划，那么交换技术情报就是绝对必要的。"海军研究实验室是格罗夫斯于 1942 年 9 月接受曼哈顿工程管理职责时访问过的第一个研究中心。在几个月前，富兰克林·罗斯福特别指示万尼瓦尔·布什将海军方面排除在原子弹的开发工作之外。格罗夫斯此后保持着对海军研究实验室研究的关注，而布什则通过军事政策委员会鼓励资助该研究。然而，到1943年，关于原子能研究的官方信息已经只从海军向陆军单向传递了。

　　然而，格罗夫斯的一些区隔化部门发生了非官方泄密。1943年11月，海军方面授权埃布尔森建造300个圆柱体的工厂。他寻找充足的蒸汽资源——热扩散要使用相当于火山量级的蒸汽，这也是曼哈顿工程不选用这种方法的原因之一——而且将地址选在费城海军造船厂的海军锅炉和涡轮实验室。"他们正在测试多大的锅炉适合安装到舰船上，"埃布尔森后来说，"他们有能力大量生产压强为每平方英寸1 000磅的蒸汽，而且海军人员会24小时值班来输送蒸汽。"锅炉实验室的废弃蒸汽将提供给他那拥有300个圆柱体的工厂，然而，在扩大到这个规模之前，他计划先只建造和运转第一批100个圆柱体来测试他的设计。工厂于1944年1月开始建造，预计于7月完工。此时埃布尔森知道了更多关于曼哈顿工程的情况。他知道乌达耶-赫尔希公司的多孔膜设备先被拆掉而后又被重新安装上用于生产，但这种多孔膜设备尚未通过检查，K-25这个气体扩散工厂因此进度严重拖后。他知道洛斯阿拉莫斯实验室建立起来了，它的主任是罗伯特·奥本海默。他知道伯克利正努力使加州大学同位素分离器发挥作用。他看到他的热扩散过程可能会起到抢救原子弹工程的作用，尽管陆军方面先前漠视他，他还是足够大方，而且对战争足够担心，愿意将这项技术贡献出来。

　　他决定不通过受限制的官方渠道进行工作，陆军与科学研究和发展局对情报的流动做了限制。"我想让奥本海默知道我正在干什么，海军舰船局的一些人知道[海军]军械局有一个人正要去洛斯阿拉莫斯。我记得我是在华盛顿的老华纳剧院的楼厅与这个人见的面——这是真正意义上的秘密行动。"埃布尔森向这位军械局官员简述了他正在建造的工厂。他说，他预计到 7 月份每天生产 5 克浓缩到 5% 的铀-235 原料。这个军械局的人将这个至关重要的信息带到洛斯阿拉莫斯，传达给了爱德华·特勒。特勒又简明扼要地告诉了奥本海默。奥本海默随即与"山庄"里的头号海军人员帕森斯协力编造了一个掩人耳目的故事：帕森斯是在去费城海军造船厂访问时得知埃布尔森的工作的。以这种方式保护了海军方面之后，奥本海默于 4 月 28 日提醒了格罗夫斯。

奥本海默在仅仅数月之前看到过埃布尔森 1943 年 1 月的报告，当时它写成已有一年之久。他没有被打动。与他的同事一样，奥本海默只考虑那些将天然铀一直浓缩到符合原子弹要求的过程，而这个要求是热扩散方法不能有效满足的。此刻，他认识到埃布尔森的过程提供了一种有价值的备选方案。埃布尔森在报告中提出这种方案是为了帮助芝加哥大学推进反应堆的工作：提供大量的些微浓缩的铀。将哪怕只是些微浓缩的材料加入橡树岭的加州大学同位素分离器中，也能大大提升效率。因此，一个热扩散工厂至少能够临时取代 K-25 工厂级联系统中无法运行的下层级，补充 α 级加州大学同位素分离器的输出产品。奥本海默计算出，埃布尔森的 100 个圆柱体的工厂在各圆柱体平行运转时应该每天生产出大约 12 千克浓缩到 1% 的铀。

"奥本海默博士……突然告诉我，我们［犯了］一个可怕的科学上的大错，"格罗夫斯战后证实说，"我认为他是对的。这是在整个行动过程中最让我感到遗憾的事情之一。我们未能［将热扩散］考虑为整个过程的一部分。"从一开始，曼哈顿工程的领导们就将各种浓缩和分离过程当作赛跑的马来考虑。这使他们忽视了将这些马套在一起的可能性。当多孔膜材料的问题耽搁了 K-25 的进度时，格罗夫斯部分意识到了这一点；他随后决定取消K-25级联系统的上层级，将下层级的产物加进β级加州大学同位素分离器进行最终的浓缩。所以他能够迅速理解奥本海默关于热扩散工厂的价值的类似观点："我立即确定这种想法值得研究。"

格罗夫斯任命了一个委员会来解决这个问题，它由曼哈顿工程中到此时已经验丰富的人员组成：W. K. 刘易斯、伊格·默弗里和理查德·托尔曼。他们于6月1日访问了费城的海军造船厂，于6月3日得出了结论。他们认为奥本海默对每天生产12千克1%浓度的铀-235的估计是乐观的，但是强调如果用300个圆柱体而非100个圆柱体，或许能每天生产30千克0.95%浓度的铀-235。

格罗夫斯所想的比这规模还大。他在橡树岭的K-25区有一座额定功率为238 000千瓦的发电厂，数周内即将投入运行，K-25在年底前不准备使用它。它被用来发电以启动热扩散设备，但它是通过产生蒸汽来发电的。这些蒸汽能够用于为α级和β级加州大学同位素分离器浓缩铀的热扩散工厂，一直到K-25需要用电时为止。然后，持久的K-25装置可以逐步采用，而临时的热扩散工厂则逐步淘汰。

这一提议于1944年6月12日得到军事政策委员会的批准。6月18日，格罗夫斯与H. K. 费格森（H. K. Ferguson）的工程公司签约，于90天以内在克林奇河上的发电厂旁建造一座有2 100个圆柱体的热扩散工厂。时间过于紧张，因而来不及进行设计。费格森将用与菲利普·埃布尔森建在费城海军造船厂的100个圆柱体完全相同的21个复制品——格罗夫斯称它们是"与原物完全一样的复制品"——来开展工作。

格罗夫斯将军在了解到随后一个月里洛斯阿拉莫斯的钚危机时，

一定为他英明的决定感到庆幸。然而，热扩散工厂不能立即成为橡树岭的救星。费格森设法用黑色金属壁板建造了一座 500 英尺长的车间，并且到 9 月 16 日在 69 天之内开始运转第一个圆柱体的组合设备。然而，蒸汽泄漏的速度几乎与输入设备的速度同样快，蒸汽管道的耦接部分需要大修，甚至局部需要重新设计。气体扩散工厂，也就是 K–25，已经完成了一半以上，然而从乌达耶–赫尔希公司船运过来的多孔膜管甚至不能达到最低标准。α 级加州大学同位素分离器的所有真空罐的内壁都抹上了铀，得到了不足 4% 的铀–235；这些昂贵的分离产物再经过加工并放入 β 级加州大学同位素分离器，分离出成品时其效率又只有 5%。4% 的 5% 是 0.2%。一个贴在操作者的连裤工作服上的铀–235 斑点，都非常值得用盖革计数器将它找出来并且设法用镊子将它收回。除了人的灵魂外，世界万物中可能没有什么实质显得比这更为昂贵了。

　　太平洋诸岛上的战争有了进展。当道格拉斯·麦克阿瑟将军指挥下的陆军从澳大利亚穿越新几内亚向菲律宾推进时，海军上将切斯特·尼米兹（Chester Nimitz）指挥的海军陆战队在所罗门群岛上从瓜达尔卡纳尔岛到布干维尔岛实行跳岛作战，向北跨越赤道到达吉尔伯特群岛的塔拉瓦环礁，再向北到达马绍尔群岛的夸贾林环礁和埃内韦塔克环礁。这使他们于 1944 年夏天得以向西攻入日本的内层防御圈。日军最接近的防守阵地在马里亚纳群岛（今称北马里亚纳群岛），这是位于一个粗略的等边三角形右角上的火山礁链，菲律宾的主岛吕宋岛位于这个三角形的左角上，日本主岛本州岛位于另一个顶点上。美国打算将马里亚纳群岛作为下一步推进的主要基地，关岛用作海军基地，塞班岛和天宁岛用作新型B-29"超级堡垒"的机场。此时陆军航空队正冒着巨大危险和以高昂的代价在中国的四川省临时部署B-29，用于运送航空燃料和炸弹飞越喜马拉雅山，为高空精确轰炸日本的使命做准备。相比之下，塞班岛和天宁岛离东京只有1 500英里的开阔水面距离，各岛屿能够安全地通过海上获得补给。

尼米兹将马里亚纳群岛的战役命名为"征粮者"行动，它始于6月中旬对岛上飞机场的猛烈轰炸。当时，535艘载有127 571名军人的舰船从埃内韦塔克环礁起航，这是太平洋海军行动中投入的最多兵力和舰队。"我们现在要离开浅环礁了，"海军陆战队作战指挥官霍兰·史密斯（Holland Smith）将军向军官们简要地介绍了情况，"我们已学会怎样摧毁环礁，然而，现在我们要进攻山地和日本人藏身的洞穴。从现在开始的一周时间内，将会有许多陆战队员战死。"

情报系统估计日本在塞班岛投入了1.5万到1.7万兵力，在南面3英里处较小的天宁岛上投入了1万兵力。海军陆战队首先于6月15日上午进攻塞班岛，到下午夺取了一个狭长但不深的滩头阵地，水陆两用车通过这个滩头阵地运送了2万名士兵。《时代》通讯员罗伯特·谢罗德（Robert Sherrod）也在其中闪躲日本大炮从岛内射来的炮弹。他之前在阿留申群岛的阿图岛上和塔拉瓦环礁上看到过战斗场面，像美国社会渐渐了解日本人那样了解他们：

> 黄昏时分，我在机场跑道附近挖一个过夜用的散兵坑。此时，我目睹了最能展现日本人本性的一幕。有人高喊："那些

木头下面有个日本人！"指挥所的岗哨军官表示怀疑，但他将几枚震荡手榴弹交给一个人，让他将日本人炸出来。之后，随着日本人的一声尖叫，从那堆木头下，一个瘦得皮包骨头的小个子家伙——也就将将 5 英尺高——挥舞着一把刺刀跳了出来。

一名美国人投掷了一枚手榴弹，日本人被震倒了。但他挣扎着爬起来，将刺刀扎进了自己的肚子里，试图用标准的切腹方式将他自己剖开。切腹一直没有成功。有人用卡宾枪朝这个日本人射击。然而，像所有日本人一样，他是很难杀死的。甚至在向他的身体射入四颗子弹后，他仍然单膝跪地。随后，美国人朝他的头部开枪，这个日本人才死掉。

当海军陆战队向塞班岛内陆推进，击退日军猛烈的正面攻击（他们称之为"万岁冲锋"）时，155 毫米的远程大炮被带到海滩并且在岛的南部装配起来，开始削弱天宁岛的抵抗。这个较小的岛面积为38 平方英里，10 英里长，形状很像曼哈顿，远不像塞班岛那样崎岖不平。它的最高海拔点——拉索山，仅仅高出海平面 564 英尺；它的低地种上了甘蔗；岛上有公路和铁路，使坦克能够行驶。对两栖攻击不利的是，这个岛是个凸起的台地，每一面都由五六百英尺高的陡崖防护着——陆战队员们称呼它为岩礁。它有两个主要海滩，一个靠近西南海岸的天宁镇，另一个陆战队员们称为黄滩，位于这个岛的腰部的东海岸。海军潜水员在夜间勘察了两个海滩，发现它们被埋上了密集的地雷，设置了大量的防御工事。

另外两个位于西北海岸的较小的海滩叫不出名字；一个有 60 码长，另一个 150 码。在整个战争期间，美国还从没有以整编师的兵力登陆过任何长度比这两块海滩长度总和的两倍要小的地方。因此，天宁岛上的日军仅仅用一点地雷和两个 25 人的碉堡进行防御。陆战队员们以白色 1 号和白色 2 号为代号称呼它们，选择对它们进行攻击。

对天宁岛的进攻开始于 7 月 24 日，这是在攻占塞班岛的两星期后。因为天宁岛离较大的塞班岛很近，陆战队员们能够直接从塞班岛搭乘坦克登陆舰及其他小型舰艇来部署海滩对海滩的攻击，而不是舰船对海滩的攻击。对天宁镇海滩的佯攻诱使日本人在此布置了较多的防御兵力，而真正的进攻从战术上实现了完全的奇袭。陆战队员们涌上海滩后尽快向岛内推进，从而远离危险的狭窄登陆滩头。到白天结束，美军停止推进、组织坚固防御以抵抗从岛内的天宁镇涌来的日本军队时，大部分坦克已开上了海滩，四个炮兵连已经到位，甚至还有一个后备营在附近待命。防守的日军杀死了 15 名陆战队员，受伤的陆战队员少于 200 名；美国人向岛内推进了两英里以上。

随着夜幕降临，日本人开始用迫击炮阻击。临近半夜，他们运来了大炮并进入阵地。陆战队员们用榴弹炮回击。由于估计日本人会发动反攻，他们用照明弹照亮了战斗区域。日本人的反攻开始于凌晨 3 点，日本士兵在照明弹发出的亮光下正面冲向美国人的阵地。对坚固的美国海军陆战队防线的挑战迅速演变成一场屠杀。

陆战队员们只用了四天时间就完全占领了这座岛屿。他们遭遇到的坦克和步兵在平缓的地形下轻易就被摧毁了。他们于 7 月 31 日占领了天宁镇，那天晚上粉碎了日军从南面发起的最后一次"万岁冲锋"，第二天，也就是 1944 年 8 月 1 日，该岛恢复了平静。超过 6 000 名日本士兵战死，而美军只有 300 人战死。另有 1 500 名陆战队员受伤。海军修建营很快就会到达，用推土机清理飞机场。

此前塞班岛的战斗则是血腥的：有1.3万名美军士兵伤亡，3 000名陆战队员战死，3万名日本守岛士兵战死。然而，一场更为怪诞的"屠杀"席卷了岛上的平民百姓。日本人向他们灌输的观念使他们相信，美国人会给他们带来强暴、折磨、阉割和谋杀，于是2.2万名日本平民走向了80英尺和1 000英尺高的两个海崖，下方是凹凸不平的岩石。尽管美国口译人员甚至岛上的居民同伴用日语恳求他们不要这样做，他们仍然全家全家地跳崖自杀。海浪被他们的血液染成了红色；有如此多支离破碎的躯体漂浮在水面，以至于海军船只不得不从上面驶过去才能进行救援。并非所有的死者都是自愿牺牲的，许多人曾被日本兵召集、逼迫和枪击。

塞班岛——那个时代的琼斯敦[①]——上的集体自杀在美国人面前进一步展示了日本人的天性。不仅士兵，就连平民——普通的男人、女人和孩子——宁可死亡也不愿意投降。在他们的本土各岛，日本人超过1亿，将会有大量人员死亡。

"这里景色壮丽，冷风刺骨。"利昂娜·马歇尔在回忆1944年9月在华盛顿州汉福德的一天时这样说，当时，她、恩里科·费米和克劳福德·格林沃尔特头晕目眩地爬上12层塔的顶端俯瞰这片秘密专用地。他们能够看到深沉而又呈蓝色的哥伦比亚河朝两个方向消失在地平线上，他们能够看到灰暗的沙漠和远处的朦胧山脉。到此时，竣工的建筑超过三分之二，离他们近在咫尺。他们脚下便是

---

① 人民圣殿教集体自杀事件的发生地。——译者注

一座拥有工厂建筑、兵营和三个庞大堡垒的城市，三座钚生产反应堆坐落在河的西岸。建筑工人人数最多时是在那年6月，42 400人。马歇尔此时正在汉福德工作；费米和格林沃尔特此行是来监控B号反应堆的启动，这是最先完成的一座。9月13日这天，建筑队离开了，费米插入了最初的铝管包裹的铀棒，开始装填，这位"教皇"像他对芝加哥和橡树岭反应堆所做的那样给予了祝福。

铀棒封装到了紧要关头。两年时间的试错努力没有让他们成功取得适合密封铀棒、使之不受腐蚀的装填技术，铀棒暴露在空气中或水中会迅速氧化。直到8月才迈出了至关重要的一步，一名从威尔明顿的杜邦公司来到芝加哥大学，然后来到汉福德的年轻化学家对这个问题进行了追踪研究：他将精心制作的溶液和电镀槽放到一边，转而试着将裸露的铀棒浸润在熔化的焊料中，用夹具将铝管放到焊料中并将浸没的铀棒封装起来。铝的熔点并不比焊料的熔点高多少，然而通过小心控制温度，这种封装技术能够成功。

格林沃尔特随后日夜不停地督促生产。在反应堆大楼里，铀棒的制备速度比装载人员能够使用它们的速度还要快。马歇尔和费米在一次检查过程中对它们进行了观测：

> 恩里科和我来到反应堆大楼……来观看装载。铀棒用结实的木块承载着放到地板上，木块上钻了孔，每个孔的尺寸恰好能容纳一根铀棒。木块被堆叠起来，非常像CP-1中容纳铀棒的石墨块。我打趣地对费米说，这看起来像一个链式反应堆。费米变得脸色苍白、呼吸急促，拿出他的滑尺。然而，几秒钟后他便放松下来，认识到天然铀和天然木块的任何排布方式都绝不会引起链式反应。

1944 年 9 月 26 日星期二晚上，世界上有史以来最大的原子反应堆准备好了。上星期五，它达到了干燥的临界状态，在这种装载较小的情况下，如果操作员没有用控制棒对它进行限制，那么，它将在没有冷却水的情况下达到临界状态。此时，哥伦比亚河水正在反应堆的 1 500 根铝管之间循环。"当杜邦公司的高级工作人员开始组装时，我们来到了控制室，"马歇尔回忆说，"反复演练过的操作员们都各就各位，桌子上放着启动手册。"一些研究人员用优质威士忌酒进行了庆祝，他们呼出的气味荡漾在空气中。马歇尔和费米信步进入控制室检查读数。操作员们像费米曾经在 CP-1 指挥的那样分阶段撤除控制棒，他再一次用他的 6 英寸滑尺计算中子通量。渐渐地，仪表指示出冷却水开始变热，以 50 华氏度①流入而以 140 华氏度②流出。"这就是第一座平稳、持续和安静运转的钚生产反应堆……甚至在控制室里人们都能听到高压水快速通过冷却管发出的持续呼啸声。"

反应堆在午夜过后几分钟进入了临界状态；到凌晨 2 点，它以比以往任何链式反应都要高的功率水平运行。在 1 个小时内一切正常。马歇尔回忆说，随后，操作工程师们彼此耳语，调整控制棒，耳语变得更为急迫。"出了某些意外。反应堆的反应随时间稳定地减弱；不得不从反应堆中不断地撤出控制棒，以使它保持在 100 兆瓦上。控制棒完全被撤出了。反应堆的功率开始下降、下降、再下降。"

星期三刚到傍晚，B 号反应堆就停止了运行。已经睡过觉的马

---

① 10 摄氏度。——编者注
② 60 摄氏度。——编者注

歇尔和费米这时回来了。他们和工程师们一起探讨其中的问题。工程师们首先怀疑是一根泄漏的管子或者是河水中的硼不知何故被镀在了包壳的外面。费米也愿意考虑其他可能性。似乎呈直线下降的图线或许掩盖了反应性指数衰减的平缓曲线，这意味着在以前的反应堆中没有发现的一种裂变产物毒害了反应过程。

星期四一大早，反应堆又起死回生。到上午7点左右，它再次在临界状态以上很好地运行。然而，12点以后它又开始另一次衰减。

自从杜邦公司最初加盟这项工程起，普林斯顿大学的理论物理学家约翰·惠勒就在反应堆的物理学方面给克劳福德·格林沃尔特提供咨询。此时，他常驻汉福德，密切追踪了反应堆第二次异常的原因。他写道，他已经"对裂变产物中毒的可能担忧了几个月"。B号反应堆的症状使他确信发生了这样一种中毒。其机制是复杂的："一种不吸收［中子］的、半衰期为数小时的母裂变产物衰变成危害中子的子产物。这种有毒子产物本身以数小时的半衰期衰变成第三种核，这种核是不吸收中子的，甚至可能是稳定的。"这样看来，反应堆发生链式反应，产生了母产物；母产物衰变成子产物；子产物的量增加，中子被吸收，反应堆将会衰减；当出现了足够多的子产物时，会有足够多的中子被吸收，使链式反应"挨饿"，从而使反应堆停止运行。随后，子产物将会衰变成一种不吸收中子的第三种元素；当子产物衰变时，反应堆将会出现扰动；最后，因为抑制链式反应的子产物存留太少，反应堆又会再次进入临界状态。

费米夜间离开了这里；轮到惠勒值班了，他以反应堆的盛衰为基础计算可能的半衰期。到早上，他认为他需要两种总的半衰期大约为15小时的放射性物质：

如果这种解释讲得通，那么，对核图表的检查结果表明：母产物肯定是 6.68 小时的［碘-］135，子产物是 9.13 小时的［氙-］135。在 1 小时内，费米便带着核验这一计算结果的详细反应数据来到这里。不到 3 小时，就又得出两条清晰的结论：（a）热中子被氙-135 吸收的截面大约为以前知道的最大吸收性核［镉-］113 的吸收截面的 150 倍；（b）在高通量反应堆中形成的每个氙-135 核都会吸收处于循环之外的一个中子。氙就像一根意外的和不受欢迎的额外控制棒插入了反应堆里。为了克服这种毒害，需要有更强的反应。

格林沃尔特于星期五下午给在芝加哥大学的塞缪尔·阿利森打了电话。阿利森又将坏消息告诉了在阿贡实验室的沃尔特·津恩，阿贡实验室是位于芝加哥大学的树林南面的实验室，CP-1 就曾打算建在里面，如今有几个反应堆正在这个实验室里运行。津恩刚关掉了 CP-3，这是用 6.5 吨重水充满的 6 英尺屏蔽箱，里面悬浮着 121 根铝管铀棒。津恩带着疑虑再次启动了这座 300 千瓦的反应堆，以全功率让它运行 12 个小时。它起初是一个研究设备，以前从来没有以全功率运行过如此长的时间。他发现了氙中毒效应。往后三天，汉福德的研究者们通过连日的艰苦计算让实了这个结果。

得知这个消息后格罗夫斯大为不悦，因为他曾命令康普顿以全功率全日运行CP-3，以找出这类可能的麻烦。康普顿这位一贯的乐观主义者以纯科学的名义表示歉意：这个错误令人遗憾，然而它导致了"一个有关中子物质属性的新的基本发现"。他的意思是指氙对中子的强烈吸收。格罗夫斯更愿意以没那么引人注目的方式开辟道路。

如果杜邦公司按照尤金·维格纳极为经济的原始规格建造了汉福德的钚生产反应堆，那么此时所有这三座反应堆都需要彻底改造。幸运的是，惠勒担心过裂变产物中毒的问题。一年前，在构成反应堆的前面和后面的大量木质防护块被压制成型后，他曾建议这家化学公司为了保证安全而增加铀孔道的数目。维格纳的 1 500 条孔道安排成圆柱形，立方的石墨堆的各个角落能够再提供 504 条孔道。必须在防护块中钻出这些孔道，这就延迟了建筑工期并且增加了数百万美元的花费。杜邦公司接受了这一延迟，钻出了额外的孔道。当此刻需要它们时，尽管尚未与供水系统连接起来，它们还是可以派上用场。

D 号反应堆于 1944 年 12 月 17 日随着全部 2 004 根管子装载完毕而进入了临界状态，B 号反应堆随后于 12 月 28 日进入临界状态。大批量的钚生产终于开始了。格罗夫斯在年底满怀热情地向乔治·马歇尔报告说，他预计在 1945 年的下半年，手头将拥有 18 颗 5 千克的钚原子弹。"看上去就像在竞赛，"科南特在他 1945 年 1 月 6 日的历史档案中特别提到，"看看究竟是'胖子'还是'瘦子'会先制造出来，究竟是在 7 月、8 月还是在 9 月制造出来。"

第 17 章

这个时代的灾难

詹姆斯·科南特 1945 年初对这些炸弹的推测是不仅设计粗糙而且爆炸威力不定。上一年 10 月，他曾去洛斯阿拉莫斯评估它们的前景。他向万尼瓦尔·布什报告说，用炮法引爆看来"成功的可能性不会比任何其他未经试验的新过程低"。洛斯阿拉莫斯预期的、将以大约 1 万吨 TNT 当量爆炸的炮式铀原子弹是否可用，此刻完全取决于是否能分离出足够多的铀-235。内爆看来问题要多得多；当时，深入细致的工作正沿着奥本海默 8 月份改组实验室的思路进行。科南特估计第一批内爆式原子弹设计的爆炸威力，不管是否使用透镜方法，"在数量级上"只有大约 1 000 吨 TNT 当量。这是个效果一般的结果，以至于他建议布什从战略的角度考虑炮式原子弹而从战术的角度考虑内爆式原子弹。

过去的三年时间，布什和科南特将他们的精力完全集中在这些粗糙的首批原子弹上。现在他们对改进有了兴趣。科南特说，在 1944 年夏天对洛斯阿拉莫斯的一次更早的视察中，他和布什曾在空闲之际秘密地讨论过"战争结束后美国应该采取何种政策"。作为讨论的结果，他们于 9 月 19 日给陆军部长亨利·史汀生发送了一份联名的备忘录，不约而同地提出了尼尔斯·玻尔在 8 月向富兰克林·罗斯福提出的部分问题，特别是"这项技术和科学在未来五年必然会在一些国家迅速进步，因此当前政府若是以为对现有知识严格保密就能保障我们的安全，这是极端危险的"。他们没有看到原子弹的互补性，然而他们意识到了，美国和英国无论做出何种控制安排——他们建议订立一个条约——都必须把苏联包括在内；正如布什对科南特说的，如果不告诉苏联，这种将苏联排除在外的选择将会导致"在与苏联有关的问题上形成一种非常不希望出现的关系"。

罗斯福从海德公园回来后为这些事情烦恼：费利克斯·法兰克福特和玻尔以某种方式违反了曼哈顿工程的安全规定；布什，也许还有科南特，与玻尔交谈过；这两位管理人员应史汀生的要求，将一个结合了玻尔想法的更为详细的提议递交给了史汀生。他们在这样做的时候明确地建议美国牺牲一部分国家利益来换取有效的国际控制，同时他们也明白，他们不得不回应有力的反对意见：

> 为了适应这种新技术的发展带来的独特形势，我们建议在一个国际机构的主持下确保关于这一主题的一切科学信息能够自由交流，该机构的权力来自本次战争结束时发展出的国家联盟。我们还进一步建议，在实际条件允许的情况下，让这个机构的技术人员在所有国家不仅有权自由出入涉及这项工作的科学实验室，而且有权自由出入于军事机构。我们认识到这种措施将会遇到巨大的阻力，但我们相信世界未来的危险大到有必要进行这种尝试。

然而，危险事实上有多大？这就是科南特 10 月去洛斯阿拉莫斯要弄明白的另一件事。如果允许技术人员自由出入国家军事机构的论据取决于热核爆炸的危险，那么这种论据就是推测性的，因而很难站住脚：热核反应还只是出现在论文中的一种想法，可能不会实现。裂变武器的威力能高出多少？一架轰炸机——或者如布什和科南特给史汀生的简报说的那样，"一架无人驾驶飞机或者一枚导弹"——最终飞临世界各大城市上空时，会造成何等程度的破坏？

科南特首先了解到的是，其他人已经开始提出相同的问题。技术上的迫切需要，也就是改进的迫切需要，已经在洛斯阿拉莫斯起作用，即使改进的对象是大规模杀伤性武器。尽管面临着巨大的压力，需要及时生产出第一颗原始的原子弹以影响战局，但人们有时仍会考虑制造一颗更好的炸弹。科南特向布什汇报说：

> 在第一颗原子弹完善后的 6 个月内，很有可能会发展出各种各样的其他方法，这些方法或许可以增加其有效性……在这种情况下，等量的材料将产生比如 2.4 万吨 TNT 当量的效果。继续沿着这个方向发展，还有这样的可能性：等量的材料制成的单颗原子弹可以将这一数字提升到数十万吨 TNT 当量，甚至是 100 万吨 TNT 当量……完善"25"号［铀-235］元素和"49"号［钚 239］元素的使用效率，就可能让所有这些成为现实。因此，你不久就将看到一种不需要用到其他核反应的、值得重视的"超弹"出现。

100 万吨 TNT 当量确实是高破坏性的——当时已白热化的这场世界大战到它结束时的高爆炸药消耗总量大约为 300 万吨。然而，科南特发现，爱德华·特勒已经将这种改进带来的提升视作微不足道了：

引起一个与重氢有关的热核反应的可能性在今天似乎比两年前初看之时要小。我听了由洛斯阿拉莫斯一名一流理论物理学家做的关于这个课题的一个小时的讲演。最有希望的方案是使用氚（在反应堆中制造出来的氢的放射性同位素）在反应中作为一种助爆剂，而用裂变炸弹作为引爆器，包括液氘原子在内的反应是主要的爆炸源。这样一种"小玩意儿"应该能产生一个等价于 1 亿吨 TNT 的爆炸物，而这种爆炸物又将会在 3 000 平方英里的区域内产生 B 级破坏[①]！

这种最新的实在的超弹与现实的距离，与你和我第一次听到裂变炸弹计划时裂变炸弹与现实的距离至少是一样的。

热核反应在某种程度上类似于罗夏墨迹测验。如果能够成功引发，那么，它就像火一样，有不受约束的可能；只要使用更多的重氢，就能使它越来越大。当洛斯阿拉莫斯还没有怎么关注特勒的超弹时，特勒对这种超弹潜在破坏力的预测已经越来越耸人听闻。

罗伯特·奥本海默当时也表示愿意探究热核反应——在战争胜利以后——这是他在 1944 年 9 月 20 日写给理查德·托尔曼的一封信中说的。他强调说："我想……尽早以书面形式建议积极、努力、迅速地研究引发剧烈热核反应的课题。"通往完整热核反应之路上

[①] B 级破坏指无法修复的破坏（damage beyond repair）。当时普遍认定，1 000 吨 TNT 当量的爆炸中，90% 的 B 级破坏出现在半径 0.5 英里、面积 0.75 平方英里的范围内，剩下 10% 的 B 级破坏的范围扩大到半径 1.5 英里、面积 7.5 平方英里的区域内。——编者注

的一个中继站，可能是一种助爆型裂变原子弹，在这种原子弹中，内爆装置的内核里可以置入一小部分重氢：

> 就此而论，我想要指出，适当效率和适当设计的［裂变］"小玩意儿"肯定能在氘里引起有效的热核反应，甚至在热核反应并非自持的情况下也是这样……我们不清楚在目前这项工程期间是否会获得这种进展，但十分重要的是，这样的进展在实验上有可能实现从简单的"小玩意儿"到超弹的转变，从而使对超弹的研究不再限于纯理论研究。

（事实上，不是氘而是氚被证明是助爆型裂变原子弹的必要成分，这种武器直到战争结束很久以后才发明出来。）

奥本海默随后暗示了玻尔揭示过的更重大的推论，再次强调了氢弹研究的紧迫性："总的来说，无论是从科学上还是从政治上评估我们工程的可能性，对热核反应释放能量的程度做出关键、迅速而有效的探究都具有深远的意义。"

争分夺秒地工作，制造这种可能结束一场长时间血腥战争的武器，使洛斯阿拉莫斯的生活变得紧张，然而也使它更有意义。"我总是为军医们无人感谢的工作而叹惜。"劳拉·费米后来评说道：

> 他们原本做好准备应对战场上的紧急需要，然而现在他们却面对着一群高度紧张的男人、女人和孩子。高度紧张是因为海拔影响着我们，因为男人们在毫不松懈的压力下长时间工作；高度紧张是因为我们人太多，彼此太接近，没有回避的空间，甚至在休闲时间也是这样，而我们都是怪人［格罗夫斯就警告

过他的军官们这一点，他并非只是在开玩笑］；高度紧张是因为我们在奇异的环境中感到无助，我们被小事所烦扰，我们因而责备军队，我们因而不讲道理，并且毫无理由地怀有逆反心理。

他们尽力而为。米奇·特勒进行直率的对抗，她要保全后院的树木，从而为儿子保留一个玩耍的场地。"我恳请一名手拿铲子的士兵留下这里的树木，"她的一个朋友记得她曾这样讲述过，"从而让保罗能够有一片阴凉，但是他说：'我奉令平整一切，这样才能建别的。'这是讲不通的，因为这些植物是自然生长在这里的，它们比起灰尘更为适合我。这个士兵离开了，但是第二天又回来了，坚持说他又接到命令'把这片儿的活干完'。所以我叫来所有的女士威胁他，我们搬来许多椅子放到树下并坐了下来。这样他还能干什么？他摇了摇头走了，我再也没有看见他回来。"相反，为了在平顶山西面的山坡上清理出一片滑雪场地，乔治·基斯佳科夫斯基用一串塑性炸药将树裹住，制造出了很大的声响，然而有效地将它们放倒了。他后来回忆说："然后，我们找来设备制作了绳索，将这片地围起来，它成了一小片很好的滑雪坡。"

费米一家于1944年9月来到洛斯阿拉莫斯，他们要求住在一套不那么让人眼馋的四套间公寓里，而不是原本为他们特意准备的牧场学校的教员宿舍，以此反对根据社会地位来决定住房的现象。派尔斯夫妇，即鲁道夫和精力充沛的吉尼亚——奥托·弗里施在伯明翰时指导他弄干盘子的那位女士——就住在费米家的楼下。出生地和国籍两方面的混杂是"山庄"的典型特征：派尔斯是一名德国犹太人，他的妻子是苏联人，两人都是英国国籍；劳拉·费米仍思念着家乡罗马，然而，她和丈夫在7月成了新的美国公民。"奥比吹哨子了，"当早晨的尖锐声音响起时，费米打着哈欠这样说，"是起床的时候了。"这位意大利诺贝尔奖得主正在指导一个新的小组，即F（指费米）小组，这个小组要处理各种各样的事情，其目的是让他发挥既是理论物理学家又是实验物理学家的多面手的能力。特勒领导的团队便由他接手了。"这个年轻人富有想象力，"这位43岁的意大利移民在妻子面前幽默地说起这位36岁的匈牙利人，"他应该充分发挥他的独创能力，他将会有长足的进步。"特勒常常思考问题和弹钢琴到深夜，而在上午要到很晚才在技术区露面。

"聚会，"引信开发小组组长罗伯特·布罗德（Robert Brode）口齿伶俐的妻子伯尼斯（Bernice）后来回忆说，"无论是大型奢华的还是小型热闹的，都是平顶山整体生活的一部分。星期六夜晚不安排些大型活动会很枯燥乏味，但通常总会举办一些……〔星期六夜晚〕我们狂欢，而在星期天我们外出旅行，在一周内的其余时间我们正常工作。"单身男女在宿舍里举办派对，来宾挤满了屋子。聚会上有大桶大桶的烈性潘趣酒，它们是用酒类饮料与技术区的纯乙醇混合制成的。单身的人将宿舍公共休息室里的所有家具搬开，好腾出跳舞的空间，而且按照不成文的规定，他们楼上的各扇门通宵都是敞开的。

在美国西南部的这样一个环境中，方形舞逐渐成为星期六晚上惯常的活动。（"每个人都身着西部服装——牛仔裤、长筒靴和皮大衣，"斯坦尼斯拉夫·乌拉姆法国血统的夫人弗朗索瓦丝回忆说，当她和丈夫来到"山庄"时，她惊讶地注意到，"除了军营以外，给人一种山间胜地的感觉。"）舞会最初是在"德克"帕森斯的起居室里举行，然后是在剧院，再后来是在富勒屋，最后扩大到挤满大食堂。终于，甚至连费米夫妇也领着女儿内拉一起来学习充满活力的里尔舞。在母女俩经人劝说参加跳舞很长时间后，费米依然不为所动地坐在那里，内心里琢磨着舞步。当他做好了准备时，他邀请伯尼斯·布罗德——几个领头者之一——当他的舞伴。"他想成为领舞者——我想这是他极为轻率的第一次冒险——然而我对此无可奈何，音乐开始了。他领着我准确地踏着舞步出场了，他算准了在什么时候迈出哪一步。他当时及以后都绝没有在跳舞时犯过一个错，然而，我不好说他乐在其中……他不是用脚而是用脑子［跳舞］。"

星期六剧院有时会提供其他活动。《毒药与老妇》的第一幕，一群人用面粉扑成像死人一样的白色，最后一幕地窖里出现了第一幕的这些人的尸体，罗伯特·奥本海默通过这样的场面使观众们感到惊讶和高兴。唐纳德·弗兰德斯（Donald Flanders）高个子，蓄着胡须，人称莫尔（Moll），带领理论小组的计算工作团队。他写了一部滑稽芭蕾舞剧《平顶山的王冠》，使用的是乔治·格什温（George Gershwin）的音乐。尽管弗兰德斯蓄有胡须并且没有受过芭蕾舞训练，但是他表演了格罗夫斯将军这一角色的舞蹈。塞缪尔·阿利森的儿子基思（Keith）扮演奥本海默，穿着合身的便装、戴着馅饼式帽子在一张大桌子上跳舞。"主要的舞台道具，"伯尼斯·布罗德特别提到，"是一台有闪烁指示灯并且发出嘈杂声响的机器脑，它老是计算错误，比如 2+2=5。在壮观而狂热的最后一幕，这种错误的计算揭示了平顶山真实而又庄严的神秘。"

基斯佳科夫斯基偏好没那么正式的智力性娱乐：

> 我与像约翰尼·冯·诺伊曼、斯坦·乌拉姆等等这样的重要人物打扑克……当我来到洛斯阿拉莫斯时，我发现这些人都不知道怎样打扑克，便教他们打。在夜晚结束时，我们统计筹

码，他们偶尔会感到恼火。我常常说，如果他们尝试学习小提琴演奏，每一个小时会花更多的钱。不幸的是，在战争结束前，这些伟大的理论高手掌握了扑克的打法，如此一来，这晚上的进账对我就没有太大的吸引力了。

罗伯特·威尔逊是回旋加速器小组的组长，还是镇议会的顾问，尽管在雇人前有过安全检查，还有军警巡逻，但他发现在"山庄"上存在一种甚至更基本的活动：

在我任职期间，我们面临的诸多问题中最令人难忘的是，守卫这个地区的军警们决定将我们的一个女宿舍定为禁止入内的地方。他们建议我们关闭这间宿舍，遣散居住者。一群哭哭啼啼的年轻女士出现在我们面前，请求让她们留下来。为了支持她们，一群态度坚决的单身汉以更有说服力的理由反对关闭这间宿舍。看来姑娘们一直在做一种欣欣向荣的生意来满足我们年轻人的基本需要。在疾病露出丑恶的面容从而引发干预之前，军队对此表示可以理解。到我们解决这件事的时候——我们决定允许她们留下来——我已是一名相当博学的物理学家了，而几年前我并没有想到自己会这样，那时进入物理学领域就像穿上教袍一样。

使用 1663 这个邮政信箱的居住者，无论是结了婚的还是单身的，都是健康的年轻人；他们生下了太多婴儿，以至于格罗夫斯下达命令，要求专用地的军队指挥官或是奥本海默——这两种说法都有——制止这样的洪流。奥本海默——如果格罗夫斯命令的人是奥本海默的话——抗命不从。他有他的理由：他的妻子基蒂于1944年12月7日为他生下了第二个孩子，是个女孩，大名凯瑟琳，小名托妮。太多的人想看看他们老板的宝贝女儿，医院只得将婴儿床做上记号，并让人们列队通过保育室的窗前。

在"山庄"围栏后面拥挤地居住在一起的各个家庭为流行病担忧。一只咬过几个孩子的宠物狗得了狂犬病，狗的主人与孩子们的父母愤怒地争吵，家长指责狗的主人不给宠物拴上链子，狗的主人则怪家长们不管好自己的孩子。更令人恐惧的事情是一个年轻化学家的突然死亡，死者是一名小组长的妻子，死于种类不明的麻痹。因为担心脊髓灰质炎暴发，医生们要求关闭学校，将圣菲列为禁止入内的区域，并且命令所有孩子在家里待着。

没有新的病例出现。随着寒冷天气的持续，情况没有那么危险了，工作和娱乐就都恢复了。"我觉得我再也不会生活在一个有这么多聪明人的社区里了，"埃德温·麦克米伦的妻子埃尔西（Elsie）后来评论道，她和欧内斯特·劳伦斯的妻子是妯娌，"我也觉得自己再也不会生活在一个如此封闭的社区里，封闭到来访的客人们以为我们会打起来。我们没有电话，没有明亮的灯光，然而我同样认为我再也不会生活在这样一个深深植根于合作和友谊的社区里了。"

有些人利用星期天去做礼拜和从事业余爱好活动，另有一些人将这些日子用于外出旅行。奥本海默夫妇坚持高贵的骑马运动，常常在星期天上午骑马，然而三年当中只有一次有时间出游后在外过夜。基斯佳科夫斯基向奥本海默买下一匹参加过1/4英里赛跑的马，在星期六深夜打过扑克后骑上它行进在山间，以振奋自己的精神；军队将私人的马匹与他们饲养的配鞍群马一起关进马厩，军警们会骑着那些马沿着平顶山的围栏巡逻。埃米利奥·塞格雷发现这里极其适合用假蝇钓鱼。"满河都是大鲑鱼，"他高兴地向新来者们宣布，"你只要将线投入水中就行了，即使你大声叫喊，它们也都会来咬钩。"费米加入了钓鱼的行列，塞格雷说，"然而他以一种特别的方式垂钓。他用不同于其他任何人的钓具来钓鲑鱼，还发展出一些有关鱼会有怎样的行为的理论。当试验不支持这些理论时，他表现出一种在科学上极为有害的固执"。费米坚持用蚯蚓钓鲑鱼，认为应该让这些死定了的鱼吃上真正的最后一餐而不是传统的假鱼饵。塞格雷特意和他的老朋友探讨了一下钓鲑鱼的讲究之处。"哦，我懂了，埃米利奥，"费米最后反驳道，"这是一种智力的较量。"

登山运动长期以来就是汉斯·贝特的业余爱好。他和费米有时与其他人一起跨过桑格雷-德克里斯托山中的格兰德河，去登莱克峰。一个仰慕贝特的小组长回忆说，"在夕阳中坐在那里"，在这海拔 12 500 英尺的高处"讨论物理学问题。就这样做出了不知多少发现"。和费米一起来到洛斯阿拉莫斯的利昂娜·马歇尔回忆这种相对平凡的日子时说："除了一边气喘吁吁，一边欣赏美景，没有其他事情可做。"

还有一些同样费力的旅行，目的地是这个地区的地标。吉尼亚·派尔斯和伯尼斯·布罗德决定去寻找石狮，这是一对蹲伏的美洲狮雕像，人小与真实的美洲狮相仿，在史前用火山凝灰岩雕刻而成，据传位于远处一座平顶山上一个废弃印第安人村庄旁边。她们邀集了一车海军少尉和另一车英国代表团的年轻单身汉，驾车朝目标行进了 10 英里，然后开始步行。吉尼亚·派尔斯穿着网球鞋却没有穿袜子，在前面带路："穿这样的鞋不怕石子，也不会把脚磨肿。"下午两点，一行人在大峡谷一条冷冽的溪流边用午餐，疲倦的海军少尉们便停下来不走了，然而在派尔斯夫人的威胁之下，英国代表团的成员们没敢用相同的方式抗议。"于是，我们撇下了美国海军，向石狮前进。出发！"他们走了更多的路，横穿从平顶山到平顶山的沙漠地带，格兰德河就在下方。美国女人对石狮的印象很好，而苏联女人却不以为然。"只是家猫而已，亲爱的，做工也不精致，可能还没有那么古老。""回去的路上，"伯尼斯·布罗德后来回忆说，"年轻的男人们……眺望广袤的沙漠和夕阳下如飘带般的河流。他们中一个人肤色黝黑，身材瘦长，戴着玳瑁框眼镜，用带有一点点德语口音的柔软音调说：'我没有看到过纽约，也没有看到过芝加哥，但我看到了石狮。'他露出了开心的微笑，我们继续前行。他的名字是克劳斯·福克斯。"吉尼亚·派尔斯给他取了一个外号，叫"投币自动售货机福克斯"，因为这位安静、勤奋的流亡理论物理学家只在有人跟他说话时才会开口。

尼尔斯·玻尔有一次和费米夫妇一同穿过弗里霍莱斯峡谷，途中停下来欣赏一只臭鼬。欧洲人不知道这种动物，还好它没有向这个健壮的丹麦人施放它那作为防御手段的刺激性气味。熊有时会出现在小径上，每日公报便警告道："记住，这些熊不像黄石公园里的熊那样温顺。"有只家猫爪子化脓了，"山庄"里的军队兽医认为是骨坏死，这是技术区污染带来的放射性中毒的标志，所以这位兽医设法让这只家猫活着，以观察它不同寻常的症状，当时对此了解得还不多。它的舌头肿胀，身上的毛呈块状脱落；它的主人最后痛苦地请求让它早点解脱。

1943 年圣诞节前夕，一个低功率的广播站开始向"山庄"的居民们广播。广播的内容是从很多人那里借来的精美古典音乐唱片（包括奥本海默的）；少数几个能在"山庄"外面收到广播的新墨西哥人一直感到奇怪，为什么广播员在介绍现场直播表演的演奏者时总是不介绍全演奏者的姓名。偶尔演奏古典钢琴选段的那个"奥托"事实上就是奥托·弗里施。1944年6月开放了一个高尔夫球场。男人们和女人们开展棒球赛、垒球赛和篮球赛。军队将富勒屋以东牧场学校的商品蔬菜园划为战时种菜区，然而没有多余的水用于灌溉。

建筑工人、机械师、士兵和陆军妇女队的生活更为艰苦：住的是最为拥挤的兵营、偷工减料的宿舍和泥泞的拖车区。有一次，一些山地建筑工家庭受邀到食堂跳方形舞，他们来的时候就已经喝醉了酒，差点造成了骚动；此后安排了一个穿制服的人守门。汉斯·贝特记得在战争后期，当实验室尽可能地找来一些帮工时，一个狂暴的机械师将一个工人同伴"从头到尾"割了喉。从圣伊尔德丰索和这个区域的其他印第安人村庄以及各个大农场来的印第安人在"山庄"当清洁女工和维修男工，生活有了改善。玛丽亚·马丁尼兹①手工制作的黑色陶器很快就成了洛斯阿拉莫斯许多公寓里的装饰品。

冬天，一层煤烟缭绕在平顶山上。军队派来给公寓生炉子的人将火烧得太旺，以至于公寓墙壁有时刺刺作响。洛斯阿拉莫斯被松树林环绕着，地势高而且干燥，让每个人都担心会发生火灾。1945年初的一个晚上，技术区的一个主要机械厂着火了；埃莉诺·耶特（Eleanor Jette）——她的丈夫埃里克（Eric）在化学和冶金小组带领金属还原团队——记得当时她看到她的丈夫和奥本海默以及"山庄"的指挥官站在行政管理大楼的防火梯上神情严肃地监督救火。"上帝啊，"她听到有人说，"幸好不是D号楼。那地方和700

---

① 普韦布洛陶艺家，作品曾展出于美国自然博物馆、史密森尼美国艺术博物馆和现代艺术博物馆。——编者注

万美元一样热①。每次热到他们无法工作时，他们便再刷上一层涂料。"她的丈夫在D号楼工作；她不知道他是在和钚打交道，却懂得"热"指的是放射性。"该死，"当她问起时他说，"你无须担心。我们非常细心，绝对没问题。"如果是钚处理区着火，就将是一场重大灾难；在机械厂着火后，格罗夫斯安排用钢质墙壁和钢质屋顶修建耐火的钚工厂，它具有用来引入和排出空气的过滤系统。

罗伯特·奥本海默以不言而喻的能力和镇定自若的神态监督着所有这些活动，几乎所有人都依赖于他。"奥本海默可能是我见过的最好的实验室主任，"特勒后来反复说，"因为他的思维具有极大的灵活性，因为他成功地了解了实验室里发明的几乎每样重要的东西，也因为他对别人有着非凡的心理洞察力，这在他的物理学同行中是一个例外。""他了解和理解发生在实验室的每件事情，"贝特证实说，"不管是化学方面的，理论物理学方面的，还是机械厂的。他能够将实验室的所有事情记在头脑里并加以协调。还有一点在洛斯阿拉莫斯也很清楚：他在智力上胜过我们。"这位理论小组领头人详细描述道：

> 他听到任何事情时都能立即理解，并且把它纳入整体框架，得出正确的结论。在这个实验室里，这方面的能力哪怕与他接近的人都一个也没有。他有知识，也有人性的温情。大家明确地感到，奥本海默注意到了每个人都在做什么。在与一些人的交谈中，他让人懂得，个人的工作对整个工程的成功至关重要。在我的记忆里，他没有在洛斯阿拉莫斯的任何场合让任何人难

---

① 原文as hot as seven million dollars并非固定习语，只是对强放射性的一种比喻，故此处保留直译。——编者注

堪过，而在战前和战后，他都经常让人难堪。在洛斯阿拉莫斯他没有让任何人感到自卑，任何人。

然而，奥本海默自己感到自卑，在他一生中做任何事的时候都是如此，正如几年后他所公开承认的，"这是一种非常强烈的厌恶和错疚感"。在洛斯阿拉莫斯，他似乎首次缓解了这种自我厌恶的情绪。他可能发现了植根于互补性的自我心理分析过程，这种互补性使他在以后的生命岁月里更具包容性："为了超越自我并成为通情达理的人，我必须认识到我对自己所做的一切产生忧虑是合理和重要的，然而它们不是全部，一定可以从一种互补的角度看待它们，因为其他人就不像我这样看待它们。我需要他们看待问题的角度，我需要他们。"当然，他也会使用全神贯注地投入工作这种更为传统的缓解办法。

在那些年月，奥本海默不仅肩负着道德和工作方面的重担，也承受着毫无隐私的痛苦。他不断处于监控之下，他的活动被监视，房子和电话被装上了窃听器；在他最隐私的时间里有陌生人偷窥。他的家庭生活无法带来快乐。基蒂·奥本海默靠大量喝酒来应对在隔绝的洛斯阿拉莫斯生活带来的压力；最后，马莎·帕森斯（Martha Parsons），那位海军军官的女儿，接过了"山庄"里的社会领导职责。对这位美国最重要秘密战争工程中心实验室的主任，陆军安全官紧盯不放。他们中至少有一个名叫皮尔·德·席尔瓦（Peer de Silva）的人确信奥本海默是苏联间谍。他们频繁地盘问他，套出他所认识的共产党员或者他相信是共产党员的人的名字，希望将他扳倒。他编造出一些情况并自愿提供一些朋友的名字来自我保护，这是一种不明智的做法，很快将反过来给他带来新的迫害。

在来到洛斯阿拉莫斯的第一个夏天，奥本海默收到了一个名叫琼·塔特洛克的女人的消息，他在遇到现在的妻子之前爱过这个郁郁寡欢的女人。尽管塔特洛克曾经是一名共产党员，可能当时仍然是，而且他知道他自己受到了监视，但奥本海默仍然坚定地去见了她；一份联邦调查局的文件冷酷地总结了一名盯梢的安全官对那次会面的描述：

> 1943 年 6 月 14 日，奥本海默从伯克利乘坐干线火车于当日傍晚到达旧金山，在那里，他见到了琼·塔特洛克，她吻了他。他们在旧金山的百老汇 787 号萨奇米丘咖啡店用餐。接着他们从晚间 10 点 50 分到凌晨 2 点 05 分逛蒙哥马利大街，然后进入了一座公寓的顶楼。随后熄了灯，直到第二天上午 8 点 30 分，奥本海默和琼·塔特洛克才离开这座公寓。

琼·塔特洛克于 1944 年 1 月自杀。"我想真正地活着并且有所作为，然而我不知怎么变得麻木了。"她在遗言中这样说。奥本海默似乎不得不在自己身上抵抗这种精神上的麻木。

内爆武器全面测试的计划开始于 1944 年 3 月。在 3 月到 10 月之间的某个日子，奥本海默给那次测试起了一个代号。首次人造核爆炸将是具有历史意义的事件，因此给它起的名字将会载入史册。奥本海默给这次测试和测试场地起的代号是"三位一体"。格罗夫斯于 1962 年写信给他，想弄明白为什么他要选这样一个代号。格罗夫斯推测，他之所以选择这个名字，是因为它是美国西部河流和山峰的常用称呼，因而不会引起注意。

"我确实有过那个建议，"奥本海默回信说，"然而不是基于［那个］原因……我选择这个名字的原因是含糊的，然而我知道我头脑中是怎样想的。有一首约翰·多恩的诗，写于他临终前，我知道它而且喜爱它。其中有一段是这样写的：

> 就像西方和东方，
> 在所有地图上——我便是其中之———都是一体的，
> 死亡与复活也首尾相连。"

这首诗是多恩的《病中赞主》，它精妙的哲理解释的互补性与玻尔不久前向奥本海默揭示的原子弹的互补性很相似。（"玻尔深信如此，"贝特证实道，"而这是他真正关心的。玻尔和奥本海默曾经长谈过，这使奥本海默也很早就相信了这一点。玻尔向奥本海默灌输了大量有关国际控制的想法。"）垂死状态既通向死亡，也可能通向复活——正如对玻尔和奥本海默来说，这种炸弹既是一种致命武器，也能结束战争从而拯救人类——这首诗便是如此描述这种悖论的。

"这还构不成三位一体，"奥本海默在给格罗夫斯的信中继续说，"然而在另一首知名度更高的虔诚诗中，多恩在开头写道：'猛击我的心灵吧，三位一体的上帝——'除此之外，我想不出其他线索了。"格罗夫斯一定也想不出来；然而，多恩的《神圣十四行诗》的第十四首同样探究了毁灭可能也是拯救的主题：

> 猛击我的心灵吧，三位一体的上帝；因为您
> 迄今只是叩击、呼吸、发光，寻求修复；
> 使我可以站起，再把我击倒，

集中您的神力将我击碎、吹散、烧毁，再使我重生。
我像一座被夺取而归属他人的城池，
努力迎候您，却徒劳无功；
理性，您派驻我身体的总督，应该保护我，
它却被俘虏，证明了软弱或不忠。
我仍然深爱着您，也渴望为您所爱，
与我订婚的却是您的死敌；
让我解除婚约吧，解开或打破那个结，
将我带走，将我关押禁闭，因为
我永无自由，除非您掳我为奴，
我永无贞洁，除非您将我强暴。

这首诗也许足够尚武、足够热情洋溢而且充满了悖论，足以为新近降临这个世界的末日级力量的首次秘密试验提供一个代号。

奥本海默毫不怀疑，他在某种程度上将会由于同一个原因而被记住和唾弃：他领导了人类历史上首次将毁灭人类自身的方法带给人类的工作。他知道，原子弹引发的难题有两个答案，两个结果，其中一个是超越性的，他很珍视这种互补性带来的补偿。如果说有什么理由能够证明洛斯阿拉莫斯的工作是正当的，那这种理解便是一种理由，而这项工作反过来也弥合了他的自我与伤害他的过分良知之间的裂痕。他早就认识到这种疗愈的可能性，并且在1932年写给他弟弟弗兰克的谈论"律己"的信中就明白地提出来过，这封信以保罗式的口吻结尾："因此，我认为所有能让人自律的事情，比如研究、我们对人和联邦的职责、战争、个人困境，甚至包括生存的需要，我们都应该怀着深刻的感激之情接受它们；因为只有通过它们我们才能至少达到超脱，只有这样我们才能懂得和平。"在洛斯阿拉莫斯，虽然只是暂时的，但他在对人和联邦的职责中找到了那种超脱。正是玻尔教导他相信，这种职责可能是有价值的，而不是可怕的。他不是第一个在战争中找到自我的人。

◉

为了开发内爆技术，洛斯阿拉莫斯不得不设计出一些方法，用来观测持续时间比眨眼还短得多的事情。塞斯·尼德迈耶用于内爆试验的铁管能够通过用高速闪光照相机对准孔洞来进行研究，然而，G组的物理学家们怎样才能观察爆炸波穿过固体高爆炸药时的形状，或者被炸药完全包围的金属球的压缩情况呢？他们是有能力的科研人员，在有限的技术条件下工作了一年半的时间；设计这样的方法需要想象力，他们在这项工作中发挥了他们愈挫愈奋的全部创造力。

X射线方法是一种可靠的方法，军械处已经在使用X射线研究呈小球形排列的炸药的行为。X射线能揭示出密度上的差异——比起密度较小的肌肉组织，致密的骨组织会投出更深的阴影，而因为开发中的内爆技术的爆炸波在爆炸材料燃烧的过程中会改变其密度，所以X射线能够使爆炸波变得清晰可辨。然而，将X射线应用于规模渐增的内爆研究，意味着要保护脆弱的X射线设备不受到每次差不多200磅高爆炸药的反复冲击。物理学家们用非常规的手段来应对这一挑战，那就是在两个相隔很近的掩体之间进行内爆测试，在一个掩体内装上X射线产生设备而在另一个掩体内装上X射线照相设备，这种照相设备可通过防护口拍下测试过程。最后证明，闪光X射线设备——快到每千万分之一秒发出一个脉冲的高流量X射线管——对于爆炸波的研究最为有用。

与用X射线和高速照相设备来研究一个测试单元的高爆炸药的行为相比，研究较高密度的金属内核的压缩更难。为了模拟金属内核被压缩成比它原体积的一半还要小的过程，洛斯阿拉莫斯发展出了许多不同的方法，互为补充，共同使用。

有一种方法是将测试单元置于磁场中，测量当金属球被压缩时磁场分布的变化。由于磁场基本上可以穿透高爆炸药，所以这种方法使物理学家们能够最终研究全面的组装过程。它能可靠地测量从内核反射的冲击波，以及让人头疼的会产生喷射和碎裂的重叠爆炸波。

当发生内爆时，预先精心布置的、与金属球接触的金属丝不仅可以提供有关内爆同步性的信息，而且还能提供内核内部各个深度上有关材料速率的信息。由此产生的量化数据可以让理论小组检查其流体力学理论与事实相符的程度。电方法团队则首先测量金属平板的高爆加速度。1945年初，团队将其技术应用于部分球体，最后应用于由高爆炸药透镜系统包围的球体，只需移开一个透镜即可连上所需的导线。

在另一个试验场地进行的完全相同的试验中，掩体布置得既可以用来保护普通的X射线仪器，也可以用来保护科学家们设计出的最不同寻常的测量方法：脉冲X射线从一种电子感应加速器中发出，穿过比例模型的内爆单元进入云室，用一种立体照相机拍下得到电离径迹[①]。这种电子感应加速器方法需要一种灵敏的定时电路快

---

① 电子感应加速器会将电子在磁场中加速到高速度；这种类β射线的电子流随后能够被引向靶物质，从而产生高能X射线的强束流。

速而准确地触发一系列的行为——炸药装填，电子感应加速器 X 射线脉冲，使电离径迹以雾化的水滴形式成为可见的云室光圈的扩张，触发将它们拍摄下来的照相机快门。

G 组开发出的第五种方法不同于电子感应加速器方法，而是在内核里插入一个强 γ 射线源。这种射线源是从橡树岭气体冷却反应堆的裂变产物中提取出来的放射性镧，这种方法由此得名为"镭-镧"。当"镭-镧"内核被压缩时，用来记录从"镭-镧"内核产生的辐射模式变化的是被包起来的电离室阵列而不是一个云室。因为最初没有人知道放射性镧会在多大程度上污染试验场，所以协调首次实验的路易斯·阿尔瓦雷茨从位于犹他州的陆军达格韦试验场借来两辆坦克用作临时掩体。他记得结果很壮观：

> 第一次试爆时，我就坐在坦克里。乔治·基斯佳科夫斯基在另一辆坦克里。我们通过潜望镜注视着试爆的情况，我们只看到爆炸扬起大量的灰尘。随后——我们根本没有想到过这种可能性——我们周围的树木全都着火了。这些白热的金属片飞入远处的野生绿树丛中，使树木着了火。我们几乎被大火包围了。

贝特说，内爆透镜的开发工作始于前一年冬天，当时约翰·冯·诺伊曼"非常迅速地设计出一种排布方式，从理论上看它显然是正确的——但我实际尝试后失败了"。如今，在 1944 年到 1945 年的秋冬季节，基斯佳科夫斯基必须使这种理论上的排布方式能行得通。

光学透镜利用了光线在不同的介质中以不同速率传播这一事实。通过空气传播的光线遇到玻璃时速度会变慢。如果玻璃像放大镜那样中间是凸起的，那么在相同的时间里，通过较薄的边缘位置的光线比起通过较厚的中心位置的光线就必然会经过更长的路程。这种路程长度不同的效应会导致光线朝向一个焦点传播。

冯·诺伊曼设计的内爆透镜系统由大约为汽车电池大小的截锥体组成。组装起来的透镜组构成一个球，它们较小的一端向内指向中央。每只透镜由两种不同的爆炸材料组合在一起——外层是较厚、快速燃烧的材料，内层是成型的慢速燃烧的固态包体，一直延伸到锥体块指向原子弹内核方向的表面：

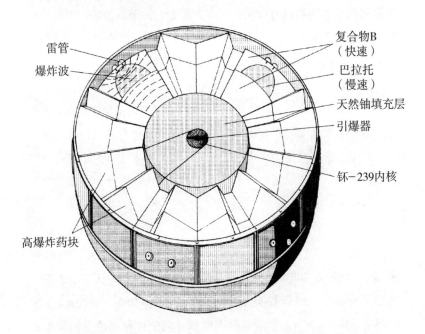

快速燃烧的外层对爆炸波产生作用，就像光学透镜周围的空气对光线产生作用一样。成型的慢速燃烧固态包体就像放大镜产生作用一样，对爆炸波进行导向和再成型。首先由雷管引爆快速燃烧炸药，这种材料将会产生出球形爆炸波。然而，当波的顶点前进到包体的顶点时，燃烧速度将开始变慢。这一延迟将使其余的波有时间赶上。当爆炸波遇到并烧穿包体时，它将因此把自身从凸起再成型为凹陷，从由一个点向外扩展的球形波转变为向内收敛于一点的球形波，从而与凸起弯曲的球形填充物相适应。在这种再成型波到达反射层之前，它会通过第二层固态快速燃烧炸药块来增加其威力。沉重的天然铀反射层会修整掉球形冲击波中任何细微的不规则之处，穿过铀层的球形冲击波进而挤压钚内核。

基斯佳科夫斯基在战后为研究计划"过于频繁地依靠简化的猜测和经验性捷径"而致歉，而他们不得不这样做的原因是这个领域总被忽视。"在这次战争之前，爆炸课题很少能吸引科学界的兴趣，"他在为一部X小组工作的技术史写的序言中这样写道，"这些材料被看作盲目破坏的东西而不是精密工具；关于爆炸波以及它们在邻近非爆炸媒介中引起的强冲击波的基本认识水平很低，这很让人头疼。"为了试验顺利进行，X小组在安克大农场以南数英里处扩建了一个抛掷爆破场，搭建了粗糙的用泥土掩蔽的木制建筑，因为用混凝土建造将会延误工作。

在1944年12月中旬以前，还没有一次爆炸透镜试验看上去有希望成功；格罗夫斯告诉乔治·马歇尔，他希望到1945年下半年手头拥有18颗5千克重的炸弹，他也认为爆炸可能很低效，每颗炸弹只相当于不足500吨TNT的威力，低于科南特在10月听到的1 000吨当量的估计。

在这一领域取胜之前，基斯佳科夫斯基必须再次和帕森斯做斗争。"我们建造令人满意的爆炸透镜的能力非常不被看好，"他后来回忆说，"帕森斯上校开始催促（而且不止他一个人是这样）我们全然放弃爆炸透镜，转而尝试用某种办法鼓捣出非透镜类型的内爆。"基斯佳科夫斯基认为其他方法没有希望。1945年年初，格罗夫斯前来监审这场辩论。最后，奥本海默站在了基斯佳科夫斯基一边，决定还是采用爆炸透镜方法。帕森斯的军械处随后将自己的工作限制在铀炮、"小男孩"以及将这种武器用于战场的技术研究方面。X组和G组都在为内爆而奋力研究。

通过机械加工使高爆炸药成型是基斯佳科夫斯基最大的创新。他想完全用机械方法将高爆炸药从固态的预制块加工成组件，然而没有足够的时间开发和建造这种创新技术所需的精密遥控机械。他转而满足于用机械加工实现精密铸造，并将他有限的机械师主要用来生产所需的模具。模具使他"煞费苦心"，他这样回忆说；原子弹的高爆炸药组件总计"大约有100块，它们必须以千分之几英寸的精度组装成总尺寸5英尺的大小，构成一个球。因此，我们必须有非常精密的模具"。最终，模具的准备工作追上了"胖子"的测试和交付进度。

然而，即使手头有了必需的模具，铸造高爆炸药也远非易事，其他技术知识还需要通过反复试错来获得。1945年2月，基斯佳科夫斯基选择了一种称为复合物B的炸药作为"胖子"爆炸透镜的快速燃烧组件，委托海军研究实验室制造一种名叫巴拉托的混合物作为慢速燃烧组件。复合物B是用热蜡、熔化的TNT和一种非熔化的晶体状RDX（黑索今）粉末混合而成的糊状物浇注而成的，比单独用TNT威力大40%。巴拉托是用硝酸钡和拌有TNT的铝粉、羟基硬脂酸和硝化纤维调制而成的：

我们逐步认识到，这些大铸件，每个50多磅，必须以恰到好处的方法冷却，否则，你就会在固体和液体的中间或者间隔处发现气泡，而这些气泡会将内爆完全搞糟。所以它是一个缓慢的过程。炸药被浇灌进去，随后，人们坐下来观察这种该死的东西，好像它是一个正在孵化的鸡蛋，同时改变流经模具中每根冷却管的水的温度。

那年冬天，荒原上回响着爆炸的声音，随着化学家们和物理学家们把小的教训应用于大规模的试验中，爆炸的强度在逐步增加。基斯佳科夫斯基后来说："我们每天都会消耗大约 1 吨高性能炸药，将其制成一定量的试验炸药。"铸件的总数，只计算那些质量达到使用要求的，就达到 2 万件以上。X 组从 1944 年到 1945 年对这些铸件进行了 5 万次以上的重大机械操作而没有发生一起爆炸事故，这证明了基斯佳科夫斯基的方法是多么精确。1945 年 2 月 7 日的一次"镭－镧"试验表明，内爆的对称性得到了一定的改善。3 月 5 日，在一轮紧张会议后，奥本海默敲定了爆炸透镜的设计。然而，无论钚在数量上有多稀少，在能够可靠地作为军事武器发挥作用之前，"胖子"都必须先进行全面试验。没有谁质疑这一点。

⊙

一个规模较小但难于解决的问题是引爆器，这是原子弹极小的核心组件，链式反应需要有一两个中子启动。没有谁会想让价值 10 亿美元的铀或者价值数亿美元的钚依靠自发裂变或者凑巧通过的一束宇宙射线启动爆炸。自从詹姆斯·查德威克用钋中放出的 α 粒子轰击铍首次释放出这种难以捉摸的中性粒子，数十年来，中子源已经成为人们熟悉的实验室设备。罗伯特·塞伯在洛斯阿拉莫斯早期的演讲中讨论过如何在炮式原子弹中利用镭–铍中子源，就是将镭涂在一块内核材料上，而将铍涂在另一块内核材料上，在炮发射时它们猛撞到一起，两块内核部件组合成完整的临界物质。但镭会释放出危险剂量的γ辐射，而爱德华·康登在《洛斯阿拉莫斯初级读本》中特别提到："像钋这样的一些其他中子源……有可能被证明更令人满意。"钋发射的大量α粒子有足够的能量从铍中轰击出中子，而产生的γ辐射却很少。

开发引爆器遇到的挑战是要设计一个具有足够强度的中子源，它只在需要它们启动链式反应的准确瞬间释放那些中子。在铀炮的情况下，要满足这一要求相对容易一些，因为α粒子源和铍能够分别置于铀弹里和靶核里，从而分隔开来。然而内爆原子弹没办法以这种简便的配置方式实现二者的分离和混合。在"胖子"里，钋和铍必须在钚内核中心紧紧地挨在一起，并且在大部分时间里处于惰性状态，直到内爆冲击波将钚挤压成最大密度而需要中子的那几分之一微秒。因而，这两种材料需要瞬间混合。

钋在元素周期表中是 84 号元素，是一种奇特的金属。1898 年，玛丽和皮埃尔·居里用人工将它从沥青铀矿残渣中分离出来（从每吨矿石中非常辛劳地浓缩出十分之一毫克），并将它命名为钋，以向玛丽·居里的祖国波兰致敬。它的物理性质和化学性质与铋类似（铋在周期表中紧挨着钋，就在其前面一位）。除此之外，它是一种软金属，发射的α辐射的强度为相同质量的镭的 5 000 倍，这种强辐射会让它的纯样品周围电离化的受激空气发出一种怪异的蓝光。

钋-210 是钋的一种同位素，洛斯阿拉莫斯对它感兴趣。它通过发射一个α粒子衰变成铅-206，其半衰期为 138.4 天。钋-210 发射的α粒子在空气中的自由程大约为38毫米，然而在固体金属中只有数百分之一毫米；α粒子将它们的能量转移给其运动路径上电离化的原子而最终趋于静止。这意味着对引爆器来说，用金属箔将钋包夹起来会是安全的。在这种金属箔包夹的外面又可以用轻质银白色的铍包一个同心层。整个单元并不比一颗榛子大。

"我认为［关于引爆器设计的］最早想法很可能是我提出的，"贝特后来回忆说，"而费米有一个不同的想法，我只有这一次认为我的较好，而且当时我是监督开发引爆器的三人委员会的主席。"将钋和铍分隔开是件易做的事，而要确保两种元素在准确瞬间充分混合就不容易了。1944年到1945年冬季发明和测试了许多引爆器，这些设计之间的基本差异是不同的混合机制。等价于32克镭的α活性的钋-210完全与铍混合将会产生每秒大约9 500万个中子，然而，在短暂的千万分之一秒内则只不过是9个或10个中子，它们在这段时间内必须有效地启动内爆原子弹"胖子"中的链式反应，因此混合必须是确定的和充分的。引爆器设计从来没有解密过，然而，生效的原因很可能是在铍的外表面机械加工出了一定的不规则结构，从而在内爆冲击波中引发湍流："胖子"的引爆器表面可能被加工得像高尔夫球的表面。

为了提供10个中子启动链式反应，科学家已经努力研究了几年时间。贝特朗·戈尔德施密特（Bertrand Goldschmidt）是一名法国化学家，曾经是玛丽·居里的私人助理，在法国沦陷后来到美国，在冶金实验室与格伦·西博格一起工作。他从纽约癌症医院的老式氢辐照盒中提取了第一份半居里的用于引爆器的钋（钋是镭衰变的一种子产物）。批量生产需要使用橡树岭气体冷却反应堆中稀有的中子，将铋转换成周期表中的下一位元素钋。孟山都化学公司的研究主任查尔斯·A. 托马斯（Charles A. Thomas）是化学和冶金学方面的一名顾问，负责提纯钋。他为此借用了他岳母在俄亥俄州代顿的宽敞、安全而且独立的庄园里的室内网球场，将它改装成了一间实验室。

托马斯将铂箔上的钋放置在密封的容器里用船运来，然而钋的另一个棘手的特性使运送遇到了麻烦：出于从未被实验合理解释的原因，这种金属从一个位置移动到另一个位置时能迅速污染很大一片区域。"有人曾观察到这种同位素逆着气流方向移动，"战后英国一份关于钋的报道指出，"而且在某些条件下它似乎是主动改变自己位置的。"当托马斯的铂箔出现短缺时，洛斯阿拉莫斯的化学家们学会了在船运容器的壁上寻找已经嵌入其中的钋。

引爆器研究在G组建在桑迪亚峡谷的一个试验场继续进行，这是"山庄"以南的一个平顶山。引爆器小组在大涡轮球形轴承——实验员们称它们为螺纹球——上钻一些盲孔，然后在盲孔里插入试验用的引爆器，再用螺栓堵住这些孔。对螺纹球实施内爆后，他们回收残骸并且对它们进行检查，看看钋和铍混合的情况怎样。不幸的是，混合的好坏无法作为有效性的最终衡量标准。贝特的委员会于1945年5月1日选择了最有希望的设计，然而只有能启动链式反应的全面测试才能够决定性地证明这种设计是否可行。

◉

日本研制原子弹的进度从来没有快起来过，到太平洋战争中期，则慢到使人感到受挫和徒劳的程度。在帝国海军退出原子能研究后，仁科芳雄怀着对国家的热爱继续探索这一问题，尽管他私下认为日本对美国的挑战无疑是玩火自焚。1943 年 7 月 2 日，仁科和他的陆军联系人信氏（Nobuuji）少将会面，他告诉信氏说他有"极大的把握"取得成功。他解释说航空队方面曾要求他将铀作为一种可能的航空燃料、一种爆炸物和一种动力源去研究，而且他最近收到陆军另一个实验室要求协助的请求，这个实验室捐出了 2 000 日元作为他的开支。信氏立刻对这些咨询活动表示反对。"关键的一点是，"仁科赞同说，"尽快完成这项工程。"他告诉信氏，他的计算表明，用 10 千克至少 50% 纯度的铀-235 应该能够制造出一颗原子弹，尽管有必要用回旋加速器实验确定"10 千克是否足够，或者是否需要 20 千克，甚至 50 千克"。他需要获得帮助来完成他的 60 英寸回旋加速器：

> 250 吨重、1.5 米的回旋加速器做好了运行准备，只差某些因建造军需品而短缺的部件了。如果这台加速器完成了，那么，我们相信我们能完成大量实验。此刻，美国正计划建造一台大 10 倍的加速器，而我们并不能肯定他们是否能够完成这些实验。

之前的 3 月，仁科放弃了战时条件下在日本所有不切实际的同位素分离方法，只保留了气体热扩散方法。奥托·弗里施于 1941 年初在伯明翰大学尝试过气体热扩散方法（不同于菲利普·埃布尔森的液体热扩散方法），而且证明它不适合用于铀同位素分离，然而，仁科并不知道这项秘密工作。理研研究小组设计了一个热圆柱体，很像埃布尔森建在华盛顿海军研究实验室里的实验室规模的圆柱体：同轴的 17 英尺管子，内管被加热到 750 华氏度①——在理研实验室的配置中是电加热——而外管用水冷却。

在往后 7 个月的时间里，仁科都没有再和信氏见面。一直到 1944 年 2 月，他才见到信氏并报告了生产六氟化铀的困难。他的研究小组设法发展出了一种方法来生产氟的单质，然而用一种过时而且低效率的处理过程来让这种气体与铀化合还未能取得成功——美国的埃布尔森在他开始研究热扩散之前就放弃了这种处理过程。仁科还有一个与扩散圆柱体有关的问题，埃布尔森也对这一问题十分重视：泄漏。"为了完成一个气密系统，"仁科告诉信氏，"我们使用［封］蜡并且最终达到了我们的目标。不能使用焊接，因为氟具有腐蚀性。"他"正处于开发这种［六氟化物生产］过程的中期，然而可望很快就有结果"。他的 1.5 米回旋加速器此时正在运行，不过能量很低；在解释为何采用这种降低标准的方案时，他把矛头对准了 1944 年日本的工业经济条件：

> 我们没有能力……获得回旋加速器需要的任何性能优越、能产生高频的真空管……因为这种制约，低操作电压限制了我们能产生的中子的数量……要想释放许多的高能中子，需要一种高压真空管。然而，不幸的是，很难得到它们。

到夏天时，仁科的研究小组生产出了大约 170 克六氟化铀——在美国，六氟化铀此时正被成吨生产——并在 7 月尝试了第一次热分离。分别放在圆柱体顶端和底部的计量器用来测量压强的

---

① 约 398.9 摄氏度。——编者注

差异，如果出现差异便证明发生了分离，然而计量器根本没有显示出差异。"喂，别担心，"仁科告诉他的小组，"接着干，只要持续地给它增加气体就行了。"

他于 1944 年 11 月 17 日再次和信氏开会，报告说"从今年 2 月起就没有取得过太大的进展"。他已经因为腐蚀效应而损失了差不多一半的六氟化物：

> 我们认为，我们用来制造［六氟化铀］工作设备的材料都是用不纯的金属制成的。因此，我们随后使用了纯度最高的适用于系统的金属。可它们仍然被腐蚀掉了。因此，有必要减小系统的压强……来补偿这种腐蚀。

回旋加速器在以更高的功率运行，然而尚未达到全功率；仁科告诉信氏，他正在利用它"检验这种被浓缩和分离的材料"。值得注意的是，11 月 17 日的会议报告中没有提及任何从铀-238 中分离出铀-235 的内容。仁科的手下一年多前就明白，他并不相信他的国家能够及时制造出一颗原子弹进而影响战争的结局。他继续研究究竟是出于忠诚，还是因为这种知识在战后会有价值，抑或是想为他的实验室赢得支持，或者为他的年轻职员争取缓役，仅有的记录并没有揭示出来。在 11 月 17 日的会议上，他乘机再一次抱怨他的回旋加速器缺乏充足的大功率真空管。与实验证据相反，他告诉信氏，理研在同位素分离方面的努力"已经实际解决了一半的问题"。如果信氏了解这项工作哪怕最基本的事实，他可能会给出更多的帮助。两人在这次会议后半段的一段交流表明，这位陆军联系人对核物理学的无知程度就像顽石一样：

信氏：如果铀要作为一种爆炸物来使用，需要有 10 千克，那么，为什么不用 10 千克的常规炸药来引爆？

仁科：那是胡闹。

1944 年 3 月 3 日，在加利福尼亚的穆罗克陆军航空队基地，一架特别改装的 B-29 型飞机首次投下一颗原子弹——不过是一颗"瘦子"的模型。因为受到横向系杆的限制，一颗原子弹单独悬挂在 B-29 型飞机炸弹舱的单独一个脱扣装置上。那年春天最初的一系列测试以不成功告终：有一次，一根释放缆绳自己松开了，在 2.4 万英尺的高空，一颗炸弹掉到关闭的投弹舱门上。"舱门随即被打开，"一份技术报告指出，"炸弹勉强被投出，给舱门造成严重损坏。"6 月的第二次系列测试进展正常。诺曼·拉姆齐听说"胖子"比以前估计的要重，便让投弹小组替换最初的投弹机械装置，用强大的英国兰开斯特式轰炸机的设计改进了原来标准的滑翔机拖曳投掷方式。

吸取了教训后，航空队 8 月在格伦·L. 马丁（Glenn L. Martin）公司①位于内布拉斯加州奥马哈的工厂开始对 17 架 B-29 轰炸机进行改进，他们在那个月准备训练一个特别小组投掷第一颗原子弹。当时以内布拉斯加州的费尔蒙特为基地的第 393 轰炸机中队正为前往欧洲进行训练，这个中队将要成为新组织的核心。8 月下旬，美国陆军航空队司令"福将"亨利·阿诺德（Henry "Hap" Arnold）批准任命出生于伊利诺伊州的 29 岁中校保罗·W. 蒂贝茨（Paul W. Tibbets）为特别小组指挥官。

---

① 今天的重要军工航空企业洛克希德·马丁公司的前身之一。——编者注

蒂贝茨在航空队中是最优秀的轰炸机飞行员。他曾率领第一批B-17 型轰炸机从英国进入欧洲大陆执行轰炸任务，在盟军进攻北非之前曾运载德怀特·艾森豪威尔到他的指挥岗位上，并在这次进军中率领轰炸机群展开第一轮攻击。最近他是 1944 年刚刚投入使用的新型B-29 轰炸机的试飞员，与位于阿尔伯克基的新墨西哥大学物理系合作，以确定这种新型轰炸机在高空面对战斗机的攻击时自卫能力如何。他中等身材，健壮结实，黑色头发带波浪且发际线呈 V 字形，脸形丰满，方形下巴，用烟斗抽烟。他的父亲是佛罗里达州的一名糖果批发商，也是他的教育者，他可能就是从他父亲那里获得完美主义特质的；他更亲近母亲，她婚前生活在艾奥瓦州格利登市，原名伊诺拉·盖伊·哈格德（ Enola Gay Haggard ）。战后他告诉一位采访者，因为母亲不顾父亲的反对而支持他，所以他选择了进入航空队：

> 当我在大学里为了将来成为一名医生而学习时，我意识到我一直想要飞行。1936 年，我想在这方面有所作为的愿望导致我最终向家里摊牌了。在讨论过程中，免不了发一些脾气，然而我的母亲没有说一个字。到结束时，仍然没有确定下来，我便把她拉到一旁，问她是怎样想的。尽管针对这个话题说了那么多东西，而且大多数参加讨论的人都下了结论，"你去开飞机会丧命的"，但是母亲却非常平静而又带着绝对肯定的态度说："你去干吧，去吧，你会顺利的。"

到此时为止，他一直都是顺利的，而此时他获得了新的任命。他于 1944 年 9 月初飞往位于科罗拉多斯普林斯的第 2 航空队司令部，向担任指挥官的乌察尔·恩特（Uzal Ent）少将报到。一名副官将他安排在将军的接待室里。一名军官出现并做了自我介绍，然后将蒂贝茨拉到一边，问他是否被逮捕过。蒂贝茨考虑了一下，决定如实回答这位陌生人，说他曾经被逮捕过，当时他还是北迈阿密海滩一个十多岁的少年，和一个女孩在汽车后座上亲热时被抓了个现行。小约翰·兰斯代尔中校为格罗夫斯负责原子弹的情报和安全工作，已经知道他被捕的事，便向蒂贝茨提出这个问题来测试他是否诚实。现在他可以带蒂贝茨到恩特的办公室了。诺曼·拉姆齐和"德克"帕森斯正在那里等候他。"我感到满意。"兰斯代尔说。在场的这位物理学家和这位海军军官向蒂贝茨简要介绍了曼哈顿工程和穆罗克投弹试验。兰斯代尔详细地告诫他有关安全的事宜。三个人离开后，恩特具体说明了蒂贝茨的任务。"你必须载上成套装备并投下这个武器，"这位飞行员记得当时第2航空队司令这样说，"然而我们对它一无所知。我们不知道它能做什么……你必须让它与飞机紧密配合并且确定战术、训练以及弹道——每一样都得确定。这些全是你要面对的问题。这会是件很大的事情，我相信它具有结束这场战争的潜力和可能性。"恩特告诉他，在航空队内部，这次投弹计划的代号为"银盘子"。如果蒂贝茨需要任何东西，他只要念这个咒语就好了；阿诺德已经给予了它在军中的最高优先权。

航空队选择犹他州的文多弗试验场作为新组织的本部。蒂贝茨于9月上旬飞到犹他州，察看了这个基地并且对他所看到的感到满意。它坐落在犹他州和内华达州的边界附近，位于盐湖城以西125英里处沙漠盐碱地上的丘陵之间，足够安全和与世隔绝；平坦的盆地是一个古老而巨大的淡水湖的洼地，大盐湖则是这个淡水湖留下的含有盐分的残余。这个盆地为投弹演习提供了数英里的荒地。前往加利福尼亚的西部拓荒者们曾经横穿这片荒野，在附近仍然能够看到他们四轮马车的辙印。第393轰炸机中队于9月开往文多弗，外加运兵车和其他辅助单位组成了第509混合大队。10月，它开始接收新型B-29轰炸机。

作为波音公司的产品，B-29轰炸机是一种革命性的飞行器，这是最早的洲际轰炸机。它是在20世纪30年代后期由陆军航空队雄心勃勃的军官们构想出来的，作为战略空军远距离作战的工具。早在1939年9月，他们就提出在对日作战时以菲律宾、西伯利亚或者阿留申群岛为基地来使用它。它是世界上最早的机舱加压的轰炸机，并且是到当时为止建造过的最重的飞机——空载重7万磅，满载重13.5万磅，这样的重量导致它需要一条8 000英尺长的跑道才能笨拙地起飞。从外表上看，它就是一根99英尺长的圆滑抛光的铝管插上141英尺长的巨大机翼——两架B-29轰炸机就能占据一整个橄榄球场——外加三层楼高的典型正弦曲线型尾翼。它安有4台怀特18缸星形发动机，每台功率为2 200马力①，它们可以让它在高空以350英里每小时的最高速度飞行。它的巡航速度是220英里每小时，最大航程为4 000英里，能携带2万磅炸弹，虽然作战负荷一般为1.2万磅左右。它能够在3万英尺高空巡航，巡航高度在高射炮火的射程之外，也在大多数敌机的巡航高度之上。它的涡轮增压器增大了发动机功率；超大尺寸的16.5英尺螺旋桨比任何其他飞机的螺旋桨都旋转得更慢；它的襟翼是世界上最大的，调整面积占机翼的五分之一，可以让为高速长程飞行设计的低阻力机

① 约1 618千瓦。——编者注

翼适用于起降。

在地面上，B-29 轰炸机用前三点式可伸缩起落架水平停放：机头下方有一轮，两翼下各有一轮。11 名机组成员在 5 个相连的机舱中占据两个加压舱；机翼前后的串联炸弹舱将机头与中部和尾部分隔开来，从机头回到中部需要爬过一段加压的单人通道。标准的 B-29 机组人员包括机头部分的驾驶员、副驾驶员、投弹手、随航工程师、领航员和无线电操作员，中部的三名机枪手和一名雷达操作员，以及尾部的另一名机枪手。由于比起气压或者液压的管道系统，电路相对不易受到战斗损伤的影响，因而除液压的机轮制动器外，机内全部操作均由电动机提供动力，机上总共载有超过 150 台电动机，机身尾部有一个汽油动力轻便发动机用于在地面上供电。多台模拟计算机运行着一个中央炮火控制系统，然而，第 509 大队的轰炸机上除尾部的 20 毫米机关炮外，其他所有的枪炮都被拆除了。

如果说 B-29 的发动机十分强大，那么它们容易着火也是众所周知的。为了改进它们的功率重量比，怀特公司用镁来制作曲轴箱和附件箱。发动机冷却不充分，排气阀有过热和被卡住的倾向；有时，发动机会卷入阀门并且着火。如果火延伸到镁——镁是通常用于制造燃烧弹的金属——发动机通常会引起整个主翼梁燃烧并且将机翼烧得脱落。为了预防这种灾难，波音公司改进了发动机冷却系统，然而基本设计的缺陷依然存在；这种飞机发明出来就是为了服务于战争，没有时间去开发一种新的动力装置。（据投弹小组的一名物理学家回忆，B-29 起飞后会低空掠过文多弗数英里，以在爬升前冷却发动机，这会刮倒沿途的山艾树。）

一旦升到高空，第 509 大队的飞行机组人员便会进入轰炸航路。投弹手从 3 万英尺高空通过"诺顿"轰炸瞄准具对准设在地面上的逐步缩小的靶环。那些曾经在欧洲多云的天空中飞行过的机组人员不知道他们为什么要训练目视轰炸，不过特殊的回避机动至少让他们隐约意识到了他们运载的未知武器的潜在威力。蒂贝茨一点也没有向任何人提起原子弹，但命令机组人员投完弹后立即压低机头，进行155度的急剧俯冲转向。快速俯冲加快了巨大轰炸机的空速；将这种机动练得炉火纯青之后，机组人员能够在延迟爆炸的时间里逃出10英里的距离，这样一来，格罗夫斯写道，当这颗2万吨TNT爆炸当量的炸弹爆炸时，"免遭毁灭的安全系数翻了一番"。在俯冲翻转之前，他们会投下混凝土炸弹和高爆炸弹。这些铆得并不是很牢的"胖子"的仿制品被涂上了明亮的橙色以增强其可视度，他们称这种炸弹为"南瓜"。第509大队十分卖力；冬天的风在文多弗专用地上空呼啸，吹得丝石竹挂在带刺铁丝网的栅栏上；周末，机组人员则会急不可待地赶往盐湖城去挥霍。蒂贝茨打开他们的邮件，窃听他们的电话，跟踪他们，将泄密者送到安全但条件糟糕的阿留申群岛上度过战争余下的时间。他取得了凌驾于225个军官和1 542名军人之上的权威。借助于他的"银盘子"优先征用权，他在世界范围内招募他所能找到的最好的飞行员、投弹手、领航员和随航工程师。

他们中的一个人，纽约州布鲁克林的罗伯特·刘易斯上尉，身材矮壮，26岁，是一名态度生硬粗暴却有天赋的飞行员，由蒂贝茨亲自训练。1944年夏天他曾在内布拉斯加州的格兰德岛上度过一段时间，教一位身经百战的高级军官驾驶B-29飞机。柯蒂斯·李梅（Curtis LeMay）少将因此得以合格通过，于8月下旬乘坐一架C-54型飞机到印度去接管第20轰炸机指挥部的指挥权。该指挥部的基地在印度，前进机场在中国，试图用略多于200架的

B-29 轰炸机从中国出发去轰炸日本。轰炸机每次执行轰炸任务之前必须从印度飞越喜马拉雅山脉，将它们自己的燃料和武器弹药运送到中国——每次轰炸需要 7 趟往返的飞行补给，每运输 1 加仑的油最多会燃烧掉高达 12 加仑的油。"这行不通，"李梅后来在自传中写道，"没有谁能够这样做。它建立在一种极其荒谬的后勤基础之上。然而，我们全国上下还是像一群狼那样嚎叫着要对日本本土发起攻击。"

柯蒂斯·李梅是一名粗野、顽强、雄心勃勃的轰炸机飞行员，喜欢狩猎，叼着雪茄烟，肤色黝黑，壮实，敏捷。"我告诉你战争是什么，"他曾坦率地说——不过那时已是战后——"你不得不杀人，当你杀死了足够多的人，他们才停止战斗。"在战争的大部分时间里，他似乎一直倾向于精确轰炸而非区域轰炸，这是自 1942 年丘吉尔和彻韦尔勋爵干预以来美国航空队与英国空军的区别所在。盟军在欧洲的精确轰炸有时能取得一些效果，虽然起不到一锤定音的决定性作用。然而，用来对付日本时，迄今为止它一直是失败的。李梅讨厌失败。

他父亲在事业上很失败，流浪着打零工，总是领着家人四处漂泊。李梅全家在俄亥俄州、宾夕法尼亚州、蒙大拿州荒原上和加利福尼亚州都住过。柯蒂斯·李梅于 1906 年出生于俄亥俄州的哥伦布市，是家中 7 个孩子中的老大。他在自传中提到过他孩提时代的两段记忆，而且两者是有联系的。第一个记忆是看到一架飞机并发疯似的追赶："我不仅向往这个神秘物体，不仅希望我能用手触摸它，而且还模糊却难忘地希望得到它的驱动力、速度和能量。"另一个记忆是他曾情不自禁地离家出走：他的母亲告诉他，他小时候"有近乎疯狂的逃学习惯"。"我免不了会长大，"李梅写道，"肩负许多责任，开始胸怀大志，在那之后我才能设法控制我的情绪和约束自己的行为。"

他递送电报、包裹和糖果盒。他送报纸，卖报纸，将报纸批发给报童，以此养活自己，有时还供养他的家庭："当杂货店老板还在犹豫是否将最新一篮杂货记在账上时，你最好准备好现金拿在手中。我很早就深刻认识到了这种必要性……家里储藏食品的地方就像个谜一样，而我父亲也不在意其中的情况。"李梅一面怨恨缺失的童年，一面继续前进。他在一家铸钢厂干了几夜的活，挣够了他乘车横穿俄亥俄州的钱。大学中的后备军官训练队能让他在将来进入俄亥俄州国民警卫队，而他选择国民警卫队则是因为在陆军飞行学校录取新成员时，国民警卫队比陆军预备役有更高的优先权。他于1929年通过了飞行考试，以后从没有停滞不前：先是下级军官，再到领航员，然后是B-10轰炸机、B-17轰炸机的总部领航员。1943年到1944年间，他在英国昼夜不停地改善精确轰炸。他的晋升速度很快。

阿诺德将他送到了太平洋战场，因为阿诺德需要能够胜任这种工作的人：

> 阿诺德将军一直完全致力于推进B-29轰炸机计划，为了获得物质资源和足够的经费来制造这些飞机并让它们投入战斗，他已经冒着风险努力了无数次……但他发现它们的表现不太好。他不得不一直调整任务、计划和人员，直到B-29轰炸机确实开始发挥作用。阿诺德将军下定决心让这个武器系统取得成果。

B-29轰炸机必须投入使用，必须成功地使用，否则，赌上自己的职业生涯和抱有坚定信念的人们将会颜面尽失，本来可以在其他地方做出贡献的资源将被浪费，阵亡者将会白白牺牲，千百万美元的经费也将会付诸东流。B-29必须反复证明自己的价值。

第一架B-29轰炸机于1944年10月12日到达马里亚纳群岛，在塞班岛上着陆。飞行员是小海伍德·S.汉塞尔（Haywood S. Hansell, Jr.）准将，他被委任为第21轰炸机指挥部的指挥官。作为阿诺德的参谋长，汉塞尔曾协助提出精确轰炸的理论并且坚决相信它的核心思想——通过选择性摧毁敌方关键性的战争产业，他们能够赢得战争。一种新型轰炸机"洪流"在新指挥官的带领下飞往马里亚纳群岛；自从1942年杜立德轰炸东京以来，首次飞越东京上空的美国飞机便是11月1日一架翱翔在高空执行摄影侦察任务的B-29轰炸机。一名当时住在东京的法国记者罗贝尔·吉兰（Robert Guillain）先是满怀期待，最后败兴而归：

> 这座城市在等待。数百万生命在明亮的秋日下午的寂静中命悬一线。有一阵，防空火力射向天空的炮火的噪声震撼着地面。随后，一切归于平静：没有看到什么飞机，警报解除。无线电宣布，一架B-29轰炸机单独飞越了日本首都上空而没有投下任何炸弹。

这仿佛是在执行一种缓刑，在一段时间内只有侦察任务会打扰这座防御薄弱的城市。"有一天，来访者终于出现了，飞翔在万余米的高空，"吉兰继续写道，"它甚至在蓝天上留下了尾迹：一条纯白色的线痕，就像某种飞行中的活物，拖着一根细得近乎看不见的银线。"返回到马里亚纳群岛后，汉塞尔又教他的队员们集体飞行，即编队飞行；他们在美国本土只进行过单独的飞行训练。

汉塞尔于 11 月 11 日接到了攻击第一个目标的命令。参谋长联席会议通过了这项命令，该命令也反映出他们相信单独用轰炸和海军封锁不能及时结束太平洋战争。9 月，联合参谋长委员会——英国和美国联合在一起的指挥部——提出了结束战争的一个预计日期：在德国战败后的 18 个月内。美国的参谋长联席会议认为要想实现这个目标，就必须进攻日本本岛。因此，汉塞尔接到的命令将精确轰炸日本飞机工厂作为第一优先级（在美国发起进攻之前削弱日本防空力量），第二优先级则是辅助太平洋的行动（麦克阿瑟当时甚至即将收复菲律宾，兑现之前回到那里的承诺），而第三优先级是测试燃烧弹区域攻击的有效性。这些优先级将精确轰炸排在第一位，正合汉塞尔本人的心意。

汉塞尔的机组于 11 月 24 日从塞班岛出发，对日本实施了首轮袭击。他们的攻击目标是距离日本皇宫 10 英里、位于东京北面的武藏野飞机发动机工厂。参加这次行动的飞机为 100 架，有 17 架提前折返，6 架没能投下炸弹。高射炮火很猛烈，目标则被云层遮挡。而且完全没有预料到的是，在轰炸机所飞的高度，风速竟达到140 英里每小时。在目标上方投弹时，炸弹会被风带走，炸弹的地面速度因此接近 450 英里每小时，投弹手不可能瞄准目标。结果只有 24 架飞机设法轰炸到了工厂区——其余飞机则将它们运载的炸弹投到了东京湾周围的码头和仓库——并且只有 16 颗炸弹命中目标。"我没有预见到 3 万英尺高空的极高风速，"汉塞尔后来说，"而且这可恶的风来得很突然。"它们是碰上急流①了。

李梅当时仍然和他的第 20 轰炸机指挥部一起在印度和中国开

---

① 大气中的狭窄强风带，上下和两侧的气流分别具有强烈的垂直和水平切变。——编者注

展工作。他很排斥支持蒋介石无关紧要的军事行动，然而有时又不得不这样做。坚韧的得克萨斯人克莱尔·陈纳德（Claire Chennault）领导着被派到中国的美国航空队，6个月来一直在支持轰炸汉口，这是长江边的一座城市，离上海有约500英里的内陆距离，日本就是从这里给它的亚洲大陆军队补充给养的。由于11月日本在中国展开新一轮的推进，陈纳德强烈要求对汉口发动攻击。李梅拒绝改变攻击日本本岛的目标，参谋长联席会议不得不强迫他参与这次攻击。B-24轰炸机和B-25轰炸机也在为这次进攻而集结；陈纳德特别希望李梅用他的飞机装载燃烧弹和炸弹在2万英尺高度而不是在3万英尺高度飞行，以便以一种较为密集的模式投掷。李梅保留了五分之一的飞机用于投掷高爆炸弹。77架B-29轰炸机参加了12月18日的空袭，使汉口的下游区燃烧起来；大火失控地狂烧了三天。这样的成效华盛顿没有忘记，李梅也没有忘记。

同一周在洛斯阿拉莫斯，格罗夫斯、帕森斯、科南特、奥本海默、基斯佳科夫斯基、拉姆齐和其他一些领导人会集在奥本海默的办公室，讨论如何为蒂贝茨的第509混合大队准备好"南瓜"——他们将其称为重磅炸弹。第一颗编号为1222的"胖子"仿制品的设计已经变更，因为事实证明它太难装配——那种装配要求插入、拧上螺母并拧紧1 500多个螺栓——而重新设计意味着洛杉矶的太平洋航空公司在整个秋季大约80%的工作都白干了。第一颗新设计、相对简单的炸弹——1291号，将在3天内，即12月22日准备好。"帕森斯上校说，2月15日到3月15日，这种1291号'小玩意儿'的重磅炸弹至少需要生产30颗，"这次会议报告的记录这样记载道，"以便每一架B-29轰炸机至少能够投下两颗……另外还要生产20颗重磅炸弹，用于高爆炸药试验……紧接着，需要生产出 75 颗用船运到海外。"

格罗夫斯一颗也不想生产。他不想将 1291 号仿制品在美国的大陆之外进行投掷试验，他也找不出为蒂贝茨的机组进行海外靶环演习制造 75 颗"南瓜"的理由。此时已经是 1944 年底，他感受到了曼哈顿工程累积起来的延误带来的压力："格罗夫斯将军指出，其他问题占用了太多宝贵的时间，以至于无法再将时间投入这项重磅炸弹工程。"科南特问起重磅炸弹工程还得持续多长时间，帕森斯不甘示弱地回答说，只要蒂贝茨的大队还在行动，它就得持续下去，以保证第 509 混合大队的机组人员的投弹技术不会生疏。接着他语气缓和了一些："蒂贝茨中校的大队预计到 7 月 1 日达到战斗训练的最佳程度。"

由于没有当面说服格罗夫斯意识到炸弹组装和投弹练习的重要性，帕森斯在圣诞节的第二天给将军写了一份很有说服力的备忘录。他指出，在"炮式'小玩意儿'"和"内爆式'小玩意儿'"之间存在重大的差异，尤其是在最后的组装上：

> 就机械测试而言，一般认为炮式"小玩意儿"的组装与鱼雷的现场组装是差不多的……而内爆式"小玩意儿"的情况就大不相同了，就复杂性而言，可以与现场重新组装一架飞机相比。其难度甚至还不止于此，因为组装时经常要用到高爆炸药的裸块，很可能还必须确保至少 32 个助爆器和雷管的位置固定无误，然后将它们连接到包含有特殊同轴电缆和高压电容电路的引爆电路上……我相信任何熟悉上述基本操作的人……都会认为这是在联合实验室和弹药库以外最复杂和最棘手的操作。

帕森斯有一个简单而令人信服的观点：组装小组和投弹手们都需要练习。格罗夫斯的态度变得温和了——蒂贝茨获得了他的"南瓜"。

更为传统的炸弹如今已经会定期投向日本，虽然尚未造成毁灭性的破坏。法国记者罗贝尔·吉兰回忆 11 月底东京首次遭遇夜间轰炸时说：

> 突然，夜间充满一种古怪而有节奏的嗡嗡声，带着沉闷、强烈的震动，使我的整座房子都摇晃起来：这是 B-29 轰炸机在黑暗中通过附近的天空一角发出的非凡声响，防空炮火的轰隆声紧紧追随着它们……我来到房子的平顶上……被探照灯的光束照到的 B-29 轰炸机平静地以它们的方式飞行，后面尾随着防空炮弹爆炸的红色闪光，而这种炮火无法达到飞机飞行的那个高度。一团粉红色的火光在附近一座山冈后面的地平线上散播开来，逐渐变大，使整个天空都变为血红色。其他红色斑点像星云一样照亮了视野中的其他位置。这很快将成为人们熟悉的景象。封建时代的东京被称为江户，这里的人们频繁受到意外火灾的威胁，他们委婉地称呼火灾为"江户之花"。那天夜里，整个东京都盛开着这种花朵。

当帕森斯和格罗夫斯正在为"南瓜"争论不休时，在汉塞尔被调到马里亚纳群岛后接任阿诺德参谋长职务的劳里斯·诺斯塔德（Lauris Norstad）捎话给他说，对日本的第三大城市名古屋实施一次试验性火攻是一种"迫切需要"。汉塞尔表示反对。他给诺斯塔德回信说，"面对巨大的困难"，他已"牢固地立下了这样的原则，即我们的使命是以目视投弹和雷达投弹这两种精确投弹方法，通过持久而坚决的攻击来摧毁主要目标"，而且他"正在开始取得成果"。他带有讽刺意味地说，他担心区域轰炸会荒废他的机组人员难得的技能。诺斯塔德表示有同感，但坚持说空袭名古屋只是一次试验，是"出于未来计划的需要而提出的特殊要求"。1945 年 1 月 3 日，将近 100 架汉塞尔的 B-29 轰炸机装载着燃烧弹飞往位于东京西南方 200 英里处浓尾平原南端的名古屋，在这座城市里引发了无数没能连成一片的小规模火灾。

苦战了三个月，不断有飞机损失，汉塞尔却没有摧毁九个高优先级目标中的任何一个。由于他面对华盛顿提出的诱人建议——美国航空队最早的战略大师比利·米切尔（Billy Mitchell）早在 1924 年就指出日本城市怕火的弱点——毫不动摇，他最终丧失了指挥权。诺斯塔德于 1 月 6 日飞往关岛解除了汉塞尔的职务。柯蒂斯·李梅第二天从中国来到关岛。"李梅负责执行，"诺斯塔德告诉汉塞尔，"我们其余人制订计划。仅此而已。"就像是要鼓励新的司令官独自拿主意似的，"福将"阿诺德于 1 月 15 日心脏病发作，要离开一段时间去迈阿密的日光下疗养。

李梅于 1 月 20 日正式接管了指挥权。他在马里亚纳群岛有 345 架 B-29 轰炸机，而且会有更多飞机抵达。他有 5 800 名军官和 4.6 万名士兵。他要解决汉塞尔遇到的所有问题：急流的干扰；日本恶劣的天气，1 个月只有 7 天时间能够目视投弹，而且要碰运气，因为苏联方面拒绝在西伯利亚协作提供那里的气象情况，所以没有太多天气预报资料；当 B-29 轰炸机长时间向高空爬升时，它的发动机会过热并且熄火；投弹效果不好：

　　阿诺德将军需要的是战果。劳里斯·诺斯塔德已经将话讲得非常明白了。事实上，他说过："你用 B-29 轰炸机放手干吧，不过要取得战果。如果你没能取得战果，你就会被撤职。如果你没能取得战果，也不会有太平洋战略航空队……如果你没能取得战果，这将意味着最终要对日本实行大规模两栖进攻，这可能要以 50 多万美国人的生命作为代价。"

李梅将他的机组人员投入紧张的训练中。他们正开始获得雷达装备，而且李梅发现，通过雷达他们至少能够辨别从水域到陆地的转变。他命令实施高空精确攻击，然而也用燃烧弹进行试验；2 月 3 日在神户投下的 159 吨炸弹烧毁了 1 000 座建筑，然而这还不够好，"又一个收效不大的月份"，李梅这样称呼这个 2 月：

> 当我对它进行全面总结时，我认识到，在这六七个星期里，我们没有完成很多任务。我们仍然飞得太高，仍然飞入了那些高空中的急流中。天气总是不好。
>
> 我彻夜不眠，仔细梳理我们攻击或侦察过的每个目标的所有照片。我也阅读了谍报人员的报告。
>
> 日本真的存在大量低空高射炮火吗？我始终没有发现它。
>
> 这里有值得深思的地方。

2 月有两件震惊世界的事件也值得深思。一个事件发生在世界另一边的欧洲，过去李梅经常飞往那里。另一个事件开始于附近。这位从俄亥俄州来的坚韧的将军，他藐视失败，然而在日本他又正面临失败，他势必要详细了解这两起事件。

发生在欧洲的事件就是轰炸德累斯顿，这是德国萨克森州的首府，在柏林以南 110 英里处的易北河两岸，它以艺术和优美精巧的建筑而闻名。1945 年 2 月，苏联的战线已向西推进至距此不到 80 英里的地方；难民们像潮水般极度悲惨地向西涌进了萨克森州的这座城市。因为没有重要的战争工业，德累斯顿以前没有被列为轰炸目标，而且那里基本上不设防。在它的郊区共计有 2.6 万名盟军战俘。

温斯顿·丘吉尔促成了对德累斯顿的袭击。1 月的某一天，空军大臣在接到首相的电话时提出了战术建议；丘吉尔像对尼尔斯·玻尔那样暴躁地进行了反驳：

> 我昨晚没有问你用什么计划来打击从布雷斯劳撤退的德国人。相反，我问的是，现在是否应该把柏林，当然还有德国东部的其他大城市，视为特别有价值的目标。你说"在考虑中"，我很高兴。拜托你明天向我报告进展。

德累斯顿就这样成了目标。在 2 月 13 日这个寒冷的夜晚，轰炸机司令部的 1 400 架飞机向这座城市投下高爆炸弹和将近 65 万颗燃烧弹；这次行动损失了 6 架飞机。随之产生的火焰风暴在 200 英里外都可以看到。第二天，中午刚过，1 350 架美国重型轰炸机飞来用高爆炸弹攻击铁路编组场，然而由于云层和烟尘覆盖了 90% 的地区，实际轰炸的范围比计划中大得多。这些飞机完全没有遇到高射炮火。在此次攻击发生之际，美国小说家库尔特·冯内古特（Kurt Vonnegut）是一个在德累斯顿的年轻战俘。战争结束很长一段时间后，他向一位采访者描述了他的这次经历：

> 这是我见到过的最为奇特的城市。像巴黎一样，它是一座

充满了雕像和动物园的城市。我们住在一座屠宰场里，在水泥新砌的漂亮猪舍里。他们在屠宰场里安排了铺位并铺上了草垫。我们每天早上像合同工一样去一家麦芽糖浆厂干活。生产出来的糖浆是给孕妇用的。该死的警报响了起来，我们听到了在其他某些城市听到过的声音——砰！砰！砰！砰！我们绝没有想到在这里会听到这种声音。城里很少有防空掩体，也没有战争工业，只有雪茄厂、医院和乐器厂。当时，一声警报响起——这是 1945 年 2 月 13 日——我们来到人行道下面的两层地下室，钻进一个大冷藏库里。里面凉飕飕的，挂满了死猪。当我们再上来时，这座城市已经完了……攻击听起来并不非常可怕。砰！飞机首先投下高爆炸弹，让一切都不再稳固，随后散投燃烧弹……整个城市都被烧毁了……

为了卫生起见，[后来] 我们每天走进这座城市，都要挖开地下室和其他掩体，将尸体刨出来。典型的掩体一般是平时的地下室，我们挖进去的时候，它看上去就像一辆电车里坐满了同时突发心力衰竭的人。人们坐在椅子上，只是都死了。火焰风暴是一件令人惊异的事情。这种情况不会自然发生。这是由发生在火场中央的暴风引起的，令人窒息的空气简直无法呼吸。我们将死者弄出来，他们被装上货车，送到城市中的各个公园，这种地方宽敞而没有堆满碎砖破瓦。德国人搭起了焚尸堆将这些尸体烧掉，从而防止它们发臭和传播疾病。13 万具尸体被掩埋在地下。

而在更近的地方，柯蒂斯·李梅能够看到，日本人抵抗时的顽强和凶猛程度随着美国军队向他们的本岛推进而与日俱增。最新变成地狱的地方是硫黄岛，它由大量火山灰和岩石组成，面积仅有 7 平方英里。它的一端有一座休眠火山，即折钵山，是在人类已有历史记录的年代从海中升起的。硫黄岛上弥漫着硫黄毒雾，这是一种像臭鸡蛋味的气雾。岛上没有淡水，然而建了两个飞机场，日本的战斗轰炸机从这里起飞去攻击李梅在关岛、塞班岛和天宁岛的停机坪上停放的亮闪闪的 B-29 轰炸机。这里比马里亚纳群岛到东京的距离近了 900 英里，当执行战略轰炸任务的 B-29 通过上空时，它的雷达前哨会为日本本岛的防空部队和防空战斗机提供充足的警报。

　　日本人懂得这座岛屿的战略地位，做了好几个月的准备以守卫它，其间时常遭到美国海军和飞机的炮击和轰炸。1.5 万名军人修建了掩体、沟堑、战壕、1.3 万码长的地道、5 000 个隐蔽的机枪点和加固的洞穴入口、折钵山里的大型厨房与病房，以及具有混凝土厚壁的碉堡，将硫黄岛变成了一个要塞。炮台则装备了日本人到当时为止最集中的火炮：混凝土碉堡里装备有海岸防卫炮，洞穴掩体里装备有各种口径的野战炮、火箭筒，用沙子埋到只露出炮塔的坦克，675 磅的超口径弹迫击炮，还有将炮筒降至与地面平行的长管防空炮。日本司令官栗林忠道中将给他的手下制定了一种新战略："我们都愿意快速而轻松地死去，然而，这不会给对方人员带来重大伤亡。我们必须在各种工事里尽可能长时间地战斗。"他的陆军士兵和陆战队员此时已增援到 2.1 万人以上，他们再也不会在"万岁冲锋"中白白丧命。他们将抵抗到死。"我为在这里与美国作战而结束自己的生命感到遗憾，"栗林在给妻子的信中这样写道，"然而，我希望我能尽可能长时间地保卫这座岛屿。"他料想不会有援兵。"他们想让攻占硫黄岛的行动付出惨痛的代价，"没有参加这场战斗，但在接下来进攻冲绳岛的战斗中参战的威廉·曼彻斯特这样说，"从而使美国人打消进军他们本土岛屿的想法。"

华盛顿方面暗中考虑过让近海舰船将装有毒气的炮弹发射到岛上，把岛上的日军消灭得干干净净。但这个建议送到白宫后，被罗斯福不由分说地否决了。它可能会拯救成千上万的生命和加速日本的投降——这是为第二次世界大战中大多数大规模屠杀辩解时常用的论点，而且美国和日本都没有在禁止使用毒气的《日内瓦公约》上签字——然而，罗斯福大概还记得第一次世界大战期间德国的毒气战在全世界引发的强烈抗议，于是撇下毒气战方案，将任务留给了美国陆战队员。

他们于 2 月 19 日星期六上午 9 点开始登陆，这是在海军炮击和轰炸的数周后。这样的打击足以粉碎防御较差的敌人，但对在硫黄岛修建了地下工事的日本人来说，只是因为睡眠长期被打扰而感到昏昏沉沉的。海军用水陆两用车将陆战队送上岸，将他们交给了布满滑溜的黑色卵石的危险海滩，然后又回头再运送另一批。日本人控制着折钵山，这里地势较高；他们已瞄准了岛内平地上每一个具有重要意义的地点，此时，他们隔着一段距离开火了。曼彻斯特说，在海滩上，人们更多是死于炮火而不是子弹：

> 进攻者正在遭受重型迫击炮和各种炮火的打击。冰雹一样落在他们身上的钢铁弹片造成了沙漠风暴般的猛烈冲击。黄昏时分，滩头阵地上的 3 万人中有 2 420 人战死或者受伤。防线只有 4 000 码长，向北只有 700 码的纵深，而向南也只有 1 000 码的纵深。它犹如多雷①所描绘的地狱。基本物

---

① 19 世纪法国著名版画家、雕刻家和插画家。——校者注

资——武器弹药、给养、淡水——都散乱地堆放在一起。血迹、肉体和骨头满地都是。岛上的死亡显得格外惨烈。似乎没有清晰的伤口，只有尸体的碎块。它使一名军医想起了贝尔维尤［医院①的］解剖室。一般而言，区分死亡的日本人和美国陆战队员的唯一方法是看腿；美国陆战队员系的是帆布裹腿，而日本佬系的是卡其布裹腿。其他辨认方法完全失效。你在15 英尺长的一串内脏间穿行，在被拦腰砍断的尸体之间穿行。腿、胳膊和只带着一截脖子的头，离最近的躯干也有 50 英尺远。当夜幕降临时，海滩上散发着肉体燃烧的恶臭。

在第一个恐怖的夜晚后，当日本人本来会不顾性命地发动反击却选择了死守防御工事时，进攻方的指挥官们明白了，他们想在岛上抢占每一寸土地都要以美国人的生命作为代价。栗林对他的下属下了最后的命令，要求他们做出同样的牺牲。"我们要渗透到敌人中间消灭他们，"他激励道，"我们要手握炸弹冲向敌人的坦克并炸毁它们。我们的每一轮开火，都要杀死敌人，不容失手。每个人在死前都要以杀死十名敌人作为自己的职责！"漫长而残酷的战斗持续了大半个月。最后，3 月下旬，在炮火把地形都改变得面目全非之后，美军以高昂的代价取得了胜利。参战的约 6 万名陆战队员中，死亡 6 821 人，受伤 21 865 人，伤亡比率为 2 比 1，是海军陆战队历史上的最高纪录。而日本守军一方，有 2 万人死于硫黄岛，只有1 083 人允许自己被俘。

为了保护李梅的 B-29 机组人员，牺牲了如此之多的人，而

---

① 美国纽约的著名公立医院。——校者注

B-29 的战果却无足轻重，这刺激了李梅，他决心彻底改变战法。牺牲的人不能白死，血债要用血来偿还。

2 月 23 日，172 架飞机飞临东京上空，又一次展开燃烧弹试验，收获了到当时为止最佳的轰炸战果，让这座城市足足一平方英里的地方烧成了灰烬。然而，李梅早就知道，如果投弹得当，大火将会烧尽日本城市的木制建筑。他要努力解决的问题是如何投弹得当，而不是燃烧弹空袭本身。

他研究了攻击时拍下的照片。他再次查看了情报。"看来日本人恰好没有 20 毫米和 40 毫米口径的 [防空] 火炮，"他后来明确无误地回忆道，"这些类型的火炮是对抗低空和中等高度飞行的轰炸机攻击所必需的。在 2.5 万英尺或者 3 万英尺高空，他们必须用 80 毫米或者 90 毫米口径的防空炮向你射击，否则他们不可能将你打下来……然而，如果你低空飞行，那么，88 毫米口径火炮就不起作用了。你飞得太快了。"

低空燃烧弹轰炸有另外的重要优势。低空飞行可以节省在马里亚纳群岛升空和着陆所用的燃料，如此一来，B-29 轰炸机就能够携带更多的炸弹。低空飞行在大号怀特发动机上产生较小的应力：这样，就很少有飞机不得不中止飞行或迫降到海上。李梅还增加了别的可变因素，提议夜间轰炸；他的情报来源显示，日本战斗机缺乏机载雷达系统。东京只有少量轻型高射炮和战斗机保护，甚至全无此类保护，几乎是不设防的城市。李梅由此推出结论：为什么不撤掉 B-29 轰炸机的火炮和炮手，进一步增加炸弹装载量呢？他决定留下尾炮炮手作为观察员而撤掉其余炮手。

他只和几名参谋人员讨论了他的计划。他们划定了一个目标地带，这是一个平坦、人口密集的工人住宅区，有 12 平方英里的面积，紧邻东京市中心的皇宫东北角。哪怕在战争结束 20 年后，李梅还觉得有必要证明这个地区在某种意义上的确是工业区："所有人都住在制造炮弹引信的工厂周围。这是他们分散工业的方法：小孩子们［在家］帮忙，有一些小孩子整天干活。"美国战略轰炸调查组坦率地指出，目标地带 87.4% 是民宅，李梅后来在自传中也更为坦白地承认：

> 不管你怎样截取一个地段，你都将杀死数量多得可怕的平民。成千上万的平民。然而，如果你不摧毁日本的工业，我们将不得不攻入日本本岛。在向日本进军时，将会有多少美国人阵亡？ 50 万看来是最保守的估计。有人说是 100 万。
>
> ……我们在与日本交战。我们受到日本的攻击。你是想杀死日本人，还是宁愿让美国人被杀死呢？

在战争的稍后阶段，美国第 5 航空队的发言人指出，由于日本政府正在动员平民抵抗美国进军，因此，"日本的全体民众都是合适的军事目标"。

李梅决定对被认定为军事目标的东京工人阶级投下两种燃烧弹。他的领头机组将会携带 M47 型燃烧弹，这是一种 100 磅重的油凝胶炸弹，每架飞机携带 182 颗，每一颗这样的燃烧弹都能够引发一场重大火灾。随后而来的机组是他的主力，将会散投 M69 型燃烧弹，这是一种 6 磅重的凝固汽油炸弹，每架飞机携带 1 520 颗。他不使用镁弹，因为这种更为坚硬的武器会击穿屋顶瓦片，点燃日本人的房子里的木楼板，然后一头扎进土里，无法再发挥效果。李梅记得当时还将少量高爆炸弹混入其中，用以吓退消防员。

直到预定空袭之日的前一天，李梅才把迟迟没有递交上去的行动许可申请送去审批。他自己承担起责任，决心孤注一掷。诺斯塔德于 3 月 8 日批准了该计划，并且提醒航空队的公关人员这可能会是"一次成果辉煌的攻击"。阿诺德也在同一天下午知悉了此事。李梅的机组人员震惊地得知，他们将不携带防御性武器，在 5 000 英尺到 7 000 英尺的高度范围内交错排列出击。"你们将要投下日本人见过的最大的爆竹。"李梅这样对他们说。他们中有人认为这是在发疯，并且想要抗命不从，而其他人则愉快地欢呼。

　　3 月 9 日下午稍晚时分，334 架 B-29 轰炸机首先从关岛，随后从塞班岛，再后来从天宁岛起飞前往东京。它们携带了 2 000 多吨燃烧弹。

　　在 1943 年出版的一本畅销书中，一名对它非常了解的美联社通讯员将这座他们飞往的城市描述为"阴暗、单调、肮脏"。拉塞尔·布赖恩斯（Russell Brines）曾被日本人先后关押在马尼拉和上海，获救后，他给家里写了一封信，告诉他们日本人是怎样的一群人，战前，他就生活在他们中间，并且讲他们的语言：

　　"我们将战斗，"日本人说，"直到只能啃石头为止！"这是一句古谚。如今，擅于煽动他们绵羊般人民的日本宣传者令其复活并将它深深地扎根于日本人的意识中……［这］意味着他们将继续进行这场战争，直到每个人——也许包括每个妇女和儿童——在战场上倒下。成千上万名，也许是几十万名日本人，按字面的意思接受了它。忽视这种自杀情结将会与战前我们忽视日本人的决心和狡诈一样危险，而正是这种疏忽使珍珠港事件成为可能……

从前线回来的美国战士们一直在努力使美国人相信，这是一场灭绝性的战争。他们从散兵坑和子弹扫射沙地后留下的荒芜地带见识了它。我在敌人的后方见识了它。我们的感受是一致的，这是一场灭绝性的战争。日本军国主义者已经让战争变成这样了。

　　那年秋、冬两季，神风特攻队让美国海军和航空队的战士们看到了日本人顽强的独特证据：日本人用飞机装载高爆炸药，有预谋地撞向舰船。1944年10月到1945年3月期间，年轻的日本飞行员——他们中的大多数才刚到成为大学新生的年纪——在大约900次攻击中献出了生命。海军战斗机和防空炮火击落了许多神风特攻队的飞机。在一支拥有数千舰艇的舰队中，有近400艘美军舰艇受到打击，仅有大约100艘沉没或者严重受损，但这种进攻是罕见而又可怕的；它进一步消耗了日本人逐渐变弱的防空力量，同时也使美国人充分感受到了日本人拼死战斗到底的决心。

　　3月10日午夜刚过，李梅的飞行先头部队到达了东京上空。在隅田川东岸平原上的下町区，有75万人拥挤地居住在木板和纸板结构的房子里。先头部队在这里用火标示目标区，使燃烧的地带形成一个巨大而又明亮的X形。凌晨1点，B-29轰炸机主力开始有条不紊地轰炸这个平原。当时风速为15英里每小时。携带着1 520颗500磅M69型集束炸弹的轰炸机在离地面数百英尺的上空将它们投下。主力部队的定时控制器——控制投弹时间间隔的投弹舱机械——将炸弹之间的距离设为50英尺。当时，每架飞机载重量可覆盖大约1/3平方英里的房屋。即使只有五分之一的燃烧弹引起大火，每架飞机也会引起3万平方英尺的大火——每隔15座或

20座紧挨彼此的房子就点燃一处大火。罗贝尔·吉兰记得当时东京的房子就是这样致命地稠密：

> 炸弹投下来的时候，居民们勇敢地留下来，忠实地服从每个家庭保护好自己房子的命令。然而，面对着大风和像雨一样落下的炸弹，在每座房子都可能遭到10颗甚至更多炸弹轰炸的情况下，他们怎么可能扑灭大火？炸弹落下时，圆柱形的弹体会溅出小型火球沿屋顶滚动，将所溅之处点着。舞动的火焰四处蔓延，吞噬一切。

到凌晨2点，风速增加到20英里每小时。吉兰爬上屋顶观看：

> 风卷着大火，一路席卷这座木房密集的城市……像巨大的北极光一样的火光升腾起来……明亮的火光将黑夜照得通明，此时能够看到B-29轰炸机在天空中四处飞行。它们首次在低空和中等高度分层飞行。透过城中升起的烟柱可以看到明亮的刀形长翼，它们会突然反射下面火炉般的城市中的火光，黑色轮廓滑行于火一般的天空中，在更远的地方重新出现，在从地平线到地平线扫过天空的探照灯光束中，在黑暗的天顶上闪耀着金色的光芒，就像流星一样……我附近花园里的所有日本人都站到门外或他们躲藏处的外面盯着看，面对这种宏大的、几乎是戏剧般的奇观发出赞叹的声音——这是典型的日本作风。

那个夜里，东京出现了某些比火焰风暴还糟糕的事情。美国战略轰炸调查组称它为爆燃。当腾空的炽热气柱带来大风，上升气流裹着燃烧的空气向上翻腾，爆燃便开始了：

> 爆燃的主要特征……是会出现火锋，即向下风方向延伸的火墙，在它的前方是大量受热后蒸腾的混浊气体。这种气柱比火焰风暴狂暴得多，通常很贴近地面，产生更多的火焰和热能，而极少有烟。因此，与火焰风暴相比，爆燃的发展速度更快，破坏性也更大，因为大火会持续蔓延，直到再也遇不到可烧的材料才会停下……在距离火场 1 英里处，测得的风速为 28 英里每小时，火场边缘的风速则估计为 55 英里每小时，在火场里可能会更高。蔓延的大火在 6 小时内横扫了近 15 平方英里的面积。飞行员们报告说，空气运动如此强烈，以至于在 6 000 英尺高度的 B-29 轰炸机都被吹得完全翻转过来；热量是如此之高，甚至在这一高度，全体机组人员都不得不戴上氧气面罩。着火区几乎完全被烧成灰烬，没有建筑物或者里面的物件幸免于难。大火主要在自然风的方向上延伸。

穿过爆燃区上空黑色乱流的飞机上的一名投弹手回忆说，这是"我见过的最可怕的事"。

在下町区的浅渠里，人们潜入水中以避开大火，然而，水沸腾了。

隅田川挡住了这场横扫这座城市超过 15.8 平方英里面积的爆燃。战略轰炸调查组估计，"在这 6 个小时内，被东京这场大火烧死的人可能比人类历史上任何一个时候［在同样长的时间里］烧死的人都要多"。德累斯顿的火焰风暴可能使更多的人死亡，然而不是在如此之短的时间内。1945 年 3 月 9 日至 10 日的那个夜间，东京死亡了10万名以上的成年男性、女性和孩子；受伤者有100万人，其中至少有4.1万人严重受伤；总共有100万人无家可归。这次惩罚行动投下了2 000吨燃烧弹。然而，仅靠炸弹数量本身不足以形成爆燃，还需要风力才行，因此，从某种意义上说，上帝也在这场大屠杀中发挥了一定作用。

"福将"阿诺德给李梅发了一封庆贺电报："热烈祝贺。这次行动表明你的机组人员浑身是胆。"李梅的确胆识过人，冒险取得成功后，他马上便接连展开行动。他的B-29轰炸机于3月11日用燃烧弹轰炸了名古屋；3月13日通过雷达用燃烧弹轰炸了大阪；3月16日用燃烧弹轰炸了神户——M69型燃烧弹的库存在减少，不得不改用效果较差的4磅M17A1型镁燃烧剂集束炸弹；3月18日再次用燃烧弹轰炸名古屋。"之后，"李梅说，"我们的炸弹用光了。是真的一个不剩。"在10天里的1 600架次轰炸中，第20航空队在日本四座最大城市的中心地区共烧毁了32平方英里的面积，至少杀死15万人，实际数量肯定还要多出好几万人。"我认为，"李梅在4月给诺斯塔德的信中私下写道，"这是战略轰炸部队第一次发起实力与任务规模相符的行动。我觉得这个轰炸机指挥部有能力摧毁日本的作战力量。"李梅开始相信，他已经找到了一种方法，借此方法，光是航空队的力量就可以结束太平洋战争，而无须地面进军。

◉

在橡树岭，客人们在进入房子之前要脱掉鞋子。在这片泥泞的田纳西专用地上，招聘的人数仍在增加，持续的建设给这片贫瘠的土地带来了挑战，田纳西州伊士曼公司一位匿名职员就此写下一首诗，将这里的状况永久地记录了下来：

> 为了不至于迟到，
> 我不得不把负担减轻，
> 游过一大片洪水，
> 涉过这片该死的泥泞。

> 胶鞋和皮鞋均已丢尽，
> 没完没了地感到烦心，
> 我的情绪一落千丈，
> 都是因为这该死的泥泞。

> 它时刻流淌在我的全身，
> 我若划破手指，
> 流出的不是普通的血液，
> 而是该死的泥泞。

泥泞衡量着进展： 欧内斯特·劳伦斯以高昂的代价建造的加州大学同位素分离器已开始浓缩铀了。通过 1944 年 9 月下旬开始使用的 α "跑道"，每天最少浓缩 100 克 10% 的铀-235。然而，由于计划不周，用化学方法从 β 盒中回收原料时浪费了其中的大约 40%，正如马克·奥利芬特 11 月上旬从橡树岭向詹姆斯·查德威克汇报的那样："这种损耗或者阻碍……对生产这种第一流武器的材料造成了非常严重的延缓……从整体来看，我相信其化学处理手段之缺乏

协作、低效和管理不善堪称典型，令人震惊。"

奥利芬特这通抱怨的文字通过一份复件传到了格罗夫斯那里，他肯定是迅速采取了行动；这位负责排除故障的澳大利亚物理学家两星期后得以向将军汇报说："β'跑道'的产量显示出非常令人满意的突然上涨趋势。"奥利芬特在给查德威克的信中曾提到β"跑道"的产量为每天仅仅40克；如今"达到了每天大约90克的产量，而且有理由相信，在未来的数月里，将会保持这个水平，甚至有所增加"。他乐观地断言："现在绝对有希望让经营公司和其他方面的持续努力在新年年初实现预计的那个数量级的工业产量。"

1945年1月的任何一天，864台α级加州大学同位素分离器盒中都有85%在运行，生产出258克10%的浓缩产品；同时，36台β级同位素分离器盒每天将α级同位素分离器累积起来的204克产品转换成80%的浓缩铀-235，这种浓缩程度足够用来制造原子弹。詹姆斯·布赖恩特·科南特在他1月6日的手写版历史记录中计算过，每天1千克的铀-235意味着每6个星期生产出一颗炮式原子弹。这个数字是这样得出的：炮式原子弹需要大约42千克的铀-235，大约为铀-235临界质量的2.8倍。在没有进一步改进的前提下，仅加州大学同位素分离器就能在6~8个月时间里单独生产出这么多的材料。科南特在与格罗夫斯商议后评论说："看来似乎到7月1日将获得40~45千克……"欧内斯特·劳伦斯的巨大努力获得了成功；在需要于1945年年中准备好的一颗"小男孩"里，每克铀-235都至少要在加州大学同位素分离器里通过一次。

科南特也将自己在1944年6月的设想与新年年初的设想进行了比较，对面临的问题进行了评估：他以前"相信少量炸弹可能会起到结束战争的作用"，1945年初则"相信现在需要许多炸弹（德国经验）"。德国经验也许就是德国人的坚决抵抗，这种抵抗正在延长欧洲战争的时间，尤其是开始于 12 月中旬的以突出部战役闻名的阿登反击战，在科南特写下这些文字的时候仍然威胁着盟军的战线。这种持续的抵抗使盟军受到了一定程度的挫折，也将导致德累斯顿在另一个月里再遭猛烈的轰炸。

乌达耶-赫尔希公司最终为 K-25 气体扩散工厂交付了令人满意的多孔膜管。联合碳化物公司按时间表将多孔膜交货，将 K-25 系统构成级联并加以使用；当被称为转换器的一个个盒运到时，工人们将它们挂到系统里，用阿尔弗雷德·尼尔设计的轻便质谱仪在氮和氦的气体环境中对它们进行泄漏测试。当某一级被证明没有漏点并且其他方面准备就绪时，它就能运行而无须进一步等待，庞大的 K-25 级联系统的第一级于 1945 年 1 月 20 日充上了六氟化铀。世界上最先进的自动化产业工厂开始用气体多孔膜扩散法浓缩铀了。它只需要进行常规维护就能有效运行数十年。

在菲利普·埃布尔森扩大的热扩散工厂 S-50 里，管道泄漏非常严重，以至于不得不对它们进行焊接，这延误了生产，然而到 3 月，21 个 "跑道" 已全部开始浓缩铀。让不同的浓缩过程同时进行，从而在最短时间内生产出最多的产品，这成为一个复杂的数学和组织学问题。肯尼思·尼科尔斯中校是格罗夫斯手下才能出众、坚韧不拔的助手，他制订了日程表。基于尼科尔斯的日程表，格罗夫斯于 3 月中旬决定不建造更多的 α 级加州大学同位素分离器，而如劳伦斯所建议的那样，改为建造一个第二级的气体扩散工厂和第四个 β 工厂。尽管格罗夫斯的确期待用原子弹结束战争，但他似乎把参谋长联席会议的保守估计——太平洋战争将会在欧洲战争结束的 18 个月后结束——作为了建造新建筑的理由；他在提议时解释说，他的新工厂在 1946 年 2 月 15 日之前不能完工，然而"由于对日本的战争预计在 1946 年 7 月之前不会结束，我们计划增加两座工厂，除非接到相反的指示"。也许，他只不过是在谨慎行事。

1945 年初，橡树岭开始将纯度能用于制造原子弹的铀-235 运送到洛斯阿拉莫斯。这种物质比钻石还要贵重得多，格罗夫斯不想在运输过程中有任何闪失。虽然军队征用了克林顿专用地的所有土地并且把原住民从这个地区赶走，然而，在专用地一条多尘的弯道的尽头，在一座白色农舍旁边的牧场上放养着牛群。陡崖遮蔽的道路旁矗立着一座混凝土筒仓。从空中往下看，这里就是一幅田纳西州农庄的景象，但这个筒仓是机枪射击掩体，这个农场有保安守卫着，而且陡崖一侧有一座混凝土碉堡护卫着库房大小的地下室，地下室被设有岗哨的人行道环绕着。在这座牧场要塞里，格罗夫斯储存了他一克一克积攒起来的铀-235。武装送货员将它以四氟化铀的形式装在特制的皮箱里，用汽车运送到诺克斯维尔。在那里，他们登上通宵快车来到芝加哥，于第二天上午将皮箱交给他们在芝加哥的接头人，这些人在圣菲铁路列车上预订了位子。26 小时后，也就是在下午 3 点左右，芝加哥送货员在拉米下车，这是一个为圣菲运营的深入沙漠之中的车站。洛斯阿拉莫斯的安全人员前来接车并且完成将货物送到"山庄"的任务，在"山庄"里，化学家们正急切地等待着将这些稀有的货物还原成金属。

汉福德的钚生产有多依赖链式反应堆，就有多依赖化学分离。化学分离法是格伦·西博格的方法，如今已经直接从他的研究小组早期的超微量化学工作惊人地扩展了 10 亿倍的规模。在汉福德的反应堆里辐照过的铀棒中的钚以 250 比 100 万的比率与铀和高放射性裂变产物混合在一起。因此必须用载体化学——玛丽·居里和奥托·哈恩的部分结晶方法——来帮助分离出稀少的钚。这种人造金属如果被误食会有极大的毒性，然而只有轻微的放射性。为了使操作安全，也需要将它提纯到裂变产物含量少于千万分之一的纯度。由于反应堆中的铀棒会生出这样一种放射性，因此除最终的化学过程外，所有过程中的操作都不得不在厚厚的屏蔽物后面遥控进行。

西博格的研究小组开发出了两种分离过程，分别利用钚不同价态的不同化学性质。一种分离过程是使用磷酸铋作为载体，另一种分离过程是使用氟化镧。磷酸铋直接扩展自冶金实验室的实验，以达到去除铀和裂变产物污染的首要目的。氟化镧则在橡树岭以小型工业化规模使用，从含有钚的大量溶液中浓缩钚。

汉福德是杜邦公司建造和经营的最大的工厂，它的设施包括规模不算小的化学分离大楼。"最初考虑需要八座分离工厂，"格罗夫斯后来写道，"然后认为需要六座，再后是四座。最后，因为受益于操作经验和从克林顿专用地的半成品中获得的信息，我们决定只建三座这样的分离工厂，其中两座运行，一座备用。"为安全起见，这些工厂建在河畔核反应堆西南方向 10 英里远的盖布尔山上。每座大楼为 800 英尺长、65 英尺宽和 80 英尺高，混凝土灌注的结构是如此庞大，以至于工人们将它们称为"玛丽女王号"；"玛丽女王号"是英国的远洋轮船，只比它长出五分之一。格罗夫斯说，这些"玛丽女王号"实际上就是大型混凝土盒子，是一种封闭式建筑，"在它里面有容纳处理设备各种部件的独立单元。为了对强放射性实施防护，这些单元被 7 英尺厚的混凝土墙围了起来，上面再用 6 英尺厚的混凝土覆盖"。

每座"玛丽女王号"里包含 40 个单元，而每个单元都装上了盖子，这种盖子重 35 吨，能够用其上方悬挂的吊钩在大楼的狭谷式热室中移动。从一个生产反应堆推出的铀棒被贮存在 16.5 英尺深的水池里，直到它们强度大、寿命短的裂变产物的放射性衰减完。由于一种带电粒子的声爆，即切连科夫（Cerenkov）辐射①，水中发出蓝色的光围绕着它们。之后，铀棒被装在特制轨道上的屏蔽容器里送进一座"玛丽女王号"，在"玛丽女王号"里，它们首先被溶解在热硝酸中。一组标准设备占据两个单元：这是由离心分离机、收集罐、沉淀分离器和溶解罐组成的标准设备组，所有这些均用特制的抗腐蚀不锈钢制成。铀棒溶解而成的溶液用蒸气喷射虹吸管使它们通过每一个部件，蒸气喷射虹吸管是用来代替泵的一种容易保养的设备。分离过程有三个必要步骤：溶解、沉淀和沉淀物的离心分离。这些过程沿着分离大楼的狭谷式热室从设备组到设备组反复进行。终产物是放射性废物——被储存在地下水箱里——以及少量高纯度的硝酸钚。

如果"玛丽女王号"被放射性物质污染，将没有维修人员能够进入里面维修。设备操作员只能通过遥控对它们进行维修。操作员们需要先后在特拉华州的杜邦公司和橡树岭进行培训，然后在汉福德接受模拟训练，然而主管的工程师雷蒙·狄那里奥（Raymond Genereaux）想要让他们有更加权威的资质，而且找到了方法：1944 年 10 月，100 名操作员到达汉福德，他要求操作员们假设狭

---

① 这里指 1934 年由苏联物理学家帕维尔·切连科夫（Pavel Cherenkov，1904—1990）发现的、因此以他的名字命名的辐射。1937 年另两名苏联物理学家伊利亚·弗兰克（Ilya Frank，1908—1990）和伊戈尔·塔姆（Igor Tamm，1895—1971）成功地解释了切连科夫辐射的成因，三人因此共同获得 1958 年的诺贝尔物理学奖。对于俄语人名的英译，并不存在一套统一的翻译。在英文中，切连科夫通常译为 Cherenkov，本书作者采用 Cerenkov。——校者注

谷式热室里已经有了放射性，必须用遥控方法将处理设备安装到最先完工的分离大楼中。他们按要求做了，起初操作时很笨拙，然而随着遥控操作技能经过实践得到改进，他们越来越自信了。

"当'玛丽女王号'开始正常运行时，"利昂娜·马歇尔后来回忆说，"将辐照过的铀棒溶解在浓硝酸中，混凝土狭谷式热室上方产生出大量棕色烟雾，它们在空气中上升数千英尺，在高处被风冷却并吹向一旁。"B号反应堆中的溶液用轨道车送往 1944 年 12 月 26 日开始运行的 221-T 分离工厂。"第一套设施的产品……介于 60% 到 70% 之间，"西博格后来自豪地评论道，"在 1945 年 2 月上旬达到 90%。"富兰克林·T. 马蒂亚斯（Franklin T. Matthias）中校是格罗夫斯在汉福德的代表，亲自携带最初的一小批硝酸钚乘火车从波特兰到洛杉矶，在洛杉矶他将这些硝酸钚交给一名洛斯阿拉莫斯的安全送货员。从那以后，货物——以亚临界状态分批运送，装在金属容器中，金属容器又装在木盒里——由陆军救护车护送，一路经过博伊西、盐湖城、大章克申和普韦布洛而送到洛斯阿拉莫斯。

贝特朗·戈尔德施密特是与格伦·西博格一起工作的法国化学家，他用一种惊人的对比展现了曼哈顿工程区达到战时发展顶点时的情况。他后来在回忆录中写道，它是"美国人在三年中花 20 亿美元创造的工厂和实验室群——与当时美国整个汽车工业一样大的产业"。

⊙

第二次世界大战的一大谜团，是美国人为什么没有及早开展专门的情报工作，进而发现德国人原子弹研发的进展情况。如果像各种记录反复强调的，美国对德国可能用这样一种惊人的秘密武器扭转战争进程严重担忧，那么，它的情报机构或者曼哈顿工程为什么不在间谍活动上努力呢？

1941年10月9日，万尼瓦尔·布什与富兰克林·罗斯福进行那次至关重要的会面，并向罗斯福提出了间谍活动问题。当时，布什将莫德委员会的报告交给了总统，然而，这位科学研究和发展局局长没有得到满意的答复，可能因为美国当时还不是参战国。格罗夫斯在回忆录中将这个责任推卸给美国当时已经存在的情报机构，包括陆军情报局、海军情报局和中央情报局的前身战略情报局。格罗夫斯将它们情报不充分的原因归结于"在［它们］中间滋生的令人遗憾的关系"。至于为什么他自己直到1943年底才开始正视这一问题——当时乔治·马歇尔明确要求他这样做——他并没有说。一个原因当然是安全问题，这是格罗夫斯念念不忘的事情：为了让情报机构了解要搜寻什么，就不得不至少要向它简要介绍同位素分离技术和核裂变研究，这意味着任何一个情报人员被俘或者叛变都可能将美国的机密轻易泄露出去。当格罗夫斯最终承担起情报收集的责任时，他精选出没有在曼哈顿工程内工作过的科研人员，并且只批准在已被盟军占领的地区进行准军事行动。至少这是他打算让情报部门采取的行动方式，而实际上情报部门常常是在战争前线之间的无人地带不择手段地搜集情报的。

格罗夫斯于1943年底授权的这个部门不知何故获得了"阿尔索斯"这样一个名称，它在希腊语中是"小树林"的意思，因而隐隐约约泄露了天机[1]；准将考虑过给它重新起个名字，"然而我判断，改变它……只会引起对它的注意"。执行阿尔索斯任务的负责

---

[1] 在英语中，"小树林"是grove，"格罗夫斯"是Groves。——译者注

人，他选择了鲍里斯·T. 帕什（Boris T. Pash）中校。帕什以前是一名高中教师，后来转行当上了陆军情报局的安全官，接受过联邦调查局的训练，因为在欧内斯特·劳伦斯伯克利实验室的工作人员中大张旗鼓地调查共产党人的活动而在美国情报圈中声名显赫。帕什是个爱整洁的斯拉夫人，戴着无框眼镜，身材单薄，头发稀少，能流利地说俄语，善于追查共产党人。他的家庭背景有助于解释个中原因：他的父亲从俄国移民来此，是北美东正教会的都主教（地位仅次于牧首的高级主教）。正是这个帕什盘问罗伯特·奥本海默，要查明他与共产党人之间的联系，并用放在隔壁房间里的秘密录音设备将这位物理学家对自身不利的遁词记录在了有声电影胶片上；他在没有可靠证据的情况下就断定奥本海默是一名转入地下的共产党员，可能是一名间谍。尽管格罗夫斯考虑过帕什给人扣"赤色分子"帽子的行为，他还是选择让帕什领导阿尔索斯任务，因为"他全面的能力和巨大的干劲给我留下了长久的印象"。

帕什于 1944 年在伦敦建立了一个基地，当时盟军正在诺曼底登陆后向法国内陆推进。他随后带领阿尔索斯的一队人马跨过海峡征募人员，乘吉普车前往巴黎。一份当时的军情报告提到："阿尔索斯先行人员在奥尔塞的 188 号公路与美军第 102 机械化骑兵群会合。"美军在巴黎城外停了下来——夏尔·戴高乐说服了富兰克林·罗斯福允许"自由法国"先进城——然而，帕什决定随机应变："帕什中校和他的人员随即抄近路到 20 号公路加入法国装甲师的第 2 部。阿尔索斯人员随即于 1944 年 8 月 25 日 8 点 55 分进入巴黎市。阿尔索斯人员在法国 5 辆最早开进城的车辆后面进入了这座城市，是进入巴黎的第一批美军单位。"这 5 辆法国车辆都是坦克。帕什的非装甲吉普车不断遭到狙击手的射击。他在巴黎市的小街里穿行以躲避狙击，在这天结束时到达了目的地——位于皮埃尔·居里大街的镭研究所。他在这里安顿下来，晚上和弗雷德里克·约里奥一起喝香槟庆贺。

约里奥对德国人的铀研究了解得比任何人预想的都要少。帕什将他的基地转移到解放了的巴黎，开始追踪有希望的线索。其中一条重要线索指向斯特拉斯堡，这是阿尔萨斯-洛林莱茵河畔的一座老城，盟军于 11 月中旬占领了这座城市。帕什在这里找到了德国人建在斯特拉斯堡医院地界上一座大楼里的物理实验室。在阿尔索斯小分队里，他的科学搭档是塞缪尔·古兹密特，他是一名荷兰理论物理学家，是保罗·埃伦费斯特的学生，他研习过犯罪学，以前在麻省理工学院的辐射实验室工作。古兹密特跟随帕什来到斯特拉斯堡，开始辛勤地检查各种文档并且取得了巨大的收获。他在战后的回忆录中这样写道：

> 这些文档确实没有给出明确的信息，然而，对于了解整个德国铀计划的概况来说，这些信息足够了。我们在烛光下用了两天两夜时间研究这些资料，直到眼睛发痛……结论是明白无误的。手头的证据明确表明，德国没有原子弹，而且不太可能有任何可行形式的原子弹。

但纸面证据对格罗夫斯来说还不够，就他的关切而言，只要还没有摸清德国人 1940 年入侵比利时后掠走的矿业联盟的所有铀矿石的下落，他是不会让情报人员收工的。这批铀矿石总共大约1 200 吨，是战争期间除德国管制下的约阿希姆斯塔尔和突然中止对外供货的比属刚果之外，德国唯一可利用的原子弹材料来源，它们至今去向不明。

　　帕什从图卢兹的法国兵工厂获取了这些铀矿石的一部分，大约为 31 吨，这些矿石是被转移并且秘密存放在这家兵工厂里的。在他们于 3 月底随盟军跨过莱茵河进入德国时，他获得了一支较大的战斗队伍、两辆装有 .50 口径机枪的装甲车和四辆装有机枪的吉普车，于是他们开始自己寻找德国核科学家。"华盛顿方面想要绝对的证据，"帕什后来回忆说，"全面掌握他们以前不了解的纳粹核活动的情况。他们也想确保没有哪个卓越的德国科学家成功溜走或者落入苏联之手。"阿尔索斯团队路过海德堡时找到了瓦尔特·博特，他的实验室拥有德国唯一正在运行的回旋加速器。这里的文件资料都指向魏玛附近的施塔特伊尔姆，这是库尔特·迪布纳的实验室所在地。这座小镇也被证明是德国核研究计划的中心办事处。尽管维尔纳·海森伯和他来自威廉皇帝研究所的研究小组转移到了德国南部以逃避盟军的轰炸和正在推进的苏联以及其他盟国军队，但在施塔特伊尔姆，还是有少量的氧化铀成了帕什的战利品。

　　帕什错失了取回铀矿石的机会。1944 年底，在布鲁塞尔缴获的文件表明，德国北部马格德堡附近的施塔斯富特可能存有比利时的大部分矿石。自那以后，格罗夫斯与英国的联络人一直在关注那里的一座工厂。到 1945 年 4 月上旬，红军已推进至距那里近在咫尺的地方，势必会发现该厂；格罗夫斯安排组建了一支由英军和美军混编的作战部队，这支队伍在小约翰·兰斯代尔中校的带领下前去执行任务，兰斯代尔就是那个使保罗·蒂贝茨明白了他的任务的安全官。这支小分队在哥廷根与第 12 集团军群的陆军情报人员见了面，争取让施塔斯富特的行动得到批准；兰斯代尔在一篇报告中这样描述这次交锋：

我们向他概述了我们的计划，之后告诉他，如果我们找到了要找的这些材料，我们建议将其运走，而且我们必须极其秘密和极其迅速地行动，因为苏军和其他盟军显然不久就将会师，而这些材料所在的区域好像是约定的苏军占领区的一部分。[这位陆军情报人员]因为我们的计划而感到心烦意乱，他预见到了和苏联人打交道的种种困难以及国内的种种政治反响。他说他必须去请示司令。

他要见的这个人就是沉着、严肃的奥马尔·布雷德利（Omar Bradley）：

　　他单独去见布雷德利将军，此时布雷德利将军正在第9集团军司令那里开会，而当时施塔斯富特也正好在他的控制范围内。他们两人无条件批准了我们的计划。有报告称布雷德利将军当时明确表示："让苏联人见鬼去吧。"

　　4月17日，在一名熟悉这个地区的步兵师情报官员的带领下，兰斯代尔和他的小分队向施塔斯富特进军了：

　　这座工厂一片狼藉，这既是我们的轰炸造成的，也是法国工人对它的洗劫造成的。翻遍堆积如山的纸张后，我们终于找到了存货的清单，它们揭示了我们正在工厂里寻找的材料的存放地点……所幸的是这些矿石储存在地面以上。它们被放在敞开的棚子里的桶中，而且放在这里明显有挺长一段时间了，许多桶已经破了。将近1 100吨矿石储存在这里。它们呈各种形态，主要是来自比利时的精矿，以及大约 8 吨氧化铀。

兰斯代尔指示他的行动小组进行盘点，并且前往第 9 集团军司令部。该司令部指派给他两个卡车连。他前往美军永久占领区中最近的铁路终点站，然而发现那里的指挥官正忙着安置大约 1 万名盟军战俘，实在无暇旁顾，只能提供 6 个人承担警卫任务，此外就无力再提供什么帮助了。兰斯代尔当机立断，将附近的飞机库当作存放矿石的场所，等待将这些矿石运出德国，并且为它们清除运输途中的隐患。之后，他返回了施塔斯富特：

> 存放材料的许多桶都破了，大多数没破的也很脆弱，经受不起运输中的颠簸。[一名英国军官和一名美国军官] 和我驾着一辆吉普车四处侦察，在一个小镇上找到一家纸袋厂，这家纸袋厂可以提供大量特别厚实的袋子。我们后来派去一辆卡车运回 1 万个这样的袋子。我们也在一间作坊里发现了一些电线和给袋子封口的必备工具。到 4 月 19 日傍晚，我们有了大批的人忙于重新包装这些材料，那天深夜便开始将它们转运 [到铁路终点站]。

同时，鲍里斯·帕什继续追踪德国的原子科学家们。阿尔索斯行动的文件列出了维尔纳·海森伯、奥托·哈恩、卡尔·冯·魏茨泽克、马克斯·冯·劳厄及其组织中的其他人，这个组织设在德国西南黑森林地区的度假小镇海格洛赫。到 4 月底，德国防线被突破，法国军队在前面开道。帕什和他的武装人员，此时包括一个战斗工兵营，在午夜时分得到消息后，乘坐吉普车、卡车和装甲车火速前往斯图加特，抢在法国人之前进入海格洛赫。他们沿途招来了德国人的火力并进行了还击。与此同时，兰斯代尔在伦敦重新集结了他的英美小分队并且飞过来紧跟帕什。接下来的事情帕什有清楚地记述：

> 海格洛赫是一个跨艾阿赫河而建的风景如画的小镇。当我们接近它时，枕套、被单、毛巾和其他白色物件被挑在旗杆上、扫帚把上和挂在窗户上，飞速传播着投降的信息。
>
> ……当我们的工兵朋友们忙着在这第一座阿尔索斯直接夺取的敌方城镇巩固防御时，[帕什的人]领导小分队快速行动，确定纳粹研究设施的位置。他们不久找到了一座地点绝妙的建筑，其位置使它几乎能完全遮蔽空中观察和阻挡轰炸——这就是悬崖顶上的一座教堂。我急忙赶到现场，看到在俯瞰小镇较低一侧的80英尺高的悬崖侧面，有一个盒状的混凝土入口，通往一个洞穴。沉重的钢门上了锁。门上贴的一张纸上写明了管理员的身份。
>
> ……当这名管理员被带到我面前时，他试图让我相信他只是一名会计。他对我让他打开大门的命令犹豫不决，我便说："贝亚特森，把锁敲开。如果他胆敢挡道，就向他射击。"
>
> 这名管理者打开了大门。
>
> ……主室里有一个混凝土坑，直径大约为10英尺。坑里悬挂着一块厚金属板，盖在一个厚壁金属圆筒上方。后者装有一个罐形的容器，也是厚金属的，大约在地面以下4英尺的位置。在这个容器的顶部是一个金属架……[一名]德国战俘……证实，我们缴获了纳粹的铀"机器"，当时德国人这样称呼它——实际上它是一座原子反应堆。

帕什于 4 月 23 日将古兹密特和几个同事留在海格洛赫，自己匆匆赶往附近的赫辛根。在赫辛根他找到了德国科学家们，除了奥托·哈恩和海森伯外，所有人都在这里。帕什两天后在泰尔芬根找到了哈恩，在巴伐利亚的一座湖滨小别墅里找到了海森伯及其家人。

海格洛赫的反应堆曾用于威廉皇帝研究所的最后一轮中子倍增研究。1.5 吨精心管理的挪威水电公司的重水用以使中子减速；它的燃料由 664 块立方体的金属铀连接成 78 条链，从帕什所描述的金属"板"悬挂到水中。借助于这种精致的安排和一个中心中子源，威廉皇帝研究所的研究小组于 3 月获得了将近 7 倍的中子倍增；当时，海森伯计算过，一座规模扩大 50% 的反应堆将会产生持续的链式反应。

"德国人的原子弹构不成直接威胁，"鲍里斯·帕什带着无可非议的自豪写道，"这个事实可能是整个战争发展过程中最重要的一份军事情报。仅仅这条信息就足以证明阿尔索斯行动的价值。"不过，阿尔索斯行动还有更多的成功之处：它防止了苏联军队俘获一流的德国原子科学家，还缴获了一批数量很大的高质量铀矿石。橡树岭的加州大学同位素分离器已开始将在图卢兹缴获的比利时矿石加工成"小男孩"所需的材料。

◉

1944 年底，擅长发明的奥托·弗里施在洛斯阿拉莫斯提出了一个大胆的实验计划。浓缩铀已经开始从橡树岭送达"山庄"。将这种金属与富氢材料相混合可以制造出氢化铀，这样，就有可能获得对快中子和慢中子都起作用的临界质量组合。弗里施在 G 组负责领导临界组合团队。制造一个临界组合需要每次一根一根地堆叠几十根 1.5 英寸长的氢化物棒，并在立方堆垛接近临界质量时测量渐增的中子活性。通常，这些小棒被堆在一个箱子形状的框架内，这个框架是用较大的铍填充物加工而成的，铍填充物用来将中子反射回来，从而减少对铀的需求量。1944 年共开展过几十次这样的临界组合实验。"随着可供使用的铀-235 越来越多，材料的氢含量被逐渐降低，"洛斯阿拉莫斯技术档案指出，"能够提供经验的反应也变得越来越快。"

然而，通过堆叠棒材来组合至完整的临界质量是不可能的；这样一种组合将会失控，会用辐射和熔化置它的堆叠者于死地。有一天，因为离一个无遮蔽的亚临界组合——弗里施将这个组合称为"戈黛娃夫人"[①]——太近，他体内的氢将中子反射了回去，几乎造成了一次失控反应。"在那时，"他回忆说，"我用眼角的余光看到［监控］小红灯停止了闪烁。它们就像是在持续发光。闪烁加速得如此之快，以至于无法察觉出来那是在闪烁。"弗里施立即用手扫过这个组合的顶部，敲掉一些氢化物棒。"灯的闪烁重新慢到可以看清了。"战时的辐射剂量标准较为宽松，而即便以这种标准，他在两秒钟内受到的辐射也达到了一整天容许的最高剂量。

尽管有这样的可怕经历，弗里施还是想用完整的临界质量来开展研究，从而用实验确定迄今为止洛斯阿拉莫斯还只能在理论上确定的东西："小男孩"究竟需要多少铀。因此，他大胆提议：

[①] Lady Godiva，或称 Godgifu，是英格兰的一名贵妇。相传她为了争取减免丈夫强加于市民的重税，裸体骑马绕行于考文垂的大街。全城居民出于感佩之情，自觉关门闭户，不去观看，只有一名裁缝透过窗户偷窥，这个裁缝因此双目失明。——校者注

现在已有足够的铀-235 化合物，应该将其组合起来制造一个爆炸装置，不过要在中央留下一个大洞，使足够的中子可以逃逸，从而不会发生链式反应。但中间缺失的部分也应该制造出来，之后可以将其坠入这个洞里，这样，在那一瞬间就有了原子弹爆炸的条件，尽管只是勉强如此。

才华横溢的年轻人理查德·费曼听到弗里施的计划时大笑着给它取了名：他说这像是在给一条熟睡中的龙的尾巴挠痒。它便被命名为"龙实验"。

在欧米伽峡谷一个费米也在使用的偏僻实验场里，弗里施的研究小组建造了一个 10 英尺高的铁架，称为"断头机"，它支起竖直的铝导轨。实验者们在台面高度将导轨用氢化铀块包围起来。他们将一块尺寸为 2 英寸×6 英寸的氢化物内核块升到断头机的顶上。它将在重力的影响下下落，加速度为 9.8 米每二次方秒。当它下落到两个氢化铀块之间时，将即刻形成临界质量。因为与氢化物混合，铀-235 比后来在"小男孩"里的纯金属铀-235 的反应慢得多。然而，"龙"将会被惊动，而这种危险的打扰将会给弗里施提供一个测量理论和实验之间相符与否的方法：

我们在没有实际爆炸的情况下尽可能朝着启动原子爆炸的方向接近，结果非常令人满意。所有事情都按应该的样子发生了。当内核填入洞里时，链式反应就像受到抑制的爆炸一样发生了，在这一瞬间，我们记录到了中子的大爆发，温度也上升了几度。我们在巨大的压力之下工作，因为这些材料必须在特定的日期前回收并加工成金属……在这极度兴奋的几个星期里，我每天大约工作 17 个小时，只能从黎明睡到上午 9 点左右。

官方的洛斯阿拉莫斯历史记录对弗里施的"龙挠痒"实验的重要意义评价如下：

> 这些实验为爆炸性链式反应提供了直接证据。它们产生了高达 2 000 万瓦的能量，氢化物中每毫秒上升 2 摄氏度的温度。实验中的最强爆发产生出 10^{15} 个中子。"龙实验"具有历史性重要意义。这是第一个只有瞬发中子的超临界状态的受控核反应。

到 1945 年 4 月，橡树岭已经生产了足够的铀-235，允许形成一个没有氢化物杂质的纯金属铀-235 的近临界组合。用小而沉的箱子包装起来的小铀棒送到欧米伽实验场，全体人员一起努力将它们分开、解包和打开。这种金属在弗里施的工作间的灯光下发出银色亮光。它渐渐地被氧化，变成蓝色，随后变成深李子色。弗里施曾走在康盖坞村的雪地里，苦苦思索奥托·哈恩写给他姨妈的信意味着什么；他曾在哥本哈根玻尔研究所的地下室里，借用生物学名词为他解释的过程命名，这个过程让测量这些奇异棒材变得十分致命；在伯明翰大学，他与鲁道夫·派尔斯一同自得其乐地推导一个公式；而且是他率先清晰地看到，只用散落在他工作台上的一点深李子色金属，就能制造一颗改变世界的炸弹。在美国西南部洛斯阿拉莫斯的春季，结局终于到来了：弗里施以人类所能达到的极限程度，手工组装了铀-235 最接近临界质量而又不至于导致毁灭的组合。

4月12日星期四是弗里施用金属铀-235完成临界组合实验的日子。在前一天，罗伯特·奥本海默给格罗夫斯写了一封信，告诉了他一个振奋人心的好消息：基斯佳科夫斯基设法实现了完美对称的内爆压缩，其数据与理论预测完全吻合。美国的4月12日在日本是4月13日星期五，在那个对日本人来说不幸的夜晚，袭击东京的B-29轰炸了理研实验室。仁科芳雄开展他失败的气体热扩散实验的木制建筑没有立即燃烧，消防员和员工们设法扑灭了对它构成威胁的大火。然而，大楼外突然火势猛增，大楼连同日本的原子弹计划一起被烧得干干净净。在欧洲，约翰·兰斯代尔正准备赶往施塔斯富特去收缴剩下的比利时铀矿石；当格罗夫斯后来在4月底得知那场冒险取得的成果时，他给乔治·马歇尔写了一份备忘录，现在他可以叫停相关的谍报活动了：

> 1940年，德国军队在比利时收缴了大约1 200吨铀矿石，并将其运送到德国。只要这种材料还秘密保持在敌方的控制之下，我们就无法确定敌人是否可能正在准备使用原子武器。

> 昨天，我接到电报，我的下属确定这些材料就在德国的施塔斯富特附近，它们此刻正被运往德国之外的一个安全地方，这个地方将处于美国和英国当局的完全控制之下。

> 这些材料是欧洲可用的绝大部分铀，将其收缴意味着德国人在这场战争中使用原子弹的任何可能性都确定不复存在了。

在这些事件集中发生的日子，4月12日，另一个舞台也落下了帷幕：中午时分，在佐治亚州的沃姆斯普林斯，63岁的富兰克林·德拉诺·罗斯福正端坐着让人画像，突然被严重的脑出血所击倒。他在昏迷中弥留了一会儿，于下午3点35分与世长辞。他在总统的职位上为国家服务了13年。

罗斯福去世的消息传到洛斯阿拉莫斯时，奥本海默从他的办公室里走了出来，登上行政办公楼的楼梯，对自发聚集到这里的男男女女发表讲话。他们就像其他所有地方的美国人一样为失去这样一位国家领导人而感到伤心。有些人担心曼哈顿工程要终止了。奥本海默定在星期天上午举行追悼仪式，技术区内外的每一个人都可以参加。

"星期天上午，大家发现平顶山上积了很深的雪，"菲利普·莫里森在回忆4月15日那天的情形时说，"下了一夜的雪覆盖了小城的原始地貌，使它变得寂静无声，景观通通变成了柔和的白色。越过这一切，远处明亮的太阳在照耀着，在每一堵墙后投下深蓝色的影子。没有用于哀悼的服装，然而这雪景似乎给了我们需要的慰藉。所有人都来到剧场，奥比非常平静地发言了两三分钟，讲出了他自己和我们的心声。"这就是状态最佳的罗伯特·奥本海默：

三天前，当全世界得知罗斯福总统去世的消息时，许多平时不习惯于流泪的人都流下了眼泪，许多很少祈祷的人都在向上帝祈祷。我们中的许多人对未来深感忧虑；我们中的许多人不再那样确定我们的工作会有好的结局；我们所有人都被提醒，伟人是多么宝贵。

我们度过了极其不幸、极其恐怖的年月。罗斯福是我们的总统，是我们的总司令，在一种古老而纯正的意义上，他还是我们的领袖。全世界的人都期待他的指引。我们希望这个时代的罪恶不再重现；我们希望已经做出的可怕牺牲，以及未来还会继续做出的牺牲，能让世界变得更加适合人类生存；而罗斯福就被视为这些希望的象征……

在印度教经典《薄伽梵歌》中，是这样说的："人作为一种生物，本质上就是信仰。他的信仰是什么，他就是什么。"罗斯福的信仰，就是被全世界每个国家成千上万的人所共同分享的信仰。因为这一点，这种希望是有可能延续的；因为这一点，我们应该将我们自己奉献给这种希望，他的美好事业不会因为他的去世而终结。

副总统哈里·S. 杜鲁门（Harry S. Truman）来自密苏里州的独立城，他知道有个曼哈顿工程，但只知其名，不知其实。他后来说，当他从埃莉诺·罗斯福那里听说他必须继富兰克林·罗斯福之后担任总统时："我一直在想，'晴天霹雳，晴天霹雳！'"在星期四罗斯福去世与星期天"山庄"举行悼念仪式之间的某个时间，奥托·弗里施向罗伯特·奥本海默送交了有关首次实验确定纯铀-235 临界质量的报告。"小男孩"需要多于临界质量的铀，然而满足这一要求现在只是一个时间问题。洛斯阿拉莫斯也响起了晴天霹雳。

第三篇

生与死

未来的人会怎样看待我们呢？他们会像罗杰·威廉斯（Roger Williams）说起马萨诸塞的一些印第安人那样，说我们是具有人类头脑的狼群吗？他们会认为我们放弃了人性吗？他们有权这样说。

C. P. 斯诺

我看到，作为人类，我们内心有两种不能自拔的强烈冲动。一种是参与生命，这将创造出生命；另一种是避免死亡，这将悲剧性地带来死亡。生与死是我们之所长，我们能激活生命，也能激活死亡。

吉尔·埃利奥特

第 18 章

"三位一体"

在富兰克林·罗斯福去世后的 24 小时内，有两个人把有关原子弹的情况告诉了哈里·杜鲁门。第一个人是亨利·史汀生，他有一头竖立的白发，是杰出的陆军部长。杜鲁门于罗斯福去世那天晚上宣誓就职，并召开了简短的内阁会议，随后史汀生与刚宣誓就职的总统交谈。"史汀生告诉我，"杜鲁门后来在回忆录中写道，"他想让我了解一个正在进行中的庞大工程，这项工程可望开发出一种具有难以置信的破坏力的新型爆炸物。他觉得他当时能够告诉我的事情只有这么多，而他讲的这些话让我迷惑不解。这是我最初听到的有关原子弹的一点点信息，然而他没有告诉我细节。"

杜鲁门战争期间在参议院当过国防计划调查委员会主席，所以他知道曼哈顿工程的存在，当时他试图了解这项昂贵而且秘密的工程的目的，然而被陆军部长本人回绝了。像杜鲁门这么一个负责财务把关并且坚韧顽强的参议员，单凭史汀生的话就放弃调查数百万美元不加解释的国防工厂建设资金的具体用途，由此可以看出这位陆军部长是多么有威望。

当杜鲁门就任总统职位时，史汀生 77 岁。他还记得曾祖母给他讲过的她童年时与乔治·华盛顿（George Washington）交谈的故事。他上过菲利普斯·安多佛学院，当时这所著名的新英格兰预科学校的学费是每年60美元，学生们要自己砍柴。他毕业于耶鲁大学和哈佛大学法学院，在威廉·霍华德·塔夫脱当总统时担任过陆军部长，在卡尔文·柯立芝（Calvin Coolidge）当总统时当过菲律宾总督，在赫伯特·胡佛当总统时当过国务卿。罗斯福于1940年将他召回来继续在军队工作，尽管失眠和偏头痛常常影响他，但凭借他人特别是乔治·马歇尔的有力帮助，他还是扩展和管理好了世界历史上最强大的军事机构。他是一个本分而正直的人。"我在漫长的人生经历中取得的主要经验教训是，"他在他职业生涯的最后日子里写道，"使一个人值得信任的唯一方法就是信任他；而要使一个人不值得信任，屡试不爽的方法是不去信任他并且把你对他的不信任表露出来。"史汀生在待人和处理国务时都力求公正地运用这一经验教训。在1945年春天，他十分担心原子弹的使用及其后果。

在随后的那一天，即4月13日，另一个人向杜鲁门提起了此事，他便是人称"吉米"的詹姆斯·弗朗西斯·贝尔纳斯（James Francis Byrnes）。贝尔纳斯时年66岁，从4月初起，他就成了南卡罗来纳州的一名普通公民，然而在这之前，他当了三年罗斯福所谓的"总统助理"：先是任经济稳定局局长，然后是战争动员局局长，在白宫有办公室。当罗斯福处理战争事务和外交事务时，正是贝尔纳斯在管理着这个国家。"贝尔纳斯……前来看我，"杜鲁门在描述他第二次听到有关原子弹的简要介绍时写道，"他没有告诉我细节，尽管他极其严肃地说，我们正在完善一种破坏力大到足以毁灭整个世界的爆炸物。"随后，或者说马上，在杜鲁门再次会见史汀生之前，贝尔纳斯补充了一个重要的转折："他相信原子弹很可能会让我们在战争结束时从有利的位置设定条件。"

在这个星期五的首次会见中，杜鲁门要求贝尔纳斯转述他在三个月前雅尔塔会议上的速记内容，当时贝尔纳斯作为罗斯福的顾问参加了这次会议，而杜鲁门只是副总统，了解的东西很少。雅尔塔会议全面展现了贝尔纳斯处理外交事务的第一手经验。他在这方面比杜鲁门的经验要多。在这种情形下，新总统充分认识到了这一点，并且告诉这位同事，他打算让他当国务卿。贝尔纳斯没有回绝。但他坚持要求拥有放手干的权力，就像罗斯福在内政方面给予他的那些权力那样，杜鲁门同意了。

"一个瘦削、结实、穿戴整洁的小个子男人，"一个当时的观察组这样描述贝尔纳斯，"一张奇特的尖尖的脸，在这张脸上，他那敏锐的眼睛带着一种古怪而又温和的目光向外凝视。"当时的副国务卿迪安·艾奇逊（Dean Acheson）认为贝尔纳斯不仅自负而且麻木不仁，"精力旺盛、性格外向，习惯于兴高采烈地交流南卡罗来纳州的政治"。在贝尔纳斯和杜鲁门 4 月的讨论后又过了几个月，杜鲁门在他不定期写的个人日记中精辟地分析了这位南卡罗来纳人：

> 与我能干而又老练的国务卿进行了一次长时间交谈。我的天，他有敏锐的头脑！而且他是一个诚实的人。然而所有国家的政治家都是这样。他们确信所有其他政治家在和别人打交道时都话里有话。当有人不加掩饰地向他们坦陈真相时，他们绝不会相信——这有时是优点。

作为一名政治家中的佼佼者，贝尔纳斯在他 32 年的政治生涯中在联邦政府完全不同的三个部门服务过。他是白手起家的。父亲在他出生前就去世了。母亲学会制衣并以此维持生计。年轻的"吉米"14岁时在一个律师事务所找到了工作，这是他接受正规教育的最后一年。他离开了课堂，不过一名律师伙伴好心地指导他阅读了一份全面的书单上的作品。同时母亲在教他速记，因而他在1900年21岁时争取到了一份法庭书记员的职位。在跟随一位法官巡回审判的过程中，他在那位法官的指导下攻读法律，于1904年通过了律师资格认证。他于1908年首次竞选法务官（这个职务相当于南卡罗来纳州的检察官），以起诉杀人犯而著称。1910年他经历了超过46场辩论，当选为国会众议员；他在进入众议院14年后在野了5年，接下来于1930年成为参议员。到此时，他已在积极地帮助富兰克林·罗斯福竞选总统。1932年大选期间，贝尔纳斯成为这位总统候选人的一名讲稿撰写人，随后作为罗斯福的亲信在参议院努力促成新政。他获得的回报是，1941年成为美国最高法院的一名法官，1942年辞去法官一职并搬进白宫，接管了战时工资和物价控制应急计划的复杂工作，这也就是罗斯福所说的总统助理的职务。

1944年，所有人都明白，罗斯福的第三次连任将是他最后一次出任总统。竞选副总统的人因此会取得1948年民主党主席的提名。贝尔纳斯可望成为这个人，而罗斯福也鼓励他。然而，这位总统助理是一名来自南方腹地的保守民主党人，在最后一刻，罗斯福做出妥协，改为提名密苏里州的哈里·杜鲁门为副总统。"我坦率地承认，我感到失望，"贝尔纳斯写得非常委婉，甚至有点不自然，"因罗斯福总统的行为而感觉受到了伤害。"他坚持要于1944年9月与乔治·马歇尔访问欧洲前线，这个时间是总统竞选的中期；当他返回时，罗斯福不得不用正式的书信请求他——这是一封贝尔纳斯能够到处炫耀的信——用演讲来帮自己拉选票。

贝尔纳斯无疑认为杜鲁门是个篡权者：如果罗斯福选择的不是杜鲁门而是他，那么他此刻就是美国总统了。杜鲁门知道贝尔纳斯的态度，然而他非常需要一名老行家帮助他治理这个国家和面对这个世界。因此，他以国务卿这个职位开了价。国务卿是内阁中最高级别的成员，而根据继任规则，当副总统职位空缺时，国务卿也是总统职位的下一个人选。除了总统职位本身外，国务卿是杜鲁门所能给予的最有权力的职位。

万尼瓦尔·布什和詹姆斯·布赖恩特·科南特用了几个月的时间才说服亨利·史汀生考虑原子弹在战后时代带来的挑战。当布什在 1944 年 10 月下旬敦促他时，他尚未做好准备，而当布什在 12 月初再次向他施压时，他还没有做好准备。不过到那时，布什已经知道这个问题需要怎么解决了：

> 我们建议陆军部长向总统提议建立一个委员会或者代办机构来负责筹备相关计划，包括起草法案以及确定在合适的时间向公众发布的新闻稿……我们都同意现在应该把国务卿拉进来了。

波士顿律师哈维·H. 邦迪（Harvey H. Bundy）是史汀生的一名亲信，也是威廉·P. 邦迪（William P. Bundy）和麦乔治·邦迪（McGeorge Bundy）①的父亲。史汀生让他至少着手开列一份成员名单，并且罗

---

① 威廉·邦迪是艾奇逊的女婿，在 1964—1969 年担任远东事务助理国务卿，1972 年起任《外交》季刊主编。其弟弟麦乔治·邦迪在 1961—1966 年担任肯尼迪和约翰逊总统的国家安全事务特别助理。——编者注

列出这样一个委员会的职责。然而，他甚至还不知道大致要推出什么样的基本政策。

玻尔的观点当时在华盛顿已逐渐流传开来，只是在传递过程中可能被不同程度地改变或淡化了。玻尔试图寻找过机会说服美国政府，只有尽早与苏联方面讨论核军备竞赛的相互威胁，才能在原子弹的秘密公之于众时预防这样一场军备竞赛。（他于4月试图再次谒见罗斯福；当城市教堂的钟声鸣响而传出总统去世的消息时，费利克斯·法兰克福特和英国大使哈利法克斯勋爵正在华盛顿的一座公园里徘徊，讨论玻尔最好通过什么途径与总统会面。）显然，行政部门没有人太相信玻尔预见的前景必然会到来。史汀生是政府里最明智的人之一，然而，在12月底，他提醒罗斯福注意，苏联人得表示出足够的诚意才有权知道这个不祥的消息：

> 我告诉了他我怎样看待S-1［史汀生给原子弹取的代号］与苏联有关的未来：我知道他们正在窥探我们的工作，但尚未取得对原子弹的任何实际认识，而且，尽管我对我们直到现在还在向他们隐瞒这项工作可能引发的后果感到忧虑，但我相信，在我们确定我们的真诚能获得等价的回报之前，有必要对他们采取不信任的态度。我说，我不会幻想有可能永久保守这样一个秘密，然而，我不认为现在是与苏联分享的时候。他说他赞同我的意见。

2月中旬，在与布什再次交谈后，史汀生在日记中透露了他想用有关原子弹的信息换来什么。玻尔深信，只有一个在某种意义上类似于科学圈的开放世界才能应对原子弹的挑战。在布什的头脑中，这种信念转换成了一种提议，即实现科学研究的国际合作。对于这样一种安排，史汀生写道："我们需要尽可能推动苏联走上自由化道路，只有在这方面取得最大的成果后，才能将与S-1有关的信息作为交换提供给苏联，在此之前全力实施该计划是不明智的。"也就是说，史汀生认为，美国应该向苏联提出的交换条件是它的民主化。对玻尔来说，解决原子弹问题的必然结果是一个开放的世界，在这个世界上，社会和政治条件的差异对每个人来说都是公开的，因此世界就被迫要不断改进，而史汀生认为这种开放的世界是发起交换的一个前提条件。

最后，在 3 月中旬，史汀生和罗斯福进行了交谈，这也是他们的最后一次会面。这次交谈没有产生出有用的结果。4 月，在白宫与新总统会谈时，他准备重复这种观点。

与此同时，那些曾经给富兰克林·罗斯福出谋划策的人正在让杜鲁门相信苏联越发不可靠了。埃夫里尔·哈里曼（Averell Harriman）是一名精明的千万富翁，也是美国驻莫斯科大使，他匆匆赶到华盛顿向新总统做了简要汇报。杜鲁门说，哈里曼告诉他，他急着赶来见他是因为"怕你还没有像罗斯福那样明白斯大林正在违背协定"。为了让自己显得不那么冒犯，哈里曼补充说，他害怕杜鲁门"没有时间阅读最近的所有电报"。这位自学成才的密苏里人为自己每天能啃下多少页文件而感到自豪——他是一名阅读高手——他指示这位大使"继续给我发送长信息"，轻松化解了哈里曼的犯上姿态。

哈里曼告诉杜鲁门，他们面对着"对欧洲的野蛮入侵"。他说，苏联想要兼并它的邻国并且建立秘密警察和国家控制的苏维埃体系。"他补充说，他并不悲观，"这位总统写道，"因为他觉得我们有可能与苏联人建立开展工作的基础。他相信这就要求重新考虑我们的政策，并且放弃这样的幻想：苏联政府可能很快就会遵循世界上其他国家在国际事务中遵循的那些原则。"

杜鲁门关心的是要让罗斯福的顾问们相信，他会采取果断的行动。"我用这样一句话结束了这次会谈：'我打算在与苏联政府交往时保持坚定的立场。'"举个例子，各国代表团于4月到达旧金山，前来为即将成立的联合国制定宪章，使之取代名存实亡的国联。哈里曼问杜鲁门他是否会"继续推进这个世界组织计划，即使在苏联人退出的情况下"。杜鲁门记得当时很现实地回答说："没有苏联就不会有这个世界组织。"三天后，杜鲁门得知了斯大林的意见并会见了刚刚到达的苏联外交人民委员维亚切斯拉夫·莫洛托夫，他从正视现实转为了虚张声势。"他感到我们与苏联的协议迄今为止只是一头儿热，"一位当时在场的人回忆说，"他不能继续跟苏联这样下去了；要么现在就做，要么永远不做。他打算实施旧金山的计划，如果苏联人不想与我们一起干，那么他们可以滚回地狱。"

史汀生认为要忍耐。"在重大的军事问题上，"杜鲁门称史汀生当时这样说，"苏联政府遵守了它的诺言，而美国的军事当局也依赖于它。事实上……他们常常做得比他们承诺的好。"尽管乔治·马歇尔赞成史汀生的论点，杜鲁门也不可能再有比这两人更为可靠的顾问了，但这仍然不是未经考验的新总统想要听到的意见。马歇尔增加了一个让杜鲁门动心的关键理由：

　　他说，从军事上看，欧洲的形势是安全的，然而，我们希望苏联在可能对我们有利的时候参加对日作战。苏联人有权将他们进军远东的时间拖延到我们做完所有的脏活累活之后。他倾向于赞同史汀生先生的观点，即如果与苏联关系破裂，这将是一个非常严重的问题。

如果杜鲁门需要苏联人来结束太平洋战争，他就无法叫苏联人滚回地狱。马歇尔提出的要忍耐的理由意味着斯大林会使总统无可奈何，这不是哈里·杜鲁门打算维持下去的一种格局。

他让莫洛托夫知道了这一点。他们在第一次会面时就在外交问题上争论过；此时，总统要出击了。冲突围绕的是战后波兰政府的组建问题。莫洛托夫论述了各种方案，所有这些方案都有利于苏联占据支配地位。杜鲁门要求实行自由选举，因为根据他的理解，这是已经在雅尔塔会议上谈妥的："我尖锐地回答说，在波兰问题上已经达成了一个协议，而且只有一件事要做，那就是斯大林元帅按照他的承诺执行协议。"莫洛托夫再次尝试，杜鲁门再一次尖锐地回答，重复他的上述要求。莫洛托夫再一次回避正面话题。杜鲁门继续让他低头："我再一次表达美国和苏联发展友好关系的愿望，然而，我希望你们能明白，这只能建立在相互遵守协议的基础上，而不是建立在只有一方遵守协议的基础上。"这算不上挑衅的话；莫洛托夫的反应表明，总统实际说的话要更为尖锐：

> "我一生中还从来没有哪个人像这样跟我说过话。"莫洛托夫说。
>
> 我告诉他："落实你们的协议，这样就不会有人这么跟你说话了。"

杜鲁门对这次交流可能感觉不错，史汀生却对此感到不安。这位新总统在不了解原子弹及其潜在致命后果的情况下就采取了行动。是时候向他全面汇报了，不过这个时候汇报其实也为时已晚。

杜鲁门同意在 4 月 25 日星期三的中午会见史汀生。总统在那天晚上按日程要通过无线电台向旧金山的联合国大会开幕式致辞。刚好发生了一个更起决定性作用的事件；星期二，他收到了约瑟夫·斯大林发来的信，它们是"在我进入白宫的头几天里我收到的最有启示作用和最令人不安的消息之一"。莫洛托夫已经向苏联领导人汇报了他与杜鲁门的艰难对话。斯大林以同样的方式做出了回应。斯大林写道，波兰与苏联毗邻，既不与英国也不与美国交界。"波兰问题对于苏联的安全与比利时和希腊问题对于英国的安全具有相同的意义"——然而，在盟军解放这些国家后，"当地政府建立时没有谁与苏联商量过"。"为了解放波兰，苏联人民在波兰土地上抛洒了大量的鲜血"，这就要求建立一个对苏联友好的波兰政府。最后，斯大林写道：

> 我准备满足你们的要求，并且尽一切可能达成一个和谐的解决方案。然而，你们对我要求得太多。换句话说，你们要求我放弃苏联的安全利益，然而我不能背弃我的国家。

杜鲁门心中带着这个强硬的挑战，接见了陆军部长。

史汀生带来格罗夫斯进行技术讲解，但在论述一般政策问题时让格罗夫斯在外间办公室等候。他戏剧性地先选读了一段备忘录：

> 在四个月内，我们将尽一切可能制造出这种人类历史上所

知的最可怕的武器。一颗这样的炸弹能够毁灭整座城市。

史汀生继续说，我们是和英国一同开发的，然而，我们控制着制造这些爆炸材料的工厂，"没有别的国家能够在近几年里与我们匹敌"。可以确信，我们不会享有永久的垄断权，而且"苏联很可能是唯一能在往后的短短几年里同样生产出这种炸弹的国家"。这位陆军部长继续以老派的方式说，"技术进步使道德进步相形见绌"的这个世界，"将会完全受这种武器的支配。换句话说，现代文明可能会遭到彻底破坏"。

史汀生强调了约翰·安德森前一年向丘吉尔强调过的事情：在原子弹仍然是一种秘密时，建立一个"世界和平组织看来是不切实际的"：

> 直到此时，还没有想出什么控制系统适合于控制这种威胁。无论是在任何特定的国家之内，还是在世界各国之间，控制这种武器无疑都是极其困难的一个问题，而且将会涉及我们到现在为止从来没有仔细考虑过的彻底核查权和内部控制权。

史汀生由此提到了重点：

> 此外，鉴于这种武器给我们带来的地位，是否与其他国家分享这种武器，以及如果分享的话，以什么条件分享，就成了我们外交关系上的一个首要问题。

玻尔曾提议把核军备竞赛的共同威胁通知其他国家。这个理智的建议到了史汀生和他的顾问们手里，变成了这样一种观念，即分享这种武器本身就是问题。作为总司令，作为第一次世界大战的一名老兵，作为一个有常识的人，杜鲁门想必没有明白陆军部长究竟在对他讲些什么。史汀生还补充说，美国在核技术方面处于领导地位，因而负有"一定的道德责任"，如果美国推卸这种责任，"那就会加剧核武器给人类文明带来的灾难"。杜鲁门就更糊涂了：难道美国在道德上有义务将一种毁灭性的新式战争武器拱手让人？

此时，史汀生将格罗夫斯召了进来。将军随身带着一份有关曼哈顿工程现状的报告，他在两天前把这份报告交给了陆军部长。史汀生和格罗夫斯两人都坚持要杜鲁门阅读这份文件，他们就在一旁等着。总统感到坐立不安。他有一份斯大林发给他的威胁性外交照会要处理；他必须为联合国大会的召开做准备，尽管史汀生刚刚告诉他，在世界对这种炸弹一无所知的情况下召开这场大会是一种欺骗行为。接下来发生了黑色幽默的一幕：这个骄傲的人不久前才以挑战的姿态要求埃夫里尔·哈里曼继续给他发送长信息，此时却不愿当着别人的面阅读一项秘密工程的细节说明，而这项工程正是他当参议员时曾坚持调查的一个项目。格罗夫斯完全误会他了：

> 杜鲁门先生不喜欢阅读长篇报告。以这项工程的规模来说，这篇报告并不算长，大约为24页，他却不断停下来说："唉，为什么非让我读，我不喜欢阅读文件。"史汀生先生和我回答说："这个嘛，我们无法用更简练的语言将这件事情告诉你了。这是一个大工程。"例如，我们只用了四五行文字介绍与英国的关系。都浓缩到这种程度了。我们不得不解释所有过程，有时只能简单说明流程，而不深入展开。

格罗夫斯在杜鲁门读完这份文件后解释说，"大部分重点放在外交关系上了，特别是放在苏联的形势上"——杜鲁门回到了他直接关心的问题上。格罗夫斯还在记录中补充说，杜鲁门"非常明确地表示，他完全同意这项工程是必要的"。

史汀生在备忘录的结尾建议成立他所谓的"特别委员会……负责对我们政府的行政机构和立法机构推荐行动"，这最初是布什和科南特提出的建议。杜鲁门批准了。

在自己的回忆录中，杜鲁门用巧妙甚至可能带有个人幽默的方式描述他与史汀生和格罗夫斯的这次会见："我兴趣盎然地听着，因为史汀生是一个具有伟大智慧和远见卓识的人。他相当详细地描述了这种预计中的武器的性质和威力……贝尔纳斯已经告诉过我，这种武器可能具有的威力如此之大，能够以一种前所未有的规模扫平整座城市和杀死大量的人。"当时，贝尔纳斯曾夸口说，这种新式武器或许能使美国在战争结束后随心所欲。"另一方面，史汀生看来至少像关心原子弹决定历史的作用那样关心它缩短战争进程的能力……我感谢他在这个重大事项上让我茅塞顿开，当我目送他走向门口时，我感到能有如此得力和睿智的人为国家服务实乃一件幸事。"这是高度的赞扬，然而，史汀生和哈里曼一开始并没有充分打动总统，因而总统没有邀请这两个人陪同他参加下一轮的三巨头会谈。这两个人都以为当会谈到来时，必然会邀请他们。结果贝尔纳斯在总统的邀请下一同前往，并且坐在总统的右手边。

杜鲁门和他的顾问们 1945 年春的讨论是有关原子弹使用决策的一个层级。史汀生和格罗夫斯向总统做简要陈述两天后，格罗夫斯领导的目标委员会首次在五角大楼劳里斯·诺斯塔德的会议室里开会，这是决策的又一个层级。托马斯·F. 法雷尔（Thomas F.

Farrell）准将作为格罗夫斯的代理人，代表曼哈顿工程前往太平洋战区司令部主持这个委员会；除法雷尔之外，这个委员会还有另外两名航空队军官——一个上校，一个少校——以及五名科学家，包括约翰·冯·诺伊曼和英国物理学家威廉·朋奈。格罗夫斯以一种与他平常对曼哈顿工程各工作组讲话不同的方式为这次会议做了开场白，解释了他们的职责有多重要，严格保守秘密有多重要。他已经与军事政策委员会讨论过目标，于是此时他告诉目标委员会，提出的目标不得超过四个。

法雷尔给出了一系列基本条件：执行这种重要使命的 B-29 轰炸机的航程不得超过 1 500 英里；将目视投弹作为基本投弹方式，从而使这些未经试验而又贵重的炸弹能够被准确地投向目标，它们产生的效果也能被拍摄下来；任务要定在 7 月、8 月或者 9 月，目标可能是"日本的城市或者工业区"；事先派出的、用来确定能见度的侦察机将为每次任务给出一个主要目标和两个备选目标。

第一次会议主要围绕日本的天气所引发的担忧进行讨论。午饭后，委员会召见了第 20 航空队顶尖的气象学家，他告诉他们，6 月是日本天气最恶劣的月份，"7 月会有一点点改善，8 月天气能再好一点，而 9 月的天气又会变得糟糕"。1 月是天气最好的月份，然而没有人打算等待这么长的时间。这位气象学家说，他只能提前 24 小时为轰炸行动预报好天气，然而能够提前两天预报坏天气。他建议他们在目标区域附近部署潜艇，将气象读数用无线电发送回来。

下午晚些时候，他们开始考虑轰炸目标。格罗夫斯扩展了法雷尔的指导方针：

我设定的关键因素是，应该轰炸最能动摇日本人作战意志的地方。除此之外，目标从本质上讲应该是军事性的，由重要指挥部、军队集结地或者军械给养生产中心组成。为了使我们能够准确评估这种炸弹产生的效果，不应该选择先前已遭空袭破坏的地方。首要的目标也应该范围足够大，让炸弹破坏的区域仅限于其内部，从而使我们能够更为明确炸弹的威力。

然而，这种从未受到过轰炸的目标在日本已经变得极为稀少。如果说目标委员会在第一次会议上提出的首选目标不够大，不足以显示潜在的破坏力，那么，敌方剩下来的最佳目标就是：

广岛，它不在第 21 轰炸机司令部的优先轰炸列表里，是从没有受到过破坏的最大目标。应该考虑这座城市。

"东京，"委员会继续解释说，"本来也可以考虑，然而，它到目前实际上已遭遇全面轰炸并且被焚毁，只有皇宫保持完好，余下的地方基本已成了废墟。广岛是唯一可以考虑的地方。"

目标委员会尚未完全认识到他们拥有的权威级别。只需对格罗夫斯说上只言片语，他们就能够使一座城市免遭柯蒂斯·李梅残酷的燃烧弹轰炸，让它在樱花盛开的春日早晨和狂风暴雨的夏夜保留下来，使其迎接更具历史意义的命运。委员会认为它的决策优先级比李梅的低，李梅拥有的是最高优先级；那位上校为委员会指出第 20 航空队的轰炸指示时还特意强调了这种错误的优先级，这揭示了美国的对日政策模糊到了多么要命的地步：

在我们选择任何目标时，都需要记住，第 20 航空队正在采取行动，以摧毁日本的所有主要城市为目的，而且，如果他们认为我们选择的主要目标妨碍了作战行动，他们是不会给我们保留这些重要目标的。他们的现行做法是彻底炸毁东京，轰炸日本人的飞机、制造和装配工厂、发动机厂，使日本的飞机工业彻底瘫痪，从而消灭抵抗第 20 航空队作战行动的力量。第 20 航空队正以夷平所有建筑为主要目的，系统地轰炸下列城市：

东京、横滨、名古屋、大阪、京都、神户、八幡和长崎。

如果日本人准备啃石头，那么，美国人准备成全他们。

这位上校还表示，第 20 航空队计划稳步增加它的常规炸弹的投弹量，到 1945 年底达到一个月投下 10 万吨炸弹的规模。

目标委员会决定研究包括东京湾、横滨、名古屋、大阪、神户、广岛、小仓、福冈、长崎和佐世保在内的 17 个轰炸目标。已经受到破坏的目标从表格中被勾掉。气象员们将审核天气预报。朋奈仔细考虑了"这种炸弹爆炸的规模、预计的破坏程度以及对人的最终杀伤范围"。冯·诺伊曼负责计算。在最初的这次会议散会时，目标委员会计划于 5 月中旬在洛斯阿拉莫斯罗伯特·奥本海默的办公室再次召开会议。

有关原子弹使用决策的第三个层级随后也出现了：亨利·史汀生召集了一个委员会，这个委员会是布什和科南特向史汀生提议，史汀生又向总统提议成立的。5 月 1 日是德国电台宣布阿道夫·希特勒在柏林的废墟里自杀的日子，这一天，史汀生的特别顾问以及纽约人寿保险公司的总裁乔治·L. 哈里森（George L. Harrison）为陆军部长准备了一份完全由非军事人员组成的委员会名单，史汀生为委员会主席，委员会成员包括布什、科南特、麻省理工学院院长卡尔·康普顿、副国务卿威廉·L.克莱顿（William L. Clayton）、海军部副部长拉尔夫·A.巴德（Ralph A. Bard）和一名由总统挑选的总统特别代表。史汀生调整了这个名单，让哈里森作为候补委员加入进来，然后于5月2日交给杜鲁门批准。杜鲁门批准了，史汀生明显感到总统对这项计划有兴趣，然而，总统却根本没有费心将自己的人列进去，这颇为耐人寻味。当天晚上，史汀生在日记中写道：

> 总统接受了呈送的委员会成员名单，并且说，即使没有他本人的个人代表，这个委员会也是够分量的。我说我更希望有这样一名代表，并且提出，这个代表应该是这样一个人：（a）总统和他有密切的个人关系；（b）这个人能守口如瓶。

杜鲁门还没有宣布他想委任贝尔纳斯为国务卿的意图，因为罗斯福的国务卿小爱德华·R.斯退丁纽斯（Edward R. Stettinius, Jr.）正率领美国代表团前往旧金山参加联合国会议，总统不想让他在那里失去权威。然而，贝尔纳斯即将成为国务卿的消息已经在华盛顿广为流传。出于这个原因，哈里森建议史汀生推荐贝尔纳斯担任委员会中的总统特别代表。史汀生于5月3日这样做了，"就在这天晚些时候，总统亲自给我打电话，说他收到了我的建议，这个建议很好。他已经给正在南卡罗来纳州的贝尔纳斯打了电话，贝尔纳斯接受了"。史汀生在日记中写道，邦迪和哈里森"满意极了"。他们认为委员会又得到了一个强大的支持者。事实上，他们只是将一只斑鸠迎到了他们的巢中。

第二天史汀生就发出了邀请。他提议将这个新团体称为临时委员会，以免显得侵犯了国会的特权。"当不再需要保密时，"他向这些未来的委员解释说，"国会可能希望组建一个永久的战后委员会。"他将临时委员会第一次正式会议的时间定在了 5 月 9 日。

委员会开会的前一天刚好是一个历史性时刻。欧洲战区终于尘埃落定。1945 年 5 月 8 日星期二，也就是第二次世界大战欧洲战区胜利日，盟军最高司令德怀特·艾森豪威尔于这天晚上在国家广播电台发表了庆祝胜利的讲话：

> 我有幸有这样宝贵的机会，代表拥有差不多 500 万战士的胜利之师在这里发表讲话。他们，以及大力协助他们的妇女们，构成了解放西欧的盟国远征军。他们摧毁和俘虏了总数超过自己兵力的敌方军队，横扫了从瑟堡到吕贝克、莱比锡和慕尼黑……之间上百英里的地区。
>
> 这些惊人的胜利并非没有伴随着忧伤和痛苦。单单在这一个战区就有 8 万名美国军人和相当数量的其他盟国军人献出了生命，从而使我们其余的人能够生活在自由的阳光下……
>
> 然而，这部分工作终于完成了。这个战区不再会有令人悲伤的阵亡名单寄往美国，那些名单曾给美国家庭带来了太多的悲痛。战斗的喊杀声已经从欧洲大地上消失。

5 月 7 日一大早，艾森豪威尔在兰斯的一间教室（当时是盟国远征军最高统帅部的临时作战室）看着阿尔弗雷德·约德尔（Alfried Jodl）大将在军队投降书上签了字。随后艾森豪威尔的助手们试着以合适的措辞起草一份生动的报告，向联合参谋长委员会汇报正式投降仪式的情况。"我自己试写了一份，"艾森豪威尔的参谋长沃尔特·巴德尔·史密斯（Walter Bedell Smith）回忆说，"像我的所有同僚一样，极力搜寻响亮的词汇来恰如其分地赞美这次伟大的征战胜利，以及表现出我们对刚刚完成的伟大任务所做出的贡献。"最高司令平静地听了一会儿，对每个人的尝试都表示了感谢，然后口述了他自己的朴实报告：

　　　　盟军的任务于当地时间 1945 年 5 月 7 日 2 时 41 分圆满完成。

　　在这个场合，简胜于繁，不加修饰胜过华丽辞藻。在第二次世界大战中，2 000 万苏联士兵和平民死于饥饿或者战场。800 万英国人和其他欧洲人被残杀或者以其他方式死亡，还有 500 万德国人死亡。纳粹在犹太人隔离区和集中营杀死了 600 万犹太人。人为的死亡过早地结束了 3 900 万人的生命；在不到半个世纪的时间里，欧洲第二次变成了一座停尸场。

　　此时还剩下日本在太平洋地区顽抗。尽管日本遭受的破坏日益严重，但日本人仍然拒绝以无条件投降的方式结束这场战争。

　　按官方的说法，贝尔纳斯回到了南卡罗来纳州。事实上，他已悄悄来到华盛顿，在肖汉姆酒店他的房间里听取国务院各部门负责人详细的晚间简报。就在第二次世界大战欧洲战区胜利日的下午，他用了两个小时的时间单独和史汀生关起门来密谈。随后哈里森、邦迪和格罗夫斯加入了讨论。"我们都在讨论提议建立的这个临时委员会的作用，"史汀生记录道，"有个事情在会谈过程中越来越明朗，那就是贝尔纳斯作为委员会的一名成员将会带来巨大的帮助。"

第二天上午，临时委员会首次在史汀生的办公室里开会。这次会议的主要目的是让贝尔纳斯、国务院的克莱顿和海军部的巴德了解基本情况，然而史汀生特意介绍说前任总统助理是杜鲁门的个人代表。因而委员们注意到贝尔纳斯享有特殊的身份，他说的话带有特别的分量。

这个委员会认识到，从事原子弹研发工作的科学家们可能会提供有用的建议，于是成立了一个附属的科学小组。布什和科南特共同商量后，推荐阿瑟·康普顿、欧内斯特·劳伦斯、罗伯特·奥本海默和恩里科·费米入组。

就在临时委员会第一次会议和第二次会议的间隔期间，它的化身，即目标委员会，于5月10日和11日在洛斯阿拉莫斯再次召开了一个为时两天的会议。作为顾问加入委员会的人员有奥本海默、帕森斯、托尔曼和诺曼·拉姆齐，汉斯·贝特和罗伯特·布罗德也参与了部分审议。奥本海默设计和提出了一个完整的议程，把控着会议的方向：

　　A. 引爆的高度

　　B. 气象报告和实际操作

　　C. "小玩意儿"的投掷和降落

　　D. 目标的状况

　　E. 目标选择中的心理因素

　　F. 针对军事目标的使用

　　G. 放射性效果

　　H. 协同的飞行作业

　　I. 演习

J.飞机安全操作的要求

K.与第 21［轰炸机司令部］计划的协调配合

　　引爆高度决定了爆炸所能破坏的区域有多大，而且主要取决于当量。引爆位置太高会将它的能量消耗在冲击稀薄的空气上，引爆位置太低会将它的能量消耗在炸出一个弹坑上。委员会的会议记录解释说，爆炸位置较低比较高要好，"在低于最佳位置 40% 的高度上爆炸，破坏区域将会减少 24%，然而在高出最佳位置［仅］14% 的高度上爆炸，减少的破坏区域的面积就会相同"。讨论表明，洛斯阿拉莫斯对原子弹的当量仍然很不确定。贝特估计"小男孩"有 5 000 吨到 15 000 吨 TNT 的爆炸当量。对"胖子"这颗内爆弹大家只能猜测：是 700 吨 TNT 爆炸当量，还是 2 000 吨或者 5 000 吨 TNT 爆炸当量？"借助于目前的信息，引爆装置将暂时按 2 000 吨 TNT 当量的爆炸力来设置，然而，在最终投放前，也可以改设为其他当量……三位一体试验场产生的数据将被用于这种'小玩意儿'。"

　　科学家们报告称，在紧急情况下，一架状态良好的 B-29 轰炸机能够携带一颗原子弹返回基地，委员会也同意这一点。"它应该尽可能小心地正常降落……坠毁造成高数量级［也就是核］爆炸的可能性……足够小，［因而］可以承担这个风险。""胖子"甚至投到浅水中都不会爆炸。"小男孩"就没有这么仁慈了。这种炮式原子弹包含了大于两倍临界质量的铀-235，渗入它内部的海水能够充分减慢散逸的中子，从而启动一个破坏性的慢中子链式反应。另一种选择是将"小男孩"投在陆地上，但这可能会让铀-235 炮弹从炮管中滑落到靶内核里从而引起一场核爆炸。会议记录解释说，对机组人员来说不幸的是，如果性能不稳的"小男孩"出现状况，"到目前为止提出过的最佳应急方法是……从炮中移除火药并且实行迫降"。

目标选择取得了进展。委员会将轰炸目标的条件精简成了三条:"直径超过3英里的大城市的一些重要目标",它们"能够被爆炸有效地摧毁",并且"到8月都要是未被袭击过的"。航空队同意为原子弹轰炸保留五个这样的目标。它们包括:

（1）京都——这个目标是一个城市工业区,拥有100万人口。它曾经是日本的首都,当其他地区正遭到破坏时,许多人和许多产业目前正搬到这里。从心理学的观点看,京都具有作为日本的思想中心这样一个优势,这里的人们更易于体会到像"小玩意儿"这样一种武器的重要意义……

（2）广岛——这里有着重要的陆军基地和港口,位于一个城市工业区的中心。它是适合使用雷达的目标,规模也足够大,有广阔的城区可以摧毁。众多的小山环绕,它们似乎能产生聚焦效应,这将会显著增加爆炸的破坏程度。由于有一些河流,因而它不是燃烧弹轰炸的良好目标。

提出的其他三个目标是横滨、小仓军械基地和新潟。委员会中有狂热者（具体是何人不详）提出了第六个引人注意的目标供考虑,但更明智的人占了上风:"讨论过轰炸皇宫的可能性。大家一致认为我们不应该推荐将它作为轰炸目标,但这次轰炸的任何行动都应该服从于军事政策的权威意见。"

在洛斯阿拉莫斯奥本海默的办公室里,墙上贴着有所改动的林肯语录——这个世界不能保持半奴隶半自由的状态（this world cannot endure half slave and half free）^①——此刻，目标委员会的成员们就在这里对四个备选目标进行进一步研究：京都、广岛、横滨和小仓军械基地。

目标委员会和它洛斯阿拉莫斯的顾问们并非不关心原子弹的辐射效果——这是它与传统高爆炸药在效果上最显著的差异——然而他们更担心辐射给美军机组人员，而不是给日本人带来的危害。"奥本海默博士展示了事先准备好的一份备忘录，是关于'小玩意儿'的放射性效果的……这份备忘录的基本内容是：（1）因为放射性的缘故，不应该有飞机位于离爆炸点 2.5 英里以内的范围（因为爆炸冲击波的关系，这个距离应该更大）；（2）飞机必须避开放射性物质形成的云团。"

因为预计此刻讨论的原子弹的当量不足以摧毁一座城市，所以目标委员会考虑在投下"小男孩"和"胖子"后再辅以常规燃烧弹袭击。委员们担心放射性烟云可能会危及李梅随后而来的机群，不过他们认为在投下一颗原子弹后推迟一天进行燃烧弹袭击是安全而且"完全有效"的。

由于访问了洛斯阿拉莫斯，委员们对其讨论的武器有了更好的认识，决定将下一次会议定于 5 月 28 日在五角大楼召开。

万尼瓦尔·布什认为，临时委员会于 5 月 14 日召开的第二次会议进行了"非常坦诚的讨论"。他判定这个群体"相当优秀"。他将这些判断传递给了没有能够参加会议的科南特。史汀生提出和讨论了组建一个类似的实业家小组的可能性，赢得了科学专家小组的

---

① 林肯的原话是"这个政府不能永远保持半奴隶半自由的状态"（this government cannot endure permanently half slave and half free）。——编者注

认可。正如他的备忘录中解释的那样，这样一个群体会"告诉我们，其他国家成功复制我们这方面工业成就的可能性"，也就是说，其他国家是否能够建造生产原子弹所需的庞大新型产业工厂。

5月的那个星期一上午，委员会收到布什和科南特于1944年9月30日交给史汀生的备忘录的复制件，讨论了玻尔的想法，即科学信息需要自由交流，而且不仅要监视整个世界的实验室，还要监视军事设施。布什当即采取了回避态度，不对建立如此开放的世界做出承诺：

> 我……说，虽然我们在备忘录里写得非常明确，但这当然不代表我们必须沿着某条确定的路线行动而不可更改。我们只是觉得我们应该及早表明我们的想法，以便进行讨论。随着我们对这个问题的认识逐步深入，我们可能确实会改变想法。我还说，从去年9月以来，已经有一段时间了，如果我们是今天写的这份备忘录，那我们无疑会写得有一点不同。

会议结束时，贝尔纳斯独自带走了那份备忘录复制件，并且饶有兴趣地研读起来。

这位已被任命但尚未上任的国务卿读得快，理解得也快。当临时委员会于5月18日星期五再次召开会议时（格罗夫斯也参加了），刚审阅完向日本投掷第一颗原子弹的新闻稿草案，贝尔纳斯就提起了布什和科南特的备忘录。布什没有参加这次会议，科南特向他转述了经过：

> 贝尔纳斯先生用了相当多的时间讨论我们在去年秋天写的

备忘录，他仔细阅读过它而且留下了很好的印象。备忘录显然激发了他的思考（我想这正是我们当初最希望看到的）。我们说苏联可能在三四年时间里迎头赶上，他对此印象尤为深刻。这一推断遭到了将军［也就是格罗夫斯］的强烈反对，他认为苏联人得用 20 年的时间……将军是在对苏联人的能力极其不了解的基础上估计出这样长的时间的，我认为这是一种极不可靠的推断……

像四年这么短的时间意味着什么，我们有所讨论，此外还讨论了各种国际问题，尤其是总统是否应该在 7 月的试爆过后告诉苏联人存在这种武器。

玻尔原本提出的建议是在原子弹真正被制造出来之前让苏联加入讨论。此时，问题已经转变为在第一颗原子弹试爆到第二颗投放至日本之间的这段时间里，是否要告诉苏联最基本的事实。贝尔纳斯认为这个问题的答案可能取决于苏联复制美国成就的速度有多快。临时委员会的记录员 R. 戈登·阿尼森（R. Gordon Arneson）少尉在战后回忆这次争论时说：“贝尔纳斯先生觉得，这一点是非常重要的。”贝尔纳斯在国会和参议院有丰富的参政经验，只要涉及信息交换就要设定交换条件，这一点他考虑得至少不比亨利·史汀生少。正如科南特接下来写给布什的话所表明的那样：

这个问题［即是否在将原子弹用于日本之前告诉苏联人］促使我们回顾了魁北克协议，这份协议再次呈现在贝尔纳斯先生面前。他问将军我们在交换中得到了什么，将军只回答说是关于比属刚果的控制安排［原文如此］……贝尔纳斯先生三两下就把这种观点驳倒了。

1943 年的魁北克协议巩固了美国和英国在核事业方面的伙伴关系；格罗夫斯这是在辩解说，签订这个协议是为了让英国帮忙确保矿业联盟同意将其所有铀矿石都卖给两国。英美的伙伴关系建立在比这更深厚的基础之上，科南特急忙出手，以减少格罗夫斯所犯的错误带来的危害：

> 当时，我们中有人指出了其历史背景，解释说我们与英国的关系源于最初关于完全交换科学信息的协议……我能预见到在这方面会有大量的麻烦。引人注意的是，贝尔纳斯先生觉得国会将对整件事情的这个方面最感兴趣。

如果说贝尔纳斯刚进入临时委员会时对那些推进曼哈顿工程的人相当尊重的话，那么，他此时一定不那么尊重他们了。科南特告诉贝尔纳斯，无论是史汀生还是布什，都在魁北克与丘吉尔谈过话。如果说他们似乎为了几吨铀矿石就可以被英国人骗得交出原子弹的秘密——无论贝尔纳斯想象中的秘密是什么——那么他们的判断是否还值得信赖呢？除非你能得到同样巨大的回报，否则为什么要泄露像原子弹这样巨大的秘密呢？贝尔纳斯相信国际关系运作起来与国内政治是一样的。原子弹是权力，是最新的铸币厂，权力对政治而言如同金钱对银行而言一样，都是致富交换的一种媒介。只有不懂事的孩子和傻瓜才会放弃它。

这时利奥·西拉德上场了。

对于链式反应的后果，西拉德比任何人都思考得更久、更努力，他却持续被排斥在政府的高级顾问班子之外，他为此感到恼火。

另一个政治上活跃的冶金实验室科学家是年轻的尤金·拉比诺维奇（Eugene Rabinowitch），他确认"其他人显然对此有同感……我们就像被隔音墙所围绕，虽然你能向华盛顿写信，或者去华盛顿与某些人谈话，然而你绝不会得到任何回应"。由于汉福德的生产反应堆和分离工厂成功运作，所以冶金实验室的工作慢下来了；康普顿的人，尤其是西拉德，在抽时间思考未来。西拉德说，他开始研究"试验原子弹和使用原子弹的学问"。拉比诺维奇记得他"花了许多时间和西拉德一同漫步于游艺场［芝加哥大学主校园以南的世界博览会宽阔的草地］，讨论这些问题以及能做些什么。我记得那些不眠之夜"。

西拉德于 1945 年 3 月认真思考过，这件事无法与格罗夫斯谈，也无法与布什和科南特谈。保密规则禁止与中层权威人士进行讨论。"我们确信我们唯一有资格与之通信联络的人，"西拉德回忆说，"就是总统。"他准备了一份写给富兰克林·罗斯福的备忘录，并再次前往普林斯顿，寻求阿尔伯特·爱因斯坦的一贯支持。

除了给海军方面进行一些次要的理论计算外，爱因斯坦已经被排除在战时核开发工作之外了。在战争早期，布什这样向高等研究院的院长解释其中的原因：

> 我根本不能确定，如果我将爱因斯坦安排在与该项目全面接触的位置上，他是否会以不应有的方式来讨论它……我非常希望我能够将所有的事情都摆到他的面前……然而，华盛顿方面深入调查过他的全部经历，考虑到那些人的态度，我完全不可能那样做。

这位伟大的理论物理学家写给罗斯福的信帮助提醒了美国政府制造

原子弹的可能性，他却因为保密问题以及早年坦率直言的政治观点（即他的和平主义，也许还有他的犹太复国主义观点）被闲置到了一边，不能为开发这种武器出力。西拉德不能将他的备忘录出示给爱因斯坦看。他只是告诉他这位老朋友，他遇到一些麻烦，请求写一封给总统的介绍信。爱因斯坦照他的意思办了。

西拉德从芝加哥通过罗斯福的妻子接近罗斯福。埃莉诺·罗斯福同意 5 月 8 日与他见面探讨这件事。由于受到了鼓励，他漫步来到阿瑟·康普顿的办公室坦白交代了他的出格之举。康普顿却为他打气，这使他颇为吃惊。"我以为会遇到阻碍，结果却畅通无阻，我为此而兴高采烈，"西拉德后来说，"可我刚回到办公室还不到五分钟便有人敲门，康普顿的助手进来后告诉我，他刚刚从收音机里听说罗斯福总统去世了……"

"因而，数日来，我完全茫然不知所措。"西拉德继续说。他需要一条新的途径。这样的机会终于出现在了他的面前：一个具有与冶金实验室同样规模的工程很可能会从密苏里州的堪萨斯城招聘一些人，这个地方是哈里·杜鲁门的政治根基所在。他找到一位名叫阿尔伯特·卡恩（Albert Cahn）的年轻数学家，为了挣钱攻读研究生学位，这个人曾为堪萨斯城老板汤姆·彭德格斯特（Tom Pendergast）的政治团体效力过。卡恩和西拉德于这个月的月底来到堪萨斯城，用天知道是什么西拉德式的故事给彭德格斯特这伙掌权的党徒灌了迷魂汤，"三天后我们被白宫约见了"。

杜鲁门的约见秘书马修·康奈利（Matthew Connelly）关上门，读了爱因斯坦的信件和备忘录，之后放下心来。"我现在明白了，"西拉德记得他当时这样说，"这是一个严重的问题。起初我有一点怀疑，因为这次会面是通过堪萨斯城约的。"杜鲁门已经猜到了西拉德所关心的事情。根据总统的指示，康奈利将这个流亡的匈牙利人送到了南卡罗来纳州的斯巴坦斯堡，去与一个名叫"吉米"贝尔纳斯的平民交谈。

芝加哥大学的一名院长、科学家沃尔特·巴特基（Walter Bartky）当时陪同西拉德来到了华盛顿。为了增加权威性，西拉德还拉上了诺贝尔奖得主哈罗德·尤里，三个人连夜乘火车南下。区隔化政策起作用了："我们不是很理解总统让我们去见詹姆斯·贝尔纳斯的原因……他就是那个战后将要……负责铀工作的人？还是另有原因呢？我们不得而知。"杜鲁门提醒过贝尔纳斯，这几个人正在去他那儿的路上。这位南卡罗来纳人在他的家里小心谨慎地接待了他们。他首先读了爱因斯坦的信——这位创立相对论的理论物理学家声明："我非常信任［西拉德的］判断。"——然后再读备忘录。

这是一份有预见性的文献。它指出，在准备试验并且随后使用原子弹的过程中，美国正在"沿着一条自毁的道路前进，会导致［这个国家］失去迄今为止在全世界所拥有的强大地位"。西拉德指的不是道德优势而是工业优势：正如他于那年春天在其他地方所写的那样，美国有强大的军事实力"基本上是因为美国能够在生产重武器装备方面胜过其他各国这样一个事实"。当其他国家在"仅仅数年"内便获得核武器生产能力时，美国的这种优势将会丧失："也许，我们面临的最大直接威胁是，我们用原子弹'炫示武力'将会促成在美国和苏联之间生产这些军械的竞赛。"

备忘录其余的大部分内容提出了临时委员会也在问的问题，即应该推动国际控制还是维持美国的垄断地位。只不过西拉德呼应了玻尔，认为"这些决定不应该基于与原子弹相关的现有迹象，而应该基于几年后我们在这方面可能面临的情况"，但似乎没有哪个关心原子弹问题的国家领导人能够理解这一点。根据此时的迹象，原子弹的力量是有限的，而且美国以垄断的方式拥有它们；其难点在于判断未来会发生什么。西拉德在备忘录中得出结论："这种情况只能由对相关事实有第一手认识的人来评价，也就是说，由正在积极从事这项工作的科学专家小组来评价。"这就等于告诉贝尔纳斯，他认为贝尔纳斯没有资格在这件事情上说了算。这已经让贝尔纳斯不太痛快了，西拉德随后还告诉他，他该怎么补救这个不足之处：

> 如果内阁中能有一个小型的专设委员会（其成员包括陆军部长，商务部长或内政部长，国务院的一名代表，和担任委员会秘书的总统代表），科学家们就可以向这样一个委员会提交他们的建议。

这是 H. G. 威尔斯的《阳谋》死灰复燃；这完全无法取悦像贝尔纳斯这样一个在艰难的政治生涯中摸爬滚打了 45 个年头才登上权力顶峰的人：

> 西拉德抱怨说，他和一些同事对政府有关原子弹使用方面的政策不够了解。他觉得，科学家们，包括他自己，应该与内阁讨论这个问题，但我并不想这样做。他总的态度和他想参与制定政策的愿望给我留下了不愉快的印象。

贝尔纳斯继续暴露出缺乏第一手知识的危险，西拉德回忆说：

> 我说，如果我们展示原子弹的威力，如果我们用它来对付

日本，那么，苏联将可能成为一个核大国，而且可能很快就会成为核大国。此时，他的回答是："格罗夫斯将军告诉我，苏联没有铀。"

因此，西拉德向贝尔纳斯解释说，正忙于买断世界上优质铀矿来源的格罗夫斯显然不懂，优质铀矿对于提取像镭这样稀有的元素是必需的，然而对于提取铀这样一种丰富的元素来说，劣质铀矿已经足够了，而苏联无疑是有这种铀矿的。

西拉德认为，使用原子弹，甚至试验原子弹都是不明智的，因为这将会向世界表明这种武器是存在的。对于这种观点，贝尔纳斯转而给这位物理学家上了一堂国内政治课：

> 他说，我们花费了 20 亿美元开发原子弹，国会想知道我们用这些钱都干了些什么。他说："如果你不展示已经花费的钱的去向，你怎么能让国会继续为原子能研究拨款呢？"

但在西拉德看来，贝尔纳斯最危险的误解是他对苏联的认识：

> 贝尔纳斯认为，战争会在大约 6 个月内结束……他关心的是苏联在战后的行为。苏联军队开进了匈牙利和罗马尼亚，贝尔纳斯认为，说服苏联从这些国家撤军会非常困难，而用美国的军事能力对苏联施加影响，也就是通过展示原子弹的威力对苏联施加影响，可能会让苏联更容易对付一些。我也像贝尔纳斯那样担心苏联在战后炫示武力，然而，用原子弹的巨响使苏联更容易对付的想法让我目瞪口呆。

在格罗夫斯一名如影随形的安全特工人员的监视之下，这三个垂头丧气的人搭乘下一趟火车回到了华盛顿。

就在同一天，目标委员会在华盛顿召开会议，这次有保罗·蒂贝茨、托尔曼和帕森斯参加。这次讨论的很大一部分内容是蒂贝茨对第 509 混合大队进行训练的计划。他派出了最好的机组人员去古巴接受为期 6 周的雷达操作训练并增加他们的海上飞行时间。"进行载重和航程测试，"会议记录中写道，"蒂贝茨上校[①]表示，机组以 13.5 万磅的总载量起飞，携带 1 万磅重的炸弹飞行 4 300 英里，在约 3.2 万英尺的高度上投弹，然后带 900 加仑燃料返回基地。这超过了预期的行动目标，下一步测试会将负载量减少到 S.O.P.［标准作业程序］，带 500 加仑燃料返回。"第 509 大队正在进驻天宁岛。"南瓜"产量正在增加；有 19 颗运到了文多弗试验场，其中有些已经卸下来了。

李梅也一直在忙。"已经公布了实施这次计划的第一小队的三个预留目标。根据［第 20 航空队］目前和未来的轰炸速度，预计在 1946 年 1 月 1 日之前可完成对日本的战略轰炸，因此未来是否还有可用目标就成了一个问题。"如果曼哈顿工程不抓紧的话，那么，就不会再有留待原子弹轰炸的日本城市了。

京都、广岛和新潟是保留的三个目标。目标委员会完成了审核工作，不再坚称轰炸目标必须是军事性的：

得到了下述结论：

（1）暂不指定具体的投弹点，在未来清楚天气条件后再在基地做出决定。

---

① 蒂贝茨于 1945 年 1 月晋升为上校。——编者注

（2）不把工业区域当成精确轰炸目标，因为对这三个目标来说，这种区域较小，位于城市的边缘并且相当分散。

（3）尽量将第一颗"小玩意儿"投掷在所选城市的中心；也就是说，不允许再补投一颗或两颗"小玩意儿"才能完成全面摧毁的情况发生。

如此这般；目标委员会将不再安排会议，然而保持随叫随到。

史汀生痛恨轰炸城市。正如战后他在第三人称口吻的回忆录中写的那样："史汀生当了30年的国际法和道德方面的卫道士。作为军人和内阁官员，他反复主张，必须将战争本身限制在人道主义的范围内……也许，正如他后来说的，他被常常谈到的'精确轰炸'误导了，然而他一直相信，即使是航空部队也受古老的'合理军事目标'的概念约束。"燃烧弹轰炸是"他始终痛恨的一种总体战"。他似乎曾经认为，就连原子弹也能够以某种人道主义的方式来应用，正如他和杜鲁门5月16日讨论过的那样：

> 我极力想让我们的航空部队只进行它在欧洲做得很好的"精确"轰炸。有人告诉我这是可能的，而且也足够了。在未来的数十年中，美国公平竞争和人道主义的声誉都将是世界和平的最大财富。我认为，不伤害平民的原则，应该尽可能应用于任何新式武器上。

然而，这位陆军部长对他受命管理的军事力量的控制比他希望的要少，9天后，也就是5月25日，464架李梅的B-29轰炸机——3月9日第一次低空燃烧弹空袭飞机数目的大约1.5

倍——再次成功地烧毁了东京16平方英里的面积，不过战略轰炸调查组断言，与上一次的大火灾总体造成8.6万人死亡的数目相比，这次只有数千名日本人死亡。报纸对这次5月底的燃烧弹空袭大加赞美，史汀生对此感到惊惧。

5月30日，格罗夫斯离开他在弗吉尼亚大道的办公室，过河后前去史汀生处。史汀生因轰炸日本城市而感到痛苦，这引发了一次关键的交流，正如将军后来告诉一名采访者的那样：

> 我来到史汀生先生的办公室，与他就轰炸的一些问题进行交流，当时他问我是否选择好了目标。我回答说，我已经完全准备好了那份报告，并且打算在第二天上午将它交给马歇尔将军，请他批准。史汀生先生随后说："哦，你的报告全部完成了，是吗？"我说："我还没有对它进行过仔细检查，史汀生先生。我想确保没有任何差池。"他说："哦，我想看看。"我说："那好，我这就过河去取，只是要花较长的时间。"他说："我有一整天时间，而且我知道你的办公室行动起来有多快。这张桌子上有一台电话。你拿起它来给你的办公室打电话，让他们将这份报告送过来。"报告只需要15分钟到20分钟时间就能送到，而且我始终为绕过马歇尔将军感到担心……然而，我对此也没有办法，当我稍带反抗地说，我认为好像应该先交给马歇尔将军时，史汀生先生说："这次我要行使最终决定权，不需要谁来告诉我在这方面要做什么。在这个问题上，我是核心人物，你只管将报告拿过来就是了。"而与此同时，他又问我，我计划轰炸哪座城市或者轰炸什么目标。我向他报告说，京都是首选目标。它是第一个要轰炸的，因为它的规模使我们无须对原子弹

爆炸所产生的效果存在任何疑虑……他立即说："我不想让京都遭到轰炸。"他接着告诉我它作为一个日本文化中心的悠久历史，它是一座古都，他有许许多多不想看到它遭到轰炸的理由。当报告送到时，我将它交给了他，这时他已经做出了决定。他没有针对报告提问。他读完便向通往隔壁马歇尔办公室的门走去，打开门说："马歇尔将军，不忙的话请过来一下。"随后，部长便出卖了我，因为他没有做任何解释便向马歇尔将军说："马歇尔，格罗夫斯刚才将他有关轰炸目标的报告给我看了。"他说："我不喜欢这份报告，我不想对京都使用原子弹。"

京都相当于日本的罗马，建于公元 793 年，以丝绸和景泰蓝闻名于世，也是佛教和神道教的中心，拥有数百座历史悠久的寺庙和神社。这样一来，因为史汀生的提议，京都至少得以保全，不过格罗夫斯在往后的几周里会继续试探他的上司的决心。东京的皇宫也出于类似原因得到了保全，尽管皇宫周边的其他建筑都已经被摧毁了。战争的毁灭性仍然受到人为的限制：武器的威力仍然有限，足以对目标做出如此精细的区分。

临时委员会将分别于 5 月 31 日星期四邀请科学专家小组，6 月 1 日邀请工业顾问们正式召开会议。参谋长联席会议于 5 月 25 日为这些会议准备好了场地，并向太平洋各指挥部和正在确定美国未来数月对日军事政策的"福将"阿诺德发布了一项正式命令：

参谋长联席会议指示，进攻九州（奥林匹克行动）的预定日期为 1945 年 11 月 1 日，目标：

（1）加强对日本的封锁和空中轰炸；

（2）牵制和消灭主要的敌方兵力；

（3）为进一步的推进提供支持，为对日本工业中心发起决定性攻击创造有利条件。

杜鲁门尚未签字批准进军日本的命令。他的一个顾问倾向于以海军封锁的办法用饥饿迫使日本人投降。总统很快将会告诉参谋长联席会议，他将"以尽最大可能减少美国士兵的牺牲为目标"，在多种选择中进行判断。马歇尔与在战场上的麦克阿瑟意见一致，估计伤亡数——死亡、受伤和失踪的人数——在进攻日本本土最南端最初的30天里将会接近3.1万。对日本的主岛本州岛发动横扫东京平原的进攻将相应地更加激烈。

从南卡罗来纳州返回华盛顿后，西拉德去见了奥本海默并试图游说他。奥本海默是为了参加临时委员会的会议来到华盛顿的。洛斯阿拉莫斯的这位主任为完成第一颗原子弹而如此辛苦地工作，以至于格罗夫斯在两星期前怀疑他可能没办法离开岗位前来参加5月31日的会议。奥本海默绝对不会错过在如此高级别的场合下提出建议的机会。然而，在西拉德看来，奥本海默对自己正在制造的这种武器未来的看法很坦率，没有将其浪漫化，而且他对它迫切必要性的理解也是错误的：

我告诉奥本海默，我认为使用原子弹攻击日本的城市将会是一个非常严重的错误。奥本海默不认同我的观点。使我感到吃惊的是，他在谈话一开始就说："原子弹是狗屁。""你这是什么意思？"我问他。他说："哦，这是一种没有军事意义的武器。它将会产生一种大爆炸——很大很大的爆炸——然而，它不是一种对战争有用的武器。"但他认为应该告诉苏联人我们有原子弹并且打算用它来攻击日本的城市，而不是让他们大吃一惊。这在我看来是合理的……然而，虽然这是必要的，但这还不够。"唉，"奥本海默说，"如果我们告诉苏联人我们打算做什么并且随后对日本使用原子弹，你难道不认为苏联人会理解吗？"我记得我当时说："他们会非常理解，理解到超出我们希望他们理解的层次。"

5 月 30 日夜间，史汀生的失眠烦扰着他。第二天上午，他带着不舒服的感觉来到五角大楼。他的委员会于上午 10 点在这里集合开会。马歇尔、格罗夫斯、哈维·邦迪和另外一名助理应邀参加这次会议，然而，史汀生的注意力集中在四名科学家的身上，他们中有三位是诺贝尔奖得主。这位年长的陆军部长对他们表示热烈欢迎，对他们的成就表示祝贺，并且设法让他们确信，他和马歇尔懂得，他们的劳动成果并不只是一种放大的军械样品。史汀生向来不是一个做作的人，但他准备的手写笔记强调了他对原子弹的敬畏之情：

S.1

它的大小和特征

我们不能只将它看成新式武器

这是涉及人和宇宙关系的革命性发现

这是伟大的历史里程碑

如同万有引力

如同哥白尼的理论

然而

就其对人类生存的效果而言

其影响可能是无限大的

可能毁灭也可能完善国际文明

可能成为弗兰肯斯坦，也可能带来世界和平

　　奥本海默对此感到惊讶并留下了深刻的印象。他在晚年告诉一群听众，当罗斯福去世时，他感到了"一种可怕的失落……部分是因为我们不能确定在华盛顿还有谁在思考将来需要做的事情"。此刻，他看到"史汀生上校①正在努力而且严肃地思考我们创造的那种东西以及我们打破的那堵通向未来的墙对人类的意义"。尽管奥本海默知道史汀生从未坐下来和尼尔斯·玻尔交谈过，然而，这位陆军部长似乎在用接近玻尔对原子弹的互补性理解的语言说话。

　　在史汀生说完开场白后，阿瑟·康普顿对原子核方面的事情做了一番技术回顾，并且下结论说，竞争者大约需要 6 年时间才能赶上美国。科南特提到热核反应问题，并且问奥本海默，造出那种威力更强大的装置需要多长的时间；奥本海默估计至少需要三年时间。这位洛斯阿拉莫斯的主任随后评估了爆炸威力。他说，第一阶段的炸弹（指的是像"胖子"和"小男孩"那样的粗糙的原子弹），威力可能等价于 2 000 吨到 20 000 吨 TNT 爆炸当量。这一经过修正的数字比贝特 5 月中旬在洛斯阿拉莫斯面对目标委员会时估计的更高一些。奥本海默继续说，第二阶段的武器——可能指的是具有改进的内爆系统的先进裂变武器——威力可能等价于 5 万吨到 10 万吨 TNT 的爆炸当量。热核武器的威力可能介于 1 000 万吨到 1 亿吨

---

① 史汀生在第一次世界大战期间军衔为上校，"史汀生上校"因而被作为一种广泛使用的对史汀生的称呼。——编者注

TNT爆炸当量之间。

房间里的大多数人以前都看到过这些数据，并已习以为常。但贝尔纳斯显然没有听到过，它们使他极度忧心："当我听到这些科学家……预言这种武器的破坏威力时，我感到十分恐惧。我完全能够想象，当其他某些国家拥有这种武器时，我们的国家会遇到威胁。"这位总统的私人代表暂时没有发言，他在等待时机。

欧内斯特·劳伦斯一直保持着旺盛的精力，他大声地说，美国比其他任何国家都了解得更多和做得更多，因而在世界上保持着领先地位。他为这个国家指明了一个未来的方针，但奇怪的是以前所有会议和商谈的记录都没有相关记述。这个方针所依据的假设与奥本海默的原子弹是狗屁的深刻见解截然不同：

> 劳伦斯博士建议大力实施扩大工厂的计划，同时应该大规模储备炸弹和材料……只有通过大力扩大必要的工厂和大规模进行基础研究……这个国家才能保持领先地位。

这种立场意味着一旦苏联接受挑战，军备竞赛便势不可当。阿瑟·康普顿立即签了字，他的兄弟卡尔也签了字。奥本海默补充了一条有关材料分配的脚注，随后也满意了。最后，史汀生对这次讨论做了总结：

1. 保持我们的工业设备完整无缺。
2. 为军事用途、工业用途和技术用途大规模储备材料。
3. 向工业发展敞开大门。

但奥本海默提出了一点异议，认为应该让科学家们回到大学，回到基础科学领域；他说，在战争期间，他们正是从早先的研究成果中不断获益的。布什坚决表示赞同。

临时委员会随后把话题转到了国际控制问题上，奥本海默在讨论中起着领导作用。他的准确措辞没有保存下来，只有会议记录中的摘要由年轻的记录员戈登·阿尼森保存了下来。然而，如果这些摘要是准确的，那么，奥本海默的重点就与玻尔的观点存在差异而且容易令人误解：

> 奥本海默博士指出，最迫切的任务一直是缩短战争。为了这一目的而开展的研究只是给未来的一些发现敞开了大门而已。这个课题的基础知识在世界上如此普遍，我们应该尽早让世界了解我们的发展。他认为对美国来说，明智的做法是向世界提供自由交流信息的机会，并特别强调发展和平时期的用途。这个领域所有努力的基本目标都应该是增加人类福利。如果我们在实际使用原子弹之前愿意交流相关信息，那么，我们的道德地位就会得到极大的巩固。

玻尔认为原子弹是一种恐怖之源，然而正出于这个原因，它也是一种希望之源，能让各个国家因为对危险的核对峙的共同恐惧而联合到一起。而在奥本海默的发言里，玻尔的这种观点又体现在哪里呢？问题不应该是交流信息以提高美国的道德声望；问题应该是领导者们为了避免这种新式武器产生的相互威胁而坐下来谈判，找到一条出路。开放性将会诞生自这些保障安全所必需的谈判中；在保密和猜疑的真实世界里，开放性实际上不可能先于这些谈判出现。

1963 年，在他有关玻尔的演说中，奥本海默很好地认识到了他的提议的基本缺陷：

> 布什、康普顿和科南特明白，只有整个发展过程都受到国际控制，他们才能对未来怀有希望。史汀生懂得这个；他懂得这意味着人类生活的一个非常重大的变化；他还懂得，此刻的核心问题蕴藏在我们与苏联的关系中……然而差异在于，玻尔主张的是行动，适时而可靠的行动。他认识到，只有那些有权力做出承诺并且将其兑现的人可以付诸行动。他想改变这个问题的整个背景框架，从而改变这个问题本身，不过要抢在为时已晚之前尽早行动。他相信政治家；他一再使用"政治家"这个说法，而并不完全看好委员会。临时委员会是一个委员会，它通过任命另一个委员会，即科学专家小组，才能证明自己。

任何人都不应该对这些人妄加评判，因为他们正在与哪怕尼尔斯·玻尔那样富有才智的人也难以想象的未来做斗争。然而，如果说罗伯特·奥本海默曾经有过机会向那些有权做出承诺并且付诸行动的人陈述玻尔观点的话，那么这天上午就是一个这样的机会。他没有提及这位丹麦人指出的残酷而明显的事实，而是像亚伦代表摩西一样以自己的理解为玻尔代言①。而玻尔，尽管就在华盛顿附近等待，却没有被邀请来这间深色镶板房参加高层决策会议。

甚至史汀生都认为奥本海默的建议在误导。他立即问道："在

---

① 根据《圣经》，摩西虽然是以色列人的领袖，但由于口才不佳，所以其兄长亚伦常常代表他传达信息和发表演说。——编者注

这种国际控制与科学自由相结合的计划中，民主政府对敌对政权的立场是什么？"这就好像开放世界不会给民主国家和其敌人带来任何改变似的，这是由奥本海默的困惑引起的一种困惑。它引起了进一步的困惑："陆军部长说……他自己觉得民主国家在这场战争中进展得很顺利。布什博士极为认可这种观点。"布什随后无意中勾画了玻尔更大的开放世界的一种可能的国内模式："他说，我们巨大的优势在很大程度上源于我们的协同工作和信息自由交流体系。"他很快谈回了史汀生讲的长期形势："然而，如果我们在没有互惠交换的自由竞争环境中将我们的研究成果全盘交给苏联人的话，他对我们是否有能力一直保持领先地位表示怀疑。"

贝尔纳斯越来越摸不着头脑了。他坐在这群人当中，要试着设想一种等价于1亿吨TNT的武器，试着设想拥有这样一种武器意味着什么，然后又听到这些学问渊博的人——这些人几乎全都来自东部的精英院校，包括哈佛大学、麻省理工学院、普林斯顿大学和耶鲁大学——似乎在愉快地建议把制造这种武器的知识拱手让人。

史汀生离开了会场，去参加白宫的一个典礼。他们继续谈论苏联，而贝尔纳斯对苏联的认识就是它正闯入波兰。奥本海默又一次起了头：

奥本海默博士指出，苏联人始终对科学非常友好，他建议我们以一种试探性的方式和最笼统的术语向他们提起此事，而不告诉他们任何有关我们生产成果的细节。他认为，我们可以说，国家为这个项目投入了巨大的努力，并表示希望在这一领域与他们合作。他有一种强烈的感觉：我们不应该在这一问题上主观臆测苏联人的态度。

奥本海默随后找到了一个盟友——乔治·马歇尔。马歇尔"相当详尽地讨论了我们与苏联人之间频频出现的相互指控的情况，他指出，其中大多数指控被证明是没有根据的"。马歇尔认为，苏联之所以有不协作的名声，是"缘于维护安全的需要"。他相信开展合作的一条起始途径是"在具有相似意向的大国之间建立一种联盟，从而用这种联盟的力量迫使苏联就范"。这种胁迫在火药时代起过作用，但在原子弹时代将起不了作用；正如奥本海默所阐明的那样，原子弹的威力太大了，足以使一个国家与整个世界抗衡。

这天上午令人惊讶的事情也许是马歇尔向莫斯科开放的想法："他提出这样的问题：是否可以考虑邀请两名卓越的苏联科学家现场观看［三位一体］试验。"格罗夫斯当时一定皱起了眉头；在保密多年后，在执行了几千个小时让人麻木的安全工作之后，这种彻底放弃原有做法的建议简直像是玻尔本人提出来的。

贝尔纳斯听够了。在雅尔塔会谈中他曾坐在富兰克林·罗斯福的身后做笔记。除了正式头衔外，他在其他所有方面都处于甚至比亨利·史汀生还高的地位上。他坚决反对上述提议，其他经验丰富的委员则顺从于他的决定：

> 贝尔纳斯先生表达了一种担心，如果将信息告诉了苏联人，哪怕只是笼统地告知他们，斯大林也会要求成为我们的合作伙伴。鉴于我们与英国合作的承诺和保证，他觉得这非常有可能发生。布什博士指出，在这种关系上，即使是英国也完全没有我们方案的蓝图。贝尔纳斯先生表达了所有出席者普遍赞同的观点，即最理想的计划是尽快推进生产和研究，以确保我们保持领先地位，同时尽一切努力改善我们和苏联的政治关系。

当史汀生返回会场时，康普顿正在对这位陆军部长错过的至关重要的讨论的意义进行总结——"我们需要保持自己的优势地位，同时努力达成适当的政治协议"。马歇尔因公务离开了，其他委员则结伴去用午餐。

他们在五角大楼餐厅里相邻的几张桌子旁坐了下来。他们属于一个非军方的委员会；不同的谈话汇聚到了同一个问题上，这是一个在上午仅仅简要地提到而没有深入讨论的问题：真的没有办法避免这个艰难的决定吗？一定要将"小男孩"出其不意地投掷到日本吗？不能事先警告一下他们顽固的敌人或者安排一场演示性的示威吗？

史汀生，作为其中一场交谈的核心人物（贝尔纳斯是另一场交谈的核心人物），当时可能表达过他对大规模屠杀平民以及自己被迫成为共犯的义愤之情；奥本海默记得在这一天的某个时间，史汀生说过这样的话，而午餐时段是唯一可以随意发言而不被记录下来的场合：

> [史汀生强调了]这种令人震惊的由战争引发的道德和良心的缺失……我们用自满、漠不关心和沉默的态度欢迎在欧洲进行大规模轰炸，轰炸日本时更是如此。他对轰炸汉堡、德累斯顿和东京并不感到欢欣鼓舞……史汀生上校觉得，就堕落程度而言，我们已经够了；需要有一种新的生命和新的气息来治愈这种伤害。

关于他人对史汀生的自责做出的反应，唯一的记录是奥本海默对它的赞赏，然而警告日本或者用原子弹示威的问题引发的反应却有很多记录。奥本海默想不出哪种示威方式合适又令人信服：

你问问自己，在主和派与主战派意见有分歧的情况下，日本政府会受到在很高的空中引爆一个破坏性不大的巨大核爆竹的影响吗？你的答案和我的一样——不知道。

因为国务卿有权做出承诺和实施行动，所以贝尔纳斯对这个问题的反应很重要。他在 1947 年的一部回忆录中回忆了几点：

> 我们担心，如果告诉日本人原子弹将被用于某个区域，他们可能会把在战争中俘虏的我们的人送到这个区域。专家们还警告过我们，即将在新墨西哥进行的静态试验即使取得了成功，也不能确证原子弹在从飞机上投下时会爆炸。如果我们用这种高破坏性新武器去警告日本人以使他们留下印象，而原子弹又没有爆炸，那么，我们肯定帮助了日本军国主义者，并且使他们感到欣慰。其后，日本民众可能会对我们任何引导他们投降的声明都无动于衷。

在后来的一次电视采访中，他强调了一种更为政治化的担忧：“总统将不得不负责告诉全世界我们拥有这种原子弹，以及原子弹有多可怕……如果没能证明原子弹有预期的效果，那么将只有上帝才会知道战争进程将走向何方。”

欧内斯特·劳伦斯后来回忆说，会场上有些人得出结论，“原子弹杀死的人，就总数而言，不会比已经在燃烧弹袭击中被杀死的人更多”，因而这种具有可怕潜力的新式武器出现之前的屠杀就此成了一条基线。

这些烦恼的人回到史汀生的办公室，用了大半个下午的时间考虑轰炸日本的后果以及日本人的战斗意志。某个没有留下姓名的人对原子弹的破坏力表示怀疑，声称它"与任何当前规模的空袭所造成的后果相比，不会有太大的差异"。奥本海默站了出来，捍卫他们发明的火与热的武器，指出它将会产生电磁辐射和核辐射：

> 奥本海默博士声明，一颗原子弹爆炸的视觉效果将是巨大的。它将会伴随着耀眼的冷光，这种冷光将会达到一两万英尺的高度。爆炸的中子效应对于至少 2/3 英里范围内的生命来说都会是危险的。

大概就是在那天下午的讨论中，奥本海默报告了洛斯阿拉莫斯估计一颗原子弹在一座城市爆炸可能会造成多少人死亡。阿瑟·康普顿记得当时估计的数字是 2 万人，他说，这个估计基于这样的假设，即空袭开始后和原子弹爆炸之前城市居民们将会去寻找掩体躲避。他记得史汀生随后提到京都："这是一座一定不能轰炸的城市。"陆军部长仍然顽强地坚持"目标是军事破坏……而不是平民的生命"。

史汀生在下午 3 点 30 分离开了会场，在此之前他对下午的会议进行了总结，但他坚持的原则中的矛盾依然存在：

> 在对各类目标和将会产生的效果进行广泛讨论之后，部长得出普遍同意的结论：我们不能给日本人任何警告；我们不能只专注于一个平民区，而应该设法在尽可能多的居民心中产生深刻的心理印记。在科南特博士的提议下，部长同意最合适的目标应是一个重要的军工厂，这个工厂雇用了大量的工人，近旁围绕着工人们的住宅。

这在欧洲是一个普遍的模式，而按柯蒂斯·李梅的说法，日本人是在家里做工，以家庭为工作单元的：

> 我们要打击的是军事目标。仅仅为了杀戮而屠杀平民是没有意义的。当然，在日本存在一个小小的障碍，然而障碍就在于此。这就是日本分散的工业体系。你只要去看看我们用燃烧弹轰炸过的一个目标就知道了，你可以看到大量毁坏的小房子，而每户人家的废墟上都竖立着一台钻床。全体民众……男人、女人和孩子都参与进来，为制造飞机或者其他军需而工作。我们知道，轰炸［一座］城市时，会杀死大量的妇女和儿童。然而不得不这样做。

史汀生此时已离开了会场。阿瑟·康普顿想要去冶金实验室讨论问题。在最后一轮讨论之前，利奥·西拉德的幽灵穿梭在整个房间里面。格罗夫斯刚刚得知了新一轮的西拉德式"阴谋"。将军被激怒了："格罗夫斯将军说，这项计划从一开始就因某些判断力和忠诚度可疑的科学家参与而被弄糟了。"西拉德在与奥本海默谈过话后去了纽约，并且在那个上午找到了鲍里斯·普雷格尔。普雷格尔是一名出生在俄国的法国金属投机商，生活奢华，在人熊湖区的矿山为曼哈顿工程提供铀矿石，西拉德早期在哥伦比亚大学的日子里得到过他的帮助。5 月 16 日，西拉德已向普雷格尔寄去了他给杜鲁门的备忘录的一个副本。（格罗夫斯通过他所谓的"秘密情报来源"知道了一切。）5 月 28 日与贝尔纳斯会面不久后，西拉德在与普雷格尔相见时"表达了这样一种意见"，格罗夫斯说，"他认为政府中某个身居高位的人［也就是贝尔纳斯］被［美国］军方告知了有关［苏联人的］铀矿的错误消息。他声称，这种错误消息是有人故意告诉这个人的"。两人都用阴谋论给对方扣帽子，甚至在讨论全面战争中大规模死亡的必要性时，他们也在这样做。

第二天——也就是 6 月 1 日——上午，临时委员会与四名实业家见面。沃尔特·S. 卡彭特（Walter S. Carpenter）是杜邦公司的总裁，他估计苏联需要"至少四五年时间"才能建造出一套像汉福德这样的钚生产设施。詹姆斯·怀特（James White）是田纳西州伊士曼公司的总裁，"怀疑苏联无法保证其设备足够精密，因而不可能建造［一座电磁分离工厂］"。乔治·布赫尔（George Bucher）是西屋公司的总裁，他认为，如果苏联人能让德国的技术人员和科学家为它服务，那么，他们可能在三年内建起一座电磁分离工厂并使之运转。联合碳化物公司的一名副总裁詹姆斯·拉弗蒂（James Rafferty）预计的时间最长：从头开始建起一座气体扩散工厂需要十年时间，而如果苏联利用间谍弄到多孔膜的技术资料，就只要用三年时间。

贝尔纳斯在心中盘算着建造工厂的时间表："我推断其他任何政府往少了说也需要 7 年到 10 年时间才能制造出原子弹。"从政治角度看，7 年就等于 1 000 年。

史汀生仍然对使用原子弹摧毁整座城市心存恐惧。下午，他缺席了临时委员会的讨论，他与"福将"阿诺德这位受到他"严厉质问"的人一起进一步研究精确轰炸问题，想以此摆脱这种恐惧。"我告诉他，［负责航空的陆军部副部长］洛维特向我承诺在日本只会进行精确轰炸……我想了解真相。"阿诺德告诉了史汀生日本工业分散的现实。只有区域轰炸才能最终击中那些钻床。"然而，他告诉我，他们正在尝试尽量限制轰炸范围。"史汀生很乐意在几天后向杜鲁门转达上述信息，他还加入了一对矛盾的动机作为额外的补充：

我告诉他我如何尝试让航空部队只进行精确轰炸，然而，由于日本人采用制造业分散的方法，要防止区域轰炸相当困难。我告诉他，我对在战争中进行区域轰炸的担忧有两个原因：首先，我不想让美国获得比希特勒还要残暴的名声；其次，我有一点担心，在我们做好准备之前，日本可能就已被全面轰炸成废墟了，以至于没有一个合适的背景能反映出这种新式武器的威力。他表示理解。

史汀生刚离开，贝尔纳斯便迅速而又果断地拉拢了委员会。"贝尔纳斯先生觉得，在使用这种武器的问题上做出一个最终决定是件重要的事情。"记录员阿尼森战后这样回忆说。他在 6 月 1 日所做的记录中描述了这个决策过程：

> 贝尔纳斯先生建议，委员会也赞同，应该劝说陆军部长，虽然承认最后选择目标基本上是一项军事决定，但委员会目前的看法是，应该尽快对日本使用原子弹；用它来轰炸被工人们的住宅所环绕的战争工厂；在不给予预先警告的情况下使用它。

剩下来的事情就是将这个决定交给总统批准。临时委员会一散会，贝尔纳斯就直奔白宫：

> 我将总统任命的临时委员会的最终决定告诉了总统。杜鲁门先生告诉我，他几天来对这个问题进行了认真的思考，已经有人把委员会的研究情况和对备用方案的考虑告诉了他。虽然有些不情愿，但他不得不承认，他想不出还有什么其他的方案，

并且发现他本人的意见与我所告诉他的委员会的建议一致。

五天后，杜鲁门会见了陆军部长。史汀生在日记中写道，总统说，"贝尔纳斯向他汇报了［与临时委员会的决定］有关的事项，贝尔纳斯看来非常满意这个决定"。

哈里·杜鲁门没有在6月1日下达投掷原子弹的命令。然而，他似乎确实是在那天下定决心的，贝尔纳斯对此起到了一点催化作用。

在5月31日临时委员会的会议后，罗伯特·奥本海默找到了尼尔斯·玻尔。"我对马歇尔将军的智慧留下了深刻的印象，"他在1963年回忆说，"还有陆军部长史汀生；我去了英国代表团驻地，在那里遇到了玻尔并且尝试安慰他；然而，他太聪明也太懂人情世故，以至于没法给他安慰。此后不久他就去了英国，不确定未来会发生什么，也不知道会不会发生什么事情。"

在玻尔离开之前，6月稍晚些时间，他最后一次尝试面见一名美国政府的高级官员——史汀生。哈维·邦迪于6月18日将这个消息呈报了陆军部长："在你本周离开之前，你想与玻尔教授这位丹麦人进行一次会晤吗？"

不管是因为疲惫，还是因为急躁，或者是因为他明白这件事已经不再由他做主，亨利·史汀生最后用粗体字在备忘录的纸边上写道："不。"

◉

没有谁对"小男孩"将会成功表示怀疑。奥托·弗里施的"龙实验"证明了铀内的快中子链式反应的有效性。炮击引爆机制浪费大、效率低，然而铀-235容许使用该机制。剩下的事情就是对内爆进行试验了。在进行这一试验时，物理学家们还可以将他们有关这种奇特能量释放过程的理论与令人眼花缭乱的大量试验事实进行比较。"三位一体"试验将是直到此刻为止尝试过的所有物理试验中最大的试验。

确定一个足够荒凉、偏僻的试验场并让那里做好充分准备的艰苦工作落到了身体强健、留着短发的哈佛大学实验物理学家肯尼思·班布里奇身上。洛斯阿拉莫斯技术档案解释说，他的任务"是在极端隐秘和承受巨大压力的情况下在一个荒凉的沙漠里建立一个复杂的科学实验室"。班布里奇有很好的资质。这位文具批发商的儿子来自纽约州的库珀斯敦，他曾在卡文迪许实验室欧内斯特·卢瑟福的领导下工作过，后来设计并建造了哈佛大学的回旋加速器，这台回旋加速器此时正在"山庄"为曼哈顿工程服务。他于1941年夏天将莫德委员会的消息带回来，向万尼瓦尔·布什做了汇报，并且在麻省理工学院和英国从事过雷达方面的工作。罗伯特·巴彻于1943年夏天为洛斯阿拉莫斯招募了他。1944年3月初他负责"三位一体"试验。

他需要一个平坦、荒凉并且具有良好气候条件的场地，这个场地要离洛斯阿拉莫斯足够近，以便往返，又要足够远，使两地之间的联系不那么显眼。利用地图资料，他选择了八个场地，其中包括南加利福尼亚的一个沙漠训练场、如今被称为帕德雷岛的得克萨斯海湾沙洲区域和新墨西哥州南部的几个荒凉干燥的山谷。1944年5月，班布里奇和罗伯特·奥本海默带着一队陆军军官，乘坐0.75吨的武装运输车前往新墨西哥的备选场地，踩着尚未融化的雪进行踏勘；他后来回忆说，他们随身携带着食物、水和睡袋，"沿着地图上未标出的小径穿过干旱荒芜的耕地区域，这种耕地由于长年的干旱和大风已经没有肥力了"。对奥本海默来说，这是从管理洛斯阿拉莫斯的日常重负中解脱的难得机会，以后他不会再有这样的机会了。又经过了几次踏勘后，班布里奇选择了一片平坦的灌木区，在格兰德河和奥斯库拉山脉之间的阿拉莫戈多市西北方大约60英里处。这条小径在西班牙人统治时代以"约纳达德尔莫尔托"（Jornada del Muerto）而闻名，意思是干枯因而危险的死亡之路。"死亡之路"在洛斯阿拉莫斯以南210英里处，构成了阿拉莫戈多原子弹爆炸区的西北区域；经第2航空队司令乌察尔·恩特许可，班布里奇在一片18英里×24英里的区域立桩标出边界。

1944年秋天，内爆危机降低了"三位一体"试验的优先权，班布里奇后来说："几乎下降到零……直到1945年2月底。"到此时，原子弹物理学已被很好地掌握，奥本海默将试验爆炸日期定在7月4日，班布里奇开始忙起来。随后的5个月时间里，他的工作人员从25名增加到250多名。赫伯特·安德森、P. B. 穆恩、埃米利奥·塞格雷和罗伯特·威尔逊负主要责任，威廉·朋奈、恩里科·费米特别是维克托·韦斯科普夫作为顾问参与。

陆军方面租得"死亡之路"场地中部位置的戴维·麦克唐纳大农场，将它装修成一个野外实验室和军警站。班布里奇在麦克唐纳大农场西北方大约3 400码处标出爆心投影点[①]。从这个中心点出发，大致在罗经北方、西方和南方1万码距离的位置，工程兵部队承包者用比枕木粗的橡木柱支撑混凝土板筑成了土掩体碉堡。"北1万码"碉堡，距爆心投影点5.7英里，用来存放记录设备和探照

---

① 原子弹是在设定的高度于半空中爆炸的，爆炸中心垂直于地面或水面的位置便是爆心投影点。——编者注

灯;"西1万码"碉堡用来存放探照灯和成套的高速照相机;"南1万码"碉堡用作试验时的控制碉堡。在"南1万码"碉堡以南5英里处是帐篷和营房组成的大本营。一座名为康普尼亚山的山丘位于爆心投影点西北方20英里处,在"死亡之路"的边缘,这里将成为供贵宾们俯瞰四周自然美景的高地。4 000多英尺高的奥斯库拉山脉向东拔起在高碱性平原之上。

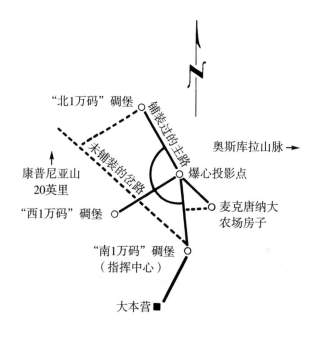

"死亡之路"生长有灰色坚硬的牧豆树,这种植物锋利如同日本武士的刀剑;还有很多蝎子和蜈蚣,人们在早晨起床时可以从靴子里把它们倒出来;还有响尾蛇、火蚁和狼蛛。军警们用机枪猎杀羚羊,既是为了吃肉,也是作为一种运动。格罗夫斯只批准了他的部队成员洗冷水浴,而这种与世隔绝的岗位最后使他们赢得了在整个美军中性病得病率最低的回报。被石膏弄脏了的井水成了不折不扣的腹泻剂，也使毛发变得坚硬。

承包者建了两座塔。一座建在爆心投影点以南 800 码处，高 20 英尺，使用了支撑掩体的那种重型梁架。它的顶端支撑着一个像室外舞池一样的宽阔平台。5 月上旬的一天，施工人员们在停工一段时间后返回时发现这座塔不见了。班布里奇看着它里面堆了木箱装着的 100 吨高爆炸药，中间放着几罐汉福德的溶解了的热铀棒。5 月 7 日黎明前，整堆炸药爆炸了。这是最大的一次故意进行的化学爆炸，只是为了演习常规操作程序和对仪器进行测试。泥路造成了耽搁，他便请求格罗夫斯铺一段 25 英里的道路，并且获得了批准，他得以加快这唯一的一次核试验的准备进程。

另一座塔建在爆心投影点。它用钢材预制而成，分段运到试验区的指定地点。施工者挖开坚硬的沙漠钙积层后，向下浇灌了 20 英尺的混凝土地基，它支撑起塔的四条腿，这四条腿分别相隔 35 英尺。这座塔由交叉支柱支撑，高达 100 英尺。顶端是一个橡木平台，三面用波纹铁皮遮挡，上面还建有屋顶。敞开的一面对着西边摆放着照相机的掩体。平台中央的可拆卸部分可向下通到地面。建完塔身的工人在顶端为一个价值 2 万美元的电力驱动绞盘安装了吊索。

弗兰克·奥本海默是加州大学伯克利分校一名物理学博士，此时正在给他的哥哥干活，找出并排除试验中出现的故障。他记得，当他于 5 月下旬到达"三位一体"试验场时，"人们正在拼命跨越沙漠安装电线，建造塔，建造小屋，在这些小屋里放上照相机，爆炸时人们就躲进这些小屋"。用钢筋混凝土筑成的放置照相机的掩体开有厚厚的防弹玻璃窗户。几百根 6 英尺高的 T 形木杆像织布机架一样密集地拉着 500 英里长的电线，从爆心投影点拉向远处安全距离之外放置仪器的掩体里；其他电线埋在地下，用数英里长的优质花园水管套起来。

除了照相研究外，班布里奇和他的小组还要进行三组实验。第一组涉及的领域最广，将测量爆炸的、光学的和核的效应，所用仪器是地震仪、检波器、电离室、摄谱仪、胶片和多种计量器。第二组将研究内爆的细节并检测路易斯·阿尔瓦雷茨新发明的爆炸丝雷管的作用情况。由赫伯特·安德森设计的实验将用放射化学方法揭示爆炸的当量，这构成了第三组实验。哈佛大学物理学家戴维·安德森（与赫伯特·安德森没有亲戚关系）设法为这种工作弄到了两辆坦克，并将它们密封加压，再覆盖上铅板；赫伯特·安德森和费米打算在爆炸后立即乘坐它们向爆心投影点处的弹坑靠拢，用火箭将一个用绳索系着的杯子射入弹坑，收集一些放射性残骸，回收的物质用于实验室测量。它的裂变产物与未裂变的钚的比率将揭示出爆炸当量。

到 5 月 31 日，已有足够多的钚从汉福德运到了洛斯阿拉莫斯，可以开始进行临界质量实验了。塞斯·尼德迈耶的有壳内核被放弃了，尽管很薄的外壳会在内爆中造成最强的压缩。设计时需要考虑到它们的流体力学不稳定性，这要求的计算太难，无法用手工完成。伯克利理论物理学家罗伯特·克里斯蒂（Robert Christy）设计了一个更为保险的实心内核，两个成对的半球总量小于临界质量，内爆将会至少将它们的密度压挤成最初的两倍，这样就缩短了裂变中子在核之间必须运动的距离并且使质量变成超临界状态。弗里施的小组于 6 月 24 日用实验确认了这种内核的构造。对于高密度形态的钚，重填充物反射层内的临界质量是 11 磅；即使中心有一个坚果大小的空间用来装入引爆器，"三位一体"试验用的内核也不会比一个小橙子大。

用于浇铸内爆透镜炸药块的实物尺寸的模具的交付拖了试验的后腿：它们直到6月才如数交付。6月30日，负责决定试验日期的委员会将最早日期延后到了7月16日。基斯佳科夫斯基的小组夜以继日地在S场地工作，为的是制造出足够多的内爆透镜。"最大的麻烦是大铸件内部的气孔，"他在战后回忆说，"我们用X射线检查法能够检测到这种气孔，然而无法补救。我们常常运气很差，废品比合格的铸件多。"

6月27日，格罗夫斯与奥本海默和帕森斯见面，确定将第一颗原子弹运往太平洋的计划。他们一致同意用船舶运送"小男孩"的铀-235炮弹，随后空运几个铀-235靶块；船运计划的代号为"布朗克斯"，因为纽约的布朗克斯区紧邻曼哈顿。洛斯阿拉莫斯的冶金学家们在6月底之前做成了一个靶块，在7月3日做成了一个铀-235炮弹。第二天便是独立日，联合政策委员会在华盛顿碰头，英国官方按照魁北克协议的规定，正式同意将原子弹用于日本。

杜鲁门同意在夏季某个时间与斯大林以及丘吉尔在柏林郊区的波茨坦会面；他于6月6日告诉史汀生，他成功地"故意"将会议时间推迟到了7月15日，史汀生在日记中写道，"从而使我们有更多的时间"。尽管杜鲁门和贝尔纳斯尚未决定是否告诉斯大林有关原子弹的情况，但一次成功的试验将会改变太平洋地区的均势；他们可能不再需要苏联进军中国东北向日本施压，因而可以在欧洲少向苏联让出一部分利益。为了确保总统在波茨坦得到有关试验的消息，格罗夫斯在7月的第一个星期将试验日期定在7月16日，但还要视天气的变化而定。他于 6 月下旬了解到了危险的放射性尘埃覆盖新墨西哥人口密集区的可能性——"你究竟是什么人？"他斥责告诉他消息的洛斯阿拉莫斯医生，"是赫斯特（Hearst）^①的宣传员吗？"——否则，他甚至可能不会等待合适的天气。

因此，爆炸试验安排在 7 月中旬的某个时间，在炎热的夏季沙漠上进行。这一段时间，在下午，"死亡之路"的气温通常超过 100 华氏度^②。奥本海默给阿瑟·康普顿和欧内斯特·劳伦斯发电报说："15 日以后的任何时间对我们外出钓鱼都是一个好日子。由于无法确定天气情况，可能会推迟几天。"

曼哈顿工程的高层人员安排了一场押注基数为 1 美元的赌局，赌原子弹的爆炸当量。爱德华·特勒乐观地选择了 4.5 万吨 TNT 当量。汉斯·贝特选择了 8 000 吨，基斯佳科夫斯基选择了 1 400 吨。奥本海默选择了一个较小的数字，为 300 吨。诺曼·拉姆齐悲观地选择了零。当 I. I. 拉比在进行试验的几天前到达时，剩下可选的数字只有 1.8 万吨了；不管他是否相信那可能是"三位一体"试验的爆炸当量，他都把赌注押在上面了。

到了 7 月 9 日，基斯佳科夫斯基仍没有铸造出质量足够好的内爆透镜用来进行全面装配。奥本海默进一步给基斯佳科夫斯基提出一个麻烦的问题，他坚持要在实施"三位一体"试验的数日前发射一个原子弹的仿制品，用来测试没有裂变材料核心的情况下高爆炸药设计的效果。每个单元需要用 96 块炸药。基斯佳科夫斯基采取了英勇的措施：

---

① 指美国赫斯特报系。——译者注
② 约 37.8 摄氏度。——编者注

无可奈何之下，我拿起一台牙钻。我不愿要求别人做一件从未试过的事情，因此在"三位一体"试验前的那一周，我用了大半夜时间，在一些浇铸时留下气孔的铸件上钻孔，一直钻到我们的 X 射线检测胶片上显示出的气孔的位置。这项工作做完后，我将熔化的糊状炸药注入钻孔中，将其填满，这些铸件因此也就能用了。一宿下来，通过我的劳动，就有了足够多的铸件添加到我的库存中，足以造出两个以上的球体。

"你用不着担心，"他以听天由命的态度补充说，"我的意思是，如果有 50 磅炸药落到你的腿上，你就不会有感觉了。"

海军少校诺里斯·E. 布拉德伯里（Norris E. Bradbury）是一个朝气蓬勃、精力充沛的伯克利物理学博士，负责装填高爆炸药。7月 11 日星期三，他和基斯佳科夫斯基依据铸件的质量将其分类。"基斯佳科夫斯基和布拉德伯里亲自检查铸件，看是否有缺口、裂缝和其他缺陷，"班布里奇后来写道，"……只有高质量铸件，即没有缺陷或者容易修补的铸件，才会用于'三位一体'试验的装配工作。其余的铸件就移交给了克罗伊茨。"物理学家爱德华·克罗伊茨（Edward Creutz）正在忙于进行仿制件试验，用得上这些铸件。铸件是蜡状的，颜色像用清漆和褐色混合而成。他们为每一个爆炸装置称了炸药的总重，大约为 5 000 磅。

每个人都感到了试验临近的压力。这对大家造成了很大的影响。"这最后一周，许多事情都让人感觉很漫长，"埃德温·麦克米伦后来回忆说，"也有许多事情让人感觉时间在飞逝。很难正常行事，很难不胡思乱想，也很难不发泄出来。我们还发现，很难不放纵自己任性而为。"在 1950 年给埃莉诺·罗斯福的一封信中，奥本海默回顾了一种奇特的群体错觉：

> 在第一颗原子弹即将试爆之际，洛斯阿拉莫斯的人们自然处于有些紧张的状态。我记得有一天早晨，整个工程的人都走到外面，透过眼镜、双筒望远镜和任何他们能够找到的其他工具注视天空中的一个明亮物体；附近的科特兰机场的工作人员向我们报告说，他们没有可以接近这个物体的截击机。我们的人事主任是一名天文学家，他是一个洞悉人性的人；他最后来到我的办公室，问我们能否不要试图把金星射落下来。我讲这个故事只是表明，即使是一群科学家也无法抗拒错误的暗示和歇斯底里。

到此时，已经铸出了两个小的钚半球，镀上镍用来抗腐蚀和吸收α粒子，正如冶金学家西里尔·史密斯后来所写的，这使这个组件"看起来很漂亮"。然而"一个出乎意料的变化在预计日期之前三四天开始显现出来"。镀层下的电镀液开始在钚半球的平坦面上使镍产生气泡，影响了镀层与钚的接触。史密斯说："整个试验一度有延期的危险。"完全锉掉这些气泡将会使钚暴露出来。因此，冶金学家只磨掉了气泡的一部分，并且用多张金箔填平凹凸不平的地方，从而抢救了钚半球铸件。第一颗原子弹的核心将裹在镍和金箔的外衣里闪亮登场。

7月10日，一个热带气团向北移到"三位一体"试验场，正如这次试验的气象学家、接受过加州理工学院培训的39岁的杰克·M. 哈伯德（Jack M. Hubbard）所预言过的那样。自从哈伯德第一次听说7月16日星期一这个预定日期起，他就坚决反对定在这一天；他预计那个周末是坏天气。海湾的空气中悬浮着盐晶，扩散成一层薄雾。7月12日，因为惦记着要在波茨坦会议过程中向总统有个交代，格罗夫斯将实验时间确定在7月16日上午。班布里奇向哈伯德传达了命令。"恰好处于雷暴期的中段，"这位气象学家在日记里痛骂道，"狗娘养的才会这样做！"格罗夫斯此前就被人用这种粗俗下流的脏话骂过。

将军的决定使诺里斯·布拉德伯里和他的特种工程先遣步兵队——缩写为SED，即受过科学训练的新兵——开始行动了，他们于星期四在洛斯阿拉莫斯平顶山附近的两个峡谷场地装配"三位一体"试验的原子弹和克劳伊茨高爆炸弹的炸药块。他们争论着用油脂填充铸件间微小空气间隙的问题。班布里奇写道，基斯佳科夫斯基决定不用这种填料，"因为组装的铸件比以前制造的任何铸件都要好，而且间隔材料留下的空气间隙微不足道"。每个炸药块都接受了最后一次X射线检查，并且编上了号，再用面巾纸和透明胶带包裹得严严实实。试验组件所用的简化版改良外壳被称为1561型，有别于以前用螺栓固定在一起的五角形的1222型外壳；其特点是中部有一条用机器压铸的、凸起的、分成五段的带子，然后栓上巨大的上下两个半球形的"帽子"。当一溜排列在下半部分的炸药用胶纸粘贴到位时，布拉德伯里的特种工程先遣步兵队已经用绞盘将沉重的天然铀反射层填充物球体放落下来，它被填塞在像鳄梨的凹陷处一样的空穴里。反射层填充物中间留出圆柱形插销形状的洞，用来装配内核。构成上半部分壳的炸药块也接着被装配。

为了运送到"三位一体"试验场，一组铸件暂时搁在一边，而用活塞栓代替，通过这个活塞栓，内核组件能够被放置入反射层填充物中。保留的铸件——内层是固态的复合物B，外部是起透镜作用的层——分别装箱，每一个箱子里还带上一个该类铸件的备用件。运送高爆炸药的准备工作完成了。将高爆炸药组件运送到"三位一体"试验场需要慢速行驶，要用防水的布特伐尔塑料袋将它们装袋，再用多节的松木集装箱装好捆牢，并将它牢牢绑在一辆5吨重的军用卡车上，然后再覆盖一层防水油布，遮盖住这个秘密。

那个星期四的下午3点，钚内核率先离开"山庄"。为了防震，它被放在一个野外携行箱里，箱子有一个金属把手，箱内有橡胶减震器。菲利普·莫里森像一名高贵的观光者一样坐在运送它的军用轿车的后座上，满车的武装警卫在前面开路，另有一车弹芯装配专家殿后。莫里森还带着一个真正的和一个模拟的引爆器。大约6点钟，一名身穿白色T恤和夏季西裤，皮肤晒得黝黑的年轻军士将装有钚内核的携行箱送到麦克唐纳大农场的房子里，它会在这里放一夜。警卫们围住这间农舍守夜。

为了安全起见，也为了在路上少遇到其他车辆，运送高爆炸药组件的工作按要求在夜间进行；基斯佳科夫斯基故意将这次更招人注意的护送行动安排在7月13日星期五夜里12点以后1分钟启程，从而避开这个英语国家的人们认为不吉利的日子。他和保安警卫们一起坐在领头的车里。他很快打起了瞌睡，随后当护送车队通过圣菲时，他被车队拉响的尖厉警笛声惊醒了，军方不希望深夜喝醉酒的司机从小巷里突然开出来，与装满手工制作的高爆炸药的卡车相撞。离开圣菲行进一段路程后，护送车再次减速到时速30英里以下；拉到"三位一体"试验场用了8个小时，而基斯佳科夫斯基也小睡了一会儿。

星期五上午9点，弹芯装配队身着白色实验外套集合在麦克唐纳大农场，开始最后阶段的工作。托马斯·法雷尔准将作为格罗夫斯的代表在场，罗伯特·巴彻作为装配队的资深顾问也在场。班布里奇注视着一切，奥本海默也是这样。存放了一晚上钚内核的那间农舍在做准备时已经用吸尘器彻底打扫过，它的窗户已被黑色电工胶布密封起来防尘，这样它就被改装成了一间临时的无尘工作室。装配者们在工作台上铺开一张脆薄的褐色外包装纸，并且放上像七巧板一般的待装配组件：两块用金箔包起来的镀镍钚半球块；一个闪光的铍引爆器，在钋发射的α粒子的作用下，它将释放出中子；数片李子色的天然铀，它们构成圆柱形的 80 磅反射层填充物块，用来约束住这些至关重要的元素。装配开始前，巴彻请求军方给这些很快就要爆炸的材料开具一份收据，因为严格来讲，洛斯阿拉莫斯是加州大学的延伸机构，按合同为军队工作，巴彻想用正式的文件证明这所大学已不再对价值数百万美元、很快就会"蒸发"的钚承担任何责任。班布里奇认为这个仪式是在浪费时间，然而法雷尔意识到了巴彻的顾虑并且表示同意。为了缓解紧张的气氛，法雷尔坚持要求首先对半球进行称重，以确定他拿到的钚分量正确。钚有些像钋，也会发射α粒子，但释放量小很多；"当你抓一小块钚在手中时，"利昂娜·马歇尔后来说，"你会感觉到它是温暖的，像一只活野兔。"这种体验使法雷尔一愣；他将半球放下，开具了收据。

虽然部件很少，但大家工作得很仔细。他们将引爆器嵌套在两块钚半球之间，再将这块镀镍的球嵌套在反射层填充物内留给它的空穴中。这需要用一个上午和半个下午的时间。两个人用手推车将这沉重的装箱组件推到外面的卡车上。下午 3 点 18 分，带着致命的庄重感，它被送到了爆心投影点。

在爆心投影点，诺里斯·布拉德伯里的全体工作人员一直在忙着处理基斯佳科夫斯基在这天上午交付的5英尺高的高爆炸药球。下午1点，卡车司机将货物停到了塔下。工人们用长臂绞盘将木箱吊起来并推到一边，在球体周围放下一组巨大的钢钳，这些钢钳是从主绞盘上吊下来的，锚定在100英尺高的塔顶上。用钢钳固定好以后，两吨重的球体被绞索吊出了卡车的车厢；然后驾驶员开走卡车，绞盘将预制件放到沥青地面的一块垫木上。"我们很怕它坠落下来，"布拉德伯里后来回忆说，"因为我们信不过绞盘，而且它吊升的是唯一能立即使用的原子弹。我们并非担心会将它弄炸了，而是担心我们以某种方式损坏它。"在打开盖子露出活栓之前，他们在装配场地上支起一顶白色帐篷；之后，他们便在透过帐篷的柔和日光下工作了。

插入弹芯时出了问题，装配队员博伊斯·麦克丹尼尔（Boyce McDaniel）后来回忆说：

[高爆炸药]壳此时还不完整，还缺一块内爆透镜。钚和引爆器的圆柱形塞子需要通过这个开孔插入……为了使整个组件中铀的密度最大化，塞子和球壳之间的净空被缩小到了千分之几英寸。在洛斯阿拉莫斯，制作过三套这种塞子和[反射层球体]。但在最后赶工的过程中，各个组件没有制造成可互换的规格，所以，并非所有的塞子都装得进所有的[孔]。不过，我们还是非常小心地确保不出差错，将配对的组件运送到了["三位一体"试验场]。

我们开始将塞子插入孔中，但在已经深深地插入高爆炸药壳的中心后，它被卡住了！想象一下我们此时的惊慌。在慌乱中，我们赶紧收手，以防损坏组件，并分析为什么会这样。可能我们犯了什么错误？……

巴彻明白了原因并让他们镇静下来：塞子在大农场房子里的高温下受热膨胀，而反射层填充物被深置于高爆炸药的绝缘壳内，从洛斯阿拉莫斯运来还是凉的。大家将两块重金属搁在那里等了一会儿。当他们再检查组装情况时，温度平衡了，塞子平稳地滑入了正确的位置。

随后就轮到组装炸药的小组了。奥本海默在一旁看着，因为戴着一顶馅饼式的帽子而十分显眼。由于新近患过一场水痘，再加上数月的深夜工作和几周连轴转的压力，他的体重减到了116磅。在反映这次历史性装配的影片里，他像一只觅食的水鸟一样飞快地在镜头里出入，在原子弹内腔的开口处仔细检查。有人递给布拉德伯里一条透明胶带，他将两只胳膊伸进内腔里，固定一块炸药。他在深夜的灯光下完成了工作。引爆器尚未安装。这是第二天要面对的挑战，那时组件将被吊到塔顶。

第二天即星期六的上午，大约8点，布拉德伯里监督着将试验装置吊升到高处平台上的工作。将要插入引爆器的套管的开口被覆盖着，并粘着胶带防尘；当这个巨大的球体被提升到空中时，它看起来就像是被大量绷带包扎着许多伤口；在15英尺的高度，它停了下来，一组美军士兵用带有条形花纹的军用垫子紧贴着垫木堆了足够厚实的一层，用棉絮来防止组件被摔坏。随后，绞盘重新启动，慢慢地吊升，使球体看上去就像是在细长的钢缆上悬浮起来一般。随着离塔顶越来越近，它也显得越来越小。两名军士通过敞开的肋板将它接进了塔顶的小屋里，再将肋板放回原处，将组件放到它的垫木上。它的南北两极的盖子此时已呈水平放置状态，而不是像在装配过程中那样垂直放在上面与下面，它那顶盔戴甲的孪生兄弟"胖子"上阵时将以同样的方式放置在 B-29 轰炸机的投弹舱中。随后开始进行插入引爆器的精细工作。

这一天，再次出现了问题。克罗伊茨的小组在洛斯阿拉莫斯引爆了仿制件，用磁方法测试了它的内爆同步性，然后打电话告诉了奥本海默一个令人沮丧的消息：用于"三位一体"试验的原子弹可能会失败。"因此，"基斯佳科夫斯基说，"我当然立即就变成了主要罪人，被所有人数落。"格罗夫斯和布什以及科南特于中午乘专机飞往阿尔伯克基；他们对这个消息感到震惊，将抱怨全部发泄到基斯佳科夫斯基身上：

> 指挥部的每个人都变得极为沮丧，都认为这是我的过错。奥本海默、格罗夫斯将军、万尼瓦尔·布什——他们都对这个无能的可怜虫有好多话要说，这个倒霉蛋将永远被世人视为曼哈顿工程悲惨失败的原因。吉姆·科南特是我的密友，把我叫去训斥了大概有几个小时，冷冷地逼问我试验即将失败的原因。

> 那天晚些时候，巴彻和我在沙漠中散步，我小心翼翼地对磁测试的结果表示了怀疑，鲍勃[①]指责我简直是在挑战麦克斯韦方程组本身！在另一个时间，奥本海默变得如此情绪化，以至于我向他提出用一个月的薪水来和他的 10 美元打赌，赌我们的内爆器件将会正常工作。

在这些纷争发生时，除了它的铀-235 靶件以外，"小男孩"

---

① 巴彻的名字罗伯特的昵称。——译者注

的其他组件悄然出发了。在两名军官的护卫下，一辆密闭的黑色卡车载着 7 名安全警卫于星期六上午离开洛斯阿拉莫斯，前往阿尔伯克基的科特兰航空基地。一份清单描述了这辆车运载的昂贵货物：

　　a. 1 只箱子，重约 300 磅，内有炮式原子弹的活性物质射弹组件。

　　b. 1 只箱子，重约 300 磅，内有特种工具和科学器械。

　　c. 1 只箱子，重约 1 万磅，内有一颗完工的炮式原子弹的惰性组件。

　　停在科特兰机场的两架 DC-3 飞机将把这些箱子和它们的护卫运到旧金山附近的汉密尔顿机场，从这里，另有安全警卫护送它们到亨特角的海军造船厂，等待重型巡洋舰"印第安纳波利斯号"起航后将它们运送到天宁岛。

　　阴郁的气氛弥漫在"三位一体"试验场。洛斯阿拉莫斯的物理化学家约瑟夫·O. 赫希菲尔德（Joseph O. Hirschfelder）记得，那个星期六的晚上，奥本海默在旅馆里显得尴尬不已。前来参观试验的客人们都开始聚集在这家旅馆里了。"我们驾车到阿尔伯克基的希尔顿酒店，在这里，罗伯特·奥本海默正在与一大群将军、诺贝尔奖得主以及其他贵宾会面。罗伯特非常紧张。他告诉［我们］说，克罗伊茨在这天较早时间取得的某些实验结果表明，［'三位一体'试验的］原子弹将是一颗哑弹。"

　　面对物理世界冷酷无情的最新证据，奥本海默寻求宁静，最后在《薄伽梵歌》中找到了一丝安慰。这是伟大的印度史诗《摩诃婆罗多》中一首700节的祷告诗，大约创作于希腊从黄金时代开始走下坡路的那个时期。在哈佛上学时，他就发现了《薄伽梵歌》；在伯克利，他向学者阿瑟·赖德学得梵语，以使自己能够更加接近原著。自那以后，一本粉色封皮、已经有些破损的《薄伽梵歌》就一直摆放在离他书桌最近的书架上，占据着尊贵的位置。《薄伽梵歌》中的意义值得用一生的时间去领悟，它以戏剧化的形式表现了一位名叫阿周那的勇士王子和黑天神之间的对话，而黑天神是毗湿奴的主要化身（毗湿奴在印度教中和梵天以及湿婆一起形成三位主神——又一个"三位一体"）。万尼瓦尔·布什记录了奥本海默在7月这个令人绝望的星期六试图抓住的特殊含义：

> 他是一个性格很复杂的人……所以我就不过多评述了。我只是记录了一首诗，一首他从梵语翻译过来的诗，他在［"三位一体"试验的］两个晚上之前给我背诵了它：

> 在战场，在丛林，在悬崖突兀的绝顶，
> 在黑暗的大海上，在箭雨的险境里，
> 在沉睡和迷惘之中，在深深蒙羞的时分，
> 以前的善行才是保护神。

回到大本营后，奥本海默在那天晚上睡了不到四个小时；法雷尔与他合住一个屋，他在隔壁房间听到奥本海默在床上辗转难眠，痛苦地咳嗽。他既靠那首沉思冥想的诗作，也靠不断抽烟来熬过那段时间。

刚毅不屈的汉斯·贝特找到了一条走出险境的途径，基斯佳科

夫斯基后来回忆说：

> 星期天上午，另一通电话带来了振奋人心的消息。汉斯·贝特用了星期六的一个通宵分析这个实验的电磁理论，发现仪器设计有问题，即使是一次完美的内爆也不会产生有别于观察到的那种示波器的记录。因此，我再次被在场的大人物们接受了。

当格罗夫斯打来电话时，奥本海默高兴地向他讲起贝特的分析结果。将军打断说："天气怎么样？""天气反复无常。"这位反复无常的物理学家说。墨西哥湾的气团滞留在试验场地的上空。然而，即将发生变化。气象学家杰克·哈伯德预言第二天是微风，风向不定。

空气凝滞加剧了人们对 7 月炎热的感受。在更换烧断了电路的电池组时，照相人员被金属照相机外壳烫伤了手。弗兰克·奥本海默身体过于单薄，不能忍受过度的炎热，他赶在最后一刻做了一个比光和辐射读数更贴近现实的实验：他摆放了一些箱子，箱子里布满了细刨花，还有钉有波纹铁皮的柱子，用以模拟脆弱的日本房子，这些房子里潜伏着李梅所说的无处不在的钻床。格罗夫斯禁止在实验中使用实际大小的房子，因为他认为这是一次愚蠢的科学尝试，既浪费钱也浪费时间。诺里斯·布拉德伯里在原子弹的装配指示中为星期六列出的是"完成'小玩意儿'的装配"；而"7 月 15 日星期日一整天"，他建议他的小组"寻找兔足和四片叶子的三叶草①。

---

① 两者都被视为幸运的象征。——编者注

我们应该找个牧师来这里吗？"兔足找得到，然而即使是牧师来到"死亡之路"也难以找到一根三叶草。

奥本海默、格罗夫斯、班布里奇、法雷尔、托尔曼和一名陆军气象学家与哈伯德于下午4点在麦克唐纳大农场会面，研究天气问题。哈伯德提醒他们，他从来都不喜欢7月16日这个日子。但他认为试验可以按预定日期进行，他在日记中提到："比不上最佳条件，要做出一些牺牲。"格罗夫斯和奥本海默换到另一间房子里商讨。他们决定等等看。他们计划在第二天凌晨2点召开最后一次气象会议，随后做出决定。试爆时间最终设定为4点，不会再改了。

那天傍晚稍早时分，奥本海默爬上试验塔进行最后的例行检查。在他面前蜷缩着他亲手制成的作品。它的"绷带"已经被拆除，此刻悬挂着绝缘电线，这些电线从接线盒中成环路引出，接向雷管塞，而雷管塞将黑色雷管块裹在其内。整个外表看上去丑陋得就像是半人半兽的凯列班（Caliban）[①]。他的职责差不多已经履行完毕。

黄昏时分，这位疲惫的实验室主任心情平静。他和西里尔·史密斯站在麦克唐纳大农场曾为牛群提供饮水的蓄水池边，谈论着家族成员、家乡，甚至谈到哲学。史密斯感到了安慰。一场暴风雨正在袭来。奥本海默望着暴风雨下方的地点，望着变得昏暗的奥斯库拉山脉。"真奇怪，山峰总是给我们的工作带来灵感。"这位冶金学家听到他这么说。

因为天气从平和变得恶劣，也由于每个人都缺少睡眠，大本营

---

① 莎士比亚戏剧《暴风雨》中凶残丑陋的奴仆。——校者注

里的人们又闹起了情绪。那天晚上，费米的冷嘲热讽使班布里奇愤怒不已。而格罗夫斯只是感到不快：

> 我被费米弄得有些生气……他突然提出与他的科学家同伴打一个赌，赌原子弹是否会引燃大气层，如果会，它究竟是只摧毁新墨西哥还是会摧毁整个世界。他还说，无论原子弹爆不爆炸，终究都无所谓，因为它总归是一次值得做的科学实验。如果它没有爆炸，我们将会证明核爆炸是不可能的。

这位意大利诺贝尔奖得主还用他一贯的直率风格解释说，从现实来看，世界上最优秀的物理学家也会去尝试，也会失败。

班布里奇被激怒了，因为费米"这些不假思索、危言耸听的话"可能会吓坏士兵们，他们毫无关于热核反应的引爆温度和火球冷却效应的知识。然而，一种新的力量确实将在这个世界上迸发出来；费米认为，没有谁能绝对肯定它初次出现会有怎样的结果。奥本海默已经给爱德华·特勒分配过一个很符合特勒风格的任务，这就是充分发挥想象力，思考是否可能存在某种意外的方式或转折，使爆炸摆脱对它的明显限制。那天晚上，特勒在洛斯阿拉莫斯提出了费米提出的相同问题，不过是问罗伯特·塞伯，而不是问对此一无所知的美国士兵：

> 我尝试在黑暗中找到回家的路，跌跌撞撞地来到一个熟人的家，这个熟人是鲍勃·塞伯。那天，我收到我们主任的备忘录……上面说，在黎明前我们得去［"三位一体"试验场］，我们应该小心别踩到响尾蛇。我问塞伯："你明天打算怎么对付

响尾蛇？"他说："我会带一瓶威士忌。"我随后像往常那样聊起来，告诉他一个人可以如何想象事情以这样或那样的方式失控。我们反复讨论这些事情，但我们实在看不出我们能遇上什么麻烦。随后，我问他："你对这些有什么想法？"鲍勃在黑暗中思考了片刻，然后说："我想再带一瓶威士忌。"

拉比，他们当中真正的神秘主义者，这个晚上一直在摆弄扑克牌。

班布里奇对付着睡了一小会儿。他领导着负责激活原子弹的队伍。他要在夜里 11 点就来到爆心投影点，为爆炸做准备。军警队的一名军士于 10 点将他叫醒；他叫上基斯佳科夫斯基，还有密苏里州出生的瘦高个子物理学家、在试验中负责倒计时的约瑟夫·麦吉本（Joseph McKibben），然后和哈伯德、他的小组以及两名安全保卫人员会合。"在过去的路上，"班布里奇后来回忆说，"我先来到'南 1 万码'碉堡，锁定主要序列定时开关。然后我将钥匙装进口袋里，返回到车上，继续去爆心投影点。"年轻的哈佛大学物理学家唐纳德·霍尼格（Donald Hornig）正在塔里忙活着。他设计了高压电容器的 500 磅的 X 部件，它是用来给微秒级同步的"胖子"的复合雷管点火的，这是路易斯·阿尔瓦雷茨至关重要的发明。此刻他止把原来班布里奇的小组用于练习操作的部件拆下来，再装上用于爆炸的新部件。在静态试验中，这颗"胖子"将从"南 1 万码"控制碉堡中通过电缆进行点火；一套这样的点火设备将被船运到天宁岛，这是一套齐全的设备，随同携带了电池组。电缆或者电池组将给 X 部件充电，收到控制指令后，它会将电容器中的电放给雷管，熔化埋进炸药块中的电线，从而启动电冲击，引爆高爆炸药。"我们到达后不久，"班布里奇后来说，"霍尼格完成了他的工作，返回了'南1万码'碉堡。霍尼格是最后一个离开塔顶的人。"

哈伯德在塔边操作着一座袖珍式气象站，用来测量风速和风向，两名和他一起工作的军士给氦气球充了气，然后把它释放。11点，他发现风从爆心投影点刮向"北1万码"碉堡。午夜，墨西哥湾气团增厚到1.7万英尺，而且其中有两个逆温层——冷空气在热空气之上——可能会让"三位一体"试验的放射性尘柱直接向下返回到地面上。

一名从洛斯阿拉莫斯来到沙漠的参观者后来回忆说，"这天晚上的天色因为乌云而一片漆黑，看不到任何星星"。

7月16日大约凌晨2点，雷阵雨开始猛击"死亡之路"，使大本营和"南1万码"碉堡满地雨水。"大雨倾盆，电闪雷鸣，"拉比后来回忆说，"［我们］真的害怕放在塔里的那个物件被意外引爆。因此，可以想象奥本海默会有多紧张。"风速飙升到30英里每小时。哈伯德坚守在爆心投影点读取最新的数据——只有薄薄的一层细雨飘到塔所在的区域——并于2点08分来到大本营参加气象会议，发现奥本海默在气象中心的外面等着他。哈伯德告诉他，他们不得不放弃4点这个时间，并说5点到6点之间应该能够进行试验点火。奥本海默看上去放心了。

在碉堡里，他们发现格罗夫斯焦躁不安地等着他的顾问们。"天气究竟出了什么问题？"将军向气象预报员问道。哈伯德得以再次强调他从不喜欢7月16日这个日期。格罗夫斯希望知道风暴在什么时候过去。哈伯德解释了它的动力学原理：一股热带气团导致了夜晚的大雨。下午的雷阵雨从受热的地面上获得能量，在太阳下山时停歇；这次则相反，暴风雨会在黎明时分终止。格罗夫斯咆哮道，他想知道明确的时间而不是对原理的解释。"时间和解释我刚才都给你了。"哈伯德重新回答说。他认为格罗夫斯准备取消这次试爆，但考虑到来自波茨坦方面的压力，这似乎不太可能。他告诉格罗夫斯，如果愿意的话可以延期，不过黎明时分天气会好转。

奥本海默亲自安慰他这位魁梧的伙伴。他坚持认为，哈伯德是这里最好的气象学家，他们应该相信他的天气预报。参加会议的其他人——托尔曼和两名陆军气象学家，比以前又多出了一个——表示赞同。格罗夫斯的态度开始缓和下来。"你最好是对的，"他恐吓哈伯德说，"不然我绞死你。"他命令这位气象学家在天气预报上签名，并且将爆炸时间定在 5 点 30 分。随后，他给还在睡梦中的新墨西哥州州长打电话，警告州长说他可能不得不发布戒严令。

在爆心投影点，班布里奇更关心雷雨对远处的影响而非对此地的影响，尽管他已亲自接通了与各碉堡通话的线路。"零星的雨点是烦人的因素，"他后来回忆说，"……1.6 万码之外的大本营和'南 1 万码'碉堡都报告出现了雷电，但我们这里没有见到闪电。不过这里能听到许多有趣的对话，因为北、南、西三个方向的碉堡都有很多线路直通这座塔。"大约凌晨 3 点 30 分，大本营刮起一阵风，吹翻了万尼瓦尔·布什的帐篷；他摸索着去了食堂，那里的厨师们从 3 点 45 分起就开始供应有蛋粉、咖啡和法国吐司的早餐。

众神给了埃米利奥·塞格雷更愉快的娱乐。他整个晚上都在聚精会神地阅读安德烈·纪德（Andrè Gide）的《伪币制造者》，而在大本营风暴最猛烈的时候，他睡着了。"不过，我的注意力被一种难以置信的噪声吸引住了，我完全听不出这是什么声音。因为噪声经久不息，所以萨姆·阿利森和我拿着手电筒出来查看，结果吃惊地发现成百上千只青蛙正挤在一个大水坑里交配。"

哈伯德于 3 点 15 分离开大本营，前往"南 1 万码"碉堡。雨还在继续下。他给爆心投影点打了电话；这边有个气象人员说，云正在散开，看到有星星在闪耀。到了 4 点，风正在转往西南方向，远离各碉堡。哈伯德准备在"南 1 万码"碉堡进行最后一次天气预报。他于 4 点 40 分给班布里奇打去电话。"哈伯德给了我一个完整的天气报告，"这位"三位一体"试验场的负责人后来回忆说，"还预报说，在清晨 5 点 30 分，爆心投影点的天气是可行的但并不理想。我们希望 1.7 万英尺的高空没有逆温层，但不愿付出等待大半天的高昂代价。我打电话征求了奥本海默和法雷尔将军的同意，确定清晨 5 点 30 分为 T=0[①]。"哈伯德、班布里奇、奥本海默和法雷尔，每个人都对爆炸试验有否决权。他们都同意了。"三位一体"试验将于 1945 年 7 月 16 日清晨 5 时 30 分点火 —— 正好在拂晓之前。

班布里奇做过安排，要求点火过程的每一步都要向"南 1 万码"碉堡汇报，以防发生任何意外。"我开车带上麦吉本来到西 900 码的位置，这样他便可以在我核对他的程序表时逐一将定时和序列开关合上。"回到爆心投影点，班布里奇命令进行下一步，"合上专用点火开关，它不在麦吉本的控制线路上。这个开关不合上，'南 1 万码'碉堡中就无法为原子弹点火。最后的任务是接通地面上的一串灯的电路，它们将充当 B-29 轰炸机练习投弹行动的'瞄准点'。航空队想要了解这种爆炸会对 3 万英尺高以及数千米以外的一架飞机产生怎样的冲击效果……点亮了这些灯后，我回到车里，驾车回到'南 1 万码'碉堡。"基斯佳科夫斯基、麦吉本和安全警卫们也坐在他的车上。他们是最后离开这个场地的人。在他们身后，

---

① 指试验开始的时间。——译者注

探照灯的光柱聚于塔身。

激活组大约于5点08分来到"南1万码"土掩的混凝土控制碉堡里。哈伯德交给班布里奇一份他签字的天气预报。"我给总开关开了锁,"班布里奇后来说,"麦吉本在清晨5点09分45秒启动了20分钟倒计时定时序列。"奥本海默将与法雷尔、唐纳德·霍尼格以及塞缪尔·阿利森一起在"南1万码"碉堡里观看爆炸。当最后的倒计时开始时,格罗夫斯乘吉普去了大本营。为了防止一同遇难,他要与法雷尔以及奥本海默分开。

从洛斯阿拉莫斯和其他地方来的满车满车的参观者于凌晨2点开始来到康普尼亚山,这是位于爆心投影点西北20英里处的观望场所。欧内斯特·劳伦斯来了,汉斯·贝特、特勒、塞伯、埃德温·麦克米伦来了,詹姆斯·查德威克前来观看他的中子能够做些什么,还有其他一大群人,包括"三位一体"试验场中不必再留在底下工作的职员。"因为黑暗和在沙漠的寒意中等待,气氛紧张得难以忍受。"他们中有一个人后来回忆说。用来向他们通告过程的短波收音机直到阿利森开始广播倒计时后才发出声音。理查德·费曼,未来的诺贝尔奖得主,在青少年时期就通过修理收音机进入了物理学领域,经过他一番鼓捣,收音机出了声。人们开始各就各位。"我们被告知要卧倒在沙地上,"特勒抗议说,"背对爆心投影点,将头埋进胳膊里。没有谁遵照执行。我们决定用肉眼观看这个怪物。"收音机又没声了,他们只能等着"南1万码"碉堡发射信号火箭。"我不会转过脸去……而是进行着所有那些计算,我认为,这次爆炸的威力可能比预计的要强得多。所以,我涂了一些防晒油。"特勒将防晒油传给别人,这种奇怪的预防办法使一个参观者感到不安:"这是很古怪的一幕:在我们这些最高水平的科学家中,竟有许多人在漆黑的夜晚，在离预计闪光处 20 英里远的地方，往他们的脸上和胳膊上涂抹防晒油。"

倒计时继续在"南 1 万码"碉堡里进行。5 点 25 分，一支绿色火焰的特别信号火箭升上天空。接着，大本营里的警笛发出一声短鸣。推土机先前已在大本营蓄水池的南面边缘挖出浅壕沟用于防护，因为这些人观看的位置比康普尼亚山上的人群近了 10 英里，所以他们打算使用这些壕沟。拉比紧挨康奈尔大学物理学家肯尼思·格雷森（Kenneth Greisen）趴着，背对着爆心投影点，面朝南方。格雷森后来回忆说，他"本人很紧张，因为雷管是由我的小组准备和安装的，如果是一颗哑弹，那就很可能是我们的过失"。格罗夫斯在布什和科南特之间找到卧倒的地方，他思考的"只有一件事，那就是如果倒计时数到 0 时，什么也没有发生，我该怎么办？"维克托·韦斯科普夫后来回忆说："成群的参观者在离我们的观看位置 10 码左右的地方摆放了一些小木棒，用来估计爆炸的规模。"这些小棒立在蓄水池的边缘，"它们［的高度］对应爆心投影点 1 000 英尺的高度"。菲利普·莫里森用扩音器向大本营的观察者们传递倒计时的情况。

标志着还剩最后 2 分钟的警告信号火箭嗖嗖响着升上天空，大本营的警笛发出一声长鸣报时。5 点 29 分，最后 1 分钟的警告火箭点火了。莫里森也打算用肉眼看这个怪物，躺在蓄水池边的斜坡上面对着爆心投影点。他戴着太阳镜，一只手拿着秒表，另一只手拿着焊工护目镜。焊工护目镜是库房提供的：林肯牌 10 号遮光度的超视透镜。

在"南 1 万码"碉堡里，有人听到奥本海默说："主啊，这些事情真磨人啊。"麦吉本标记出每一分钟，阿利森相应地进行广播。

在还剩45秒时，麦吉本开启了一个更为精密的自动计时器。"控制站太拥挤了，"基斯佳科夫斯基后来说，"而且，此时无事可做，自动计时器一启动我就离开了……走上覆盖着混凝土碉堡的土墩。(我自己猜测，爆炸当量大约为1000吨，所以5英里距离看来非常安全。)"

特勒在康普尼亚山为自己做了更进一步的准备："我戴了一副黑色眼镜，外加一双厚手套。我用双手牢牢地将焊工护目镜压在自己的脸上，确保没有杂散光能够漏进来。我随后直接看着目标位置。"

唐纳德·霍尼格在"南1万码"碉堡里监视着一个开关，如果出现什么状况，能够用它来断开塔内他的X部件之间的连接，这是最后的中断措施。在T=0的30秒之前，四盏红灯在他面前正常闪烁，一只伏特表的指针在它的弧形表面下从左跳到右，显示给X部件充满了电。法雷尔注意到"奥本海默博士心理负担非常沉重，在钟表最后的嘀嗒声中，他也益发紧张。他简直屏住了呼吸。他靠在一根柱子上，使自己镇定下来。最后几秒钟，他直勾勾地凝视着前方"。

还剩10秒时，控制碉堡里敲响了铜锣声。躺在大本营边浅壕沟里的人们也许做好了死亡的准备。科南特告诉格罗夫斯，他从没有想到过这几秒钟会如此之长。莫里森在研究他的秒表。"我一直盯着秒表的秒针，直到T=-5秒，"他在这次试爆的当天写道，"当时，我将头贴在沙滩上，用这种方式可以使微微高出的地面完全把我与爆心投影点隔开。我将护目镜玻璃盖在太阳镜的右镜片上，而左镜片就用不透光的纸板盖住。我一秒一秒地数着，数到0时开始将头抬到稍高于地面的地方。"欧内斯特·劳伦斯在康普尼亚山打算通过小车的前窗玻璃观看这次爆炸，靠玻璃过滤危险的紫外光，"但在最后的时刻决定走出来……（这证明我真的感到兴奋！）"。罗伯特·塞伯，在几瓶威士忌的帮助下，用没有防护措施的肉眼相隔 20 英里直视爆心投影点。霍尼格监视着是否要在最后一刻将其中断：

> 现在，除了我操作的闸刀开关外，事情的顺序都由自动定时器控制。这个开关能够在实际点火之前的任何时刻中止试验……我认为我从没有像在这最后几秒内那样激动过……我不断告诉自己："指针到最后一格发生轻微的摇摆你都得采取行动。"时间还在向 0 逼近。我不断地说，"你的反应时间大约是半秒，一眨眼的工夫你都不能放松"……我死死地盯着刻度盘，手放在开关上。我能够听到计时的声音……3……2……1。秒针归到了 0……

时间：5 时 29 分 45 秒。点火电路闭合；X 部件放电；分布在 32 个爆炸点的雷管同时点火，它们点燃了内爆透镜外层的复合物 B 壳；爆炸波各自扩展，遇到内层的巴拉托，慢了下来，变弯，转而向内，结合成向内收缩的球面；这种球面爆炸波推进到固态快速炸药复合物 B 的第二个壳，随即加速；遇到密集的铀填充物的壁之后变成一股冲击波向里压挤，使之熔化，继续向里挤压；遇到镀镍的钚内核，对它进行挤压，这个小球体被压缩，压得它自身塌陷，变成了一颗眼球状的东西；冲击波到达核心位置微小的引爆器，通过作用于它表面上刻意制作的褶皱使铍和钋混合到一起；钋的 α 粒子从微量的铍原子中轰击出自由中子：1 个、2 个、7 个、9 个，几乎没有更多的中子钻进周围的钚启动链式反应。随后，裂变开始不断倍增它将释放的巨大能量，在百万分之一秒内，经历了 80 代裂变，温度达到数千万度，产生了数百万磅的压力。在释放出辐射能量之前的很短一段时间里，这枚眼球状的东西里的状态很像宇宙初始爆炸后的那一瞬间。

随后便是迅速扩展，辐射能量向空间释放。由链式反应释放的辐射能量足够高，因此是以软 X 射线的方式出现的。这些能量以光速首先离开原子弹的实体和外壳，远远跑在普通爆炸波的前面。冷空气对 X 射线不透明，吸收了它们，从而被加热；"炽热的空气，"汉斯·贝特后来写道，"因此被一层稍冷的外围空气包围着，而且只有这层外围空气"——温度也非常高——"是远处的观察者能看见的。"中心的空气球被它吸收的 X 射线所加热，重新放射出较低能量的 X 射线，这些 X 射线又被与之相邻的空气所吸收，再向更远处放射 X 射线。通过这种被称为放射传输的逐次衰减过程，热球自身开始冷却。当它冷却到几十万度时——大约是在百分之一秒内——一种比放射传输向外运动速度更快的冲击波赶上来了。"冲击波因此从中心位置炽热的、几乎是等温的［也就是说，是均匀加热的］球体中分离出来。"贝特解释说。简洁的流体力学描述了这种冲击波的激波阵面：像水波，像空气中的一个声爆。它继续向前运动，将被限制在不透明壳里的等温球抛在了后边，这个等温球不直接接触外部世界，以放射传输方式在毫秒级的尺度上缓慢增大。

世人看到的是冲击波的激波阵面，它冷却成可见光，这是人眼能看到的核爆两次闪光的第一次，只有数毫秒的时间，这两次闪光间隔太近，以至于肉眼无法区分开来。进一步的冷却使激波阵面更加明显；如果仍然用肉眼观看，将会透过冲击波看到炽热的火球内部，"因为此时显示出较高的温度"，贝特继续说，"总辐射第二次增加到最大值"：第二次是较长时间的闪光。膨胀火球中央的等温球仍然不透明和不可见，然而，它也仍然持续地以放射传输方式将能量释放到边缘以外的空气中。也就是说，当冲击波冷却时，它后面的空气在变热。一股较冷的波逆着冲击波的方向运动，进入等温球里。此时火球并非只发生一件事情，而是立即同时成为几个过程的复合现象：它是一个人眼不可见的等温球，有冷却的波传播到它的里面，吞食它的辐射；冲击波的激波阵面传播到平静的空气中，这些空气此前尚未感到爆炸的发生。在冷热空气之间存在着缓冲空气的相干区域。

最后，冷却波将等温球吞噬殆尽，整个火球对它自己的辐射变得透明。它此刻冷却得更慢了。在大约 9 000 华氏度[①]以下，它不能再冷却下去。贝特推断说，随后，"任何进一步的冷却只能通过火球借助于浮力向上升起而完成，而紊流的混合伴随着这种上升而发生。这是一个缓慢的过程，要用数十秒的时间"。

"西 1 万码"碉堡里的高速照相机记录了火球发展的较后阶段的情况，班布里奇的报告描述了它从原来的眼球那么大剧烈膨胀的过程：

> 在接触地面之前，除了火球的底部特别明亮、有些延缓外，火球的膨胀几乎是对称的……在火球的水平大圆以下，有许多疱状的和少量钉状的东西在火球前面呈辐条状射出。在爆炸

---

① 约 4 982.2 摄氏度。——编者注

0.65 毫秒［也就是不到千分之一秒］后，火球接触地面。其后，火球迅速变得更加平滑……在火球内射出的穗状物撞击到地面很短时间（大约 2 毫秒）后，在冲击波的前方地面上出现了一个由团块物质组成的宽裙形状……在爆炸大约 32 毫秒后［此时，火球的直径膨胀到了 945 英尺］，在冲击波的后方立即出现了一个由所吸收的尘埃物质构成的黑暗阵面，它慢慢地扩大，直到在爆炸 0.85 秒后变得不可见［此时，膨胀的阵面大约有 2 500 英尺的跨度］。冲击波本身在［更早些时候］爆炸约 0.10 秒后已不可见……

　　火球甚至更加缓慢地增长到［直径］大约［2 000 英尺］，此时，尘埃构成的云雾上升到边缘，几乎裹住了它。火球的顶端在爆炸 2 秒后再次开始上升。在爆炸 3.5 秒后，最小的水平直径，或者说脖颈，出现在边缘上方三分之一处，在形成的脖颈上方的边缘部分形成一个涡环。脖颈在变狭窄，而涡环和它上方快速增长的物质堆叠升起，形成了一种新的烟云，在它的下面拖着一条尘埃形成的柱子……这根柱子像左旋螺丝一样。

　　然而，人还能看到理论物理学不能注意到、照相机不能记录到的东西，他们看到了叹息和恐惧。拉比在大本营里感觉危在旦夕：

　　　　清晨，我们躺在那里，非常紧张，东方刚刚泛起一抹金光；你能隐约看到身边的人。这 10 秒钟是我所经历过的最漫长的 10 秒钟。突然，出现了一种强烈的闪光，这是我见到过的最明亮的光，我想这也是以往任何人都没有见过的最明亮的光。爆炸、冲击、在你身边夺路前行。这不只是用眼睛看到的景象。它让你看到后永世难忘。你希望它会停下来。它总共持续了约2秒钟。它终于过去了，逐渐缩小，我们向原来放置原子弹的地方看去，看到一个巨大的火球在增大、再增大，同时在翻滚，上升到空中，闪烁着黄色的光，随后变成鲜红色和绿色。它看上去真可怕，似乎扑面而来。

一个新事物就这样诞生了；这是一种新的控制手段；这是人类的一种新认识，是从自然中获得的。

对于在康普尼亚山的特勒来说，这次爆炸"就像打开黑暗房子的厚重门帘让太阳光倾泻而入一样"。如果天文学家在观察，他们可能会看到它从月球上反射回来的光，字面意义上的月光。

约瑟夫·麦吉本在"南1万码"碉堡里做了个对比："我们有许多探照灯，帮助控制小组拍摄影片。当原子弹爆炸时，这些灯光被从背后敞开的门射入的强光所湮没。"

原子弹爆炸时，欧内斯特·劳伦斯正在康普尼亚山下车："就在我的脚踏到地面时，我被一种温和的黄白色光所包围——在一瞬间似乎从黑夜变得阳光灿烂，我记得我立刻被惊呆了。"

对于在康普尼亚山的汉斯·贝特来说，"它看上去像发射了一颗巨大的镁照明弹，似乎持续了整整1分钟时间，而实际上只有一两秒钟"。

塞伯在康普尼亚山冒着失明的危险瞥了一眼早期阶段的火球：

爆炸的那一瞬间，我正盯着它，没有使用任何种类的护眼设备。我首先看到一股黄色的光，它几乎立即变成一种势不可当的白光闪烁，亮度如此之强，以至于我当时完全失明了……爆炸二三十秒后我才恢复正常视觉……这种壮丽而宏伟的现象令人叹为观止。

塞格雷在大本营里想到了大灾变：

> 印象最深的是一束亮度压倒一切的白光……我被这种新景象惊得目瞪口呆。尽管我们戴的是非常黑的眼镜，我们还是看到整个天空都在闪烁这种难以置信的亮光……我相信在那一刻，我认为这种爆炸可能会点燃大气因而毁掉地球，尽管我知道这是不可能的。

让大本营里的莫里森感到担忧的不是光芒，而是热浪：

> 相隔10英里，我们看到了难以置信的明亮闪烁。这还不是给人印象最深的事情。我们知道这会使人失明。我们戴上了焊工护目镜。攫住了我的注意力的不是闪烁，而是在寒冷的沙漠清晨迎面而来的像白昼那样猛烈的热浪。就像是伴随日出打开了一个炽热的火炉。

一名在康普尼亚山观看的弹道学专家带着敬畏之情意识到，这一切是在寂静中发生的：

> 闪光最初是如此明亮，以至于看不出确定的形态，然而，

在大约半秒钟后，它看上去是明亮的黄光，呈平直面向下的半球状，像一个上升到一半的太阳，而且有其两倍的大小。这个发光体几乎立刻就开始膨胀着上升，火焰的巨大旋涡在一个有点成矩形的轮廓里上升，矩形轮廓在高度上迅速扩展……突然，离它的中心较远的位置，升起了一根较为窄细的柱子，它升到了一个相当可观的高度。随后迎来了一个高潮。尽管炫目的光亮衰减了许多，但它还是给人留下了深刻印象。这根细柱的顶端像蘑菇一样展开成厚伞的形状，它相当明亮，然而呈古怪的蓝色……整个过程看来非常快……随之而来的是一种失望的感觉，觉得这一切过去得太快了。随后，我带着敬畏之情认识到，这是发生在 20 英里之外的事，突然闪光而又熄灭、如此明亮和迅速的东西实际超过两英里高。当我们看着灰暗的烟云柱子旋转着升高再升高时，它看似近在咫尺，但长时间的寂静提醒着我们，它实际上很遥远。过了大约一分钟，沉寂被一声震耳欲聋的巨响打破，就像是一门 5 英寸口径的高射炮在 100 码的距离上开炮的响声。

"人生的大多数经历都能够用先前的经历来理解，"诺里斯·布拉德伯里评论说，"然而，任何固有的见解都不适用于原子弹。"

约瑟夫·肯尼迪说，当火球升上天空时，"覆盖在上方的层积烟云的下边［变成］粉红色并且光辉灿烂，就像日出一样"。韦斯科普夫注意到，"冲击波通过烟云的径迹明晰可见，就像被烟云覆盖的天空中的一个延伸的圆弧"。"当红光渐渐减弱时，"埃德温·麦克米伦写道，"一个极不平常的效应构成了它的外观。球体的整个表面被一种紫光覆盖着，就像空气受到电激发时所产生的那种颜色，它无疑是由火球里的物质的放射性形成的。"

费米已经为一个实验做好准备，以粗略确定原子弹的爆炸当量：

> 大约在爆炸40秒钟后，空气冲击波到达了我的位置。我尝试估计它的强度，我在冲击波到来之前、到达时和过去之后分别从大约6英尺的高度投下一些小纸片。因为当时没有风，我能清楚而准确地测出在冲击波经过时纸片在坠落过程中飞出的距离。这个距离大约为2.5米，当时，我估计对应的冲击波等价于由1万吨TNT爆炸所产生的冲击波。

"利用与爆炸源的距离以及冲击波导致的空气移位，"塞格雷后来解释说，"他能够计算出爆炸的能量。费米事先为自己准备了一个数据表，因此，他能够用这种粗糙而又简单的测量方式立即判断出释放的能量。""他全神贯注于他的纸片实验，"劳拉·费米补充说，"以至于他对巨大的爆炸声毫无反应。"

在"南1万码"控制碉堡的外面，弗兰克·奥本海默看到他的哥哥在他的身边观察：

> 因而，给人一种感觉，这种不祥之云悬浮在我们的上方。它是如此明亮的紫色，带着通体的放射性光芒。它好像会永久地悬浮在那里。当然，它不会。它停留一瞬后一定会升起。它非常可怕。
>
> 接着是爆炸发出的轰鸣声。岩石上传来回声，随后声音远去了——我不知道它反射去哪儿了。然而，它似乎永远也不会停歇。它不像一般雷鸣的回响，而是在"死亡之路"来来回回

地反复回响。它消逝的时候，让人感到无比恐惧。

我希望我记得当时哥哥说了什么，然而我没能记住——我想我们只是说："成功了。"我想这就是我们说的话，我和哥哥都这么说："成功了。"

"三位一体"试验场的负责人班布里奇恰如其分地表达了对试验成功的祝福："凡是目睹它的人都不会忘记它，这是一次邪恶而又令人震撼的展示。"

在大本营，格罗夫斯"自己想起了布隆丹①在钢索上横渡尼亚加拉瀑布，只是我在钢索上待了差不多三年的时间，我反复在心里给自己打气，我不断说，这样一件事情是可能的，我们会做成的"。在冲击波到来之前，他坐在壕沟里，与科南特和布什郑重其事地握了手。

冲击波在"南 1 万码"碉堡将基斯佳科夫斯基击倒了。他爬起来观看火球升起、变暗，变成蘑菇形的紫色云团，然后前去宣布他打赌赢了。"我在奥本海默的背上拍了一巴掌说：'奥比，你欠我10 美元。'"这位心不在焉的洛斯阿拉莫斯主任找出钱包。"空了，"他告诉基斯佳科夫斯基，"你得等一等。"班布里奇在"南 1 万码"碉堡里绕了一圈，为内爆方法取得成功而向领导者们表示祝贺。"我最后向罗伯特说，'现在我们都是狗娘养的了'……［他］后来告诉我的小女儿，这是试验过后所有人说的最妙的话。"

"我们的第一感觉是兴高采烈，"韦斯科普夫回忆说，"接着，我们意识到我们累了；随后，我们感到忧心忡忡。"拉比详细描

---

① 19 世纪法国杂技家，多次在尼亚加拉瀑布上空表演走钢丝。——编者注

述道：

> 自然地，我们对试验结果感到欣喜若狂。当这个巨大的火球出现在我们面前时，我们就这么看着它，它在翻滚。它带着烟云不断扩散……随后，风将它刮走了。最初几分钟，我们转过身互相祝贺。随后，我们感到一阵寒意，这不是清晨的寒冷，而是使人不寒而栗的思考袭入头脑中的寒意。举例来说，当我想到我在剑桥大学的木屋，想到我在纽约的实验室，想到住在附近的几百万人，想到我们第一次认识到这种自然力原来是这样的——嗯，就是这种感受。

奥本海默再次在《薄伽梵歌》中找到一个大致相当的形象：

> 我们等待着，直到冲击波过去了，才走出掩体。气氛随后显得极为严肃。我们知道，世界将会不再和以前一样。有人在笑，有人在哭。大多数人沉默不语。我记得《薄伽梵歌》这本印度教经典中有这么一行：毗湿奴神试图说服王子，让王子履行自己的职责，而为了给王子留下深刻的印象，他展现出多臂的形态，说："我正变成死神，世界的毁灭者。"我想我们或多或少都有这样的感觉。

奥本海默也想到了其他各种形象。他在战后不久告诉一群听众：

> 黎明时分，当原子弹在新墨西哥州爆炸时，这第一颗原

子弹使我们想到了阿尔弗雷德·诺贝尔以及他徒然的希望：他希望炸药会结束一切战争。我们想到了有关普罗米修斯的传说，以及人类新能力带来的深深的负疚感，这反映出人类能认识到邪恶，而且人类一直都了解邪恶。我们知道，世界将会是一个新的世界，然而我们更清楚，新事物本身在人类生活中乃是非常古老的东西，我们的一切道路都植根于这些古老的东西。

这位成功的洛斯阿拉莫斯原子弹实验室的主任和法雷尔一起乘吉普车离开了。拉比看到他到达大本营，注意到了一个变化：

他之前是在前面那个碉堡里。当他返回时，他就戴着他的那顶帽子。你看到过罗伯特的帽子的各种图片。他来到我们所在的可以说是指挥部的地方。他行走的步伐如同"壮年"时的样子——我想这是我能够用来描述这种高视阔步的神态的最好的词。他成功了。

"当法雷尔来到我面前时，"格罗夫斯继续讲道，"他的第一句话是：'战争结束了。'我的回答是：'是啊，不过要在我们将两颗原子弹投向日本以后。'我平静地向奥本海默表示祝贺：'我为你感到骄傲。'他简单地回答说：'谢谢。'"这位理论物理学家也是一位诗人，正如贝特所说，他发现物理学"是研究哲学的最佳方式"。他已确立自己在历史上的地位。这是一个比任何诺贝尔奖都要意义深刻然而又更加矛盾的地位。

军警队马厩里的马匹仍然在惊恐地嘶鸣；大本营旁边那个布满

灰尘的艾摩特风车，其叶片仍然在冲击波能量的推动下转动；水坑里的青蛙停止了交配。拉比打开一瓶威士忌，在人群中传递着喝。每个人都痛饮一大口。奥本海默和格罗夫斯着手向在波茨坦的史汀生汇报。"我对人类心智的信心得到了某种程度的恢复。"哈伯德无意中听到奥本海默这么说。哈伯德估计爆炸当量为 2.1 万吨。费米用他的纸片实验测出它至少为 1 万吨。拉比赌的是 1.8 万吨。上午较晚时分，费米和赫伯特·安德森身穿白色外科手术外套，登上两辆用铅板覆盖的坦克来到爆心投影点附近。在仅仅前进了 1 英里后，费米的坦克就坏了，他只好走了回来。安德森仍然哐嘟哐嘟地继续前进。通过潜望镜，这位年轻的物理学家对原子弹爆炸留下的弹坑研究了一番。这座塔，它价值 2 万美元的绞车，塔顶的小屋，木质平台，100 英尺高的钢架，全消失了，蒸发了，只留下塔脚一截粗短扭曲的残骸。原来铺了沥青的道路现在变成了熔化成一体的沙子，绿色而透明，就像是碧玉。安德森用火箭筒拉着杯子收集了残留物。他稍后进行的放射化学测量证实，爆炸当量相当于 1.86 万吨TNT。这差不多 4 倍于洛斯阿拉莫斯的预计值。拉比赌赢了。

费米体验到了一种滞后反应，他告诉妻子："在从'三位一体'试验场返回的路上，他生平第一次感到驾车对他来说并不安全。他感到汽车好像从一段弯道跳跃到另一段弯道，跳过了弯道之间的平直路段。他请一位朋友开车，尽管他以往对于让别人替他开车强烈反感。"斯坦尼斯拉夫·乌拉姆选择不去现场观看这次试爆，他看到了从试验场返回的汽车："你立刻就能知道他们刚刚有了一次奇特的经历。你能够从他们的脸上看到这一点。我看到他们对未来的整个看法发生了非常重大和强烈的变化。"

一颗原子弹在沙漠上爆炸破坏的不过是沙子、仙人掌和纯净的空气。斯塔福·沃伦（Stafford Warren）是在"三位一体"试验场负责放射安全的医生，他要找一找才能发现更强的杀伤效果：

在离爆心投影点 800 多码的地方找到了死亡的长腿大野兔，估计是被冲击波杀死的，内脏被炸出了一部分。3 英里外，一座农舍的大门被冲开，还遭到了其他大面积损毁……

光的强度在 9 英里的距离上足以造成短暂失明，在更近的距离上失明会持续得更久……光与热和紫外线辐射加在一起很可能会对未加保护的肉眼造成严重损伤；即使这种损伤不是永久的，它也足以使受伤人员几天内无法行动。

弗兰克·奥本海默放置的装有细刨花的箱子以及松木板也记录下了光的照射：它们在 1 000 码以外被烧焦了，一直到 2 000 码处都被轻微地烧焦。在 1 520 码处，暴露的表面立刻被加热到 750 华氏度①。

威廉·朋奈，这个为目标委员会研究过冲击波效应的英国物理学家，在"三位一体"试验过去五天后，在洛斯阿拉莫斯召开了一次研讨会。"他应用他的计算，"菲利普·莫里森后来回忆说，"预言这［武器］会使一座拥有三四十万人口的城市陷入一场灾难，到处将是需要救助、绷带和医院的人。他用数字将这一幕讲得明明白白。这就是现实。"

大约就在"三位一体"试验进行的前后，在黎明前的黑暗中，在旧金山湾的亨特角，一台带泛光灯照明的吊车正在将 15 英尺的

---

① 约 398.9 摄氏度。——编者注

板条箱起吊到"印第安纳波利斯号"军舰的甲板上，里面装的是"小男孩"的炮法部件。两名水手将一个装有"小男孩"铀炮弹的铅桶搁在两根铁棍上抬上船。后面跟着两名洛斯阿拉莫斯来的军官，他们来到将官副官的船舱里，这个船舱早已为这趟航行空了出来。船的甲板上焊上了吊环螺栓，水手们将铅桶捆扎在吊环螺栓上，一名军官用挂锁将它锁在指定位置上。他们在去天宁岛的 10 天航程中昼夜不停地轮班守护着它。

在太平洋战区，上午 8 点 36 分，也就是从"死亡之路"射出的强光照亮月球表面的大约三个小时后，"印第安纳波利斯号"军舰载着它的货物从金门大桥下起航，驶入了大海。

第 19 章

火　舌

　　1945 年 3 月底，当柯蒂斯·李梅的轰炸机群来回对日本的各个城市进行燃烧弹轰炸时，一名说话直爽的陆军工程师埃尔默·E.柯克帕特里克（Elmer E. Kirkpatrick）上校到达马里亚纳群岛，来选定一个小角落，用于驻扎保罗·蒂贝茨的第 509 混合大队。柯克帕特里克在到达之日，即 3 月 30 日与李梅见面，随后与太平洋舰队司令切斯特·尼米兹在关岛见面，发现这些指挥官都很配合。李梅于 4 月 3 日亲自用飞机将柯克帕特里克送到天宁岛。第二天，他向格罗夫斯汇报说，他"考察了岛屿的大部分地方，[并且]确定了我们的场地，规划部门开始设计布局"。尽管并不缺少 B-29 轰炸机，但他发现缺乏水泥和建筑物；"除了[高级]军官和海军士兵，对其他人来说，这里的住房和生活都有点艰难。住的是帐篷或者是露天的兵营。"柯克帕特里克于 4 月 5 日飞回关岛，"在某个地方'挖'一些物资"并且"取得我开展工作所必需的职权"。借助华盛顿方面发的授权信，他在航空队和海军指挥链中畅行无阻，在这一天结束时给塞班岛发去电报，"指挥他们给我足够的材料，使我得以开展必要的工作"。一支海军建筑队——海军修建营——将建造房屋、打造可停放飞机的硬质地面和挖出弹坑；太大的炸弹无法在地面上运送，要从挖出的深坑里将其吊升到蒂贝茨的B-29轰炸机的投弹舱。

到6月初，当蒂贝茨来检查膳宿情况并且与李梅协商时，柯克帕特里克能够报告说："进展非常令人满意，我现在有我们不会失败的感觉。"一天晚上，在蒂贝茨和李梅碰头时，他也在场，他听到的话表明，这位第20航空队的指挥官尚未对原子弹的威力有充分的认识：

> 李梅不喜欢高空投弹。在这种高度上，操作不精确，更重要的是，能见度也极低，尤其在6月份到11月份这段时间里。蒂贝茨告诉他，原子弹这种武器将会毁坏在低于2.5万英尺的高度上投下它的飞机。

柯克帕特里克用一张让人印象深刻的清单向格罗夫斯证明他的进展：已建成5座仓库、1座管理大楼、道路、停车场和9座弹药库；大坑已经完成，还有待安装升降机；第509大队停放飞机的硬质地面已经完成，还有待铺成沥青路面；发电机房和压缩机棚已经完成；1座用于组装原子弹的带有空调的建筑将于7月1日完工；另有2座组装大楼将分别于8月1日和8月15日完工。第509大队的1 100多名军人已经乘船到达，"每周都会有更多的人前来"。

蒂贝茨的第一批战斗人员于6月10日到达，他们驾驶着先进的特别改装的新型B-29轰炸机飞到了天宁岛。蒂贝茨在战后向《星期六晚邮报》的读者解释说，前一年秋天交付给这个大队的旧式飞机已经废弃不用：

> 测试结果向我们表明，我们拥有的 B-29 轰炸机对于原子弹投弹来说不够好。它们笨重且式样陈旧。在以最大功率的 80% 爬升至 3 万英尺高空的漫长过程中，顶部汽缸会过热从而导致阀门失灵……
>
> 我请求换成新式的轻型 B-29 轰炸机，并且用多点燃油喷射系统取代汽化器。

他取得了这些改进，还得到了更多改进：快速关闭的气压投弹门、燃油流量表、可逆电动螺旋桨。

新式飞机改装成了适合它们即将装载的特殊炸弹的式样，并且增加了机组人员。连接飞机前部和中部的圆柱形加压通道必须部分拆除重做，从而使更大的炸弹，即"胖子"，能够装载到前投弹舱里。为避免原子弹在投出弹舱的过程中尾部被挂住，安装了导轨。机舱里为核武器专家安排了一套额外的工作台、椅子、氧气面罩和对讲机，在飞行过程中，核武器专家负责看管原子弹，位置设在机舱前部的无线电员前面。"这些特殊的 B-29 轰炸机的性能特别好，"负责采购的工程师写道，"它们无疑是正在使用的飞机中最佳的 B-29 轰炸机。"到 6 月底，在飞机场已有 11 架这样的新式轰炸机在太平洋上太阳的照射下闪耀着银光。

为第 509 大队撰写队史的历史学家声称，对于习惯犹他州文多弗的大风雪和沙尘暴的人来说，天宁岛"看上去像是天堂里的花园"。环绕的蓝色海洋和棕榈树林也许给了人们这样的印象。菲利普·莫里森在"三位一体"试验结束后前来协助组装"胖子"，这个岛的变化给他留下了更真切的印象。正如他于 1945 年告诉一个美国参议员委员会的那样：

天宁岛是一个奇迹。这里距旧金山6 000英里，美国军队在这里建起了世界上最大的飞机场。一个大珊瑚脊被削去了一半，以填平一个不太平坦的平原；岛上建造了六条飞机跑道，每条有十车道的宽度和将近两英里的长度。在这些飞机跑道旁边，停放着一长排大型银色飞机。停放在这里的飞机不是几十架，而是上百架。从天空中向下看，这座比曼哈顿小的岛屿看上去像是一艘甲板上停放着轰炸机群的巨型航空母舰……

所有这些巨量的准备工作取得了重大而惊人的成果。某一天的日落时分，机场上会充满发动机的轰鸣声。巨大的飞机会在宽阔的跑道尽头滑跑，因为它们的尺寸很大，所以看上去好像很慢，其实速度远超偶尔疾驰而过的吉普车。每条跑道都接二连三地有飞机起飞。每隔15秒钟，就会有一架B-29轰炸机起飞。这将准确而井然有序地持续一个半小时。在太阳落到海平面以下后，仍然能够远远地看见最后的机群，其起飞时的指示灯仍然亮着。通常，一架飞机若起飞失败，就会可怕地一头扎进大海，或者撞在海滩上，像火炬一样燃烧。我们常常来到珊瑚脊的顶端坐下来，带着真正的敬畏之情观看第313联队的飞机出击。大多数飞机将于第二天上午返回，排成长长的一列，就像一串珠子一样，从头顶上方延伸到地平线。你能同时看到10架或12架飞机，彼此间隔数英里之远。近处的飞机刚一着陆，就有另一架飞机出现在天边。在视野里总有相同数量的飞机。空旷的飞机场渐渐摆满了飞机；在一两个小时之内，所有的飞机都着陆完毕。

天宁岛和曼哈顿岛在形状上的共同之处启发了海军修建营，他

们给岛上的道路取了纽约城市街道的名字。第 509 大队恰好位于北部机场的正西方，在第 125 街和第 8 大道的交会处，靠近河滨路；在曼哈顿，这个地区是哥伦比亚大学校区，恩里科·费米和利奥·西拉德曾在那里确定了裂变产生的次级中子：历史的车轮转了一整圈，一切都始于这里，也终于这里。

"7 月份的上半个月，"诺曼·拉姆齐描述第 509 大队的行动时说，"用来在天宁岛建设和安装所有用于组装和测试工作的技术设施。"同时，这个机群的飞行人员练习飞往硫黄岛再飞回来，并用标准的多用途炸弹进行轰炸，后来则是用"南瓜"对附近名义上仍然在日本人掌控之下的像罗塔岛和特鲁克这样的岛屿进行轰炸。

◉

1945 年 7 月 16 日，大约在格罗夫斯和奥本海默在"三位一体"试验场准备试爆成功的第一份汇报材料的同时，杜鲁门和贝尔纳斯坐着一辆敞篷车离开波茨坦郊区，来到疮痍满目的柏林市。波茨坦会议（代号恰当地取为"终点"）本应在那天下午开幕，然而，约瑟夫·斯大林从莫斯科乘坐装甲列车姗姗来迟。（他似乎在前一天发作了轻微的心脏病。）柏林之行使杜鲁门有机会近距离看到盟军轰炸和红军炮击造成的毁坏。

贝尔纳斯此时已是正式的国务卿，之前在 7 月 3 日这样一个炎热的夏日在白宫的玫瑰花园举行了任职仪式，任职仪式上有很多他原来在参众两院和最高法院的同事前来参加。在贝尔纳斯宣誓就职后，杜鲁门和他开玩笑说："吉米，吻一下《圣经》。"贝尔纳斯遵照着做了，随后以其人之道，还治其人之身，将《圣经》递给总

横空出世　　1016

统，请求他也吻一下。杜鲁门也照做了；在场的人明白前任副总统和这个错失总统宝座的人之间的那段插曲，发出了一阵笑声。四天后，两位领导人登上了"奥古斯塔号"巡洋舰，横跨大西洋来到安特卫普。此时，这两位胜利者头戴翻檐帽，身着整洁的精纺毛料服装，并肩乘车前往柏林。

尽管亨利·史汀生在他们之前就来到了波茨坦，但他没有在总统和他器重的顾问的旅途中陪伴他们。这位陆军部长在贝尔纳斯宣誓就职的前一天就与杜鲁门协商过——他建议"警告日本人未来将会发生的事情，给对方一个明确的投降机会"——并且，在他离开时，他哀怨地问道，总统没有邀请陆军部长出席这次即将召开的会议，是不是因为担心他的身体状况。杜鲁门很快说，就是这样。史汀生回答说，他能够应付好这次旅程，而且愿意前往，杜鲁门应该"从我们部的顶层官员们"那里得到建议。第二天，也就是贝尔纳斯就职的这一天，杜鲁门允诺了这位政界元老。然而，史汀生已独自乘坐途经马赛的军用运输船"巴西号"前往，而且他在波茨坦不与总统和他的国务卿住在一起，他们每日的私下讨论也不带上史汀生。史汀生的一个助手觉得："国务卿贝尔纳斯对于史汀生先生在这里出现有点恼怒……海军部长不在这里，那么史汀生先生为什么会在这里呢？"贝尔纳斯在 1947 年描述自己职业生涯的《老实话》中，在讲述波茨坦会议的一整章里没有一次提到过史汀生的名字，而只在单独讨论对日本使用原子弹的决策的简短部分提到了这位竞争对手，并且将选定轰炸目标这道德上可疑的"荣誉""奖赏"给了他。事实上，史汀生在波茨坦仅仅给杜鲁门和贝尔纳斯充当了信使一样的角色。然而，他带来的消息是至关重要的。

"我们检阅了第二装甲师，"杜鲁门在临时日记中描述他的柏林之行，"……科利尔将军似乎很了解他的工作，让我们坐上他的侦察车，这种车里安排有靠边的座位，没有顶篷，恰像一驾撤去了顶篷的四轮马车，又像是有座位而没有水龙带的消防车。我们缓慢行驶了一两英里，车上有好几位出色的士兵以及价值数百万美元的设备——这些装备在来柏林的路上已经充分证明了它们的价值。"这座毁坏了的城市引发了不安的联想：

> 随后，我们继续前进，来到柏林，看到一片废墟。这是希特勒所做的蠢事。他试图占领太多的领土，超出了自己的能力范围。他道德沦丧，骗取了民众的支持。我从来没有见到过比这还要悲惨的景象，也没有见到过这种极度的报应……
>
> 我想到了迦太基、巴尔贝克、耶路撒冷、罗马和亚特兰蒂斯；北京、巴比伦和尼尼微；西庇阿、拉美西斯二世、提图斯、赫尔曼、谢尔曼、成吉思汗、亚历山大、大流士一世。然而，希特勒只是毁坏了斯大林格勒——以及柏林。我期待某种和平——然而我担心机器比道德领先了好几个世纪，而等道德赶上的时候，也许一切就没有任何理由存在了。
>
> 我希望不是这种情况。然而，我们只是一颗行星上的蝼蚁，也许，我们对这颗行星蛀得太深时，将会遭到清算——这谁知道呢？

史汀生于7月2日交给杜鲁门的《针对日本的提案》推断了日本的形势——苏联在太平洋战争中目前处于中立地位，这个提案考虑到了让苏联参与太平洋战争的可能性——并且判断日本已经绝望：

日本没有同盟国。

它的海军被消灭殆尽，它容易受到水面和水下封锁带来的打击，这些封锁能够使它无法为它的人口提供足够的食物和补给。

它的人口拥挤的城市、工业资源和食物资源非常容易受到我们集中空袭的打击。

它不仅要对付英美军队，而且还要对付实力日益增强的中国军队以及苏联不祥的威胁。

我们有取之不尽和毫发无损的工业资源可用，而它的潜力则在日益缩小。

作为它首先偷袭的受害者，我们拥有强大的道德优势。

史汀生指出，另一方面，因为日本的地形多半是山岭，而且因为"日本人有高度的爱国心，肯定容易受到狂热抵抗从而击退入侵的号召的影响"，如果美国试图进军的话，美国可能会"不得不将一场甚至比在德国还要痛苦的决战进行到底"。那么，还存在其他可选办法吗？史汀生认为有可能：

日本的危机比我们当前的报刊新闻和其他流行评论所描述的要严重得多，我相信日本人在这样的处境中是会受理智影响的。日本不是一个全部由心智完全不同于我们的疯狂盲从者组成的国家。与之相反，它在过去的那个世纪中向世界表明，它拥有极其优秀的人民，而且它有能力在空前短的时间内不仅引进西方文明中的复杂技术，而且实质性地吸收它们的文化、政治和社会思想。它在这些方面的进步……是历史上最令人震撼的民族进步的壮举之一……

因此，我的结论是，要在一个谨慎挑选的时机给日本一个警告……

我个人认为，如果要［给予这样一个警告］，我们应该补充声明，我们并不排斥在天皇继续在位的情况下建立君主立宪制度，这样会充分增加被它接受的机会。

在陆军部长的提案中，他多次将这一建议刻画成"等同于一种无条件投降"。然而其他人并不这么看。贝尔纳斯在前往波茨坦之前，带着这份文件去见过病中的科德尔·赫尔（赫尔是一名南方人，于1933年到1944年间担任富兰克林·罗斯福的国务卿），赫尔立即推翻了向"目前的天皇"裕仁做出让步的想法，许多美国人将这个中度近视的人物视为日本军国主义的化身。赫尔告诉贝尔纳斯，"文中的措辞似乎对日本过于姑息了"。

当时可能是这样，然而等史汀生、杜鲁门和贝尔纳斯到达了波茨坦后，他们了解到保留天皇制度也是日本人的最低投降条件，他们无论多么绝望都不会放弃这个条件。美国情报机构截获和解码了东京和莫斯科之间互发的电文，电文指示日本大使佐藤尚武想办法让苏联人愿意对日本投降一事进行斡旋。"对天皇来说，国外和国内的形势都很严峻，"外相东乡茂德于7月11日给佐藤发电报说，"现在，甚至停战都在私下考虑……我们也想试探一下，在与停战有关的问题上，我们可能得到苏联帮助的程度……［这是］皇室……极为关心的一个问题。"7月12日，他又指出：

看到尽快停战是天皇陛下由衷的愿望……可是，只要美国和英国坚持要无条件投降，为了生存和帝国的荣誉，我们的国家就别无选择，必须竭尽全力将战争进行下去。

似乎无条件投降的要求在日本统治阶层看来相当于要求它放弃历史悠久的基本政治体制，这样一种要求，换作美国人在类似的情况下也可能会犹豫，哪怕不满足这样的要求需要付出生命的代价：正是出于这个原因，史汀生在提议中谨慎地将保留天皇制度视为有利于日本投降的条件。然而，由于天皇体制打上了军国主义印记，所以从这个意义上来说，保留它看上去可能也像是保留军国主义政府，这个政府曾经操纵这个国家发动和扩大战争。当然可能会有许多美国人这样想，进而断定他们在战时做出的牺牲正在遭到无情背叛。

当贝尔纳斯乘船横跨大西洋时，赫尔考虑到了这些困难，于7月16日给他又发了封电报，提出了进一步的建议。这位前任国务卿认为，即使让天皇保留在皇位上，日本人也可能会拒绝投降。在这种情况下，不仅他们当中的军国主义分子会将此视为盟国软弱的标志从而受到鼓舞，而且"在美国将会随之产生可怕的政治反响……是不是最好还是先等盟军轰炸高潮到来和苏联参与进来呢"？

警告日本人是为了让日本早日投降，是想避免一场血腥的进军；等待苏联参战所带来的烦恼已经让杜鲁门不安地摇摆了好几个月：这意味着要听凭斯大林的摆布，依赖苏联对伪满洲国进行军事干涉，从而将日本军队牵制在那里。赫尔的拖延策略或许有助于兵不血刃地让日本投降，然而它也可能让杜鲁门的噩梦成真。

可是，那天傍晚，另一个消息传到了波茨坦，改变了相峙各方的均势，这个消息是乔治·哈里森从华盛顿发给史汀生的，电文宣布"三位一体"爆炸试验取得了成功：

> 今天早晨进行了手术。诊断尚未完成，然而结果看来令人满意而且已经超出预想。有必要发布当地新闻，因为它的影响已延伸到了很远的地方。格罗夫斯医生感到高兴。他将于明日返回。我将持续向你报告情况。

"你看，"史汀生如释重负地向哈维·邦迪谈及这件事情，"我为这次原子弹的冒险投资了 20 亿美元，我要对此负责的。现在它成功了，我不会被送进莱文沃思要塞的大牢里了。"这位陆军部长高兴地将电报送到刚刚从柏林回到波茨坦的杜鲁门和贝尔纳斯面前。

史汀生带来的这个令人愉快的消息，让贝尔纳斯意识到他们可以在更大的层面上暂缓某些行动。这使他连夜对赫尔做出了回应。"第二天，"赫尔后来说，"我收到国务卿贝尔纳斯发来的一份电报，他对［警告日本的］声明应该暂缓的建议表示赞同，而且他也同意，当发表声明时，内容中不应含有对天皇的承诺。"贝尔纳斯此时已有很好的理由推迟发警告了：他要等候第一颗实战使用的原子弹准备完毕。这些武器将响应赫尔最初的反对；如果日本对警告不予理睬，美国随后能够施以残忍的惩罚。借助于军械库中的这种武器，美国不需要在无条件投降方面做出任何让步了。并且，美国在太平洋上不再需要苏联的帮助；问题现在不再是通过交易使苏联参与进来，而是拖延时间，让苏联继续处于局外。贝尔纳斯确认道："我们得到试验成功的消息后，无论是总统还是我都不再急于让苏联人参战。"

贝尔纳斯和美国代表团的其他成员随即认识到，如果裕仁能够独自说服分布在各地的日本军队，让这些未被击败并且手头拥有一年军火供给的部队放下武器，那么，保留这个天皇可能是明智的政策。新上任的国务卿正在起草一份合适的声明，他在寻找一种方案，既不会激起美国人民的反感，又可以打消日本人的疑虑。参谋长联席会议提出了第一个版本："在适当保证不再采取侵略行为的前提之下，日本人民将自由选择他们自己的政体形式。"日本的政治存在于皇宫之内，而不是在人民之中，然而，为日本人民提供一个实行民主政治的政府，是盟军同意无条件投降的条件。

乔治·哈里森于 7 月 21 日给史汀生发电报说，"你所有参与准备工作的当地军事顾问都明确倾向于把你喜爱的城市选为目标"：格罗夫斯仍然想用原子弹轰炸京都。史汀生迅速回电说，他"看不出有什么因素需要让我改变决定。相反，新的因素往往证明我是对的"。

到 7 月 25 日，哈里森也请求史汀生"如果计划有变"就提醒自己，因为"患者［正在］迅速恢复"。与此同时，格罗夫斯请求乔治·马歇尔同意他向道格拉斯·麦克阿瑟概述相关情况，因为"8 月 5 日到 10 日之间在针对日本的军事行动中使用裂变原子弹已迫在眉睫"，而此时麦克阿瑟尚未被告知有关这种新式武器的消息。第 509 大队在前一天就开始了将"南瓜"投向日本的飞行任务，一方面是为了取得实战经验，另一方面也是使敌方对 B-29 轰炸机的这种小规模无护航的高空飞行习以为常。

格罗夫斯对"三位一体"试验的目击叙述报告在那个星期六临近中午时送到了史汀生这里。史汀生找到杜鲁门和贝尔纳斯，心满意足地让他们坐在椅子里专心听他高声朗读报告。格罗夫斯估计

"产生的能量相当于1.5万吨到2万吨TNT的爆炸当量"，并且允许他的副手托马斯·法雷尔在报告中把视觉效果说成"前所未有、宏伟壮丽、惊天动地和令人恐惧"。肯尼思·班布里奇的"邪恶而又恐怖的展示"到法雷尔的手中变成了"伟大诗人梦寐以求却只能以苍白无力的语言来描绘的美景"。法雷尔可能是故意夸大的。"至于眼下的战争，"法雷尔认为，"有一种感觉是，无论发生其他什么事情，我们现在都有办法确保战争迅速结束，从而拯救成千上万的美国人的生命。"史汀生看得出来，杜鲁门因这份报告"而备受鼓舞"。"[他]说，它给了他一种全新的自信感觉。"

总统第二天和贝尔纳斯、史汀生以及包括马歇尔和阿诺德在内的参谋长联席会议的成员们会面，讨论格罗夫斯的成果。阿诺德长期以来坚称传统的战略轰炸本身就能够迫使日本投降。6月底，当美国决定是否要进军日本本土时，他急忙叫上李梅去华盛顿出示数据。李梅用数字说话，表示到10月1日他能够完全摧毁日本的战争机器。"为了做到这点，"阿诺德写道，"他不得不对付30座到60座大大小小的城市。"从5月到8月，李梅突袭了58座城市。然而，马歇尔不同意航空队的估计。他在6月份告诉杜鲁门，太平洋上的情况与诺曼底登陆后欧洲的情况"实际上相同"。"单靠航空部队不足以迫使日本放弃战争，正如空军不能单独使德国放弃战争一样。"战后他在波茨坦向一名采访者这样解释他的理由：

> 我们将投掷[原子]炸弹的问题看得极为重要。我们刚刚在冲绳岛体验了一次痛苦的经历[这是最后一场重大的岛屿战役，在82天的战斗中，美国军队蒙受了超过1.25万人战死和失踪的损失，而日本军队有10万多人死亡]。在澳大利亚以北

的太平洋其他岛屿上，我们已经有过一些类似的经历。日本人已经证明，在每种情况下他们都不会投降，他们会战斗到死……可以预见，在日本本土，因为他们的家乡情结，抵抗甚至会更加激烈。我们曾在一个晚上的［常规］轰炸中在东京杀死了 10 万人，但它看上去几乎没有任何效果。它摧毁了日本人的一些城市，是的，不过他们的士气却远远不像我们所说的那样受到了影响，而是根本没有受到影响。所以，如果我们有能力的话，看来相当有必要采取震慑他们的行动……我们必须结束战争，我们必须拯救美国人的生命。

在格罗夫斯的报告送达之前，德怀特·艾森豪威尔这样一位坚定而又注重实效的指挥官给出了截然不同的评价，这使史汀生感到恼怒。"我们在德国的司令部一同度过了一个美好的夜晚，"这位盟军最高司令回忆说，"美好的晚宴，每件事情都是美好的。随后，史汀生拿出这份电报说，原子弹已经完成，已准备好投下去。"这是哈里森于"三位一体"试验后的第二天在格罗夫斯回到华盛顿时发送的第二封电报：

> 医生刚才带着最大的热情和自信回来了，小男孩和他的胖兄弟一样强壮。他眼睛里的亮光从这里到哈尔霍德都清晰可辨，从这里到我的农场都听得到他的尖叫声。

哈尔霍德是史汀生在长岛的庄园，离华盛顿有 250 英里——"三位一体"试验从爆心投影点发出的闪光甚至在比这更远的距离上都能看到：哈里森的农场在首都以外 50 英里处。艾森豪威尔觉得这种暗语没意思，而且内容是邪恶的：

> 电报用的是暗语，你知道他们处理它的方法。"羊羔出生了"或者一些类似的该死话语。他随后告诉我，他们将要把它投到日本。我呢，只是听着他说，而没有主动做任何事情，因为我在欧洲的战争已经结束，这跟我没关系了。然而，只要一想到这件事，我就变得越来越沮丧。随后，他征求我的意见，所以我告诉他，我基于两点考虑而反对它。首先，日本人正在准备投降，用这种可怕的武器打击他们没有必要。其次，我不愿看到我们的国家首先使用这种武器。唉……老先生被激怒了。我能理解他怎么会这样。毕竟，奋力争取巨额经费来开发原子弹并对此负责的是他，他当然有资格这样做，而且这样做是正确的。但这仍然是一个可怕的问题。

艾森豪威尔也对杜鲁门说了自己的观点，然而，总统赞成马歇尔的判断，而且已经形成了他自己的想法。"相信在苏联参战之前日本人就会垮掉，"他几乎一听到"三位一体"试验成功的消息，就在日记中这样写道，"我敢肯定，当曼哈顿出现在他们的本土上空时，他们必然会这样。"

此时，什么时候发布《波茨坦公告》的问题基本上变成了第一颗原子弹准备在什么时候投下的问题。史汀生询问哈里森，哈里森于 7 月 23 日做出了回答：

> 从 8 月 1 日起，手术的条件随时都有可能满足，这取决于患者的准备情况和天气状况。仅从患者的角度看，8 月 1 日到

3 日有一些可能，8 月 4 日到 5 日可能性较大，而在 8 月 10 日之前几乎肯定可以满足条件，除非意外复发。

史汀生还要求提供一份目标清单，"不得包括我决定反对的地点。我的决定已得到了最高权威的确认"。哈里森服从了命令："按选择次序是广岛、小仓、新潟。"

这就意味着长崎直到 7 月的最后一整个星期都尚未被补充到目标清单中。但没过几天它就被列进去了。官方的航空队历史学家们推测，这是李梅的参谋人员提议的。原因很可能是目视轰炸的要求。广岛位于新潟西南方 440 英里处。长崎，与九州的小仓相隔几重山，又在广岛西南方 220 英里处。如果一座城市阴云密布，另一座可能会晴空万里。长崎被补充进来当然还因为它是日本少数尚未遭到燃烧弹轰炸的主要城市之一。

透露更多消息的第三份电报是哈里森这一天发出的最后一份电报（那天，冶金学家在洛斯阿拉莫斯为"胖子"完成了钚内核的准备工作）。这份电报与原子弹将来如何投放有关，并且暗示在设计上即将做出变化，这指的可能是所谓的"混合"内爆弹，其内核是铀-235 和钚混合而成的合金。这样一种内核的材料能够同时取自橡树岭和汉福德这两地的资源：

> 试验过的类型［也就是"胖子"］中的第一颗应该大约于 8 月 6 日在太平洋基地准备妥当。随后的一颗大约于 8 月 24 日做好准备。另外的正在加速准备，9 月份可能有 3 颗，到 12 月份我们希望有不少于 7 颗。生产率增加到每月 3 颗以上就要求设计上有所变化，格罗夫斯相信这种改进完全可靠。

7月24日星期二上午，史汀生向杜鲁门汇报了哈里森的估计结果。总统很高兴，说他将会根据这些估计结果来确定《波茨坦公告》的发布时间。史汀生趁机请求杜鲁门考虑私下向日本人保证，如果他们坚持将保留天皇作为投降条件而要美国让步的话，美国可以同意。总统故意不明确表态，他说，他已记住这个问题并且会给予关注。

史汀生离开后，贝尔纳斯和杜鲁门一道用午餐。他们讨论了如何尽可能少地告诉斯大林有关原子弹的情况。杜鲁门希望，当斯大林了解到他的战时盟友背着他开发了一种划时代的新式武器时，他能找到保护性的借口，并且希望尽可能少地泄露秘密。为慎重起见，贝尔纳斯也考虑了一种更为直接的理由。他于1958年告诉历史学家赫伯特·费斯（Herbert Feis）：

> 在会议第一周与苏联人打过交道后，他得出了结论，如果让苏联参加到［太平洋］战争中来，其结果将令我方后悔……他担心，如果斯大林充分意识到这种新式武器的威力，他可能会命令苏联军队立即参战。

然而事实上，斯大林已经知道了"三位一体"试验。他在美国的一些谍报人员向他报告了这件事情。他似乎没有立即留下深刻的印象。那天，他们在狭长而破旧的塞琪琳霍夫宫开会，德国浅色的蚊子通过没有遮拦的窗户飞进来，叮咬这些沾满鲜血的征服者。会议结束时，杜鲁门装作漫不经心地接近这位苏联领导人，有种黑色幽默的意味。杜鲁门离开他的翻译，独自绕过盖着粗呢桌布的会议桌，侧身走向他的苏联对手，两个人都在装样子。"我随口向斯大林说起，我们有了一种破坏力不同寻常的新式武器。这位苏联领导人没有表现出特别的兴趣。他只说他很高兴听到这个消息，并且希望我们'好好地用它打击日本人'。"罗伯特·奥本海默知道此刻世界蒙受了多大损失，他冷冰冰地下结论说："这太随意了。"

如果说斯大林对原子弹的潜在威力尚未留下深刻印象的话，杜鲁门则已经在他的私人日记中描绘《圣经》世界末日的景象了，在他这个自学成才者的头脑中，同时还存在着对原子是否真的能分裂的怀疑，而且他拒不承认这种新式武器将会被用于屠杀平民：

> 我们发现了世界历史上最可怕的炸弹。它可能是幼发拉底河文明发轫时代在挪亚和他的巨大方舟出现后预言的那场毁灭性大火。
>
> 无论如何，我们"认为"我们找到了一种使原子分裂的方法。在新墨西哥州的沙漠中进行的这次试验是惊人的——这还是往轻了说……
>
> 这种武器将在现在到8月10日之间的时间里被用来打击日本。我已经告诉了陆军部长史汀生先生，要将它用于军事目标、士兵和陆战队员，而不要用于妇女和儿童。尽管日本人劫掠、残忍、无情和盲从，但我们作为为世界谋取共同福祉的领导者，不能将这种可怕的炸弹投到昔日的国都或者现在的国都。
>
> 他和我意见一致。目标将会是纯粹的军事目标，而且我们将会发布一个警告，要求日本人投降从而拯救无数的生灵。我肯定他们不会投降，但我们会给他们这样的机会。希特勒的人和斯大林的人都没有发现这种原子弹，这对世界来说的确是一件幸事。它是人类发现过的最可怕的事物，然而它能够发挥最

大的用处。

就在杜鲁门向斯大林提起新式武器的那个星期二，联合参谋长委员会与苏联最高级别的参谋长会面了；红军总参谋长阿列克谢·E. 安东诺夫（Alexei E. Antonov）将军宣布，苏联军队正在中国东北集结并且准备于 8 月的下半月发动攻击。斯大林之前说的是 8 月 15 日。贝尔纳斯担心苏联可能真的会准时这样做。

那天下午，格罗夫斯在华盛顿起草了将原子弹付诸使用的历史性命令，通过哈里森将它用绝密无线电发送给马歇尔，原因是"尽早取得你和陆军部长的批准"。（从国家地理学会发行的大地图上剪下的一张日本小地图和描述所选目标的一页纸随即送达，这张纸上此时包括了长崎。）马歇尔和史汀生在波茨坦批准了这个命令，据推测将它出示给杜鲁门看过，尽管没有留下他正式认可的记录；它于第二天上午被发给了太平洋战略航空兵的新任指挥官：

致美国战略航空兵总司令卡尔·斯帕茨将军：

1. 在 1945 年 8 月 3 日以后，只要天气允许目视轰炸，第 20 航空队第 509 混合大队就将它的第一颗特殊炸弹投到下列目标之一：广岛、小仓、新潟和长崎……

2. 只要相关人员做好准备，就将另外一些炸弹立即投到上述目标……

3. 有关使用这种武器对付日本的任何信息，都只有陆军部长和美国总统有权发布……

4. 根据美国陆军部长和总参谋长的指示，并经过他们的批准，向你发布上述命令。

就在格罗夫斯起草这个命令时，洛斯阿拉莫斯的冶金学家们完成了铸造铀-235靶环的工作，这些铀-235靶环将组合在一起构成炮式原子弹的靶部件，这是完成"小男孩"所需要的最后部件。

制定策略和交货集中于7月26日同时进行。"印第安纳波利斯号"到达了天宁岛。航空运输指挥部的三架C-54运输机载着"小男孩"的三块单独的靶组件离开了科特兰航空基地，另有两架C-54运输机载着"胖子"的引爆器和钚内核飞离基地。与此同时，杜鲁门的工作人员于下午7点将《波茨坦公告》交付印刷并于晚上9点20分从占领的德国向外分发。它代表美国总统、中国国民政府主席和英国首相"给日本一个结束战争的机会"：

> 以下为吾人之条件，吾人决不更改，亦无其他另一方式。犹豫迁延，更为吾人所不容许。
>
> 欺骗及错误领导日本人民使其妄欲征服世界者之权威及势力必须永久铲除……
>
> 直至如此之新秩序成立时……日本领土……必须占领。
>
> ……日本之主权必将限于本州、北海道、九州、四国及吾人所决定其可以领有之小岛在内。
>
> 日本军队在完全解除武装以后，将被允许返其乡，得以和平从事生产生活之机会。
>
> 吾人无意奴役日本民族或消灭其国家，但对于战罪人犯……将处以法律之裁判……言论、宗教及思想自由以及对于基本人权之重视必须成立。
>
> 日本将被许维持其经济所必需……之工业……
>
> 上述目的达到时，日本得依人民自由表示之意志成立一保

障和平及负责之政府，届时三国占领之军队即撤退。

吾人劝告日本政府立即宣布所有日本武装部队无条件投降……除此一途，日本即将迅速完全毁灭。

"我们面对着一个可怕的决定，"贝尔纳斯于1947年写道，"我们不能将日本谋求苏联调解和谈作为无须使用原子弹日本就会无条件投降的证明。事实上，斯大林说，他收到的最后一条消息说，日本人将会'战斗到死也不会接受无条件投降'。在这种情况下，同意和谈只能激发虚假的希望。我们宁愿信赖《波茨坦公告》。"

这个语气严肃的文件的文本通过无线电从旧金山传到了日本，日本的监听员于东京时间7月27日早7点接收到了它。日本的领导人就其中的含义辩论了一整天。外务省的一份快速分析报告为大臣们解释说，《波茨坦公告》具体说明了同盟国提出的无条件投降的含义，其条款本身只限定于日本的武装力量，而苏联没有联署公告则表明它保持了中立地位。东乡外相厌恶盟军占领日本和让日本交出所有海外占领地的要求，他建议在答复《波茨坦公告》之前先等苏联给佐藤大使的代表们做出回应。

首相铃木贯太郎男爵整天都采取与此相同的立场。军队领导人不赞成。他们建议立即拒绝。他们认为，不立即拒绝就可能会影响士气。

第二天，日本报纸发表了《波茨坦公告》文本的一个审查版本，特地删去了允许被解除武装的军队和平返回家园并保证日本不会遭到奴役和消灭的相应条款。下午，铃木举行了一个记者招待会。"我相信，由三个国家发起的联合公告，"他告诉记者们，"只是《开罗宣言》的一个翻版。政府并未在其中发现什么重要价值，除了对它完全不予理睬并且将战争成功进行到底，没有别的选择。"铃木说除了"默杀"这个宣言没有别的选择，日语中"默杀"的含义也可以是"用无声的蔑视对待它"。历史学家们围绕铃木使用这个词的含义争论了多年，然而，他的声明中的其他内容没有任何疑义：日本打算继续战斗。

"面对这种拒绝，"1947 年史汀生在《哈泼斯》上解释说，"我们只能向他们证明，最后通牒中所说的'吾等之军力，加以吾人之坚决意志为后盾，若予以全部使用，必将使日本军队完全毁灭，无可逃避，而日本之本土亦终必全部残毁'，并非只是一句空话。为了这个目的，原子弹是一种非常合适的武器。"

就在铃木举行记者招待会的当天晚上，从阿尔伯克基起飞的五架 C-54 运输机到达了天宁岛，将到日本的距离拉近了 6 000 英里。当三架 B-29 轰炸机离开科特兰航空基地时，每架飞机上都携带了预先装配好的"胖子"的高爆炸药部件。

与此同时，美国参议院批准了《联合国宪章》。

7 月 26 日，"印第安纳波利斯号"将"小男孩"的铀弹组件卸在天宁岛上后便驶向了关岛；然后从关岛出发，它在没有护卫的情况下驶向菲律宾的莱特岛，船上的 1 196 人将在莱特岛进行两星期的训练，然后加入在冲绳岛为 11 月 1 日进军九州备战的第 95 特混舰队。因为日本水面作战舰队和航空部队已经被摧毁，美军舰艇在没有护航的情况下在后方行驶变成了家常便饭，然而，"印第安纳波利斯号"是一艘老式舰船，没有装配用于探测潜艇的声呐，而且有点头重脚轻。日本潜艇伊-58 于 7 月 29 日星期天午夜刚过就在菲律宾海域发现了这艘重型巡洋舰，误以为它是一艘战列舰。它潜入潜望深度，轻轻松松就确保了自己不被发现，接着在 1 500 码距离上呈扇形同时发射了 6 枚鱼雷。伊-58 的艇长、海军少佐桥本以行后来回忆其结果说：

> 我通过潜望镜快速地看了一眼，然而没有看到别的任何东西。我们将潜艇开到与敌船航线平行的路线上不安地等待。每一分钟都好像很久很久。随后，在敌船靠近前炮台的右舷，再后来是靠近后炮台的位置升起了水柱，接着立即闪烁起明亮的红色火焰。然后，另一股水柱从 1 号炮台旁边升起，看上去包围了整个舰船——"漂亮，漂亮！"每当一枚鱼雷击中要害时，我都这样大声喊，全体人员都高兴地绕圈跳舞……一会儿就听到了一声沉重的爆炸声，比鱼雷击中它时的声响要大很多。很快，接二连三地响了三次沉重的爆炸声，然后又响了六声。

被鱼雷击中及随之而来的弹药及航空燃料的殉爆，炸掉了这艘巡洋舰的舰首并且摧毁了它的动力中心。没有了动力，无线电员就无法发出求救信号——不过他还是走了一遍求救的操作程序——舰桥与轮机舱也无法联络。发动机推着舰船不受控制地前行，使船身上的洞不断冒水，在热带的高温中睡在甲板上的水兵则被抛下了船。当下达弃船命令时，只能靠口头相互传达。

随着船身侧倾成 45 度角，恐惧而受伤的人们奋力采取损管措施。大火照亮了黑夜，烟雾使人恶心晕眩。船上的医务官在左舷甲板上找到了大约 30 个严重烧伤的人，航空燃料就是在这里爆炸的；他们最多为尖叫的伤员们使用些吗啡，将粗糙的木棉救生衣撕成布条绑缚在烧伤的伤口上。他们和其他人一起跳入漂浮着令人作呕的燃油的海水中。人们沿着船体可以走到龙骨上并跳入水中，然而，旋转的三叶螺旋桨致命的叶片会将不小心撞上的人劈死。

大约有 850 人从船上逃出。船尾向空中扬起 100 英尺高，随后船一头扎入了水中。幸存者听到了从消失的船体里传出来的尖叫声。随后，他们被留在夜晚的黑暗中，面对 12 英尺高的海浪。

大多数人有木棉救生衣。极少有人能登上救生筏。他们成群地漂浮，手挽在一起，较强壮的人游向四周，在睡在甲板上、被抛下船的水兵漂走之前把他们拽回来；其中一群人里有三四百个人。他们将伤员簇拥在当中，这里水流较为平静，他们祈盼求救信号发出去了。

舰长找到了两只空救生筏，夜里晚些时候又遇到一只有人乘坐的救生筏。他命令将救生筏捆扎在一起。它们载着 10 个人，船长认为这 10 个人就是所有幸存者了。在这一宿，风将救生筏吹向东北方而水流将游泳者带往西南方；当晨光初露时，救生筏和落水者已离得太远，看不到彼此了。

50 多名受伤的落水者在夜间死了。早上，他们的伙伴脱下他们的救生衣，让他们沉入了大海。风缓和下来了，太阳在光滑的浮油上反射着耀眼的光芒，强光刺得他们睁不开眼。随后，鲨鱼来了。一个海员游向在水中颠簸起伏的土豆柳条箱，然后就消失了。天生的恐惧心理使人们成群地挤在一起，有几群人决定拍击水面，另外几群人像其他残骸一样一动不动地漂浮在水面上。一条鲨鱼咬掉了一名水手的双腿，他悬在救生衣里的残缺躯体失去平衡，翻转了过来。一名幸存者记得他数出有 25 人死于鲨鱼攻击，而随船的一名医生在他所处的较大的人群中数出有 88 人死于鲨鱼。

他们没有获得救援。他们在缺少淡水的情况下度过了整个星期一和星期二，救生衣中的木棉浸满了水，他们在海水中慢慢往下沉。

最后，他们口渴难耐，狂饮海水。"那些喝了海水的人变得狂躁不安，疯狂地拍打水面，"那位医生证实说，"直到这些受害者昏迷并且溺死。"活着的人被太阳照得看不见东西；救生衣磨坏了他们溃烂的皮肤；他们在高烧中忍受煎熬，他们的头脑则产生了幻觉。

他们又度过了星期三一整天。鲨鱼环绕在他们身边，猛冲过来撕咬猎物。集体出现幻觉的一群人跟随一名游泳者向一个他以为他看到了的岛屿游去，另一群人游向幻觉中的幽灵船，还有人向海洋深处沉下去，幻想着那里有淡水喷泉，似乎能让他们解渴；他们都死了。有人开始打架，用刀子刺伤彼此。还有的人被吸饱了水的救生衣拽下去淹死了。"我们变成了一群神志不清、高声尖叫的人。"医生凝重地说道。

8月2日星期四上午，一架海军飞机发现了幸存者们。因为莱特岛方面的疏忽，"印第安纳波利斯号"甚至未被想起来过。一场重大的救援活动开始了，多艘船舶驶往出事海域，PBY和PBM型飞机空投食物、淡水和救生设备。救援者找到了318名衣不蔽体而且身体虚弱的人。一名幸存者回忆说，他们喝下的淡水味道"是如此之甜，使人感到它是你生命中最甜蜜的东西"。经过84小时痛苦的折磨，共有500多人丧生，他们的躯体要么喂了鲨鱼，要么沉入了海底。

潜艇指挥官桥本回忆说，在他成功逃脱后，"最后，于30日，我们用豆和米煮成的可口饭食、鳗鱼和咸牛肉（全都是罐头）来庆祝我们前一天的战果。"

就在伊-58潜艇享用罐头盛宴的当天，卡尔·斯帕茨用电报向华盛顿方面汇报了一条消息：

> 根据战俘报告，广岛是四个目标城市中唯一的一座……没有盟军战俘营的城市。

有没有战俘对于重新考虑目标来说为时已晚。华盛顿方面第二天用电报做了回复：

> 选定的目标……保持不变。可是，如果你认为你的消息可靠，广岛应该在它们当中被赋予第一位的优先级。

木已成舟。

⊙

"三位一体"试验一证明原子弹可用，人们就找到了使用它的理由。史汀生于 1947 年在《哈泼斯》上发表的一篇辩解文中讲了最有说服力的理由：

> 我的首要目的是，在尽可能少让我帮助培养的部队损失人员的情况下胜利结束战争。从合理的估计来看，鉴于我们当时所面临的各种选择，我相信，没有一个处于我们这种地位和担负我们这种责任的人，在手持这样一种可以实现目的并且拯救生命的武器时会不去使用它，并在以后还能正视他的同胞。

临时委员会的科学专家小组成员——劳伦斯、康普顿、费米、奥本海默——被要求设想一种充分可靠的示威方法来结束战争。6

月 16 日到 17 日这个周末，在洛斯阿拉莫斯召开的会议上，辩论持续到晚上，最后的结论是无法找出这样一种方法。甚至以费米的天赋也不足以设想出一种足够有力的示威方法，以终结一场旷日持久而且带来巨大苦难的冲突。科学专家小组认识到"为了我们的国家，我们有义务使用这种武器，以帮助拯救对日战争中美国人的生命"，他们先询问了科学同行们的意见，然后陈述了小组自己的意见：

> 提倡纯粹以技术上的示威来终结战争的那些人认为原子武器的使用是不合法的，担心如果我们现在使用这种武器，那么我们将来在谈判中的地位将会受到损害。而另一些人则强调立即使用核武器可以拯救美国人的生命，并且相信这将改善国际前景，因为比起消除这种特殊武器，他们更关心防止战争。我们发现自己更接近后一种观点；我们想不出有什么技术上的示威行动可能使战争结束；除了直接用于军事目的，我们看不到任何可接受的其他办法。

原子弹将会向日本人证明《波茨坦公告》不是空话。它将震慑他们，使他们投降。它将引起苏联的关注，并且（用史汀生的话来说）充当一种"急需的平衡物"。它会让全世界知道将会发生什么：利奥·西拉德于 1944 年一度考虑过这个理由，到 1945 年得出结论——基于道德，不应该使用原子弹；而基于政治，应该保守原子弹的秘密。1945 年 7 月上旬，西拉德在曼哈顿工程的科学家当中传阅一份抗议即将使用原子弹的请愿书，特勒在回复他时提出了一个不同的理由：

首先我要说，我不指望自己能摆脱良心难安的感受。我们正在从事的事情如此可怕，无论怎样抗议或介入政治，都不可能拯救我们的灵魂……

然而，我并不真正信服你的反对意见。我觉得禁用任何一种武器都是不可能的。如果说我们有一丝生存下去的可能，那么，它就取决于消除战争的可能。这种武器越是决定性的，它就越是肯定会用于任何真实的冲突中，而任何协议都于事无补。

我们的唯一希望在于将我们的成果作为事实展现在民众面前。这可能有助于使每个人相信，下一场战争将会是毁灭性的。为了这个目的，将原子弹投入实战甚至可能是最好的事情。

原子弹还要表明自己物有所值，向国会证明20亿美元的投入是正当的，从而使格罗夫斯和史汀生不用去莱文沃思要塞蹲大牢。

"为了避免一场规模庞大的无限期大屠杀，"温斯顿·丘吉尔在他的《第二次世界大战回忆录》中总结说，"为了结束这场战争，还世界以和平，为了用医治创伤之手解救苦难的人民，以数次爆炸为代价展现出一种压倒性的力量，在我们经历了所有的辛苦和危险后，似乎能实现拯救的奇迹。"

对于即将遭受原子弹攻击的敌方城市的平民来说，这种爆炸并不意味着拯救的奇迹。从他们的角度看——他们当然有权利这样认为——这点理由恐怕还不够。批准使用原子弹不是因为日本拒绝投降，而是因为日本拒绝无条件投降。第一次世界大战后，通过谈判条件实现的和平最终未能维持多久，这导致第二次世界大战中有了无条件投降这样的要求，上一场冲突的阴影过了这么多年仍然存在。"坚持无条件投降正是所有罪恶的根源，"牛津大学伦理学家G. E.

M. 安斯科姆（G. E. M. Anscombe）在 1957 年的一本旨在抵制给哈里·杜鲁门颁发荣誉学位的小册子中写道，"人们之所以认为有必要使用这种最残忍的战争方法，显然和这种要求有关。在战争中提出一个不加限制的目标，就其本身而言，乃是愚蠢而野蛮的。"

和先前在第一次世界大战中一样，交战国在第二次世界大战中也变得愚蠢而野蛮。"凭借杀害无辜来实现目的，"安斯科姆毫不客气地补充道，"永远都是谋杀，而谋杀是人类最坏的行为……轰炸［日本］城市无疑就是有意决定用杀害无辜来实现目的。"日本军国主义者用竹矛武装日本人民，让他们抵抗强大的进攻力量，战斗到死以保全家园，这样的决定无疑也是靠杀害无辜来实现目的。

野蛮并非战斗人员或者参谋人员所特有的。它渗透到了每个国家的平民生活中：在德国和日本，在英国，在苏联，无疑还有在美国。这也许就是贝尔纳斯这位政治家中的佼佼者和杜鲁门这位平民出身的领袖觉得可以不受限制地使用乃至被迫使用这样一种大规模杀伤性新式武器，攻击不设防的城市里的平民的基本理由。"美国人民的心理状态就是这样的，" I. I. 拉比最终判断说，"我不是基于军事角度，而是基于这种得到美国人民支持的军中情绪来解释这个决定的。"历史学家赫伯特·费斯提出，这种情绪让他们"急于结束令人紧张的战争，同时又渴望胜利。他们渴望结束摧毁、燃烧、杀戮和死亡——并且对于挑衅、疯狂和无益地延续这种折磨感到愤怒"。

1945 年，《生活》杂志是美国发行量最大的杂志。它为数百万个美国家庭提供新闻和娱乐休闲服务，正像十年后电视开始起的作用那样。孩子们贪婪地阅读它，在学校里交流它的内容。在美国使用原子弹之前，最新一期的《生活》杂志里有一整页的图片报道，

其标题由 48 磅的大写字母组成：一个日本人在燃烧。这一页上有
六张明信片大小的黑白照片，展示了一个人被活活烧死。对于那些
能把视线从照片上移开足够长时间的人来说，它简要的文字说明既
带有享受恐怖的口吻，也抱怨了这种迫不得已之举的残忍丑陋：

> 上个月，当澳大利亚第 7 师在加里曼丹岛的巴厘巴板附近
> 登陆时，他们找到一个日本人坚守的小镇。像往常一样，敌人
> 从洞穴里、从碉堡里、从每一个可以藏身的地方开火。同样像
> 往常一样，向他们发起攻击的唯一办法是：火烧他们。第 7 师
> 的人在此之前与日本人交战过，他们迅速使用了喷火器。很快，
> 有些日本人就确信是时候放弃抵抗了。另有一些人，就像照片
> 中所展示的这个人，拒绝放弃抵抗。所以他们不得不将他烧死。
>
> 尽管从远古时期起人们就用火彼此进攻，然而，喷火器无
> 疑是已经发明的武器中最残酷、最可怕的武器。它就算没有让
> 敌人在他的掩蔽之处窒息致死，也能用火舌快速吞噬他的身体，
> 将其烧成一个黑色炭团。然而，只要日本人拒绝走出他们的洞
> 穴并继续顽抗，这就是唯一的方法。

《生活》杂志只用一个版面就描绘了太平洋战争后期的残酷进程。

◉

"小男孩"于 7 月 31 日做好了准备。有四个无烟炸药块的部
件没有装上去，这是洛斯阿拉莫斯设计这个武器时所准备的一种
预防措施。天宁岛决定使用这一措施，是为了在飞机起飞时保证

安全。而且，如果目视轰炸无法实施，蒂贝茨能够下令将原子弹带回来。蒂贝茨的全部15架B-29轰炸机中的3架在7月的最后一天载着"小男孩"的仿制品进行了最后的试投。它们从天宁岛起飞，在硫黄岛集结，返回天宁岛，将编号为L6的仿制品投入海中，并且练习勇敢的俯冲动作。"完成这次试投后，"诺曼·拉姆齐写道，"实际投放'小男孩'前的模拟投掷均已完成。"这个装置的编号是L11，炮口上钉着牢固的钨钢靶托，它是库存中最好的一颗，也是洛斯阿拉莫斯最早得到的一颗；1944年底，它在安克大农场已经历过四次发射试验，之后被防腐润滑油包裹起来，运到了天宁岛。

　　因为万事俱备，所以法雷尔发电报向格罗夫斯报告称，这次特殊使命能够在8月1日起飞执行；他认为7月25日斯帕茨的命令授权了这样的行动，除非格罗夫斯做出相反的答复。曼哈顿工程的总指挥认可了他副手的解释。如果8月1日没有台风进入日本干扰这次行动，"小男孩"将于当天用飞机载往日本投掷。

　　因此，这次特殊使命只需等待好天气了。8月2日星期四，3架从新墨西哥州出发的B-29轰炸机载着"胖子"的预组装件到达了。洛斯阿拉莫斯的科学家装配队和军械技术员立即着手为试投准备了一个"胖子"，并用高质量的高爆炸药铸件为实战投掷准备了另一个。第三套预组装件被用作钚内核的备用件，钚内核预定在8月中旬从洛斯阿拉莫斯船运过来。"到8月3日，"保罗·蒂贝茨回忆说，"我们观察天气，并且将它与［长期］预报进行比较。实际的天气与预报的天气几乎是一致的，所以我们开始忙起来了。"

　　在他们忙着做的必要工作中，有一件事是向将要执行这第一次特殊使命的第 509 大队的 7 架 B-29 轰炸机的机组人员简要介绍天气报告、观察和轰炸事项。蒂贝茨定于 8 月 4 日 15 时介绍任务概况。在 14 时到 15 时之间到达的机组人员发现，介绍任务概况的小屋被手持卡宾枪的军警团团围住了。蒂贝茨于 15 时快速走进小屋；他刚刚检查过他打算用于投掷"小男孩"的飞机，这架飞机平时由罗伯特·刘易斯驾驶，是 82 号 B-29 轰炸机，到此时还没有名字。"德克"帕森斯也走到讲台上下达简令。一名无线电员，阿贝·斯皮策（Abe Spitzer）中士，私下里将他在天宁岛的经历写入了日记，他在这违规的记录中描述了这次介绍任务概况的过程。

蒂贝茨告诉集合起来的机组人员，这个时刻来到了。他们将要投掷的武器最近在美国成功地进行了试验；现在，他们要将它投向敌人。

两名情报官员将第 509 大队指挥官身后黑板上的罩布拉下来，显示出轰炸目标的空中照片：广岛、小仓、长崎。（新潟被排除在外，显然是因为天气情况不好。）蒂贝茨点出这些地名并且指派三个机组——"探测人员"——在投弹之日事先起飞，评估这些城市的云层覆盖情况。另有两架飞机伴随他拍照和观察；第 7 架飞机将在硫黄岛上的一个装载坑边随时待命，万一蒂贝茨的飞机发生故障，它就将作为备用飞机出击。

第 509 大队的指挥官介绍了帕森斯。帕森斯不说一句废话。他告诉机组人员，他们将要去投掷的炸弹在战争史上是前所未有的，是所有武器中最具破坏力的：它可能会完全摧毁方圆 3 英里的区域。

他们被惊呆了。"这就像某些怪诞的梦，"斯皮策惊讶地说，"想象力过于丰富的人所做的梦。"

帕森斯准备放一段"三位一体"试验的影片。放映机出了故障，放不出来。随后它突然开始启动，弄坏了引导胶片。帕森斯叫放映员关掉放映机，开始即席解说。他描述了在"死亡之路"进行的爆炸试验：在多远距离上看到了发出的光，在多远距离上听到了爆炸声响，冲击波的效果，蘑菇云的形成。他没有交代这种武器的能量来源，然而详细讲述了有一个人在1万码外被击倒，对十几二十英里外的人们造成暂时失明的情况，大家的注意力被完全吸引了。

蒂贝茨接过话题。他警告他们，他们现在是航空队中最受关注的机组人员。他禁止他们给家里写信，甚至禁止他们相互讨论这个使命。他简要介绍了飞行任务。他说，很可能会在8月6日清晨开始出动。一名海空搜救官描述了如何展开救援行动。蒂贝茨最后说了一段鼓舞士气的话，斯皮策在日记中记录了其大意：

> 上校开始说，我们中的任何人，包括他自己在内，此前做过的事情比起我们现在要做的事情来说都微不足道。他随后说了一些平常的话，然而他说得很好，感觉都是真心实意的：他说与我们共事是多么自豪，我们的士气是多么高昂，我们在准备这次任务的过程中是多么不容易——我们不知道自己在干什么，觉得我们可能是在浪费时间，觉得我们不过是在满足某些人的疯狂幻想。他说，被选中执行这次任务让他感到荣幸，他确信我们也是一样，因为这次行动将会使战争至少缩短6个月时间——当他这样说时，所有其他要人都点头赞同。你的感觉是，他真的认为这种炸弹将会结束这场战争，就是这么回事。

第二天即星期天上午，关岛方面报告说，目标城市上空的天气在次日应该会有所改善。"8月5日14时，"诺曼·拉姆齐记录道，"李梅将军正式确认，我们将于8月6日行动。"

那天下午，装载人员用绞盘将"小男孩"吊起，放入坚固的小推车里，用防水油布将它盖好，以防有人窥探——岛上仍然躲藏着日本士兵，安全部队像浣熊一样在夜间搜寻他们——然后将它推向一个由柯克帕特里克准备好的13英尺×16英尺的装载坑。一队摄影师跟随其后，记录下整个过程。小推车沿着轨道被推到9英尺深的坑上；液压升降机将炸弹和车上可拆卸的货篮吊了起来；机组人员推开小推车，撤除轨道，将炸弹旋转90度，把它放入坑中。

世界上第一颗实战用的原子弹看上去就像"带鳍的细长垃圾桶"，蒂贝茨的一名机组成员这样认为。它的锥形尾部安装在顶端的一个有固定挡板的盒状框架中，长度为10.5英尺，直径为29英寸，重量为9 700磅，外面用一个暗黑色钢制装甲圆筒套住，这个圆筒有一个扁平的圆形鼻。它装备着一个三重熔断系统。主要的熔断部件是一种根据尾部报警装置改装的雷达元件，而尾部报警装置是为了在敌机从后面接近飞机时给飞行员报警而开发出来的。"这种雷达装置，"洛斯阿拉莫斯技术档案解释说，"在目标上空的指定位置上会闭合继电器［即开关］。"为可靠起见，"小男孩"和"胖子"均带有四个这样的雷达元件，它们被称为阿齐斯。原子弹的阿齐斯反射的不是接近敌机的信号，而是接近敌方地面的信号。任何两个这样的元件获取相同的信号都会将一个点火信号发送给引信系统的下一级，洛斯阿拉莫斯技术档案解释说：

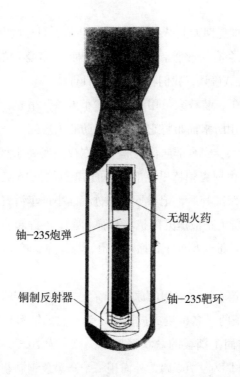

铀−235炮弹

无烟火药

铜制反射器

铀−235靶环

　　这一级由一组定时控制开关组成，当原子弹从飞机的投弹舱投下时，它们由从定时器拉出的引线保险丝启动。在原子弹投下 15 秒钟后，这些定时开关才闭合。它们的用途是防止 [阿齐斯] 元件被从飞机反射回来的信号点火而发生爆炸。第二个保险解除装置是 [大气] 压力控制开关，直到压力对应于 7 000 英尺高度以下时这个开关才会闭合。

　　一旦定时器和气压保险解除装置的两个开关闭合，"小男孩"点火信号就会直接传给雷管，而雷管又点燃黑色火药，从而使铀炮点火发射。从外观上看，引信系统表现为从尾部伸出的雷达天线，定时线穿入原子弹腰部以上和锥形尾部组件上的孔中，使外界的大气能进入其内部，从而确保能够准确地测量大气压强。

　　装载原子弹是一项精巧的工作，需要紧密配合。一组地勤人员将B-29轰炸机拖曳到装载坑旁边，将主起落架放到靠近坑一侧的机翼下的一个转盘上。拖曳飞机在这转盘上旋转180度，让它在装载坑的上方停下来。液压升降机将"小男孩"直接升到敞开的弹舱门的下方。一个铅锤从弹舱内唯一的挂弹钩上悬挂下来作为参照点，货篮内置的千斤顶则帮助机组人员将原子弹与之对齐。

　　"用20分钟到25分钟的时间能够完成操作，"一名波音公司的工程师在8月的一份报告中评论说，"然而这是一个相当棘手的过程，因为狭小通道上只有很小的间隙，一旦安装完毕，就只有唯一的挂弹钩和可调整的支撑它的横杆确保它不掉下来了。"

　　尽管罗伯特·刘易斯将这架飞机当成他自己的飞机驾驶，然而，他从来没有给这架82号B-29轰炸机起过名字。就在装弹的这天，蒂贝茨与刘易斯的机组人员商量给它命名，然而刘易斯没有在场。这名第509大队的指挥官既没有选择名人的名字也没有选择双关语，而是选择了他母亲的名字"伊诺拉·盖伊"，因为当他就成为飞行员这一决定和他父亲争执不下时，她向蒂贝茨的父亲担保，蒂贝茨不会死于飞行。"多年来，"蒂贝茨后来告诉一名采访者，"尤论我在飞行中身处怎样的险境，我总是记住她的平静祈愿。她的祈愿是管用的。为这次重大行动做准备时，我很少去想可能发生的种种事情，每当我想起它的时候，妈妈讲的那些话会让我放松下来。"蒂贝茨"在一张纸条上写了些东西"，在地勤人员中找到一名油漆工，当时这名油漆工正在玩垒球，蒂贝茨不得不将他拽出来，然后告诉他"将纸条上的字画在这架执行任务的轰炸机上，要画得美观而且大得醒目"。一英尺高、方方正正的大写字母被以斜向上 30 度角的走向画在这架有着子弹头般机鼻的飞机的驾驶舱窗户下方,中间名位于教名的正下方。

刘易斯是一个强健、好斗的人,体重 200 磅,他在一两天前就知道蒂贝茨将会在这项使命中驾驶这架飞机了,对此感到失望,然而他仍然认为这架 B-29 轰炸机是他自己的。他在下午晚些时候顺路检查它时发现了用油漆写在机身上的"ENOLA GAY"字样,他被激怒了。"我飞机上那鬼东西是什么?"他的一名机组人员记得他当时这样喊道。他得知是蒂贝茨授意这样干的之后,找到蒂贝茨对质。这位第 509 大队的指挥官冷冷地告诉他,军衔更高的说了算,而且他不认为下级军官会在乎这件事。刘易斯在乎,但他也没有什么办法,只好在他后来讲述的战争故事中发泄他的怨气。

"到 5 日的晚饭时间,"蒂贝茨讲述道,"一切[准备工作]完成了。原子弹准备好了,飞机加上了油并且做过了检查。起飞定于凌晨[2 时 45 分]。我试图小睡一会儿,然而不断有人来找我。[上校西奥多·J.]道彻[·范基尔克,他是'伊诺拉·盖伊号'飞机的领航员]吞下了两片安眠药,然而整晚坐在那里玩扑克牌,毫无倦意。"投弹舱里的那颗原子弹让人神经紧绷。

"最后的简报是在 8 月 6 日零时下达的。"拉姆齐解释道。午夜,蒂贝茨强调这颗原子弹的威力,提醒大家戴好已经发给他们的偏振护目镜,警告他们要服从命令并且遵循操作规程。一名气象预报官预告,在黎明时分,目标城市上方的风力适中,云雾会散去。蒂贝茨请来一名随军牧师,他在一个信封的背面为这一时刻写了一篇祈祷文,请求万能的天父"与敢于在您天堂的高度向我们的敌人开战的人们同在"。

在午夜简报下达后，机组人员吃了一顿有火腿蛋和蒂贝茨爱吃的菠萝片的早餐。他们乘军用卡车来到机场。拉姆齐写道，在停放"伊诺拉·盖伊号"的机场，"在明亮的泛光灯下，照相机和摄像机不停地拍摄（就像在好莱坞电影的首映式上一样）"。有一张照片展示了12个机组人员中的10人，当时他们身着飞行服，在飞机前轮旁的前机身下面摆好姿势，照了这张相片：稚气未退的范基尔克头戴船形帽，飞行服的拉链拉开到胸部，露出了里面的白色T恤衫；投弹手托马斯·费尔比少校像影星埃罗尔·弗林（Errol Flynn）一样英俊，蓄着埃罗尔·弗林一样的胡子，他将一只手友好地搭在范基尔克的肩上；照片中央站着蒂贝茨，他非常轻松地微笑着，腰扎皮带，整齐利落，手放在裤兜里；蒂贝茨的左边是罗伯特·刘易斯，他是唯一带着武器的机组成员；瘦小的雅各布·贝塞尔上尉在刘易斯身边露出勉强的笑容，他是来自巴尔的摩的犹太裔技术员，在这次任务中负责电子对抗，让阿齐斯元件免受日本人雷达的干扰。在这些军官前面蹲着更瘦高、更年轻的军人（不过全体机组成员都很年轻，蒂贝茨当时实足年龄为30岁）：他们是雷达操作员约瑟夫·施蒂博里克中士；尾炮手罗伯特·卡伦上士，他出生于布鲁克林，头戴一顶道奇队棒球帽；二等兵理查德·纳尔逊，他是无线电员；助理技术员罗伯特·舒马德中士；随机工程师怀亚特·杜曾布里上士，时年32岁，以前是密歇根州的一名树木修整师，他认为原子弹看上去像一根树干。机组的第11名成员是莫里斯·杰普森少尉，他是一名军械专家，将协助"德克"帕森斯装备和监测"小男孩"；帕森斯是第12名成员，他抵制拍照，然而作为一名武器专家参加了这次飞行任务。

三架气象飞机和硫黄岛上的备用飞机起飞了。2时27分，蒂贝茨命令怀亚特·杜曾布里启动发动机。飞行员和副飞行员并排坐在圆柱形机身开始向内弯，形成弹头形机鼻的位置后面；费尔比是投弹手，坐在他们前一排的机鼻内部，这是一个无遮蔽的位置，视野很好。飞机内的所有物件都被涂成酸橙的暗绿色。"这只不过是又一次普通任务，"蒂贝茨说，"如果你没有让想象力失去理智控制的话。""伊诺拉·盖伊号"在那天是不可能使用的名称，蒂贝茨便以"蒂姆波拉斯82"为呼号与天宁岛上的塔台联系，他后来回顾了他与塔台的对话：

> 我忘掉了那颗原子弹，全神贯注地检查驾驶舱。
>
> 我呼叫塔台。"蒂姆波拉斯82呼叫天宁岛北塔台。等待滑跑和起飞指示。"
>
> "蒂姆波拉斯82，这里是天宁岛北塔台。在A跑道向东起飞。"
>
> 在跑道的尽头，我再次呼叫塔台，很快就得到了回应："蒂姆波拉斯82，可以起飞了。"
>
> 鲍勃·刘易斯在报时。还有15秒，10秒，5秒，预备！

此刻，"伊诺拉·盖伊号"重达65吨。它携带了7 000加仑燃油和4吨重的原子弹。它超重了1.5万磅。由于确信飞机被控制得很好，没有任何摇摆，蒂贝茨决定在起飞之前尽可能利用两英里长的跑道来提升螺旋桨的转数和进气压力。

他于2时45分松开制动装置，四个喷油怀特飓风发动机发出轰鸣声。"这架B-29轰炸机在起飞过程中有很大的扭矩，"他后来写道，"它总是往跑道左方偏。普通飞行员通过制动右轮来抵消扭矩。

这是一种粗率的驾驶方法，你的滑跑速度要损失掉十英里每小时，还会延误起飞。"蒂贝茨可不接受如此粗糙的技术。"第 509 大队的飞行员们所学的是，主要用左侧发动机推进，让右侧发动机的节流阀位置靠后一些，以此来消除扭矩。在时速达到 80 英里时，你就可以完全用方向舵来控制了，右侧节流阀一推到底，一瞬间，你就起飞了。"对于超载飞行的"伊诺拉·盖伊号"来说，起飞需要比一瞬间更长的时间。随着跑道在这架大轰炸机下方逐渐消失，刘易斯一直在克制将操纵杆往回拉的冲动。到了再不起飞就无法升空的地方，他以为他将操纵杆往回拉了。其实不是他而是蒂贝茨回拉了操纵杆，他们突然之间就飞起来了——人类古老的梦想——在一片漆黑的海面上方爬升。

10 分钟后，他们在 4 700 英尺的高度上沿着西北偏北的方向飞越了塞班岛的北端。空中的气温适中，为 72 华氏度[①]。他们就这样低空飞行，既节省了爬升所需的燃油，同时也使帕森斯和杰普森这两名武器专家感到舒适，因为他们必须进入没有加压和加温的投弹舱完成原子弹的装配工作。

装配工作开始于凌晨 3 点。这项工作要在装载了原子弹的狭窄弹舱里进行，对技术要求虽高，但并不危险：爆炸的可能性微乎其微。用来阻断点火信号和防止意外爆炸的绿色插销被插入这件武器中，帕森斯首先确认做好了这件事情。随后他移去一块尾板，再移去尾板下方的一块钢板，露出炮膛的尾部；他用一把扳手夹住尾部螺式闩体旋转了大约 16 圈，使其松开，然后将它移下来小心地放到一块橡皮垫上。他将四块无烟火药一块一块地装入炮膛，涂有

---

① 约 22.2 摄氏度。——编者注

红色的一块装在尾部的最后。之后他将尾部螺式闩体放回原位并且将它拧紧，接上点火线，重新装上两块金属板，在杰普森的帮助之下将工具移走和清理通道，以确保安全。"小男孩"已经完成装配，但尚未解除保险。装配本身用了15分钟的时间。他们又用了15分钟检查安装在前舱武器专家位置上的控制面板上的监控线路。之后，在最终解除保险之前，除了进行监控外，他们就没有其他工作了。

罗伯特·刘易斯写了飞行日志。威廉·L.劳伦斯（William L. Lawrence）是《纽约时报》的科学编辑，被指派参与曼哈顿工程，他来到天宁岛，想一同前往。当他遗憾地了解到自己未能获准同行时，他请求刘易斯做些记录。这位副飞行员想象自己正给他的父母写信，但他似乎也意识到了世界将会通过他的文字来了解这一切，于是以航空队标准的温和风格来记录。"在离开我们的基地45分钟后，"他开始自觉往那种风格靠拢，"每个人都在工作。蒂贝茨上校一直在忙着进行B-29轰炸机飞行员的常规操作。领航员范基尔克上校和雷达操作员施蒂博里克中士不断交谈，他们正在对准马里亚纳群岛北部方位并且进行雷达测风。"非常奇怪的是，刘易斯没有提及帕森斯和杰普森，尽管通过他副飞行员座位后面通道下方的圆形进出口，他就能看到悬挂在投弹舱里的原子弹。

自动驾驶系统有个拟人化的名字"乔治"，它正操纵着飞机，蒂贝茨用它将飞机设定在5 000英尺以下的高度巡航。这位指挥官意识到自己累了，刘易斯记录道："这位上校，人们称他为'老公牛'，显出了劳累一天的迹象。他为了使这次使命顺利进行，做了所有必须做的事情，此时他有了小睡一会儿的机会，所以我将要吃些东西并且照看'乔治'。"

蒂贝茨并没有睡，而是爬过 30 英尺长的通道到机舱中部与机组人员交谈。他想知道他们是否清楚飞机上带的是什么。"一个化学家的噩梦"，尾炮手罗伯特·卡伦猜测道，接着又说是"一个物理学家的噩梦"。"不完全准确。"蒂贝茨没有正面回答。在卡伦根据自己了解的事实进行推测时，蒂贝茨正准备离开：

> ［蒂贝茨］多待了……一会儿，随后开始顺着通道向前爬行。我想起其他一些事情，正当这位"老头"的身影就要完全消失时，我用力拖住他还在我眼前的脚。他迅速溜了回来，以为可能出了什么状况，他问道："出了什么事？"
> 我看着他说："上校，我们今天打算分裂原子吗？"
> 此时他给了我一个真正滑稽的表情，说："差不多吧。"

卡伦的第三次尝试，他称之为"幸运猜测"，似乎使蒂贝茨决定告诉机组成员最后一点他们还不知道的信息；回到自己的座位上后，他打开对讲机喊道"注意！"，有人记得他说了像这样的话："行了，小伙子们，谜底揭晓了。"他告诉他们，他们带的是原子弹，是要从飞机上首次投掷的原子弹。他们不是物理学家，然而他们至少懂得这种武器不同于在战争中已经使用过的任何武器。

刘易斯取消了"乔治"的自动驾驶，转而进行手动操作，飞机摇晃着穿过一堆厚积的云团，从黑暗中的乌云里钻了出来，面前露出满天星斗。"4 时 30 分，"他简略地记载道，"我们看到了东边残月的轮廓。我想，在我们将原子弹投向日本后，每个人都将会在回家的半道上感到轻松。或者，更好的是，我们可以直接一路回到家乡。"费尔比平静地坐在弹头形飞机前端；刘易斯猜测他正在想家，

"在想着过去美国的中西部地区"。这位投弹手实际上来自北卡罗来纳州的莫克斯维尔市，对于一个纽约本地人来说，那里已经很接近中西部了。5时稍过，黎明的曙光使他们欢欣鼓舞；"此时看上去，"刘易斯在穿越云层后写道，"我们将在很长一段时间内一帆风顺。"

5时52分，他们接近硫黄岛，蒂贝茨开始让飞机爬升到9 300英尺的高度与观察和拍照的飞机会合。"伊诺拉·盖伊号"左转飞越硫黄岛，找到它的两架护航飞机后继续前进。它继续朝西北偏北的方向飞往人们称为"帝国"的绿色列岛海域。

"离开硫黄岛后，我们开始遇到一些低空层云，"刘易斯继续讲述，"不一会儿，我们就飞到了高空阴云的上方。7时10分，高空阴云开始裂开一道口子。高空和低空中只有稀薄的云彩，天气晴朗，非常美好。此时，我们离投弹位置还有两小时的飞行距离。"他们在天空和海洋之间飞行，前去执行具有历史意义的使命。他们喝着咖啡，吃着火腿三明治，发动机发出嗡嗡声，空气中弥漫着发热的电子元件的气味。

7时30分，帕森斯进入投弹舱，最后一次为"小男孩"做准备，用红色的插销换下了绿色插销并且启用它的内置电池组。蒂贝茨正打算开始进行45分钟的爬升。杰普森操作着控制台。帕森斯告诉蒂贝茨，"小男孩"已经"准备完毕"。刘易斯也听到了：

> 原子弹现在已独立于飞机。这是一种特别的感觉。我觉得原子弹现在有了它自己的生命，与我们无关了。我祝愿一切会顺利过去，我们会顺利地返回天宁岛。

"喂，伙伴们，现在要不了多久了。"当蒂贝茨增加马力爬高时，副飞行员这样补充道。

8 时 15 分（广岛时间 7 时 15 分），气象飞机在广岛上空报告了天气。它在低空和中空位置发现云层覆盖面为十分之二，在 1.5 万英尺的高度云层覆盖面也为十分之二。另外两个目标的气象飞机也随即报告了天气。"我们的首选目标是最佳目标，"刘易斯满怀热情地写道，"由于到目前为止一切进展顺利，所以，我们将轰炸航线指向广岛。"蒂贝茨向机组人员宣布："目标广岛。"

8 时 40 分，他们在 3.1 万英尺的高度水平飞行。他们给飞机加压、升温，以此来抵御机舱外零下 10 华氏度[①]的气温。10 分钟后，他们到达四国的陆地上空，这是广岛东面较小的本土岛屿，而广岛看上去从本州的海岸沿东南方向往濑户内海延伸。"当我们向目标靠近时，费尔比、范基尔克和施蒂博里克各就各位，此时，上校和我就在旁边为小伙子们提供他们需要的东西。"刘易斯的意思是校准航向、调整飞机。他随后变得兴奋而又忙碌："离我们的轰炸目标还有一小段时间。"然而轰炸目标才是重头戏。

机组人员穿着笨重的防弹服，这是飞行员们所厌恶的笨重保护措施。没有日本战斗机前来拦截他们，他们也没有遇到高射炮火的干扰。

两架护航飞机落在后面，给"伊诺拉·盖伊号"留出了回旋空间。蒂贝茨提醒机组人员戴好他们的护目镜。

他们没有携带地图。他们研究过航拍照片，对目标城市很了解。它在任何情况下都能被认出来，坐落在一个被 7 条支流的河道分隔成的三角洲上。"距离目标还有 12 英里时，"蒂贝茨回忆说，"费尔

---

① 约零下 23.3 摄氏度。——编者注

比喊道：'我看到它了！'他抓紧了轰炸瞄准具，从我手中接过飞机的控制权，开始进行目视驾驶。道彻［·范基尔克］不断地为我提供雷达校正值。他正在和雷达操作员一起做这件事……我无法用对讲机告诉他们是费尔比在操纵飞机。"投弹手通过轰炸瞄准具驾驶着飞机，他调整圆形滚花旋钮，指示自动驾驶系统稍微校正航向。他们以正西偏南仅5度的航向跨越濑户内海。范基尔克注意到了广岛港南面的8艘大型舰船。此时，"伊诺拉·盖伊号"的对地速度大约为328英里每小时。

在广岛中部的太田川与一条支流的交汇处，一座T形桥跨越河面，它将由两条河道形成的岛屿与河岸连接了起来。这座桥名为相生桥，它并不是被工人们的房屋包围的军工厂，却被费尔比选为投弹目标点。日本第二总军司令部就设在附近。蒂贝茨将这座桥称为整场该死的战争中他见过的最完美的瞄准点：

> 费尔比很好地解决了偏流问题，但速度有所下降。他做了两次微调。无线电设备里发出一声响亮的"信号"，通知护航的B-29轰炸机将在两分钟之内投下原子弹。随后，汤姆从轰炸瞄准具上抬起头来向我点了点头；一切将会顺利进行。
>
> 他用动作示意无线电员给出最后的警告。一组连续的声音信号发出去了，这是在告诉［护航飞机］："15秒钟后将投放。"

远处的气象飞机也听到了无线电信号。停在硫黄岛备用的B-29轰炸机同样听到了。这个信号提醒观测机里的路易斯·阿尔瓦雷茨，准备拍摄他安装在飞机上的示波器的信号；他设计的用来测量"小男孩"爆炸当量、用无线电联系的降落伞量度计此时悬挂在投弹舱里,等待与原子弹一同投下后飘向城市。

在托马斯·费尔比的诺登轰炸瞄准具的十字瞄准线下,广岛自东向西铺开。投弹舱门打开了。在奉命回到美国加入第509大队之前,费尔比在欧洲执行过63次实战飞行任务。战前,他想成为一名棒球队员,并参加了一个大联盟球队的春季选拔。他此时24岁。

"无线电声音停下来了,"蒂贝茨简洁地说,"费尔比松开了他的瞄准具,投下了原子弹。"引线被拉了出来,启动了"小男孩"的定时器。第一颗实战原子弹从飞机上掉下来,随后前端朝下坠落。它的弹体上涂了一些随手写的词句,有些还是脏话。其中有一句颇具挑衅意味:"'印第安纳波利斯号'上的人们问候天皇。"

B-29轰炸机一下轻了4吨,猛地升了上去。蒂贝茨驾驶飞机离去:

> 我关闭了自动驾驶系统,让"伊诺拉·盖伊号"大坡度转弯。
>
> 我戴上抗强光的护目镜。但戴上之后眼前一片漆黑,就像失明了一样。我将它扔到了地板上。
>
> 明亮的光线充满了整个机舱。第一股冲击波撞击着我们。
>
> 我们距离原子弹爆炸点的斜距为11.5英里,然而,整个飞机被冲击波震得发出噼噼啪啪的声响。我以为是重型高射炮发现了我们,大声喊道:"高射炮火!"
>
> 尾炮手之前看到了第一股冲击波,它在大气中呈现为一阵闪烁的微光,然而直到遇到冲击时,他才知道这是冲击波。当第二股冲击波到来时,他就高呼着警告我们了。

我们回过身来朝广岛望去。这座城市被可怕的烟云遮蔽了……像沸腾了一样，蘑菇状的烟云迅速升起，上升到可怕而又难以置信的高度。

好一会儿没有谁说话；随后，每个人都开始说话。我记得刘易斯重重地拍着我的肩膀说道："看那儿！看那儿！看那儿！"汤姆·费尔比怀疑放射性会导致我们全都不育。刘易斯说，他能够尝到原子分裂的味道。他说它的味道像铅。

"伙计们，"蒂贝茨用对讲机宣布，"你们刚才投下了有史以来的第一颗原子弹。"

范基尔克生动地记得两次冲击波——一次是直接的，另一次是地面反射的：

很像你坐在一个垃圾箱上，有人用一根球棒击打它……飞机剧烈晃动，上下颠簸，发出像金属突然折断的噪声。我们当中在欧洲上空飞行过很多次的人认为，这是防空炮弹在离飞机很近的地方爆炸了。

明显类似爆炸，这是它的一个标志，就像菲利普·莫里森和他的同事们在"三位一体"试验中所明显感受到的热度那样。

转向、俯冲、转回来观察，"伊诺拉·盖伊号"的机组人员没有看到最早的火球；当他们再看时，广岛已经被笼罩在阴影下了。刘易斯在战后一次采访中说：

我不相信会有人想看到这样的景象。两分钟前我们看到的还是一座清晰的城市，现在就不能再看到这座城市了。我们只能看到浓烟和大火蔓延到了群山的山坡。

范基尔克则说：

> 如果你想将它描述为你所熟悉的某些东西的话，它就像是一个煮沸了的黑油罐……我想：感谢上帝，战争结束了，我不再有可能被击中了。我能够回家了。

这就是成千上万的美国士兵和水手会立刻表达的一种情绪，这一切来之不易。

离开这一场面时，尾炮手罗伯特·卡伦久久地凝视着：

> 我一直在拍摄照片，试图拍下整座城市的混乱场面。我始终在用对讲机描述这一场面……蘑菇云本身是一个壮观的景象，它像是冒着泡的一团深紫色烟云，你能够看到它的内部有一个红色的核心，它里面的一切都在燃烧。当我们离开时，我们能够看到蘑菇云的底部，再往下，我们能够看到几百英尺的碎屑和烟雾等诸如此类的东西。
>
> 我在尝试描述这团剧烈变化的蘑菇云。我看到各处都有火苗蹿起来，像是煤床上喷射出的火焰。有人让我数一下它们的数目。我说："数它们？"该死，大约出现了15股这样的火苗时我放弃了，它们的数量增加得太快，以至于无法数清。我仍然能够看到它——剧烈变化的一团蘑菇云。它看上去像是覆盖在整座城市上的岩浆或糖浆，它似乎在向山麓外溢，其中的小

山谷与平原相连。到处都是火，而随后就什么都很难看清了，因为有浓烟。

雅各布·贝塞尔负责电子对抗，他在入伍前是约翰斯·霍普金斯大学的一名工程学学生，他看到的混乱景象让他想起了海边：

> 这座城市的一切都在燃烧。它看上去就像……你去过海滩并搅起浅水中的沙子，看到它们全都翻腾而起吗？这就是我所看到的景象。

"小男孩"是从"伊诺拉·盖伊号"上投下43秒后，广岛时间8时16分02秒，在托马斯·费尔比的瞄准点相生桥东南方550码处的志摩医院庭院上方1 900英尺的高度爆炸的，其爆炸当量为1.25万吨TNT。

"执行任务时是不带个人感受的。"保罗·蒂贝茨后来这样说。罗伯特·刘易斯不这么想。"即使我活到100岁，"他在日志中写道，"我也绝对忘不了我头脑中的这几分钟。"广岛的人也是如此。

◉

> 在我的记忆中，就像白日梦一般，我依然会看到人们的身躯上燃烧着火舌。

——井伏鳟二《黑雨》

在封建领主毛利辉元于1589年到1591年之间在这里建造一个

要塞，以保证他的家族在濑户内海上拥有一个出口之前，本州西南部的太田川三角洲上的住宅区叫芦原，即"芦苇地"，或者叫五村，即"五座村庄"。毛利称呼他的要塞为广岛城，意思是"广阔的岛屿城堡"。在它周围发展起来的商业和手工业城镇也逐渐采用了它的名字。它有 800 英尺长的矩形城墙，用巨大的石块筑成，周边有宽阔的矩形护城河保护。它的一角装饰着一座佛塔状的五层白塔，自下而上面积逐级减小。毛利家族不久将它的领地败给了更为强大的福岛家族，而福岛家族又于 1619 年将它败给了浅野家族。浅野家族有很强的判断力，它与德川幕府结成很密切的同盟，在后来的两个半世纪的时间里，它一直在这种同盟关系中统治着广岛封地。几个世纪以来，这座城镇繁荣发达。浅野家族通过填塞浅水港湾将它的各个岛屿连接起来，从而不断对它进行扩展。广岛变成了由太田川的 7 条支流河道分隔而成的长而狭窄的区域，就像一只伸长而且张开的大手。

1868 年的明治维新废藩置县，使广岛封地转变成了广岛县，而这个城镇，像这个国家一样，开始了蓬勃发展的现代化进程。1889 年，当它正式成为一座城市时，一名医生被任命为第一任市长；庆祝这一变化的民众达 83 387 人。历时五年、耗资巨大的填海和建筑工程在当年顺利竣工，新建的宇品港使广岛成了一个主要商业港口。铁路在世纪之交也修到了广岛。

到那时，广岛及其城堡已建起了军事基地，第五师团就驻扎在城堡里和城堡周边地界上的兵营里。1894 年，当日本进攻中国时，第五师团是最早被船送往战场的部队；宇品港成为主要的乘船地点，并且将在随后的 50 年中持续发挥这种作用。这年 9 月，明治天皇将他的指挥部移到了广岛的这座城堡里，以便指挥战争，并且在这里的一座临时议会大楼里举行议会特别会议。到次年4月，这场有限的大陆战争以日本的胜利而告终，日本取得了台湾全岛和辽东半岛，广岛成了日本事实上的首都。随后，天皇回到东京，而这座城市在继续巩固它的地位。

20世纪头30年，日本对海外的野心越来越大，广岛获得了进一步的军事和工业投入。一份1945年秋天的美国研究报告指出，到第二次世界大战时，"广岛已成为一座具有相当可观的军事重要性的城市。第二军司令部建在广岛，指挥着日本南部所有的防务。这座城市是通信中心、物资储藏点和军队的集结地。用日本一份报告的原话来说：'自从战争开始以来，广岛的市民们可能有上千次在万岁的呼喊声中送军队离开港口。'"1945年，日本陆军总参谋部准备从广岛指挥九州的防务，以抵抗日益逼近的美军。

战争早期，这座城市的人口已经接近40万。然而战略轰炸迟迟没有到来，这透露出了一丝不祥的异样气息，当局下令进行了一系列的疏散。到8月6日时，常住人口大约有28万到29万名平民，另有大约4.3万名士兵。它的平民人口与军人的比例超过6:1，在这种情况下，它不是杜鲁门在波茨坦的日记中所称的"纯粹的军事"目标，但它在日本的侵略战争中绝非完全无辜。

"天还早，清晨宁静、温暖而美好，"蜂谷道彦医生是广岛电信医院的院长，他在8月6日记叙"小男孩"事件的日记中这样开头，"闪闪发光的树叶反射着无云天空投下的阳光，与我花园中的树荫共同给人一种舒适的感觉。"8点的气温为80华氏度①，湿度为80%，微风徐徐。太田川的7条支流在步行和骑车去上班的人群身边流淌。

---

① 约26.7摄氏度。——编者注

在相生桥往北两个街区的福屋百货公司门外，发出叮当响声的市内电车里挤满了人。广岛城堡位于这座T形桥西面的长街区，在其东、西两侧的练兵场上，数千名士兵正光着膀子做晨操。前一天奉命值日的8 000多名女学生在市中心进行户外劳动，拆除没人居住的房子，用作防火带，对付可能到来的燃烧弹轰炸。防空警报于7点09分响起，那时第509大队的气象飞机飞到了上空；当这架B-29轰炸机于7点31分离开这个区域时，警报被解除。临近8点15分的时候，又有3架B-29轰炸机到达，但几乎没有人躲避，还有一些人抬眼观看这种高空飞行的银色物体。

"就在我抬眼往天空观看时，"一名当时只有5岁的女孩回忆说（她当时安全地待在郊区的家里），"一阵白光闪烁，植物的绿色在这种光的照射下看上去就像枯叶的颜色。"

在更近的地方，这种光照更加强烈。一名当时正在协助清出防火带的大学三年级女生回忆说："我们的老师说：'啊，有一架轰炸机！'这使我们抬头往天空看去。话音刚落，我们感到出现了一道巨大的闪电。我们立刻看不见了，随后，一切都疯狂地乱了套。"

再近的地方，在市中心，没有人幸存下来讲述当时发生了什么；只得转而靠调查组提供的有局限性的证词作为证据。耶鲁医学院的病理学家埃夫里尔·A. 利博（Averill A. Liebow）战后在一个美日联合研究委员会工作数月，他观察到：

> 伴随闪光而来的是瞬间爆发的热量……它持续的时间大概不到十分之一秒，强度却足以引燃附近的易燃物体……烧焦了离爆心投影点［即爆炸时的火球正下方的地面位置］4 000码远的杆子……在六七百码的距离上，它足以使花岗岩表面掉

下碎片而变得粗糙……在 1 300 码处，这种热量会使瓦片冒泡。实验表明，产生这样的效应需要在 [3 000 华氏度①] 温度下持续 4 秒钟。这里的效应更为强烈，这表明广岛原子弹爆炸时温度更高，持续时间更短。

"因为闪光中的热在如此短暂的时间里爆发，"一份曼哈顿工程研究报告补充说，"任何冷却过程都来不及生效……在 [2.3 英里的] 距离上，人皮肤的温度在第一个毫秒内就能够提升 [约 120 华氏度②]……"

有关广岛原子弹轰炸的最权威研究开始于 1976 年，研究中咨询了 34 名日本科学家和医生，对这种残酷照射的后果进行了评估，在离爆心投影点半英里的位置，这种残酷照射的强度是照射在蜂谷医生的树叶上的太阳光强度的 3 000 倍以上：

爆炸地点的温度……达到 [5 400 华氏度③]……距离爆心投影点 [两英里] 范围内并直接暴露在照射之下的人身上带有原子弹留下的原始热伤痕迹……原始热伤是一种特殊性质的伤害，不是日常生活中经历的那种普通伤害。

这项日本研究将原始热伤分为五个级别，第一级是红热伤，第三级是白热伤，第五级是让皮肤像炭一样的碳化热伤。它发现，"超

---

① 约 1 648.9 摄氏度。——编者注
② 约 48.9 摄氏度。——编者注
③ 约 2 982.2 摄氏度。——编者注

过五级的严重热伤产生于距离爆心投影点［0.6 英里到 1 英里］范围之内……而一级到四级热伤产生于距离爆心投影点［2 英里到 2.5 英里的位置］……极强的热能不仅导致碳化，而且会蒸发内脏的水分"。也就是说，在离"小男孩"爆炸位置半英里以内的人一眨眼工夫就被烤成了一堆冒烟的黑炭，而他们的内脏也被烤干了。几天后，一名患者问蜂谷道彦："医生，一个被烤死的人会变得很小，是吗？"成千上万块小型黑炭堆此时就粘在广岛的大街、桥头和人行道上。

就在同一瞬间，鸟在半空中被点燃了。蚊子、苍蝇、松鼠和家养宠物也在噼啪的响声中消失了。爆炸的火球在这座城市焚毁的电光石火之间，像镁光灯一样在其矿物、植物和动物的表面给这座城市本身定格了一幅巨大影像。一架旋梯在没有烧掉油漆的钢质储气罐表面投下它的阴影。烧焦的电话杆上只有树叶投下影子的地方显得颜色较浅。一所学校大门上贴的一张宣纸上的黑色毛笔字被烧掉了，一个女学生浅色上衣上的暗色花朵图案也被烧掉了。有一个人的身体轮廓投在银行台阶未碎的花岗岩上，这便成了他最后一刻的形象。还有一个人在地面上投射出拉着一辆手推车和保护着一辆小推车的人形，而其旁边地面上的沥青早已沸腾。更远的地方，在郊区，闪光导致深植在人的皮肤里的色素瞬间沉着，造成了暴晒一般的效果；鼻子、耳朵、抬起来的手等突出部位的形状被印刻在震惊的市民的脸上和身上：利博和他的同事们称呼这种色素沉着现象为"广岛面具"。他们发现在原子弹爆炸 5 个月后这种颜色也没有褪去。

死者的世界不同于生者的世界，造访那里基本是不可能的。但在那天的广岛，这两个世界几乎融为一体。"最接近爆心投影点的区域的死亡率高到了这样一种程度，"深度采访过几个幸存者的美国精神病学家罗伯特·杰伊·利夫顿（Robert Jay Lifton）写道，"如果一个人在一千米之内暴露在外并幸存了下来……那么，他周围的人九成以上都已经丧命了。"唯有活下来的人能够描述死亡的场面，无论其周围死了多少的人；然而，在九死一生的地方，乃至更靠近爆心投影点、无人生还的地方，留下来的声音必然会有所失真。幸存者像我们一样；然而死去的人就根本不同了，他们没有了语言、公民权或者追索权。随着生命的丧失，他们被剥夺了参与人类世界事务的所有权利。"寂静得可怕，使人感觉所有的人、树和其他植被都死亡了。"幸存下来的广岛作家大田洋子这样回忆说。寂静是死亡者能够发出的唯一声音。生者不应该忘记亡者。他们靠近爆炸的中心；他们死了，因为他们是一个不同政治体制的成员，他们的死亡也因此没有被正式视作谋杀；他们的经历最准确地映照出了我们共同的未来中最坏的情形。那天，他们在广岛是大多数。

这还只是光的效果，没有涉及冲击波。蜂谷回忆说：

> 我问小山医生，他在眼睛受伤的人身上有什么发现。
>
> "那些看着飞机的人烧坏了眼底，"他回答说，"闪光显然通过了他们的瞳孔并且在他们视野的中心部分留下了一个盲区。"
>
> "大多数眼底烧伤都是三度烧伤，所以是不可能治愈的。"

一名德国耶稣会神父这样描述他的一个教友的情况：

> 科普神父……正站在修道院门前准备回家。突然他感觉到了光，感觉到了热浪，他的手上起了一个大水疱。

会起水疱的白热伤是第四级热伤。

此时，光和冲击波的影响一齐到来了；对于离得近的人来说，它们就像同时发生的。一名大学三年级的女生说：

> 啊，刹那间！我感到好像被某种大锤一类的东西撞击在背上，并且被扔进了沸腾的油锅里……我似乎往北飞了很远，而且感到天旋地转。

上一个大学三年级的女生，就是她的老师让大家朝天看的那个女生，回忆说：

> 四周一片漆黑；在黑暗的深处，明亮的红色火焰噼啪地升起，极速蔓延。我的朋友们刚刚还在精力充沛地工作，此时她们的面部就已被灼伤并且起了水疱，衣服也成了碎片。我该怎么形容她们战栗不已、东倒西歪的样子呢？我们的老师紧紧地搂住学生们，就像是一只母鸡在保护它的小鸡一样，而学生们则像被恐惧吓呆了的仔鸡，拼命地将头往她的怀里钻。

光并没有让在建筑里得到保护的人燃烧起来，然而，冲击波没有放过他们：

> 爆炸到来时，一个男孩正在河边的一个房间里向外望着河水，就在房子倒塌的那一刻，他从这个房间被吹到河堤上的道路对面，落到这条路的路基下面的街道上。在这过程中，他在房子里被吹得穿过了两扇窗户，身体上扎满了所有能扎到他的

玻璃。这就是他浑身是血的原因。

冲击波以 2 英里每秒的速度从爆心投影点向四周横扫了数百码，然后减慢到声速（1 100 英尺每秒），腾起的烟尘形成巨大的云雾。"我的身体看来全变成了黑色，"一名广岛物理学家告诉利夫顿说，"一切都变成了黑色，到处一片黑暗……当时我想，'世界末日到了'。"作家大田洋子也感到了同样的恐惧：

> 我正纳闷我们的环境为什么在一瞬间会有如此大的变化……我认为可能是发生了某些与战争无关的事情，比方地球坍缩，有人说在世界末日到来时会发生这样的事情。

"在城市里，"在爆炸中严重受伤的蜂谷特别提到，"天空看上去就像用发亮的墨汁［就是那种书法用墨］涂抹过一样，人们只看到了一阵强烈刺眼的闪光；而此时城外的天空很美丽，呈现出金黄色，但那里能听到震耳欲聋的声响。"在城内经历了这次爆炸的人称它为 pika，即闪光，而离得较远的亲历者将它叫作 pikadon，即闪光弹。

房子就像被镰刀割下一样倒下。一名当时上四年级的男孩回忆说：

> 我在被吹出至少八码后睁开眼睛，天空黑得就像我遇到了一堵涂了黑漆的围墙。随后，就像薄纸被一张张揭开那样，天空逐渐明亮起来。我首先看到的是平坦的大地，上面只有扬起的烟尘。一切都在那一瞬间崩塌了，变成了一片瓦砾，一条又

一条的街道都成了废墟。

就在房子倒塌之前，蜂谷和他的妻子跑出了房子，恐怖的事情将它恐怖的一面展现了出来：

> 通向街道的最短路径是穿过隔壁的房子，所以我们穿过房子——跌跌撞撞地奔跑、倒下，然后再爬起来奔跑，直到在向前狂奔时被某样东西绊倒，整个人都趴在街道上。我看脚下时才发现是一个男人的头绊倒了我。"对不起！对不起，请原谅！"我声嘶力竭地喊叫道。

一名杂货商逃到了街上：

> 人们的外貌……唉，他们都因为灼伤而皮肤变黑……他们都没有头发，因为头发被烧掉了。一眼看去，你无法说出你是在看他们的正面还是在看他们的背面……他们［在胸前］抱着胳膊……他们的皮肤——不仅是手上的，也有脸上的和躯干上的——都挂了下来……如果只有一两个这样的人……也许我不会有这样强烈的印象。然而，无论我走到哪里都遇到这样的人……他们中许多人就死在了街上——我仍然能够想起他们的形象——就像行走中的鬼……他们看上去不像是这个世界的人……他们走路的方式非常特别——非常缓慢……我本人就是其中的一员。

从这些严重受伤的幸存者的面部和躯干上垂落下来的皮肤，是被热闪光瞬间烧起水疱后被冲击波剥落的。一名女青年说：

> 我清晰地听到一个女孩从树后发出的喊叫声。"救命！帮帮我！"她的背部完全烧坏，皮肤剥落下来，在她的臀部挂着……

> 救援队……［将我的母亲］送回家。她的面部显得比往常要大，嘴唇严重地肿胀起来，她一直紧闭着双眼。双手的皮肤松垮地下垂，就像橡皮手套一样。她的上身严重烧伤。

一名大学三年级的女生说：

> 道路两旁都有从屋子里抬出来的床单和布片，上面躺着的人们被烧成了红黑色，他们的整个躯体肿胀得可怕。有三名高中女生从他们中间穿过，她们看上去像是我们学校的学生；她们的面部和身上各处都被完全烧伤，她们的胳膊像袋鼠一样屈在胸前，只有手尖是朝下的；她们全身都有某种像纸片一样的东西挂着——这是她们身上脱落的皮肤，拖在她们身后的是未烧完的绑腿残余。她们摇晃着，就像是梦游症患者。

一名年轻的社会学家说：

> 我看到的一切都给我留下深刻印象——附近一座公园里躺满了等待火化的死尸……严重受伤的人们朝我的方向撤离……我所看到的印象最深的是一些女孩，她们是非常年轻的女孩，不仅她们的衣服被全部烧掉了，而且她们的皮肤也被剥

落了……我立即想到的是，这就像是我在书中常读到的地狱。

一名当时五岁的男孩回忆说：

那天，我们逃离后，来到日出山桥，这里有许多裸体的人，他们被严重烧伤，他们全身的皮肤像破布一样从身上挂下来。

一名当时上四年级的女孩回忆说：

街道上行走的人们全身糊满了血，后面拖着他们的破衣服的碎布。他们胳膊上的皮肤脱落了，从他们的指尖挂下来。他们无声地走着，胳膊垂在他们前面。

一名当时五岁的女孩回忆说：

人们从附近的街道上跑出来，一个接着一个，几乎无法辨认出他们。其中有些人的皮肤被烧掉了，从手上、下巴上挂下来；脸部又红又肿，无法说出眼睛和嘴巴在什么位置。从房子里冒出来的烟黑得遮天蔽日。这是一个可怕的场景。

一名当时上五年级的男孩详述了他看到的场面：

倒塌的房子里四处燃烧起来的火焰仿佛照亮了黑暗。一个孩子发出了一声痛苦的呻吟，他烧伤的面部肿胀得像气球一样，他在火焰之间徘徊时不断痉挛。一个老汉的面部和躯干上的皮肤像土豆皮一样脱落下来，当他用蹒跚的步子逃跑时，嘴里喃喃地祈祷着。另有一人用双手压住不断淌血的伤口，发了疯一样地四处奔跑，呼喊着他的妻子和孩子的名字——啊，只要我回忆起这些，我的头发就会竖起来。这就是战争的真实面目。

然而，被闪光和冲击波剥落皮肤只是一种新出现的惨状，幸存者因其不寻常而对其印象深刻，当天还有其他许多悲惨的场面。人们共同的遭遇是，普遍的暴力不加选择地随机制造可怕的痛苦，流体力学、杠杆原理和热力学等物理学因素肆无忌惮地发挥作用。一名大学三年级女生说：

> 找不到妈妈的孩子们的尖叫声；母亲寻找孩子们的呼喊声；无法再忍受热量带来的痛苦，在水池里冷却身体的人们；逃跑着的人群中，每个人身上都沾染着鲜血。

热闪光和冲击波引发了火焰，而这些火焰很快变成了一场火焰风暴，那些还能走动的人从这种火焰风暴中逃离出来，而那些骨折的或者被压在房子底下的人就无法逃出了。两个月后，利博的小组发现，在广岛幸存者当中骨折的发生率小于 4.5%。"这并不表示骨折的人数很少，"这名美国医生解释说，"而是表明丧失移动能力的人中几乎没有人能逃离火场。"一名五岁的女孩说：

> 整个城市……在燃烧。浓烟在翻腾，我们能够听到巨大物体爆炸的声音……那些可怕的街道。大火在燃烧。到处都散发着一种奇怪的气味。蓝绿色的火球在四处飘忽。我产生了一种

可怕的孤独感，仿佛这个世界上的其他每个人都死了，只有我还活着。

另一个同龄女孩说：

　　每当我想起 1945 年 8 月 6 日原子弹在一两分钟的时间里吞没了整个广岛市时，我就禁不住浑身发抖……

　　我们都在逃生。途中，我看到一名士兵漂浮在河面上，肚皮肿胀起来。他一定是在绝望中试图靠跳河逃离火海。远一些的地方，死人们排成了一长列。再远一些，有一个女人被一根大圆木压住了腿，倒在了地上，所以她无法逃出来。

　　当父亲看到这一情景时，他呼喊道："快过来帮她一把！"

　　然而没有谁过来帮忙，他们都只想着保全自己的性命。

　　父亲终于发火了，大喊道："你们还是不是日本人？"他操起一把生锈的锯，锯掉了她的腿，将她救了出来。

　　再远一些，我们看到一个被烧黑了的人保持着行走的姿势。

一名当时上一年级的女孩，她的母亲被压在了她们家倒塌的房子下面：

　　我决定非和母亲一起逃跑不可。然而，火焰一直在蔓延，我的衣服已经着火，我无法再坚持下去。我尖叫道："妈妈，妈妈！"我狂乱地跑向火场中央。无论我走出多远，周围都是一片火海，无路可逃。所以，我跳入身边的［民防系统］水箱里。到处都有火星落下，我将一块铁皮顶在头上挡住火。水箱里的水被加热了，就像澡池里一样。在我的身边还有四五个人，他们都在呼唤某某人的名字。当我浸在水箱里时，一切都变得像梦幻一般，不知什么时候，我失去了知觉……五天后，[我了解到，]就在我离开后，妈妈最终死了。

与此类似，当年有个女孩13岁，在20年后利夫顿采访她时，她仍然被歉疚感所缠绕：

我离开母亲逃了出来……后来，一个邻居告诉我，有人发现我母亲脸朝下死在一个水箱里……这个水箱很靠近我离开她的那个位置……如果我当时稍大一点或者稍微强壮一点，我都能够救她……直到现在我都仿佛能够听到母亲叫我救她的声音。

"沿途倒塌的房屋废墟下面，"那位耶稣会神父讲述道，"许多人被夹住了，他们拼命呼救，想逃离逼近的火焰。"
"我完全惊呆了。"一名当时上三年级的男孩回忆这场毁灭性灾难时说：

开始我以为只有我的房子倒塌了，接着我发现邻近的所有房子都要么完全倒塌，要么部分倒塌。天空像黄昏的样子。电线上挂着纸片和布条……在那条街道上，人群向西面逃跑。他们当中有许多人的头发被烧掉了，有人衣服破了，还有烧伤的人身上带着火……沿途挤满了受害者，有些人身上有巨大的伤口，有些人被烧伤，有些人失去了继续向前奔跑的力气……当我们沿着河堤走的时候，天空中下起了一阵泥雨，黑暗和恐惧感一起袭来。我注意到，在房子周围，有被人抛下的汽车、足球以及各种家居用品，然而没有谁停下来拾起一件东西。

然而，在恐怖的背景下，幸存者仍能发现某些特殊的罕见惨象。一名35岁的男人说：

> 一个妇女没有了下颌，她的舌头从口腔里露了出来。在急骤的黑雨中，她正在新胜寺周围徘徊。她向北面走去，号叫着呼救。

一名当时仅四岁的男孩回忆说：

> 有许多人被烧死了，其中有些人站着被烧成了一块炭。

一名当时上六年级的男孩回忆说：

> 一名警察站在附近，好像是在保护这些人；除了他的裤子的一些碎片外，其他部位都赤裸着并且布满烧伤痕迹。

一名当时17岁的女孩回忆说：

> 我步行走过广岛火车站……我看到内脏和大脑都流出来的人们……我看到一个老妇人抱着一个还在吃奶的婴儿……我看到许多孩子……他们的母亲死了……言语完全无从表达我感受到的恐惧。

在相生桥：

> 我走在死人堆中……就像是在地狱里一样。一匹活马燃烧着，那个场面非常令人震惊。

一名女学生看到"一个没有脚的男人正在用脚踝行走"。一名妇女回忆说：

> 有个男人眼珠掉出来大约五厘米，他在喊我的名字，而我感到恶心……人们的躯体肿胀得可怕——你无法想象人的躯体能够肿成那么大。

一名死了儿子的商人说：

> 在第一中学的门前有……许多和我的儿子年龄相仿的年轻男孩……最触动我的是，有一个死了的孩子躺在地上，另一个似乎想从他身上爬过去，以逃离大火。他们两人都被烧得漆黑。

一名30岁的妇女说：

> 有个当即死亡的人，尸体仰面躺在路上……这具尸体的手抬向天空，手指正冒着蓝色的火焰。这些手指只剩三分之一长，而且扭曲变形。一股黑色的液体正在顺着手流到地面上。

一名当时上三年级的女孩回忆说：

还有一个人，一大块木头碎片扎进了他的眼睛，我想他自己可能看不到。他正在盲目地奔跑着。

一名当时 19 岁的宇品港女孩回忆说：

我在通向广播电台的入口处的水箱里第一次看到一堆烧死的尸体。随后，我突然被离缩景公园四五十米的街道上一个可怕的场景吓得要命。有一具烧焦的女人尸体牢牢地立在那儿，呈奔跑的姿势，一条腿抬了起来，怀里抱着一个婴儿。她究竟是谁？

一名当时上一年级的女孩回忆说：

一辆有轨电车被烧得只剩骨架，里面的乘客全都被烧成了炭渣。当我看到这一景象时，我感到毛骨悚然，浑身颤抖。

"你听到得越多，故事就越悲哀。"一名当时五岁的广岛女孩后来写道。"因为我家是如此悲惨，"一名当时也只有五岁的男孩后来推断说，"我想其他人必然也很悲惨。"

幸存者也会被注视。接受利夫顿采访的一名历史学教授说：

我到处寻找我的家人。不知怎的，我变成了一个麻木的人，因为如果我有怜悯之心，我就无法在城市里行走，在这些死尸中穿行。我印象最深的是人们流露出来的眼神——他们的躯体严重烧伤而变黑——他们的眼睛好像在找人前来帮助他们。他们看着我，知道我比他们强壮一些……我看到了他们眼睛里的失望。他们对我寄予极大的期望，直直地注视着我。被这样盯着是很难受的。

巨痛、难受和恐惧是各处幸存者共同的命运。一名当时上五年级的男孩说：

> 我和母亲从房子底下爬了出来。我们看到一个以前我从未见过，甚至从未听说过的世界。我看到人们的躯体处于这样一种状态，你判断不出它们是不是人的躯体……路上已有成堆的尸体了，人们正在临死时的痛苦中挣扎。

一名大学三年级的女生说：

> 在桥的基部挖有一口大蓄水池，蓄水池中有一个母亲抱住一个赤裸的孩子的头在哭泣，这个孩子全身都被烧成了鲜红色。另一个母亲一边哭泣一边用她烧焦了的乳房喂她的孩子。学生们站在水池里只露出头和双手，他们抱在一起悲哀地哭叫，呼喊着他们的父母。然而，每一个路过的人都受了伤，所有人都是这样，没有谁来帮助他们。

一名当时六岁的男孩回忆说：

> 桥边有一大堆死人。有的死人被烧得发黑，还有的死人皮肤仍在猛烈燃烧和爆裂，另一些死人全身扎满了碎玻璃。各种

各样。不时会有人向我们走来要水喝。他们的面部和嘴里都在淌血，他们的身体上扎着玻璃。桥本身也在剧烈地燃烧……场面及其细节正像是地狱。

两名当时上一年级的女孩回忆说：

我们来到美幸桥。街道两旁全是烧死和烧伤的人。当我们回头望去，只见到一片明亮的火海。

大火狂暴地从一地蔓延到另一地，天空中浓烟密布，一片黑暗……

［紧急救护站］挤满了严重受伤的人们，有的全身都被大面积烧伤……火焰朝所有方向蔓延，最后，整座城市成为一片火海，我们的头顶上飞满了火星。

一名当时上五年级的男孩回忆说：

我感到地球上的人全都被消灭光了，只剩下了我们五个人［也就是他家的成员］留在这个离奇的死亡世界……我看到一些人一头扎在破缺了一半的水箱里喝水……当我凑近往水箱里看时，我大声惊叫了一声"啊！"，本能地退了回来。我看到水箱里被血染红的水面上倒映出一张张怪物般的面孔。她们趴在水箱边缘扎下头去喝水，就保持这个姿势死了。从她们烧坏的破烂制服看，我能够得知她们是高中女生，她们的头上没有一根头发；她们烧破的面部皮肤被血染成了鲜红色。我难以相信这些是人的脸部。

一名医生与蜂谷怀有同样的恐惧：

> 在［遭到严重破坏的］红十字医院和市中心之间，我看
> 不到任何没被烧焦的东西。市内电车停在草屋町和纸屋町之
> 间，其内有数十具尸体，被烧得漆黑而面目全非。我看到大火
> 包围的蓄水池里充满了尸体，他们看上去就像是被活活煮死
> 的。在一个蓄水池里，我看到一个人被烧得非常可怕，蜷缩在
> 另一个已经死了的人身边。有个人正在喝被蓄水池外的血污染
> 的水……在一个蓄水池中，死尸太多，里面没有了足够的空间，
> 尸体掉到了外面。他们一定是坐在水里死去的。

一个帮助妻子逃出城的丈夫说：

> 当我带着严重受伤的妻子走到中广神社的山坡旁的堤岸时，
> 我惊呆了，我实实在在地看到一个赤裸的男人站在雨中，手里
> 捧着他的眼球。他看上去非常疼，然而我不可能为他做任何
> 事情。

那个裸体的男人可能就是后来一名求助于蜂谷的伤者回忆起的
那个人，不过也有可能不是：

> ［急救站］有如此多被烧伤的人，空气中弥漫着干鱿鱼的
> 气味。他们看上去像被煮过的章鱼……我看到一个人受伤的眼
> 球掉了出来，他将眼球搁在他的手掌里站在一边。使我毛骨悚
> 然的是，这只眼球看上去正在盯着我。

人们逃离大火，跑向河边；在幸存者留下的叙述中，有整整一类是关于河流的。一名当时上三年级的男孩回忆说：

> 男人们全身糊满了血，女人们的皮肤从她们的身上像和服一样松垂下来，所有人尖声叫喊着扎入河中。所有这些人全都变成了死尸，尸体随河流漂向大海。

一名当时上一年级的女孩回忆说：

> 到了夜晚我们还在河里，河水在变冷。无疑，你在四周看不到任何东西，而只有被烧死烧伤的人们。

一名当时上六年级的女孩回忆说：

> 肿胀的尸体漂浮在这七条原本美丽的河流上；我愉快的童年被残酷地击得粉碎了，人体燃烧的奇特气味在这个三角洲上的城市里四处升腾，这座城市变成了一片废弃的焦土。

一名年轻的船舶设计师对轰炸做出的反应是立即赶往长崎的家中：

> 我不得不过河去火车站。当我来到河边走下河堤时，我发现河面上漂满了死尸。我开始手脚并用，在死尸上爬着过河。我爬到三分之一的地方时，一具死尸被我的重量压得开始下沉，我掉到了水中，河水弄湿了我烧伤的皮肤。伤口痛得要命。我无法再往前进，因为这座死尸"桥"中断了，所以我返回到

岸上。

一名当时上三年级的男孩回忆说：

> 我口渴极了，所以我去河边喝水。一大批被烧得发黑的死尸从河水的上游漂下来。我将他们推开喝水。在河的边缘，到处都布满了死尸。

一名当时上五年级的男孩回忆说：

> 河流变得不再是水流，而是漂浮的死尸流。无论我怎么夸大在尖叫声中烧死的人们和广岛这座城市被烧成平地的故事，事实无疑都更加恐怖。

蜂谷的患者们在河流之外看到的情况也很可怕：

> 有一个男人骑在自行车上像石像一样死了，自行车斜靠在桥的栏杆上……你能看到许多人下到河里喝水并且死在他们倒下的地方。我看到水里还有几个活人，他们在顺流而下时不断撞到死尸。肯定有成千上万的人逃到河里躲避大火，随后就溺水而死。
>
> 然而，士兵们的情况比这些从河上漂下的死人还要可怕。我不知道有多少人在臀部以上被烧伤了；在皮肤脱落的地方，里面的肉又湿又软……
>
> 他们没有了面孔！他们的眼睛、鼻子和嘴都被烧掉了，看

上去他们的耳朵被熔化掉了。很难分辨出前胸后背。

幸存者挤在浅野家族的私人庭园里，他们在第二次面临死亡时加倍地遭受了痛苦。蜂谷的另一名好朋友看到：

> 好几百人在浅野庭园里寻求避难。他们暂时躲开了逼近的火焰，然而，大火将他们逼往河边，最后，每个人都挤在俯瞰河面的陡峭堤岸上……
>
> 尽管庭园边上的这条河流有 100 多米宽，但火球从对岸借助气流飞了过来，不久，庭园里的松树就着火了。如果可怜的人们待在庭园里，他们就面临着被烧死的下场，而如果他们跳到河里，则会溺水身亡。我能听到哭叫声。数分钟内，他们开始像倾倒的多米诺骨牌一样掉到河里。成百成百的人跳入或者被挤入深不见底的河中，许多人被淹死了。

"在环绕这个庭园西侧边界的市内电车线路上，"蜂谷补充说，"他们看到太多的死者和伤者，以至于他们几乎无法行走。"

太阳落山并没有缓解人们的痛苦。一名当时 14 岁的男孩回忆说：

> 夜晚到来了，我能够听到因为疼痛和讨水喝发出的哭叫声和呻吟声。有人在哭叫："该死！战争折磨这么多无辜的人！"另有人说："我疼啊！给我水喝！"因为烧伤太严重，我们无法辨别出这个人究竟是男人还是女人。
>
> 天空被大火烧得通红。火在燃烧，仿佛在烤炙着天空。

一名当时上五年级的女孩回忆说：

> 避难处的每个人都在大声喊叫。这些声音……他们不是在哭，而是在呻吟，这种声音仿佛要穿透你的骨髓，使你毛骨悚然……
>
> 我不知道我有多少次求他们砍下我烧伤了的胳膊和腿。

一名当时六岁的男孩回忆说：

> 如果你想象将哥哥的身体分为左右两半，那他的右半部分被烧伤了，左半部分的内侧也烧伤了……
>
> 那天夜晚，哥哥的身体十分严重地肿胀起来。看上去他像是一尊青铜的佛像……
>
> ［在檀原中学野战医院，］每间教室……都挤满了烧伤的人们，伤势之重十分骇人。他们或者躺着，或者不安地坐了起来。他们都被涂上了红汞药水和白色的药膏，看上去他们就像是红色的魔鬼。他们像鬼一样挥舞着胳膊，呻吟和尖叫。军人们正在敷裹他们的烧伤处。

一个当时五岁的男孩回忆说，第二天上午，"广岛全部成为废墟"。从郊区前来救助教友的耶稣会教士见证了毁坏的程度：

> 明亮的白天此时展现出被黑夜隐藏的可怕景象。在原来城市矗立着的地方，现在视力所及之处都是灰烬和废墟。只有几个内部完全烧毁了的建筑的框架还保留着。河道两旁铺满了死

尸和伤者，上涨的水面上到处漂着死尸。在白岛区宽阔的街道上，躺着无数赤裸的、烧坏的死尸。在他们当中，有仍然活着的伤者。有几个人在烧毁的汽车和电车下面爬行。受到可怕伤害的人们向我们招手，随后便倒下去了。

蜂谷证实了这位教士的叙述：

街道上除了死尸就是废墟。有些尸体仍然保持着完整的走路姿势，看上去好像他们被死亡凝固住了。另有一些尸体四肢伸开地躺着，好像是某个巨人将他们从很高的位置摔下而死……

除了几座钢筋混凝土建筑外，没有任何东西存留下来……这座城市的每一块土地就像是荒漠，只有一堆堆碎砖和碎瓦片。我不得不修改"毁坏"这个词语的含义或不得不选择别的词语来描述我所看到的一切。"浩劫"可能是更好的词语，然而，我真的无法用语言描述这一场景。

接受利夫顿采访的那位历史学教授也类似地不知所措：

我爬上肥喜山向下望去。我看到广岛消失了……我被这一场景震惊了……我无法用语言说明我当时的感受和现在仍然有的那种感受。当然，以后我也看到过许多可怕的场面，但那一次经历，向下看到广岛什么也没有留下，让我震惊得简直无法表达我的感受……广岛不存在了——这就是我大体看到的——广岛确实不存在了。

没有了熟悉的路牌，街道上到处都是碎石，许多人很难找到他们的路。对大田洋子来说，这座城市的历史本身已经被连根拔除：

> 我来到一座桥上，看到广岛的城堡完全被夷为平地，我的心如同汹涌的巨浪一般猛烈震动着……全然建在平地上的广岛市就因为这座白色城堡的存在而具有立体的特色，也因为有了它，广岛才能够保持古典风格。广岛有它自己的历史。当我想到这一切时，踩踏这历史的遗迹的悲痛紧压在我的心头。

广岛的 7.6 万座建筑中有 7 万座受损或遭到破坏，总共有 4.8 万座被完全摧毁。"毫不夸大地说，"日本人的一份研究报告称，"整座城市在一瞬间变成了废墟。"仅仅物质损失就等同于 110 多万人的年收入。"在广岛，许多重要设施——地方办事处、市政厅、消防队、警察局、国家铁路站、邮局、电报电信局、广播电台和学校——全被摧毁或烧掉了。市内电车、道路、电力、煤气、供水和排水设施被损坏得无法使用了。18 所急诊医院和 32 所一流医院和诊所被毁坏了。"这座城市里的所有医务人员中，死亡和伤残的占 90%。

没有多少幸存者惦记着建筑物；他们尽其所能地治伤，找出和火化死者，这对日本人来说是一种特别重要的职责。一个男人回忆说，他看到一名穿着破烂的战时裙裤的妇女，浑身沾着血，腰部以上赤裸着，她用背带将她的孩子扎起来背在背上，头上戴着一顶士兵的钢盔：

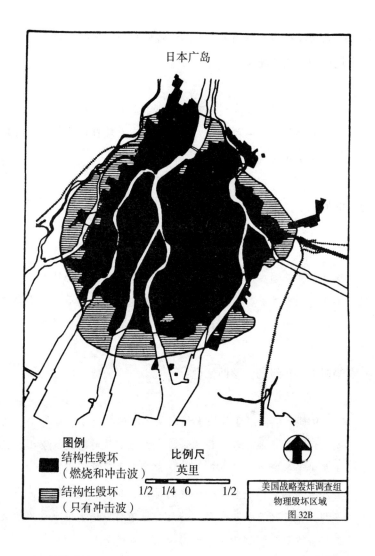

日本广岛

图例

■ 结构性毁坏
（燃烧和冲击波）

▨ 结构性毁坏
（只有冲击波）

比例尺
英里

1/2 1/4 0   1/2

美国战略轰炸调查组
物理毁坏区域
图 32B

　　[她在]寻找一个火化她死去的孩子的地方。她背的孩子，烧坏的脸上都生蛆了。我猜她想用捡到的作战钢盔装她孩子的尸骨。我担心她得走很远才能找到用于火化孩子的燃料。

一名曾经在防火带当负责人的年轻妇女肩膀被严重烧伤，她回忆大规模的火化场面说：

　　　　我们将死尸收集到一起，堆成了很大的死尸山，浇上油后使其燃烧起来。一些不省人事的人醒来发现自己被点燃了的时候，便从死人堆里跑了出来。

　　蜂谷的另一个伤者说：

　　　　两天后，有如此多的尸体堆在一起，没有谁知道他们是谁，这些尸体普遍在腐烂，气味让人难以忍受。在那些日子里，无论你走到哪里，都有如此多的死尸四处躺着，你不可能不遇到它们——肿胀、变色的死尸，他们的鼻孔里和嘴里在渗出泡沫。

　　一名当时上一年级的女孩回忆说：

　　　　9 日上午，清理队的士兵们从废墟中抬出了严重变形的父亲。民防岗［他曾经工作的地方］位于京桥町附近的安田，在去年被毁的高烟囱的前面。他一定是死在了这个烟囱下面；他的头只有白色的头骨了……我的母亲、我和我的小妹妹，没有多想，抱起死尸放声大哭。随后，母亲将他送去位于松川的火葬场，在那里，她看到了堆得像山一样的死尸。

　　蜂谷将医院的病床移到了二楼的一个房间，这个房间的窗户被大火全部烧光了，所以他本人能够看到废墟，能够嗅到废墟的气味：

> 天快黑的时候，一阵轻微的南风吹过城市，送来一种气味，使人联想起烧沙丁鱼……饶津那个方向有一个特别大的火场，在那里死尸成百成百地被火化掉……这些炽热的废墟和明亮的火化柴堆，使我不由得想知道，庞贝城在最后的日子里是否就是这个样子。然而我想，庞贝城里死的人远没有广岛的多。

没有死的人们看上去一度有所康复。然而，利夫顿解释说，他们生病了：

> 幸存者们开始注意到他们自己和别人患了一种形式奇特的疾病。主要症状是恶心、呕吐和没有胃口；腹泻，大便中含有大量的血；发烧、虚弱；血液渗入皮下，使身体各个部分出现紫色的斑点……口腔、咽喉和牙龈发炎和溃疡……口腔、牙龈、咽喉、直肠和尿道出血……毛发从头皮上或者身体其他部位上脱落……血样表明身体中的白细胞数量极少……对许多人来说，这是一种慢性死亡的过程。

极少数幸存下来的日本医生都要超负荷工作，他们逐渐才认识到，他们此时看到的是放射病；权威的日本研究报告解释说，在医学史上，"原子弹病为瞬间达到强致命剂量的全身辐照提供了最早的和唯一的病例"。有少数人曾意外过度暴露于X射线的照射之下，实验室动物则会作为研究工作的牺牲品被暴露于X射线之下，然而在此之前从来没有大量人口经历过如此广泛和致命的电离辐射的攻击。

放射性带来了进一步的痛苦，蜂谷在日记中写道：

> "pika"之后，我们本以为给那些被烧伤或者受到其他伤害的人进行治疗，他们就会康复。然而，现在看来明显不是如此。那些似乎在康复的人又出现了其他致死症状。如此多的患者因我们无法理解的原因死亡了，这使我们感到绝望……
>
> 数百名患者在最初的几天里死了；随后，死亡率有所下降。现在，它又在增加了……随着时间的推移，厌食［也就是没有胃口］和腹泻被证明是没能康复的患者中最持久的症状。

从原子弹发出的γ射线的直接辐射破坏了暴露在射线之下的全身组织。这种破坏的后果要到细胞分裂时才会显示出来，然而辐射暂时抑制了细胞分裂，因此推迟了病症的发作。造血组织受到严重破坏，特别是那些产生能够抵抗感染的白细胞的组织。大剂量的辐射还促使产生了一种抗凝因子。最终结果是，大量组织死亡，大规模出血以及大规模感染。"出血是我们所有病例的死亡原因。"蜂谷这样写道。然而，他也提到，他医院里的病理学家"在他……做过尸体解剖的病例中发现每个器官都发生了变化"。利博则报告称，"有证据表明，在像大脑、骨髓和眼睛这些远离［身体表面］的……器官里，普遍存在大规模细菌感染"。广岛郊区一家火葬场的操作员是一名鉴别致命因素的行家，他告诉利夫顿："这些死尸颜色发黑……大多数都有一种特别的气味，每个人都认为这是原子弹所致……火化时散发出的那种气味是因为尸体已经腐烂；许多人在火化之前就已经腐烂，有些人甚至在活着的时候内脏就已经腐烂。"大田洋子愤怒地说：

> 我们正被某种我们一无所知的东西杀死，这违背了我们的意愿……这是一种被抛入一个充满新的恐怖和担忧的世界所带来的痛苦，这个世界比癌症患者的世界更加不为人知。

在广岛，一个当时上四年级的男孩痛失至亲，他为这种无法用言语形容的情况找到了形容的词句：

> 母亲彻底卧床不起。她头上的毛发全部掉光了。她的胸部在化脓，背部烂了一个五厘米的洞，洞里有大量的蛆爬进爬出。这个部位布满了苍蝇、蚊子和跳蚤，一切都在散发一种非常难闻的气味。我所见的每个地方都有许多像这种情况的人，他们已经无法动弹。从那天晚上我们到达起，母亲的情况就在恶化，我们看到她在我们眼前衰弱下去。因为她整夜都呼吸困难，所以我们尽全力为她缓解痛苦。第二天上午，祖母和我准备了一些稀饭，当我们将它拿到母亲身边时，她呼出了最后一口气。当我们认为她完全停止了呼吸时，她又长吸了一口气，然后就没有了任何呼吸。这是在 8 月 19 日上午 9 点发生的事情。在日本红十字医院所在地，充满了火化尸体的气味。太多的悲哀让我好像成了陌生的自己，我尽管非常悲痛，却哭不出声来。

在广岛，不光是人死亡了。日本研究报告指出，其他东西也被毁灭了，这就是共同的生活，即汉娜·阿伦特所说的公共世界（common world）：

在原子弹轰炸的情况下……社区并不仅仅是受到冲击而已，社区本身遭到了破坏。在原子弹爆心投影点的两千米范围之内，所有生命财产都被粉碎、焚烧，并且被埋葬在灰烬下面。人们日常生活所在的这座城市的可见形态消失得无影无踪。毁灭来得突然而且彻底；基本没有逃离的机会……在这场大毁灭中没有失去亲人的市民寥若晨星……

原子弹摧垮和烧毁了医院、学校、城市办事处、警察局和其他每种机构……家庭、亲戚、邻居和朋友依赖一种广泛的互助组织来做日常生活的所有事情，从生孩子、结婚和殡葬到救火以及生产性劳动。这些传统的社区在一瞬间完全被摧毁。

也就是说，原子弹不仅毁灭了成年人和成千上万的孩子，而且毁灭了饭店、酒馆、洗衣店、剧院、体育俱乐部、缝纫联盟、男孩俱乐部、女孩俱乐部、谈情说爱、树木和花园、草坪、门廊、墓碑、寺院和神社、祖传宝物、电台、同班同学、书籍、法院、衣服、宠物、食品店和菜市场、电话、私人信件、汽车、自行车、马匹——120匹战马，还有乐器、药品和医疗设备、救生设施、眼镜店、城市档案、人行道、家庭剪贴簿、纪念碑、订婚、结婚、雇佣、钟表、公共交通、街道标志、父母、艺术作品。"整个社会，"这份日本研究报告推断说，"都被摧毁到只剩根基。"利夫顿采访的历史学教授甚至认为连根基也没有留下。"这样一种武器，"他告诉这名美国精神病学家，"具有使所有事物灰飞烟灭的威力。"

还有一个问题，就是有多少人死亡。向道格拉斯·麦克阿瑟建议进行美日联合研究的美国军医部队军官直到8月28日仍认为，"在广岛报告的人员伤亡总数大约为16万，其中有8 000人死亡"。

那位耶稣会神父在当时估计的人数更接近令人震惊的事实，并且进一步阐明了公共世界的毁灭：

> 多少人成了这颗原子弹的牺牲品？那些经历过这场大灾难还活下来的人认为死亡的人数至少为 10 万。广岛有 40 万人口。根据官方统计结果，到 9 月 1 日为止，死亡人数为 7 万，这还不包括失踪人口，另有 13 万人受伤，其中 43 500 人是重伤。我们以自己所了解的群体为基础做出的估计表明，10 万人的死亡数字不是太高的估计。在我们附近有两个兵营，每一个兵营里都住着 40 名朝鲜工人。就在爆炸的那天，他们正在广岛的街道上干活。有 4 人活着回到了一个兵营，有 16 人回到了另一个兵营。教会女子学校的 600 名学生在工厂里工作，只有三四十人活着回来。附近的大多数农民家庭失去了一名或更多的家庭成员，这些成员在城里的工厂上班。我们隔壁的田村家失去了两个孩子，田村自己也受了重伤，因为发生爆炸那天他在城里。我们的读经师一家死了两人——父亲和儿子；这样，一个五口之家至少死了两个，这还只是把死者和严重受伤者包括在内。市长死了，日本行政区中央长官、城市指挥官、一名驻扎在广岛担任军官的朝鲜贵族，还有其他许多高级军官都死了。大学教授中，有 32 人死亡或者重伤。士兵们尤其受到重创，先遣队被一扫而光。这些兵营都位于爆炸中心附近。

更晚近的估计认为，到 1945 年底，死亡数字为 14 万。死亡还在继续：与原子弹爆炸相关的死亡在 5 年里达到 20 万人。到 1945年底，这次毁灭的死亡率为 54%，死亡密度之高令人震惊；与之相比，3 月 9 日东京因为燃烧弹轰炸而有 10 万人死亡，这在全东京的 100 万伤亡者中仅为 10%。1946 年初，在位于华盛顿的美国陆军病理学研究所的支持下，利博利用英国人发明的标准伤亡率，计算出"小男孩"造成的人员伤亡（包括死亡的）比普通高爆炸弹的效果高出 6 500 倍。"那些发明这种……原子弹的科学家，"一名当时上四年级的广岛年轻女孩后来写道，"他们想过投下它来将会发生什么吗？"

在从波茨坦回国的途中，杜鲁门在"奥古斯塔号"巡洋舰的甲板上用午餐时得知了原子弹在广岛上空爆炸的消息。"这是人类历史上最重大的事情，"他对与他同桌用午餐的一群水手说，"该是我们回家的时候了。"

8 月 6 日下午 2 时，格罗夫斯从华盛顿用电话告诉奥本海默这一消息：

格罗夫斯将军：我为你和你的所有部属感到非常自豪。

奥本海默博士：一切顺利？

格罗夫斯将军：显然是一次巨大的爆炸。

奥本海默博士：是什么时间？是太阳下山以后吗？

格罗夫斯将军：不。不幸的是，为了保证飞机安全，不得不在白天进行，这是交给那里的总指挥决定的……

奥本海默博士：明白，每个人都会对此感觉相当好，我表示衷心祝贺。这是一条漫长的路。

格罗夫斯将军：是的，这是一条漫长的路，我认为我做过的最明智的事情之一就是我选对了洛斯阿拉莫斯实验室的主任。

奥本海默博士：好吧，我对此表示怀疑，格罗夫斯将军。

格罗夫斯将军：这个嘛，你知道我无论何时都不会怀疑这一点。

奥本海默当时对原子弹的破坏程度一无所知，如果说他对自己的杰作只感觉"相当好"的话，那么，当这个消息广为传播时，利奥·西拉德却感觉糟透了。那天，白宫发布的新闻稿称原子弹为"有史以来科学协作的最伟大成就"，并威胁日本，将在日本降下"这个世界前所未见、来自空中的毁灭之雨"。西拉德用芝加哥大学方庭俱乐部的信纸给格特鲁德·魏斯匆忙地写了一封字迹潦草的信：

> 我想你看过了今天的报纸。对日本使用原子弹是历史上最大的错误之一。无论是以十年为尺度从一种现实的视角来看，还是从我们道德立场的观点来看，都是这样。我竭尽全力去阻止它，然而，像今天的报纸表明的那样，我没有成功。从现在起，很难看出还能有什么明智的行动方案了。

奥托·哈恩和德国其他原子科学家此刻被拘禁在英国一座乡间庄园里，他在得知消息后人吃一惊：

> 起初，我不愿相信这会是真的，然而，我最终不得不面对这样一个由美国总统正式证实的事实。我吃惊和沮丧到无法形容的程度。想到无数无辜的妇女和儿童遭受了无以言表的痛苦，我简直无法忍受。
> 在我喝了一些杜松子酒镇静自己的神经后，我的战俘伙伴

们也听说了这个消息……经过一晚上漫长的讨论、解释和自责后，我是如此激动不安，以至于马克斯·冯·劳厄和其他人都对我的情况非常担心。他们直到凌晨两点看到我睡着才放下心来。

然而，就在有人为这条消息感到心情烦乱时，也有人感到兴高采烈。奥托·弗里施在洛斯阿拉莫斯发现：

> 有一天，大约在［"三位一体"试验］三个星期后，实验室里突然出现了一阵嘈杂的奔跑声和呼喊声。有人打开我的门喊道："广岛被摧毁了！"据说有 10 万人被炸死。我仍然记得，当我看到许多朋友冲到电话机旁向圣菲的拉方达旅馆订酒席以示庆祝时，我有一种不安乃至反胃的感觉。他们的工作取得了成功，他们当然很兴奋。然而，庆祝这次有 10 万人突然死亡的事件，尽管死的是"敌人"，也相当残忍。

美国作家保罗·富塞尔（Paul Fussell）是陆军老兵，他强调说："你的经历，不加任何修饰的实实在在的亲身经历，极大地影响着你对于首次使用原子弹的观点。"富塞尔所指的经历就是"与企图杀死你的敌人面对面地搏斗"：

> 我当时是一名 21 岁的少尉，领导着一个步枪排。尽管按官方的说法我不算残疾，然而在与德国交战时，我的腿和背部都负了伤，伤势严重到在战后被判定为 40% 伤残。尽管我的腿在从卡车后面跳下来时总会变形，但他们仍然认为我的身体

状况可以应付接下来的任何事情。当原子弹投下时，消息开始广为传播，说我们终究用不着［进军日本］了，无须被迫冒着炮火登上东京周围的海滩了。尽管我们虚张声势地装出男子气概，但我们还是因为宽慰和喜悦而哭了。我们能活下去了。我们终于能长大成人了。

在日本，文职官员和军事领导人之间在僵持。对于文职官员来说，遭到原子弹的轰炸看上去是一个无须感到耻辱便可投降的绝好机会，然而，陆海军将领们仍然蔑视无条件投降而拒绝配合。东乡外相直到 8 月 8 日还在继续致力于请求苏联从中调停。那天，佐藤大使请求与莫洛托夫见面；莫洛托夫将会见时间定于晚上 8 时，随后改到 5 时。尽管斯大林早就被告知了这种新式武器的威力，然而，一座日本城市被美国的原子弹摧毁的消息还是使斯大林感到震惊，这也促使他加速实施了他的战争计划；那天下午，莫洛托夫向日本大使宣布，从次日（8 月 9 日）起，苏联将自视与日本处于交战状态。160 多万装备精良的苏联军队早已准备就绪，在中国边境等待，在午夜过后仅 1 小时便向精疲力竭的日本军队发起了进攻。

同时，美国陆军部组织的一起宣传行动正在马里亚纳群岛进行。"福将"阿诺德于 8 月 7 日给斯帕茨和法雷尔发电报，下令实施一项紧急计划，立即向日本人民展示核战争的事实。其背后的推动者大概是乔治·马歇尔，他对日本方面没有立即求和感到奇怪和震惊。"我们没有考虑的是，"他在很久以后说，"……这种毁灭如此彻底，相关的事实传到东京需要一点时间。广岛的毁灭如此彻底，至少在一天内无法通信，我想，可能时间会更长。"

海军和航空队两方面都在启动人员和设施，包括塞班岛的电台和以前用于出版日文报纸（每周用B-29轰炸机飞到日本上空散发）的一台印刷机。8月7日在马里亚纳群岛组成的工作组决定，他们要试着向47座人口超过10万的日本城市散发600万张传单。工作组用了一通宵撰写传单内容。1946年为格罗夫斯准备的一份历史备忘录指出，这个工作组在与航空队指挥官们开的一个午夜会议上发现，"航空队无疑不愿让B-29轰炸机以单架的形式飞越日本上空，因为对广岛的全面摧毁是由单架飞机实施的，所以敌方想必会对单机加强防范"。

传单的初稿在早上准备好了，黎明时分用飞机从塞班岛送到天宁岛请法雷尔批准。格罗夫斯的这名副手在核改后命令用岛间电话将修订稿发给塞班岛的电台，每15分钟向日本广播一次；无线电播送很可能开始于同一天。这篇文稿将原子弹描述为"一次爆炸的威力等于我们的2 000架巨型B-29轰炸机能够携带的炸弹的威力"，建议持怀疑态度的人们"问问广岛发生了什么"，还敦促日本人民"请求天皇结束战争"。它威胁说，否则，"我们将毫不犹豫地继续使用这种炸弹以及我们所有其他更好的武器"。印刷数百万份传单花费了一些时间，因为当地缺少T-3型宣传炸弹，又耽搁了几小时才散发。这种普遍的混乱使长崎要到8月10日才接收到散发给它的警告传单。

"胖子"的F31号正在天宁岛上的一座空调装配大楼里进行装配，这座大楼是专门为这个目的而设计的。F31号是天宁岛的装配队用真实高爆炸药装配的第二颗"胖子"；第一颗是F33号，它是用质量较差的高爆炸药铸件装配的无核芯原子弹，自从8月5日就为试投做好了准备，然而直到8月8日才投下，因为第509大队

的关键机组人员在忙于投掷"小男孩"和汇报情况。诺曼·拉姆齐写道:

> [F31号"胖子"]最初定于在当地时间8月11日投下……可是,到8月7日,投弹时间明显能够提前到8月10日。当帕森斯和拉姆齐建议蒂贝茨提前一天轰炸时,蒂贝茨为不能提前两天而只能提前一天表示遗憾,因为天气预报显示9日是个好天气,而随后的五天预期都是坏天气。最后的一致意见是,[我们]将努力在8月9日做好准备,但所有相关人员都要认识到,将日期提前两天是对时间表的重大调整,会大大增加任务完成的不确定性。

"胖子"装配队的一名成员,年轻的海军少尉伯纳德·J. 奥基夫(Bernard J. O'Keefe)还记得马里亚纳群岛上的紧迫气氛。在马里亚纳群岛上,战争仍是每日俱在的威胁:

> 因为广岛武器的成功,准备更为复杂的内爆装置的压力变得很折磨人。我们缩减掉一天,预计在8月10日准备好它。每个人都觉得,我们执行下一次任务的时间越早,日本人就越可能觉得我们有大量的这种装置,也就会越迅速地投降。我们确信,节约一天时间就意味着战争会提前一天结束。飞机每晚都要外出执行任务,无论是B-29轰炸机被击落,还是整个太平洋上的战斗,都在致人死亡。我们知道一天时间的重要性,"印第安纳波利斯号"的沉没也强烈影响着我们。

奥基夫补充说，尽管有这样的紧迫性，定于 8 月 9 日还是不太妥当的；"疲倦极了的科学工作者与帕森斯见面并警告他，缩减整整两天时间会让我们无法完成大量的重要检验过程，但命令就是命令"。

奥基夫，这名在罗得岛州普罗维登斯市出生和长大的年轻人，1939 年在乔治·华盛顿大学上学时参加了 1 月 25 日在那所学校举行的一次会议，在那次会议上，尼尔斯·玻尔宣布发现了裂变。6 年多以后，此时在天宁岛，在 8 月 7 日的夜间，他负责在"胖子"的工作部件被装甲包裹起来之前对它进行最后一次检查。尤其是，他需要在硬质铸件内部的球体周围插入一根电缆，从而将安装在内爆球体前方的点火元件与安装在尾部的四个雷达元件连接起来，这操作起来很难：

> 当我午夜返回时，我的小组的其他人都离开睡觉去了；我单独与一名陆军技术员在装配室里进行最后的连接……
>
> 我进行了最后的检查，伸手拿起电缆试图将它插入点火元件。插不上！
>
> "我一定是做错了什么，"我想，"慢慢来；你很疲倦，难以正确地思考。"
>
> 我再看了一遍。我惊恐地发现，在点火装置上有一个插孔，电缆上也有一个插孔。我绕着这件武器走动，向雷达和电缆的另一端看去，找到了两个插头……我又仔细检查了两次，然后让技术员再检查，他证实了我的发现。我在空调室里感觉到一阵寒意，并且开始冒冷汗。
>
> 问题显而易见。为了赶时间利用好天气，有人在忙乱中不

小心将电缆放反了方向。

移出电缆并掉转其方向意味着要将内爆球体部分拆开。再把它组装好要花大半天的时间。这会错过好天气，之后是连着五天坏天气，而这正是保罗·蒂贝茨很担心的。第二颗原子弹可能要推迟长达一星期才能投掷。奥基夫想，这样战争还会继续下去。他决定临场应变。尽管"爆炸装配室里绝不允许有任何能够发热的东西"，但他还是决定"从电缆的两端拆焊连接器，将它们调换过来，重新焊接"：

> 我打定了主意。无论符不符合规定，我都将在不告诉任何人的情况下调换插头插孔。我叫来那名技术员。装配室里没有电源插座。我们来到电子实验室找到两根很长的延长电线和一个烙铁。我们……撑住门让它开着，从而使它不会夹住延长电线（这是又一种违反安全规定的做法）。我小心地移除连接器的支座，拆焊了电线。我重新将它们焊接到电缆的另一端。我绕着这件武器走动，尽可能保持烙铁和雷管之间有一定距离……在将连接器插入雷达和点火设备之前，我必须对电缆连续进行五次检查。我完成了这些工作。

于是，到了第二天，"胖子"可以投入使用了。两块半椭球形的装甲钢板作为它的弹壳合在一起，通过内爆球体赤道上的吊耳栓固定在一起，它的盒形尾部则拉出雷达天线，正像"小男孩"一样。到8月8日22时，它被运往B-29轰炸机的投弹舱，这架B-29轰炸机以它平时的驾驶员弗雷德里克·博克（Frederick Bock）的名字命名为"博克之车",然而,它在这次任务中是由查尔斯·斯威尼少校驾驶的。斯威尼的第一目标是九州北海岸的小仓军械基地,第二目标是受葡萄牙和荷兰影响的古城长崎市,它相当于日本的旧金山,是这个国家最大的基督徒聚集地,在珍珠港事件中使用的三菱鱼雷就是在这里制造的。

"博克之车"于8月9日凌晨3时47分从天宁岛起飞。"胖子"的武器专家是海军中校弗雷德里克·L. 阿什沃思(Frederick L. Ashworth),他回忆飞到集合点的过程时说:

> 我们在起飞的那个夜间赶上了一场热带暴风雨,闪电以令人不安的频率划破黑暗。天气预报告诉我们,从马里亚纳群岛到日本一路上都是暴风雨。我们的集合点是在九州东南部的海面上,离起飞地大约1 500英里。在那里我们将与执行观察任务的两架B-29轰炸机会合,它们比我们晚几分钟起飞。

起飞时,除了它的绿色插销外,"胖子"全部装配妥当。这个绿色插销要在投掷前仅十分钟时才由阿什沃思换成红色插销,这样斯威尼便能够放心地在高于风暴的1.7万英尺高空驾机飞行了。圣艾尔摩之火(St. Elmo's fire)①在飞机的螺旋桨上闪闪发光。飞行员很快发现燃料储备无法使用了,因为允许他从尾部投弹舱里的600加仑油罐中给发动机供油的燃料选择器失灵了。他在日本

---

① 在暴风雨天气中,在飞机(如翼尖)、船舶(如桅杆)或陆地(如树顶或塔顶)的尖状位置,有时会产生一种红紫色或蓝色的光芒。由于它在风暴结束时最为明显,所以古代地中海水手将其视为守护海员的主保圣人圣伊拉斯谟(后讹作圣艾尔摩)显灵的标志,圣艾尔摩之火即得名于此。——编者注

时间早上 8 点到 8 点 50 分之间在屋久岛上空盘旋等待护航机，其中一架一直都没有追上来。小仓上空的探测飞机报告称那里有十分之三的低空云雾，没有中间云雾和高空云雾，而且天气正在改善，然而当"博克之车"在 10 点 44 分到达这里时，浓厚的雾气和烟雾使目标变得不明显。"又飞了两圈，"阿什沃思在飞行日志中提到，"希望在靠近观察后可以选定目标。可是根本看不到投弹瞄准点。"

雅各布·贝塞尔在投放"胖子"的任务中像之前在"小男孩"的任务中那样负责电子对抗。他回忆说，在小仓，"日本人开始警觉起来，派遣战斗机尾随我们。我们遇到了高射炮火，事情变得有些棘手，因此，阿什沃思和斯威尼决定飞向长崎，毕竟将原子弹带回去或者投到海里是没有意义的"。

斯威尼有足够的燃料保证他在紧急降落到冲绳岛之前飞越目标上空一次。当他接近长崎时，他发现城市上空覆盖着云层；因为燃料少，他要么采用雷达轰炸，要么将一颗价值数亿美元的原子弹投到大海中。最后阿什沃思拿定主意，为了不浪费这颗原子弹，他批准了雷达投弹方法。到最后一刻，云层开了一个洞，给了投弹手 20 秒钟的时间在靠近海湾的原定瞄准点上游数英里的一个大型运动场上方目视投弹。1945 年 8 月 9 日上午 11 时 02 分，"胖子"被从 B-29 轰炸机上投下，穿过云洞，在城市的陡坡上方 1 650 英尺的空中爆炸，后来估计其威力相当于 2.2 万吨 TNT。陡峭的山坡限制了爆炸的规模；所以"胖子"造成的破坏比"小男孩"要小，死亡人数也少一些。

日本长崎

图例
结构性毁坏
（燃烧和冲击波）
结构性毁坏
（只有冲击波）

比例尺
英里
1/2　1/4　0　　1/2

美国战略轰炸调查组
物理毁坏区域
图 32A

　　然而，到 1945 年底，长崎有 7 万人死亡，随后的 5 年间总共
有 14 万人死亡，其死亡率和广岛爆炸中的 54%一样。幸存者们用
相同的口吻讲述了难以用语言表达的痛苦。在轰炸一个多月后，一

名美国海军军官在 9 月中旬访问这座城市，他在给妻子的一封家信中这样描述：

> 四处弥漫着死人和腐尸的气味，既有通常的腐肉气味，也有那种带着难闻的氨水气味但稍微淡一些的恶臭（我推想是来自腐败时分解出的含氮化合物）。总的感觉是一片死寂，这超越了我们从物理感官信息中获得的感觉，是一种没有复活希望的终极死亡的印象。这一切不是局部的。它无处不在，没有什么东西逃脱得了它的魔掌。在大多数被毁坏的城市里你能埋葬死者、清理瓦砾堆、重建家园并且恢复城市的生气，但这里不是这样。这里像古时候的所多玛城和蛾摩拉城一样，城址上被撒上了盐，城门上写着"以迦博"①。

日本的军事领导人仍然不同意投降。因此，裕仁天皇采取非常措施，迫使解决这一问题，结果是提出投降。降书通过瑞士递送，于 8 月 10 日星期五上午送达华盛顿。降书承认接受《波茨坦公告》的内容，但将一条至关重要的内容排除在外：这就是，它"附以一项谅解，上项宣言并不包含任何要求有损日本天皇陛下为至高统治者之皇权"。

杜鲁门立即召见了他的顾问们，包括史汀生和贝尔纳斯。史汀生认为总统将会接受日本的建议；他在日记中写道，这样做是在"采取一种非常实际且明智的立场，因为天皇的存废是一个次要的问题，如果这个问题使胜券在握的战争拖延下去，便是因小失大"。

---

① "荣耀离开以色列了。"

贝尔纳斯则有力地提出了反对。他说："我们在波茨坦的时候还没拥有原子弹，苏联也还没有参加到这场战争中来，当时我们已经做出了让步，我不能理解现在为什么要在这个基础上进一步让步。"他像往常那样考虑到了国内政治问题；他警告说，接受日本的条件可能意味着"将总统钉死在十字架上"。海军部长詹姆斯·福里斯特尔（James Forrestal）提出一种折中的办法：总统应该用电话告知日本他"有意接受［他们的提议］，但要定义投降条件，以明确实现《波茨坦公告》的意图和目的"。

杜鲁门接受了这个折中的办法，但由贝尔纳斯起草答复。复文在关键条款上故意写得模棱两可：

> 自投降之时刻起，日本天皇及日本政府统治国家之权力，即须听从盟军最高统帅之命令……
>
> 日本天皇必须授权并保证日本政府及日本帝国大本营能签字于必须之投降条款……
>
> 按照《波茨坦公告》，日本政府之最后形式将依日本人民自由表示之意愿确定之。

贝尔纳斯没有急于将信息发出去，他将它拿在手中过了一宿，在第二天上午只用无线电进行了广播并且通过瑞士方面递送。

史汀生仍然尝试将航空队置于控制之下，他在星期五上午的会议上指出，美国应该暂缓轰炸，包括暂缓原子弹轰炸。杜鲁门不这样想，然而，当他于那天下午与内阁成员见面时，他似乎已重新考虑了其中一些事情。"我们将战争保持在目前这种程度上，不过加上不再投掷原子弹的限制，"福里斯特尔解释总统的意图时说，"直到日本同意这些条款。"前任副总统亨利·华莱士此时是商务部长，他在日记中记录了总统改变想法的原因：

> 杜鲁门说，他下达了停止原子弹轰炸的命令。他说，再消灭 10 万人的想法实在太恐怖了。用他的话说，他不喜欢杀戮"所有那些孩子"的主意。

限制令差点没来得及阻止第三次原子弹轰炸。那天上午格罗夫斯向马歇尔报告说，他得到了四天制造时间，并且可望在 8 月 12 日或者是 13 日将第二颗"胖子"的钚内核和引爆器从新墨西哥州运送到天宁岛。"倘若在制造、运送到前线和在到达前线后的其他过程中没有意外的困难，"他慎重地推断说，"在 8 月 17 日或者 18 日之后，只要天气合适，原子弹即可投掷。"马歇尔告诉格罗夫斯，除非有总统的特别命令，否则总统不想再继续进行原子弹轰炸。格罗夫斯决定暂停运送原子弹，马歇尔同意了这个决定。

8 月 12 日星期天午夜过后不久，日本政府了解到了贝尔纳斯针对日本提出的有条件投降所做出的答复，然而，文职官员和军事领导人仍然处于僵持的争辩中。裕仁天皇拒绝了劝说他改变先前投降承诺的努力，召集皇族开了一个讨论会，从皇室宗亲处获得支持的承诺。日本人民尚未被告知贝尔纳斯的答复，但知道在进行和平谈判，他们在心神不安的状态下等待着。年轻作家三岛由纪夫觉得这种悬而未决的感觉很不真实：

> 这是我们最后的机会。人们在说，东京将会是下一个 [原子弹轰炸的] 目标。我身穿白衬衫和短裤走在街道上。人们曾

绝望到极致，现在却带着高兴的面容继续办着他们的事务。从这一刻到下一刻，什么也没有发生。到处都弥漫着兴奋的气氛。这很像一边在不断地给一个已经胀大的玩具气球吹气，一边猜想："它会立刻爆炸吗？它会立刻爆炸吗？"

战略航空兵司令卡尔·斯帕茨于8月10日发电报给劳里斯·诺斯塔德，建议"将第三颗原子弹投在……东京"，他认为投向那里会"对政府官员们产生有益的心理影响"。另一方面，不断的区域性燃烧弹轰炸使他感到心情烦乱。"我从来都不支持这种在摧毁城市的同时杀死所有居民的做法。"他在8月11日的日记中这样写道。他在8月10日派出了114架B-29轰炸机进行常规轰炸；因为天气不好以及一些疑虑，他取消了一次预定在8月11日执行的任务，其后将行动限制为"在目视轰炸或者非常有利的仪表轰炸条件下攻击军事目标"。美国飞越东京的气象飞机不再吸引防空火力，斯帕茨认为这种情况"不寻常"。

日本军令部次长，就是在前一年构想出神风特攻战术并推动其实施的人（他的这种攻击方式使美国人对日本的行为方式更加困惑和愤怒），在8月13日晚上的政府领导人会议上含着眼泪提出"一个必胜的计划"，使会场炸开了锅。这个计划就是，"牺牲2 000万名日本人的生命，实行一种特别的［神风特攻］攻击"。记录没有显示出，他是不是指2 000万人用石块和竹矛进攻盟军的武装力量。

第二天上午，一架B-29轰炸机投下的大量传单迫使日本方面表态。宣传炸弹把印着贝尔纳斯答复稿译文的大量传单撒在东京的各条街道上。掌玺大臣知道，这种让公众知晓情况的举动会使军方反对投降的态度变得更强硬。他立即将传单带给天皇。8月14日上午快到 11 点时，裕仁将大臣和顾问们召集到皇家防空洞里。他告诉他们，他发现盟军的答复"显示出敌人有和平友好的意愿"，认为它"可以接受"。他没有明确提到原子弹；即使是这最可怕的武器，其带来的痛苦与整场战争惨绝人寰的苦难相比也是相形见绌的：

> 我再也无法忍受让我的子民遭受痛苦。延续战争将会导致数以万计乃至十万计的人死亡。整个国家将会被化为灰烬。这样一来，我还怎么能够将我的天皇祖先的意愿延续下去呢？

他要求大臣们准备一份天皇诏书，也就是一份正式公告，让他可以亲自向全国广播。从法律上讲官员们并非必须照办，因为天皇的权力处于法律赋予政府的权力结构之外，但他们还受到比法律更古老、更根深蒂固的束缚，他们必须遵命。因此他们行动了起来。

与此同时，华盛顿方面变得越来越不耐烦。8 月 13 日，格罗夫斯被问及"你的患者是否已可用，估计它们何时可送抵和装配"。史汀生建议着手将第三颗原子弹的核材料运送到天宁岛。马歇尔和格罗夫斯决定再等一两天。杜鲁门命令阿诺德重新进行区域性燃烧弹攻击。阿诺德仍然希望证明靠他的航空队就能够赢得战争；他准备用每一架可用的 B-29 轰炸机和太平洋战场上所有其他类型的轰炸机进行一次全面攻击，总共集结了上千架飞机。1 200 万磅高爆炸药和燃烧弹摧毁了半个熊谷市和六分之一个伊势崎市，又有数千名日本人丧生，这恰好发生在日本的降书通过瑞士递交给华盛顿期间。

投降的第一丝迹象于 8 月 14 日下午 2 点 49 分通过无线电以一

种新闻公告的方式从日本新闻通讯社《读卖新闻》传到了太平洋上的美军基地。在华盛顿，此时是凌晨1点49分：

> 急讯！急讯！东京，8月14日电，据悉一份接受《波茨坦公告》的天皇诏书很快就会发布。

轰炸机甚至在那以后还不停地在天空轰鸣，然而在那天最终还是停止了投弹。下午，杜鲁门宣布日本人接受了投降条款。东京发生了最后的军事叛乱行动——一名高级军官遇刺；有人企图盗取天皇诏书的留声机录音，但并未成功；叛军一度控制皇宫近卫部队，计划发动一次疯狂的政变。然而，忠于天皇者占据了上风。8月15日，天皇向哭泣中的国家发表广播讲话，他的一亿子民此前从来没有听到过他有些尖锐的"玉音"：

> 一亿众庶克己奉公，各尽所能，而战局并未好转，世界大势亦不利于我。敌方最近使用残酷之炸弹，频杀无辜，惨害所及，实难逆料……此朕所以饬帝国政府接受联合公告者也……
>
> 今后帝国所受之苦固非寻常，朕亦深知尔等臣民之衷情，然时运之所趋，朕欲忍所难忍，耐所难耐，以为万世之太平……
>
> 宜举国一致，子孙相传。

"诏书如果再长一点，"三岛由纪夫写道，"那么，只会使人发疯。"

"原子弹，"有关广岛和长崎的日本研究报告强调，"……是一种大规模杀戮武器。"核武器事实上是一种灭绝机器，紧凑而高效，正如根据广岛的统计数据编制的简图所示：

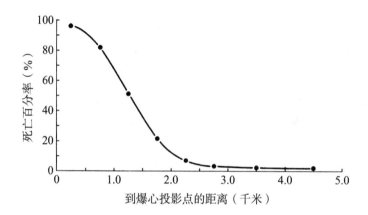

死亡百分率仅仅取决于到爆心投影点的距离；死亡百分率与距离之间成反比关系，而且正如吉尔·埃利奥特所强调的，这种死亡不再是有选择性的：

> 到我们拥有原子弹并轰炸广岛和长崎的时候，攻击目标变得很容易，并且瞬间就能产生宏观影响，这既意味着选择城市和确定受害者时是完全随机的，也意味着人类技术达到了自我毁灭的最终平台。死亡人数最多的城市仍然是凡尔登、列宁格勒和奥斯威辛。然而，在广岛和长崎，"死亡之城"终于从一个比喻的说法变成了一个毫不夸张的事实。未来的死亡之城就

是我们所在的城市，受害者也不再是法国士兵和德国士兵，不再是苏联公民和犹太人，而是我们所有的人，与特定的身份无关。

"这两座城市的经历，"日本的研究报告强调，"让人类步入了可能灭绝的时代。"

8月24日，因为听说手捧一个眼球的那个人的事情，蜂谷道彦做了个噩梦。就像斯芬克司的神话——那些不能回答它谜语的人，无论出于无知、漫不经心还是傲慢，都会被杀死——这位在世界上第一次原子弹轰炸中受伤并且照料了数百名受害者的日本医生的噩梦，必定会被认为是人类世界末日的一个景象：

> 夜幕伴随着成堆的蚊虫降临了。我睡得不太好，做了个可怕的梦。
>
> 我好像身处大地震过后的东京，周围成堆的死尸正在腐烂，所有这些死尸都直直地盯着我。我看到一只眼睛搁在一个女孩的手掌中。突然，这只眼睛转动起来，并且跳到空中，随后朝我飞来，因此我向上看，我能够看到一个巨大的裸露眼球，比实物要大，在我的头顶上盘旋，直勾勾地凝视着我。我动弹不得。

"我猛然惊醒，呼吸短促，心脏剧烈跳动。"蜂谷道彦回忆说。我们也一样。

致　谢

在完成本书的过程中，以下先生和女士慷慨拨冗接受了采访和通信：菲利普·埃布尔森、路易斯·阿尔瓦雷茨、戴维·安德森、威廉·阿诺德、汉斯·贝特、罗泽·贝特、尤金·布思、伊藤荣（Sakae Itoh）、岩松繁俊（Shigetoshi Iwamatsu）、乔治·基斯佳科夫斯基、小威利斯·兰姆、利昂·洛夫（Leon Love）、阿尔弗雷德·尼尔、伊萨多·拉比、斯特凡·罗森塔尔、格伦·西博格、埃米利奥·塞格雷、爱德华·特勒、斯坦尼斯拉夫·乌拉姆、尤金·维格纳和赫伯特·约克。

迈克尔·科达（Michael Korda）冒险支持了本书的出版。大卫·哈伯斯塔姆（David Halberstam）、杰弗里·沃德（Geoffrey Ward）和爱德华·O. 威尔逊（Edward O. Wilson）为我申请研究基金提供了担保。小阿瑟·L. 辛格（Arthur L. Singer, Jr.）让我柳暗花明。密苏里大学堪萨斯分校继续教育学院院长、科克菲尔讲座教授迈克尔·马迪克斯（Michael Mardikes）给予了支持。路易斯·布朗（Louis Brown）提供了物理学方面的指导，并给出了英明的忠告，许多地方本来不是他的分内之事，但他却尽心尽力地帮助我。如果这些方面还留有什么错误，他没有任何责任。埃贡·魏斯（Egon Weiss）不厌其烦地帮我安排查阅西拉德的论文。琳达·霍尔科学图书馆及其前馆长拉里·X.贝赞特（Larry X. Besant）以及密苏里大学堪萨斯分校图书馆及其前馆长肯尼思·拉布德（Kenneth Labudde）从未使我失望过。

我访问过许多研究所和协会，或者与它们保持通信联系；它们的职员尽其所能地热情向我介绍情况。它们是美国物理学会的尼尔斯·玻尔图书馆、阿贡国家实验室、位于达勒姆的马克斯·普朗克科学促进会历史图书档案室、哥伦比亚大学、华盛顿卡内基研究所地磁部、广岛和平文化基金会、罗伯特·奥本海默纪念馆管理委员会、劳伦斯伯克利实验室、国会图书馆、洛斯阿拉莫斯国家实验室、国家档案室、哥本哈根尼尔斯·玻尔研究所、日本的《读者文摘》、位于怀特–彼得森空军基地的美国空军博物馆、美国陆军学院图书馆、加州大学圣迭戈分校和芝加哥大学图书馆。

朋友和同行用调查、建议、鼓励、资助等方式给予了帮助。他们是：米利森特·埃布尔（Millicent Abell）、汉斯（Hans）和伊丽莎白·阿琛霍尔德（Elisabeth Archenhold）、约翰·奥布里（John Aubrey）、丹·巴卡（Dan Baca）、罗伊（Roy）和桑德拉·比蒂（Sandra Beatty）、戴维·巴特勒（David Butler）、玛格丽特·科宁厄姆（Margaret Conyngham）、吉尔·埃利奥特、乔恩·埃尔斯（Jon Else）、苏茜·埃文斯（Susie Evans）、彼得·弗朗西斯（Peter Francis）、金博尔·希格斯（Kimball Higgs）、杰克·霍尔（Jack Holl）、乌拉·霍尔姆（Ulla Holm）、琼（Joan）和弗兰克·胡德（Frank Hood）、石川吉姆（Jim Ishikawa）和石川玲子（Reiko Ishikawa）、西古德·约翰森（Sigurd Johansson）、肥冢肇雄（Tadao Kaizuka）、埃达（Edda）和赖纳·柯尼希（Rainer König）、巴布罗·卢卡斯（Barbro Lucas）、托马斯·莱昂斯（Thomas Lyons）、卡

伦·麦卡锡（Karen McCarthy）、唐纳德（Donald）和布里塔·麦克尼马尔（Britta McNemar）、宫崎康男（Yasuo Miyazaki）、中川博之（Hiroyuki Nakagawa）、中井喜美子（Kimiko Nakai）、罗尔夫·诺伊豪斯（Rolf Neuhaus）、西森一诚（Issei Nishimori）、弗雷德里克·诺登汉（Fredrik Nordenham）、帕特里夏·奥康奈尔（Patricia O'Connell）、吉纳·佩顿（Gena Peyton）、爱德华·夸特勒鲍姆（Edward Quattlebaum）、韦恩·里根（Wayne Reagan）、爱德华·里斯（Edward Reese）、凯瑟琳·罗兹（Katherine Rhodes）、蒂莫西·罗兹（Timothy Rhodes）、比尔·杰克·罗杰斯（Bill Jack Rodgers）、西格弗里德·鲁斯基恩（Siegfried Ruschin）、罗伯特·G. 萨克斯（Robert G. Sachs）、席尔瓦·桑多（Silva Sandow）、萨宾·沙夫纳（Sabine Schaffner）、盐谷固（Ko Shioya）、R. 杰弗里·史密斯（R. Jeffrey Smith）、罗伯特·斯图尔特（Robert Stewart）、刘易斯·H. 施特劳斯（Lewis H. Strauss）、琳达·塔尔博特（Linda Talbot）、沙伦·吉布斯·蒂博多（Sharon Gibbs Thibodeau）、乔赛亚·汤普森（Josiah Thompson）、科斯塔·齐普西斯（Kosta Tsipsis）、埃尔马·瓦伦蒂（Erma Valenti）、琼·瓦诺（Joan Warnow）、斯潘塞·沃特（Spencer Weart）、保罗·威廉斯（Paul Williams）、爱德华·沃罗维克（Edward Wolowiec）和吉田（Mike Yoshida）。

承蒙不弃，路易斯·阿尔瓦雷茨和埃米利奥·塞格雷阅读了清样并且提出了宝贵建议。

玛丽见证了成书的整个过程。

参考文献

Abelson, Phillip. 1939. Cleavage of the uranium nucleus. *Phys. Rev.* 56:418.

———, et al. 1943. *Progress Report on Liquid Thermal Diffusion.* Naval Research Laboratory report No. 0-1977.

Acheson, Dean. 1969. *Present at the Creation.* W. W. Norton.

Alexandrov, A. P. 1967. The heroic deed. *Bul. Atom. Sci.* Dec.

Allardice, Corbin, and Edward R. Trapnell. 1955. *The First Pile.* U.S. Atomic Energy Commission.

Allison, Samuel K. 1965. Arthur Holly Compton. *Biog. Mem. Nat. Ac. Sci.* 38:81.

Allred, John, and Louis Rosen. 1976. First fusion neutrons from a thermonuclear weapon device. In Bogdan Maglich, ed., *Adventures in Experimental Physics.* World Science Education.

Alperovitz, Gar. 1985. *Atomic Diplomacy.* Penguin.

Alvarez, Luis W. 1970. Ernest Orlando Lawrence. *Biog. Mem. Nat. Ac. Sci.* 41:251.

Amaldi, E. 1977. Personal notes on neutron work in Rome in the 30s and post-war European collaboration in high-energy physics. In Charles Weiner, ed., *History of Twentieth Century Physics. Academic Press.*

Anderson, Herbert L., et al. 1939a. The fission of uranium. Phys. Rev. 55:511.

———. 1939b. Production of neutrons in uranium bombarded by neutrons. *Phys. Rev.* 55:797.

———. 1939c. Neutron production and absorption in uranium. *Phys. Rev.* 56:284.

Andrade, E. N. da C. 1956. The birth of the nuclear atom. *Scientific American.* Nov.

———. 1957. The birth of the nuclear atom. *Proc. Roy. Soc. A.* 244:437.

Anscombe, G.E. M. 1981. *The Collected Philosophical Papers.* v. III. University of Minnesota Press.

Arendt, Hannah. 1973. *The Origins of Totalitarianism.* Harcourt Brace Jovanovich.

Arms, Nancy. 1966. *A Prophet in Two Countries.* Pergamon Press.

Arnold, H. H. 1949. *Global Mission*. Harper & Bros.

Aston, Francis. 1920. Isotopes and atomic weights. *Nature* 105:617.

———. 1927. A new mass-spectrograph and the whole number rule. *Proc. Roy. Soc. A.* 115:487.

———. 1938. Forty years of atomic theory. In Joseph Needham and Walter Pagel, eds., *Background to Modern Science*. Macmillan.

Axelsson, George. 1946. Is the atom terror exaggerated? *Sat. Even. Post.* Jan. 5.

Bacher, R. F., and V. F. Weisskopf. 1966. The career of Hans Bethe. In R. E. Marshak, ed., *Perspectives in Modern Physics*. Interscience.

Bacon, Francis. 1627. *The New Atlantis*. Oxford University Press, 1969.

Badash, Lawrence, et al. 1980. *Reminiscences of Los Alamos*. D. Reidel.

Bainbridge, Kenneth T. 1945. *Trinity*. Los Alamos Scientific Laboratory, 1976.

Barber, Frederick A. 1932. *The Horror of It*. Brewer, Warren & Putnam.

Batchelor, John, and Ian Hogg. 1972. *Artillery*. Ballantine.

Bauer, Yehuda. 1982. *A History of the Holocaust*. Franklin Watts.

Bell, George I. 1965. Production of heavy nuclei in the Par and Barbel devices. *Phys. Rev.* 139: B1207.

Belote, James and William. 1970. *Typhoon of Steel*. Harper & Row.

Benedict, Ruth. 1946. *The Chrysanthemum and the Sword*. New American Library, 1974.

Bentwich, Norman. 1953. *The Rescue and Achievement of Refugee Scholars*. Martinus Nijhoff.

Bernstein, Barton J. 1977. The perils and politics of surrender: ending the war with Japan and avoiding the third atomic bomb. *Pacific Historical Review*. Feb.

Bernstein, Jeremy. 1975. Physicist. *New Yorker*. I: Oct. 13. II: Oct. 20.

———. 1980. *Hans Bethe: Prophet of Energy*. Basic Books.

Bethe, Hans. 1935. Masses of light atoms from transmutation data. *Phys. Rev.* 47:633.

———. 1953. What holds the nucleus together? *Scientific American*. Sept.

———. 1964. *Theory of the Fireball*. Los Alamos Scientific Laboratory.

———. 1965. The fireball in air. *J. Quant. Spectrosc. Radiative Transfer* (GB) 5:9.

———. 1967. Energy production in stars. Nobel Lecture.

———. 1968. J. Robert Oppenheimer. *Biog. Mem. F. R. S.* 14:391.

———. 1982. Comments on the history of the H-bomb. *Los Alamos Science*. Fall.

Beyerchen, Alan D. 1977. *Scientists Under Hitler*. Yale University Press.

Bickel, Lennard. 1980. *The Deadly Element*. Stein and Day.

Biquard, Pierre. 1962. *Frédéric Joliot-Curie*. Paul S. Eriksson.

Birdsall, Steve. 1980. *Saga of the Superfortress*. Doubleday.

Bishop, Jim. 1974. *FDR's Last Year*. William Morrow.

Blackett, P. M. S. 1933. The craft of experimental physics. In Harold Wright, ed., *University Studies*. Ivor Nelson & Watson.

Blumberg, Stanley A., and Gwinn Owens. 1976. *Energy and Conflict*. G. P. Putnam's Sons.

Bohr, Niels. 1909. Determination of the surface-tension of water by the method of jet vibration. *Phil. Trans. Roy. Soc.* 209:281.

———. 1936. Neutron capture and nuclear constitution. *Nature* 137:344.

———.1939a. Disintegration of heavy nuclei. *Nature* 143:330.

———. 1939b. Resonance in uranium and thorium disintegrations and the phenomenon of nuclear fission. *Phys. Rev.* 56:418.

———. 1958. *Atomic Physics and Human Knowledge*. John Wiley.

———. 1963. *Essays 1958–1963 on Atomic Physics and Human Knowledge*. Interscience.

———. 1972. *Collected Works*, v. I. North-Holland.

———. 1981. *Collected Works*, v. II. North-Holland.

———, and J. A. Wheeler. 1939. The mechanism of nuclear fission. *Phys. Rev.* 56:426.

Bolle, Kees. 1979. *The Bhagavadgītā*. University of California Press.

Bolton, Ellis. n.d. A few days in January 1939. Unpublished MS.

Booth, Eugene, et al. 1969. *The Beginnings of the Nuclear Age*. Newcomen Society.

Born, Max. 1971. *The Born-Einstein Letters*. Macmillan.

Bothe, W. 1944. Die Absorption thermischer Neutronen in Kohlenstoff. *Zeitschrift für Physik* 122:749.

———. 1951. Lebensbeschreibung. In Ruth Drossel, *Walther Bothe, Bemerkungen zu seinen kernphysikalischen Arbeiten auf Grund der Durchsicht seiner Laborbucher.* Max-Planck-Institut für Kernphysik, Heidelberg. Unpublished. 1975.

Bradbury, Norris E. 1949. Peace and the atomic bomb. *Pomona College Bulletin*. Feb.

Bretall, Robert, ed. 1946. *A Kierkegaard Anthology*. Modern Library.

Brines, Russell. 1944. *Until They Eat Stones*. J. B. Lippincott.

British Information Services. 1945. Statements relating to the atomic bomb. *Rev. Mod. Phys.* 17:472.

Brobeck, W. M., and W. B. Reynolds. 1945. *On the Future Development of the Electromagnetic System of Tubealloy Isotope Separation.* MED G-14-74.

Brode, Bernice. 1960. Tales of Los Alamos. *LASL Community News*. June 2 and Sept. 22.

Brode, Harold L. 1968. Review of nuclear weapons effects. *Ann Rev. Nucl. Sci.* 18:153.

Brown, Louis. n.d. *Beryllium-8*. Unpublished MS

Bundy, Harvey H. 1957. Remembered words. *Atlantic*. Mar.

Bundy, McGeorge. 1969. To cap the volcano. *Foreign Affairs*. Oct.

Burckhardt, Jacob. 1943. *Force and Freedom*. Pantheon.

Burns, E. L. M. 1966. *Megamurder*. Pantheon.

Bush, Vannevar. 1954. Lyman J. Briggs and atomic energy. *Scientific Monthly*. 78:275.

———. 1970. *Pieces of the Action*. William Morrow.

Butow, Robert J. C. 1954. *Japan's Decision to Surrender*. Stanford University Press.

Byrnes, James F. 1947. *Speaking Frankly*. Harper & Bros.

———. 1958. *All in One Lifetime*. Harper & Bros.

Cahn, Robert W. 1984. Making fuel for inertially confined fusion reactors. *Nature* 311:408.

Canetti, Elias. 1973. *Crowds and Power*. Continuum.

Carnegie Endowment for International Peace. 1915. *The Hague Declaration* (IV, 2) *of 1899 Concerning Asphyxiating Gases.*

Cary, Otis. 1979. Atomic bomb targeting—myths and realities. *Japan Quarterly* 26/4.

Casimir, Hendrick. 1983. *Haphazard Reality*. Harper & Row.

Cave Brown, Anthony, and Charles B. MacDonald. 1977. *The Secret History of the Atomic Bomb*. Delta.

Chadwick, James. 1932a. Possible existence of a neutron. *Nature* 129:312.

———. 1932b. The existence of a neutron. *Proc. Roy. Soc.* 136A:692.

———. 1935. The neutron and its properties. Nobel Lecture.

———. 1954. The Rutherford Memorial Lecture. *Proc. Roy. Soc.* 224:435.

———. 1964. Some personal notes on the search for the neutron. *Proceedings of the Tenth Annual Congress of the History of Science*. Hermann.

Chandler, Alfred D., Jr., ed. 1970. *The Papers of Dwight David Eisenhower*. Johns Hopkins Press.

Chevalier, Haakon. 1965. *The Story of a Friendship*. Braziller.

Childs, Herbert. 1968. *An American Genius*. E. P. Dutton.

Chivian, Eric, et al., ed. 1982. *Last Aid*. W. H. Freeman.

Church, Peggy Pond. 1960. *The House at Otowi Bridge*. University of New Mexico Press.

Churchill, Winston. 1948. *The Gathering Storm*. Houghton Mifflin.

———. 1949. *Their Finest Hour*. Houghton Mifflin.

————. 1950. *The Grand Alliance*. Houghton Mifflin.
————. 1950. *The Hinge of Fate*. Houghton Mifflin.
————. 1951. *Closing the Ring*. Houghton Mifflin.
————. 1953. *Triumph and Tragedy*. Houghton Mifflin.
Claesson, Claes. 1959. *Kungälvsbygden*. Bohusläns Grafiska Aktiebolag.
Clark, Ronald W. 1971. *Einstein*. Avon.
————. 1980. *The Greatest Power on Earth*. Harper & Row.
Cline, Barbara Levett. 1965. *The Questioners*. Crowell.
Cockburn, Stewart, and David Ellyard. 1981. *Oliphant*. Axiom Books.
Coffey, Thomas M. 1970. *Imperial Tragedy*. World.
Cohen, K. P., et al. 1983. Harold Clayton Urey. *Biog. Mem. F. R. S.* 29:623.
Cohn, Norman. 1967. *Warrant for Genocide*. Harper & Row.
Colinvaux, Paul. 1980. *The Fate of Nations*. Simon and Schuster.
Collier, Richard. 1979. *1940*. Hamish Hamilton.
The Committee for the Compilation of Materials on Damage Caused by the Atomic
    Bombs in Hiroshima and Nagasaki. 1977, 1981. *Hiroshima and Nagasaki*. Basic
    Books.
Compton, Arthur Holly.1935. *The Freedom of Man*. Greenwood Press, 1969.
————. 1956. *Atomic Quest*. Oxford University Press.
————. 1967. *The Cosmos of Arthur Holly Compton*. Knopf.
Conant, James Bryant. 1943. *A History of the Development of an Atomic Bomb*. Unpub-
    lished MS. OSRD S-1, Bush-Conant File, folder 5. National Archives.
————. 1970. *My Several Lives*. Harper & Row.
Condon, Edward U. 1943. *The Los Alamos Primer*. Los Alamos Scientific Laboratory.
————. 1973. Reminiscences of a life in and out of quantum mechanics. *Proceedings of
    the 7th International Symposium on Atomic, Molecular, Solid State Theory and
    Quantum Biology*. John Wiley & Sons.
Conn, G. K. T., and H. D. Turner. 1965. *The Evolution of the Nuclear Atom*. American
    Elsevier.
Costello, John. 1981. *The Pacific War*. Rawson, Wade.
Coughlan, Robert. 1954. Dr. Edward Teller's magnificent obsession. *Life*. Sept. 6.
————. 1963. The tangled drama and private hells of two famous scientists. *Life*. Dec.
    13.
Craig, William. 1967. *The Fall of Japan*. Penguin.
Craven, Wesley Frank, and James Lea Cate, eds. 1948–58. *The Army Air Forces in
    World War II*. University of Chicago Press.
Crowther, J. G. 1974. *The Cavendish Laboratory 1874–1974*. Science History Publica-
    tions.
Curie, Eve. 1937. *Madam Curie*. Doubleday, Doran.
Dainton, F. S. 1966. *Chain Reactions*. John Wiley & Sons.
Darrow, Karl K. 1952. The quantum theory. *Scientific American*. Mar.
Davis, Nuel Pharr. 1968. *Lawrence and Oppenheimer*. Simon and Schuster.
Dawidowicz, Lucy S. 1967. *The Golden Tradition*. Holt, Rinehart and Winston.
————. 1975. *The War Against the Jews 1933–1945*. Bantam.
de Hevesy, George. 1947. Francis William Aston. *Obituary Notices of F. R. S.* 16:635.
————. 1962. *Adventures in Radioisotope Research*. Pergamon.
de Jonge, Alex. 1978. *The Weimar Chronicle*. Paddington Press.
Demster, Arthur Jeffrey. 1935. New methods in mass spectroscopy. *Proc. Am. Phil. Soc.*
    75:755.
DeVolpi, A., et al. 1981. *Born Secret*. Pergamon.
Dickson, Lovat. 1969. *H. G. Wells*. Atheneum.
Draper, Theodore. 1985. Pie in the sky. *NYRB*. Feb. 4.
Duggan, Stephen, and Betty Drury. 1948. *The Rescue of Science and Learning*. Macmil-
    lan.

Dupre, A. Hunter. 1972. The *great instauration* of 1940: the organization of scientific research for war. In Gerald Holton, ed., *The Twentieth Century Sciences,* W. W. Norton.

Dyson, Freeman. 1979. *Disturbing the Universe.* Harper & Row.

Eiduson, Bernice T. 1962. *Scientists: Their Psychological World.* Basic Books.

Einstein, Albert, and Leopold Infeld. 1966. *The Evolution of Physics.* Simon and Schuster.

Elliot, Gil. 1972. *Twentieth Century Book of the Dead.* Charles Scribner's Sons.

———. 1978. *Lucifer.* Wildwood House.

Ellis, John. 1975. *The Social History of the Machine Gun.* Pantheon.

———. 1976. *Eye-Deep in Hell.* Pantheon.

Elsasser, Walter M. 1978. *Memoirs of a Physicist in the Atomic Age.* Science History Publications.

Else, Jon. 1980. *The Day After Trinity.* KTEH-TV, San Jose CA.

Embry, Lee Anna. 1970. George Braxton Pegram. *Biog. Mem. Nat. Ac. Sci.* 41:357.

Ethridge, Kenneth E. 1982. The agony of the *Indianapolis. American Heritage.* Aug.–Sept.

Eve, A. S. 1939. *Rutherford.* Macmillan.

Everett, Susanne. 1980. *World War I.* Rand McNally.

Feather, Norman. 1940 *Lord Rutherford.* Priory Press.

———. 1964. The experimental discovery of the neutron. In *Proceedings of the Tenth Annual Congress of the History of Science.* Hermann.

———. 1974. Chadwick's neutron. *Contemp. Phys.* 6:565.

Feis, Herbert. 1966. *The Atomic Bomb and the End of World War II.* Princeton University Press.

Feld, Bernard. 1984. Leo Szilard, scientist for all seasons. *Social Research.* Autumn.

Fermi, Enrico. 1949. *Nuclear Physics.* University of Chicago Press.

———. 1962. *Collected Papers.* University of Chicago Press.

Fermi, Laura. 1954. *Atoms in the Family.* University of Chicago Press.

———. 1971. *Illustrious Immigrants.* University of Chicago Press.

Ferrell, Robert H., ed. 1980. Truman at Potsdam. *American Heritage.* June–July.

Feuer, Lewis S. 1963. *The Scientific Intellectual.* Basic Books.

———. 1982. *Einstein and the Generations of Science.* Transaction Books.

Feyerabend, Paul. 1975. *Against Method.* Verso.

Feynman, Richard P. 1985. *Surely You're Joking, Mr. Feynman.* W. W. Norton.

———, et al. 1963. *The Feynman Lectures on Physics,* v. I. Addison-Wesley.

Flender, Harold. 1963. *Rescue in Denmark.* Simon and Schuster.

Fredette, Raymond H. 1976. *The Sky on Fire.* Harcourt Brace Jovanovich.

Friedrich, Otto. 1972. *Before the Deluge.* Harper & Row.

Frisch, Otto. 1939. Physical evidence for the division of heavy nuclei under neutron bombardment. *Nature* 143:276.

———. 1954. Scientists and the hydrogen bomb. *Listener.* Apr. 1.

———. 1967a. The life of Niels Bohr. *Scientific American.* June.

———. 1967b. The discovery of fission. *Physics Today.* Nov.

———. 1968. Lise Meitner. *Biog. Mem. F. R. S.* 16:405.

———. 1971. Early steps toward the chain reaction. In I. J. R. Aitchison and J. E. Paton, eds., *Rudolf Peierls and Theoretical Physics.* Pergamon Press.

———. 1975. A walk in the snow. *New Scientist* 60:833.

———. 1978. Lise Meitner, nuclear pioneer. *New Scientist.* Nov. 9.

———. 1979. *What Little I Remember.* Cambridge University Press.

Gamow, George. 1966. *Thirty Years That Shook Physics.* Doubleday.

———. 1969. Origin of galaxies. In Hans Mark and Sidney Fernbach, eds., *Properties of Matter Under Unusual Conditions.* Interscience.

———. 1970. *My World Line.* Viking.

Giovannitti, Len, and Fred Freed. 1965. *The Decision to Drop the Bomb*. Coward-McCann.

Glasstone, Samuel. 1967. *Sourcebook on Atomic Energy*. D. Van Nostrand.

———, and Philip J. Dolan. 1977. *The Effects of Nuclear Weapons*. U. S. Department of Defense.

Goldschmidt, Bertrand. 1964. *Atomic Adventure*. Pergamon.

———. 1982. *The Atomic Complex*. American Nuclear Society.

Goldstine, Herman H. 1972. *The Computer from Pascal to von Neumann*. Princeton University Press.

Golovin, Igor. 1967. Father of the Soviet bomb. *Bul. Atom. Sci.* Dec.

Goodchild, Peter. 1980. *J. Robert Oppenheimer: Shatterer of Worlds*. Houghton Mifflin.

Goodrich, H. B., et al. 1951. The origins of U. S. scientists. *Scientific American*. July.

Goran, Morris. 1967. *The Story of Fritz Haber*. University of Oklahoma Press.

Goudsmit, Samuel A. 1947. *Alsos*. Henry Schuman.

Gowing, Margaret. 1964. *Britain and Atomic Energy 1939–1945*. Macmillan.

Graetzer, Hans G., and David L. Anderson. 1971. *The Discovery of Nuclear Fission*. Van Nostrand Reinhold.

Grew, Joseph C. 1942. Report from Tokyo. *Life*. Dec. 7.

———. 1952. *Turbulent Era*. Houghton Mifflin.

Grodzins, Morton, and Eugene Rabinowitch. 1963. *The Atomic Age*. Basic Books.

Grosz, George. 1923. *Ecce Homo*. Brussel & Brussel.

Groueff, Stephane. 1967. *Manhattan Project*. Little, Brown.

Groves, Leslie R. 1948. The atom general answers his critics. *Sat. Even. Post*. May 19.

———. 1962. *Now It Can Be Told*. Harper & Row.

———. n.d. *For My Grandchildren*. Unpublished MS, U.S. Military Academy Library.

Guillain, Robert. 1981. *I Saw Tokyo Burning*. Doubleday.

Guillemin, Victor. 1968. *The Story of Quantum Mechanics*. Charles Scribner's Sons.

Hachiya, Michihiko. 1955. *Hiroshima Diary*. University of North Carolina Press.

Hahn, Otto. 1936. *Applied Radiochemistry*. Cornell University Press.

———. 1946. From the natural transmutations of uranium to its artificial fission. Nobel Lecture.

———. 1958. The discovery of fission. *Scientific American*. Feb.

———. 1966. *A Scientific Autobiography*. Charles Scribner's Sons.

———. 1970. *My Life*. Herder and Herder.

———. 1975. *Erlebnisse und Erkenntnisse*. Econ Verlag.

———, and F. Strassmann. 1939. Concerning the existence of alkaline earth metals resulting from the neutron irradiation of uranium. *Naturwiss*. 27:11 (Trans., Hans G. Graetzer, *Am. Jour. Phys.* 32:10. 1964.)

Haldane, J. B. S. 1925. *Callinicus*. Dutton.

Harris, Benedict R., and Marvin A. Stevens. 1945. Experiences at Nagasaki, Japan. *Conn. St. Medical Journal* 12:913.

Harrisson, Tom. 1976. *Living Through the Blitz*. Collins.

Harrod, R. F. 1959. *The Prof*. Macmillan.

Harwell, Mark A. 1984. *Nuclear Winter*. Springer-Verlag.

Hashimoto, Mochitsura. 1954. *Sunk*. Henry Holt.

Haukelid, Knut. 1954. *Skis Against the Atom*. William Kimber.

Hawkins, David. 1947. *Manhattan District History, Project Y, The Los Alamos Project*, v. I. Los Alamos Scientific Laboratory.

Heibut, Anthony. 1983. *Exiled in Paradise*. Viking.

Heilbron, J. L. 1974. *H. G. J. Moseley*. University of California Press.

———, and Thomas S. Kuhn. 1969. The genesis of the Bohr atom. *Historical Studies in the Physical Sciences* 1:211.

Heims, Steve J. 1980. *John von Neumann and Norbert Weiner*. MIT Press.

Heisenberg, Elisabeth. 1984. *Inner Exile.* Birkhäuser.

Heisenberg, Werner. 1947. Research in Germany on the technical application of atomic energy. *Nature* 160:211.

———. 1968. The Third Reich and the atomic bomb. *Bul. Atom. Sci.* June.

———. 1971. *Physics and Beyond.* Harper.

Hellman, Geoffrey T. 1945. The contemporaneous memoranda of Dr. Sachs. *New Yorker.* Dec. 1.

Hempelmann, Louis H., et al. 1952. The acute radiation syndrome: a study of nine cases and a review of the problem. *Annals of Internal Medicine* 36/2:279.

Henderson, Donald A. 1976. The eradication of smallpox. *Scientific American.* Oct.

Herken, Gregg. 1980. *The Winning Weapon.* Knopf.

Hersey, John. 1942. The marines on Guadalcanal. *Life.* Nov. 9.

———. 1946. *Hiroshima.* Modern Library.

Hewlett, Richard G., and Oscar E. Anderson, Jr. 1962. *The New World, 1939/1946.* Pennsylvania State University Press.

———, and Francis Duncan. 1969. *Atomic Shield, 1947/1952.* Pennsylvania State University Press.

Hitler, Adolf. 1927. *Mein Kampf.* Houghton Mifflin, 1971.

Hogg, I. V., and L. F. Thurston. 1972. *British Atillery Weapons and Ammunition.* Ian Allan.

Holton, Gerald. 1973. *Thematic Origins of Scientific Thought.* Harvard University Press.

———. 1974. Striking gold in science: Fermi's group and the recapture of Italy's place in physics. *Minerva* 12:159.

———, and Yehuda Elkana, eds. 1982. *Albert Einstein: Historical and Cultural Perspectives.* Princeton University Press.

Hopkins, George E. 1966. Bombing and the American conscience during World War II. *The Historian* 28:451.

Hough, Frank O. 1947. *The Island War.* Lippincott.

Howorth, Muriel. 1958. *Pioneer Research on the Atom.* New World.

Hughes, H. Stuart. 1975. *The Sea Change.* Harper & Row.

Ibuse, Masuji. 1969. *Black Rain.* Kodansha International.

Infeld, Leopold. 1941. *Quest.* Chelsea, 1980.

Irving, David. 1963. *The Destruction of Dresden.* Holt, Rinehart and Winston.

———. 1967. *The Virus House.* William Kimber. (In U.S.: *The German Atomic Bomb,* Simon and Schuster, 1968.)

Iwamatsu, Shigetoshi. 1982. A perspective on the war crimes. *Bul. Atom. Sci.* Feb.

Jaki, Stanley L. 1966. *The Relevance of Physics.* University of Chicago Press.

Jammer, Max. 1966. *The Conceptual Development of Quantum Mechanics.* McGraw-Hill.

Jászi, Oscar. 1924. *Revolution and Counter-Revolution in Hungary.* P. S. King and Son.

Jette, Eleanor. 1977. *Inside Box 1663.* Los Alamos Historical Society.

Johansson, Sigurd. n.d. *Atomålderns vagga stod i. Kungälv.* Unpublished MS.

Johnson, Charles W., and Charles O. Jackson. 1981. *City Behind a Fence.* University of Tennessee Press.

Johnson, Ken. 1970. A quarter century of fun. *The Atom.* Los Alamos Scientific Laboratory. Sept.

Joliot, Frédéric. 1935. Chemical evidence of the transmutation of elements. Nobel Lecture.

———, H. von Halban, Jr., and L. Kowarski. 1939a. Liberation of neutrons in the nuclear explosion of uranium. *Nature* 143:470.

———. 1939b. Number of neutrons liberated in the nuclear explosion of uranium. *Nature* 143:680.

Joliot-Curie, Irène. 1935. Artificial production of radioactive elements. Nobel Lecture.

Jones, R. V. 1966. Winston Leonard Spencer Churchill. *Biog. Mem. F. R. S.* 12:35.
————. 1967. Thicker than heavy water. *Chemistry and Industry.* Aug. 26.
Jungk, Robert. 1958. *Brighter Than a Thousand Suns.* Harcourt, Brace.
Kapitza, Peter. 1968. *On Life and Science.* Macmillan.
————. 1980. *Experiment, Theory, Practice.* D. Reidel.
Kedourie, Elie. 1960. *Nationalism.* Hutchinson University Library.
Keegan, John. 1976. *The Face of Battle.* Viking.
Kennedy, J. W., et al. 1941. Properties of 94(239). *Phys. Rev.* 70:555 (1946).
Kennett, Lee. 1982. *A History of Strategic Bombing.* Charles Scribner's Sons.
Kevles, Daniel J. 1979. *The Physicists.* Vintage.
Kierkegaard, Søren. 1959. *Either/Or.* Doubleday.
King, John Kerry. 1970. *International Political Effects of the Spread of Nuclear Weapons.* USGPO.
Kistiakowsky, George B. 1949a. *Explosives and Detonation Waves. Part I, Introduction.* (LA-1043).
————. 1949b. *Explosives and Detonation Waves. Part IV, The Making of Explosive Charges.* (LA-1052)
————. 1949c. *Explosives and Detonation Waves. Part IV, The Making of Explosive Charges, cont.* (LA-1053)
————. 1980. Trinity—a reminiscence. *Bul. Atom. Sci.* June.
————, and F. H. Westheimer. 1979. James Bryant Conant. *Biog. Mem. F. R. S.* 25:209.
Koestler, Arthur. 1952. *Arrow in the Blue.* Macmillan.
Korda, Michael. 1979. *Charmed Lives.* Random House.
Kosakai, Yoshiteru. 1980. *Hiroshima Peace Reader.* Hiroshima Peace Culture Foundation.
Kruuk, Hans. 1972. The urge to kill. *New Scientist.* June 28.
Kuhn, Thomas S., et. al. 1962. Interview with Niels Bohr.
Kunetka, James W. 1979. *City of Fire.* University of New Mexico Press.
————. 1982. *Oppenheimer.* Prentice-Hall.
Lamont, Lansing. 1965. *Day of Trinity.* Atheneum.
Lang, Daniel. 1959. *From Hiroshima to the Moon.* Simon and Schuster.
Langer, Walter C. 1972. *The Mind of Adolf Hitler.* Basic Books.
Laqueur, Walter. 1965. *Russia and Germany.* Little, Brown.
Lash, Joseph P., ed. 1975. *From the Diaries of Felix Frankfurter.* W. W. Norton.
Lawrence, Ernest O. 1951. The evolution of the cyclotron. Nobel Lecture.
————, and M. Stanley Livingston. 1932. The production of high speed ions without the use of high voltages. *Phys. Rev.* 40:19.
Lawrence, William L. 1946. *Dawn Over Zero.* Knopf.
Lawson, Ted W. 1943. *Thirty Seconds Over Tokyo.* Random House.
Leachman, R. B. 1965. Nuclear fission. *Scientific American.* Aug.
Lefebure, Victor. 1923. *The Riddle of the Rhine.* Dutton.
LeMay, Curtis E., with McKinlay Kantor. 1965. *Mission with LeMay.* Doubleday.
Levin, Nora. 1977. *While Messiah Tarried.* Schocken.
Libby, Leona Marshall. 1979. *The Uranium People.* Crane Russak.
Liebow, Averill A. 1965. Encounter with disaster—a medical diary of Hiroshima, 1945. *Yale Journal of Biology and Medicine* 37:60.
————, et al. 1949. Pathology of atomic bomb casualties. *American Journal of Pathology* 5:853.
Lifton, Robert Jay. 1967. *Death in Life.* Random House.
Lilienthal, David E. 1964. *The Journals of David E. Lilienthal.* Harper & Row.
Litvinoff, Barnet. 1976. *Weizmann.* Hodder and Stoughton.
Lloyd George, David. 1933. *War Memoirs.* Little, Brown.

Los Alamos: beginning of an era 1943–1945. n.d. Los Alamos Scientific Laboratory.

Lyon, Fern, and Jacob Evans, eds. 1984. *Los Alamos: The First Forty Years.* Los Alamos Historical Society.

McCagg, William O., Jr. 1972. *Jewish Nobles and Geniuses in Modern Hungary.* East European Quarterly.

McMillan, Edwin. 1939. Radioactive recoils from uranium activated by neutrons. *Phys. Rev.* 55:510

————. 1951. The transuranium elements: early history. Nobel Lecture.

————, and Philip H. Abelson. 1940. Radioactive element 93. *Phys. Rev.* 57:1185.

Madach, Imre. 1956. *The Tragedy of Man.* Pannonia.

Manchester, William. 1980. *Goodbye Darkness.* Little, Brown.

Mark, Hans, and Sidney Fernbach, eds. 1969. *Properties of Matter Under Unusual Conditions.* Interscience.

Mark, J. Carson. 1974. *A Short Account of Los Alamos Theoretical Work on Thermonuclear Weapons, 1946–1950.* (LA-5647-MS)

Marsden, Ernest. 1962. Rutherford at Manchester. In J. B. Birks, ed., *Rutherford at Manchester.* Heywood & Co.

Marx, Joseph L. 1967. *Seven Hours to Zero.* G. P. Putnam's Sons.

Masefield, John. 1916. *Gallipoli.* Macmillan.

Massie, Harrie, and N. Feather. 1976. James Chadwick. *Biog. Mem. F. R. S.* 22:11.

Mee, Charles L., Jr., 1975. *Meeting at Potsdam.* M. Evans.

Meitner, Lise. 1959. Otto Hahn zum 80. Geburtstag. *Otto Hahn zum 8. März 1959.* Max-Planck-Gesellschaft.

————. 1962. Right and wrong roads to the discovery of nuclear energy. *IAEA Bulletin.* Dec. 2.

————. 1964. Looking back. *Bul. Atom. Sci.* Nov.

————, and O. R. Frisch. 1939. Disintegration of uranium by neutrons: a new type of nuclear reaction. *Nature* 143:239.

Mendelsohn, Ezra. 1970. *Class Struggle in the Pale.* Cambridge University Press.

Mendelssohn, Kurt. 1973. *The World of Walter Nernst.* University of Pittsburgh Press.

Mendes-Flohr, Paul R., and Jehuda Reinharz, eds. 1980. *The Jew in the Modern World.*

Messer, Robert L. 1982. *The End of the Alliance.* University of North Carolina Press.

Middlebrook, Martin. 1980. *The Battle of Hamburg.* Allen Lane.

Moon, P. B. 1974. *Ernest Rutherford and the Atom.* Priory Press.

————. 1977. George Paget Thompson. *Biog. Mem. F. R. S.* 23:529.

Moore, Ruth. 1966. *Niels Bohr.* Knopf.

Moorehead, Alan. 1956. *Gallipoli.* Harper & Bros.

Morison, Elting E. 1960. *Turmoil and Tradition.* Houghton Mifflin.

Morland, Howard. 1981. *The Secret that Exploded.* Random House.

Morrison, Philip. 1946. Beyond imagination. *New Republic.* Feb. 11.

————, and Emily Morrison. 1951. The neutron. *Scientific American.* Oct.

Morse, Philip M. 1976. Edward Uhler Condon. *Biog. Mem. Nat. Ac. Sci.* 48:125.

Morton, Louis. 1957. The decision to use the atomic bomb. *Foreign Affairs.* Jan.

Mosley, Leonard. 1982. *Marshall.* Hearst.

Moyers, Bill. 1984. Meet I. I. Rabi. *A Walk Through the 20th Century.* NET.

Murakami, Hyōe. 1982. *Japan: The Years of Trial.* Kodansha International.

Murrow, Edward R. 1967. *In Search of Light.* Knopf.

Nagy-Talavera, Nicholas M. 1970. *The Green Shirts and Others.* Hoover Institution.

Nathan, Otto, and Heinz Norden, eds. 1960. *Einstein on Peace.* Simon and Schuster.

NHK (Japanese Broadcasting Corporation), eds. 1977. *Unforgettable Fire.* Pantheon.

Nielson, J. Rud. 1963. Memories of Niels Bohr. *Physics Today.* Oct.

Nier, Alfred O. 1939. The isotopic constitution of uranium and the half-lifes of the uranium isotopes. *Phys. Rev.* 55:150.

————, et al. 1940a. Nuclear fission of separated uranium isotopes. *Phys. Rev.* 57:546.

————. 1940b. Further experiments on fission of separated uranium isotopes. *Phys. Rev.* 57:748.

————. 1940c. Neutron capture by uranium (238). *Phys. Rev.* 58:475.

Nincic, Miroslav. 1982. *The Arms Race.* Praeger.

Norris, Robert S., et al. 1985. History of the nuclear stockpile. *Bul. Atom. Sci.* Sept.

NOVA. 1980. *A is for Atom, B is for Bomb.* WGBH Transcripts.

O'Keefe, Bernard J. 1972. *Nuclear Hostages.* Houghton Mifflin.

Oliphant, Mark. 1972. *Rutherford.* Elsevier.

————. 1982. The beginning: Chadwick and the neutron. *Bul. Atom. Sci.* Dec.

————, and Penny. 1968. John Douglas Cockcroft. *Biog. Mem. F. R. S.* 14:139.

Oppenheimer, J. Robert. 1946. The atom bomb and college education. *The General Magazine and Historical Chronicle.* University of Pennsylvania General Alumni Society.

————. 1957. Talk to undergraduates. *Engineering and Science Monthly.* California Institute of Technology.

————. 1961. Secretary Stimson and the atomic bomb. *Andover Bulletin.* Spring.

————. 1963. Niels Bohr and his times. Three lectures, unpublished MSS. Oppenheimer Papers, Box 247.

————, and H. Snyder. 1939. On continued gravitational contraction. *Phys. Rev.* 56:455.

————, et al. 1946. *A Report on the International Control of Atomic Energy.* Department of State.

Osada, Arata, comp. 1982. *Children of the A-Bomb.* Midwest Publishers International.

Overy, R. J. 1980. *The Air War 1939–1945.* Europe Publications.

Pacific War Research Society. 1972. *The Day Man Lost.* Kodansha International.

Pais, Abraham. 1982. *'Subtle Is the Lord...'* Oxford University Press.

Parkes, James. 1964. *A History of the Jewish People.* Penguin.

Pash, Boris T. 1969. *The Alsos Mission.* Award Books.

Patai, Raphael. 1977. *The Jewish Mind.* Charles Scribner's Sons.

Paterson, Thomas G. 1972. Potsdam, the atomic bomb and the Cold War: a discussion with James F. Byrnes. *Pacific Historical Review.* May.

Peattie, Lisa. 1984. Normalizing the unthinkable. *Bul. Atom. Sci.* Mar.

Peierls, Rudolf. 1939. Critical conditions in neutron multiplication. *Proc. Camb. Phil. Soc.* 35:610.

————. 1959. The atomic nucleus. *Scientific American.* Jan.

————. 1981. Otto Robert Frisch. *Biog. Mem. F. R. S.* 27:283.

————. 1985. *Bird of Passage.* Princeton University Press.

————, and Nevill Mott. 1977. Werner Heisenberg. *Biog. Mem. F. R. S.* 23:213.

Perrin, Francis. 1939. Calcul relatif aux conditions éventuelles de transmutation en chaîne de l'uranium. *Comptes Rendus* 208:1394.

Peterson, Aage. 1963. The philosophy of Niels Bohr. *Bul. Atom. Sci.* Sept.

Pfau, Richard. 1984. *No Sacrifice Too Great.* University Press of Virginia.

Planck, Max. 1949. *Scientific Autobiography.* Philosophical Library.

Polanyi, Michael. 1946. *Science, Faith and Society.* University of Chicago Press.

————. 1962. *The Republic of Science.* Roosevelt University.

Pound, Reginald. 1964. *The Lost Generation of 1914.* Coward-McCann.

Powers, Thomas. 1984. Nuclear winter and nuclear strategy. *Atlantic.* Nov.

Prange, Gordon W. 1981. *At Dawn We Slept.* Penguin.

Prentiss, Augustin M. 1937. *Chemicals in War.* McGraw-Hill.

The Protocols of the Meetings of the Learned Elders of Zion. 1934. Trans. Victor E. Marsden, n.p.

Purcell, Edward M. 1964. Nuclear physics without the neutron: clues and contradictions. *Proceedings of the Tenth Annual Congress of the History of Science.* Hermann.

Rabi, I. I. 1945. The physicist returns from the war. *Atlantic.* Oct.

———. 1970. *Science: the Center of Culture.* World.

———, et al. 1969. *Oppenheimer.* Scribner's.

Ramsey, Norman, ed. 1946. *Nuclear Weapons Engineering and Delivery.* Los Alamos Technical Series, v. XXIII. Los Alamos Scientific Laboratory.

Rearden, Steven L. 1984. *History of the Office of the Secretary of Defense,* v. I. Office of the Secretary of Defense.

Rhodes, Richard, et al. 1977. Kurt Vonnegut, Jr. In George Plimpton, ed., *Writers at Work.* Viking, 1984.

Roberts, Richard Brooke. 1979. Autobiography. Unpublished MS.

———, et al. 1939a. Droplet fission of uranium and thorium nuclei. *Phys. Rev.* 55:416.

———. 1939b. Further observations on the splitting of uranium and thorium. *Phys. Rev.* 55:510.

———. 1940. Fission cross-sections for fast neutrons. Unpublished MS. Department of Terrestrial Magnetism Archives, Carnegie Institution of Washington.

———, and J. B. H. Kuper. 1939. Uranium and atomic power. *J. Appl. Phys.* 10:612.

Roberts, Stephen H. 1938. *The House that Hitler Built.* Harper & Bros.

Robison, George O. 1950. *The Oak Ridge Story.* Southern Publishers.

Roe, Anne. 1952. A psychologist examines 64 eminent scientists. *Scientific American.* Nov.

Roosevelt, Franklin D. 1939. *The Public Papers and Addresses, VIII.* Russell & Russell.

———. 1941. *The Public Papers and Addresses, IX.* Russell & Russell.

Rosenberg, Alfred. 1970. *Race and Race History.* Harper & Row.

Rosenberg, David Alan. 1982. U.S. nuclear stockpile, 1945 to 1950. *Bul. Atom. Sci.* May.

Rosenfeld, Léon. 1963. Niels Bohr's contribution to epistemology. *Phys. Today.* Oct.

———. 1979. *Selected Papers.* D. Reidel.

Royal, Denise. 1969. *The Story of J. Robert Oppenheimer.* St. Martin's Press.

Rozental, Stefan, ed. 1967. *Niels Bohr.* North-Holland.

Russell, A. S. 1962. Lord Rutherford: Manchester, 1907–19: a partial portrait. In J. B. Birks, ed., *Rutherford at Manchester.* Heywood & Co.

Rutherford, Ernest. 1962. *The Collected Papers,* v. I. Allen and Unwin.

———. 1963. *The Collected Papers,* v. II. Interscience.

———. 1965. *The Collected Papers,* v. III. Interscience.

Sachs, Alexander. 1945. Early history atomic project in relation to President Roosevelt, 1939–40. Unpublished MS. MED 319.7, National Archives.

Sachs, Robert G., ed. 1984. *The Nuclear Chain Reaction—Forty Years Later.* University of Chicago Press.

Sassoon, Siegfried. 1937. *The Memoirs of George Sherston.* Doubleday, Doran.

———. 1961. *Collected Poems 1908–1956.* Faber and Faber.

Saundby, Robert. 1961. *Air Bombardment.* Harper & Bros.

Schell, Jonathan. 1982. *The Fate of the Earth.* Knopf.

———. 1984. *The Abolition.* Knopf.

Schonland, Basil. 1968. *The Atomists.* Oxford University Press.

Scott-Stokes, Henry. 1974. *The Life and Death of Yukio Mishima.* Farrar, Straus & Giroux.

Seaborg. Glenn T. 1951. The transuranium elements: present status. Nobel Lecture.

———. 1958. *The Transuranium Elements.* Yale University Press.

———. 1976. *Early History of Heavy Isotope Production at Berkeley.* Lawrence Berkeley Laboratory.

———. 1977. *History of Met Lab Section C-I, April 1942 to April 1943.* Lawrence Berkeley Laboratory.

————. 1978. *History of Met Lab Section C-I, May 1943 to April 1944.* Lawrence Berkeley Laboratory.

————, et al. 1946a. Radioactive element 94 from deuterons on uranium. *Phys. Rev.* 69:366.

————. 1946b. Radioactive element 94 from deuterons on uranium. *Phys. Rev.* 69:367.

Segrè, Emilio. 1939. An unsuccessful search for transuranic elements. *Phys. Rev.* 55:1104.

————. 1955. Fermi and neutron physics. *Rev. Mod. Phys.* 28:262.

————. 1964. The consequences of the discovery of the neutron. *Proceedings of the Tenth Annual Congress of the History of Science.* Hermann.

————. 1970. *Enrico Fermi, Physicist.* University of Chicago Press.

————. 1980. *From X-Rays to Quarks.* W. H. Freeman.

————. 1981. Fifty years up and down a strenuous and scenic trail. *Ann. Rev. Nucl. Part. Sci.* 31:1.

Semenoff, N. 1935. *Chemical Kinetics and Chain Reactions.* Clarendon Press.

Shamos, Morris H. 1959. *Great Experiments in Physics.* Holt, Rinehart and Winston.

Shapley, Deborah. 1978. Nuclear weapons history: Japan's wartime bomb projects revealed. *Science* 199:152.

Sherrod, Robert. 1944. Beachhead in the Marianas. *Time.* July 3.

Sherwin, Martin J. 1975. *A World Destroyed.* Knopf.

Shils, Edward. 1964. Leo Szilard: a memoir. *Encounter.* Dec.

Shirer, William L. 1960. *The Rise and Fall of the Third Reich.* Simon and Schuster.

Smith, Alice Kimball. 1960. The elusive Dr. Szilard. *Harper's,* Aug.

————. 1965. *A Peril and a Hope.* MIT Press.

————, and Charles Weiner. 1980. *Robert Oppenheimer: Letters and Recollections.* Harvard University Press.

Smith, Cyril Stanley. 1954. Metallurgy at Los Alamos 1943–1945. *Met. Prog.* 65(5):81.

Smith, Lloyd P., et al. 1947. On the separation of isotopes in quantity by electromagnetic means. *Phys. Rev.* 72:989.

Smyth, Henry DeWolf. 1945. *Atomic Energy for Military Purposes.* USGPO.

Snow, C. P. 1958. *The Search.* Charles Scribner's Sons.

————. 1961. *Science and Government.* Harvard University Press.

————. 1967a. On Albert Einstein. *Commentary.* Mar.

————. 1967b. *Variety of Men.* Scribner's.

————. 1981. *The Physicists.* Little, Brown.

Soddy, Frederick. 1913. Inter-atomic charge. *Nature* 92:400.

————. 1953. *Atomic Transmutation.* New World.

Spector, Ronald H. 1985. *Eagle Against the Sun.* Free Press.

Speer, Albert. 1970. *Inside the Third Reich.* Macmillan.

Spence, R. 1970. Otto Hahn. *Biog. Mem. F. R. S.* 16:279.

Stein, Leonard. 1961. *The Balfour Declaration.* Simon and Schuster.

Stimson, Henry L., and McGeorge Bundy. 1948. *On Active Service in Peace and War.* Harper & Bros.

Strauss, Lewis L. 1962. *Men and Decisions.* Doubleday.

Stuewer, Roger H. 1979. *Nuclear Physics in Retrospect.* University of Minnesota Press.

————. 1985. Bringing the news of fission to America. *Phys. Today.* Oct.

Szasz, Ferenc Morton. 1984. *The Day the Sun Rose Twice.* University of New Mexico Press.

Szilard, Leo. 1945. We turned the switch. *Nation.* Dec. 22.

————. 1961. *The Voice of the Dolphins.* Simon and Schuster.

————. 1972. *The Collected Works: Scientific Papers.* MIT Press.

————, and Walter H. Zinn. 1939. Instantaneous emission of fast neutrons in the interaction of slow neutrons with uranium. *Phys. Rev.* 55:799.

Szulc, Tad. 1984. The untold story of how Russia "got the bomb." *Los Angeles Times,* IV:1. Aug. 26.

Talk of the Town. 1946. Usher. *New Yorker.* Jan. 5.

Teller, Edward. 1946a. Scientists in war and peace. *Bul. Atom. Sci.* Mar.

———. 1946b. The State Dep't report— "a ray of hope." *Bul. Atom. Sci.* Apr.

———. 1946c. Dispersal of cities and industries. *Bul. Atom. Sci.* Apr.

———. 1947a. How dangerous are atomic weapons? *Bul. Atom. Sci.* Feb.

———. 1947b. Atomic scientists have two responsibilities. *Bul. Atom. Sci.* Mar.

———. 1948a. The first year of the Atomic Energy Commission. *Bul. Atom. Sci.* Jan.

———. 1948b. Comments on the "draft of a world constitution." *Bul. Atom. Sci.* July.

———. 1955. The work of many people. *Science* 121:267.

———. 1962. *The Legacy of Hiroshima.* Doubleday.

———. 1977. *In Search of Solutions for Defense and for Energy.* Stanford University Press.

———. 1979. *Energy from Heaven and Earth.* W. H. Freeman.

———. 1980a. Hydrogen bomb. *Encyclopedia Americana,* v. XIV.

———. 1980b. *In Pursuit of Simplicity.* Pepperdine University Press.

———. 1983. Seven hours of reminiscences. *Los Alamos Science.* Winter/Spring.

———, et al. 1950. *Report of Conference on the Super* (LA-575, Deleted). Los Alamos Scientific Laboratory.

Terkel, Studs. 1984. *"The Good War."* Pantheon.

Terman, Lewis M. 1955. Are scientists different? *Scientific American.* Jan.

Thomas, Gordon, and Max Morgan Witts. 1977. *Enola Gay.* Stein and Day.

Thompson, Josiah. 1973. *Kierkegaard.* Knopf.

Tibbets, Paul W. 1946. How to drop an atom bomb. *Sat. Even. Post.* June 8.

———. 1973. Training the 509th for Hiroshima. *Air Force Magazine.* Aug.

Toland, John. 1970. *The Rising Sun.* Random House.

———. 1976. *Adolf Hitler.* Doubleday.

Tregaskis, Richard. 1943. *Guadalcanal Diary.* Random House.

Trenn, Thaddeus J. 1980. The phenomenon of aggregate recoil: the premature acceptance of an essentially incorrect theory. *Ann. Sci.* 37:81.

Truman, Harry S. 1955. *Year of Decision.* Doubleday.

Trumbull, Robert. 1957. *Nine Who Survived Hiroshima and Nagasaki.* E. P. Dutton.

Truslow, Edith C., and Ralph Carlisle Smith. 1946–47. *The Los Alamos Project,* v. II. Los Alamos Scientific Laboratory.

Turner, Louis A. 1940. Nuclear fission. *Rev. Mod. Phys.* 12:1.

———. 1946. Atomic energy from U238. *Phys. Rev.* 69:366.

Ulam. Stanislaw. 1966. Thermonuclear devices. In R. E. Marshak, ed., *Perspectives in Modern Physics.* Interscience.

———. 1976. *Adventures of a Mathematician.* Scribner's.

United States Atomic Energy Commission. 1954. *In the Matter of J. Robert Oppenheimer.* MIT Press, 1971.

United States Special Committee on Atomic Energy. 1945. *Hearings pursuant to S. Res. 179.* USGPO.

United States Strategic Bombing Survey, v. X. 1976. Garland.

Urey, Harold C., et al. 1932. A hydrogen isotope of mass 2 and its concentration. *Phys. Rev.* 40:1.

Veblen, Thorstein. 1919. The intellectual pre-eminence of Jews in modern Europe. *Political Science Quarterly.* Mar.

Völgyes, Ivan, ed. 1971. *Hungary in Revolution.* University of Nebraska Press.

von Kármán, Theodore. 1967. *The Wind and Beyond.* Little, Brown.

von Weizsäcker, Carl Friedrich. 1978. *The Politics of Peril.* Seabury Press.

Waite, Robert G. 1977. *The Psychopathic God: Adolf Hitler.* Basic Books.

Ward, Barbara. 1966. *Nationalism and Ideology*. Norton.
Wattenberg, Albert. 1982. December 2, 1942: the event and the people. *Bul. Atom. Sci.* Dec.
Weart, Spencer R. 1979. *Scientists in Power*. Harvard University Press.
———, and Gertrud Weiss Szilard, eds. 1978. *Leo Szilard: His Version of the Facts*. MIT Press.
Weinberg, Alvin M., and Eugene P. Wigner. 1958. *The Physical Theory of Neutron Chain Reactors*. University of Chicago Press.
Weiner, Charles. 1967. Interview with Otto Frisch, AIP.
———. 1967. Interview with Emilio Segrè, AIP.
———. 1969. Interview with James Chadwick, AIP.
———. 1969. A new site for the seminar: the refugees and American physics in the Thirties. In Donald Fleming and Bernard Bailyn, eds., *The Intellectual Migration*. Harvard University Press.
———, ed. 1972. *Exploring the History of Nuclear Physics*. AIP Conference Proceedings No. 7. American Institute of Physics.
———, and Jagdish Mehra. 1966. Interview with Hans Bethe, AIP.
———. 1966. Interview with Eugene Wigner, AIP.
Weisgal, Meyer W., and Joel Carmichael, eds. 1963. *Chaim Weizmann*. Atheneum.
Weizmann, Chaim. 1949. *Trial and Error*. Harper & Bros.
Wells, H. G. 1914. *The World Set Free*. E. P. Dutton.
———. 1931. *What Are We to Do with Our Lives?* Doubleday, Doran.
Wheeler, John A. 1962. Fission then and now. *IAEA Bulletin*. Dec. 2.
———. 1963a. No fugitive and cloistered virtue. *Phys. Today*. Jan.
———. 1963b. Niels Bohr and nuclear physics. *Phys. Today*. Oct.
Wheeler, Richard. 1980. *Iwo*. Lippincott & Crowell.
Wiesner, Jerome B. 1979. Vannevar Bush. *Biog. Mem. Nat. Ac. Sci.* 50:89.
Wigner, Eugene P. 1945. Are we making the transition wisely? *Sat Rev.* Nov. 17.
———. 1964. Leo Szilard. *Biog. Mem. Nat. Ac. Sci.* 40:337.
———. 1967. *Symmetries and Reflections*. Indiana University Press. Reprint OxBow Press, 1979.
———. 1969. An appreciation on the 60th birthday of Edward Teller. In Hans Mark and Sidney Fernbach, eds., *Properties of Matter Under Unusual Conditions*. Interscience.
Wilson, David. 1983. *Rutherford*. MIT Press.
Wilson, Jane, ed. 1975. *All in Our Time*. Bulletin of the Atomic Scientists.
Wolfe, Henry C. 1943. Japan's nightmare. *Harper's*. Jan.
Wolk, Herman S. 1975. The B-29, the A-Bomb, and the Japanese surrender. *Air Force Magazine*. Feb.
Yahil, Leni. 1969. *The Rescue of Danish Jewry*. Jewish Publication Society of America.
Yergin, Daniel. 1977. *Shattered Peace*. Houghton Mifflin.
York, Herbert. 1970. *Race to Oblivion*. Simon and Schuster.
———. 1976. *The Advisors*. W. H. Freeman.
Young-Bruehl, Elisabeth. 1982. *Hannah Arendt*. Yale University Press.
Zuckerman, Harriet. 1977. *Scientific Elite*. Free Press.